U0236852

"十四五"国家重点图书
出版规划项目

中国南药资源研究与应用图鉴

Research and Application of Southern Chinese Medicinal Materials

Volume ❶

主编
杨得坡 叶华谷 张丽霞
付琳 邓家刚

SPM 南方传媒 | 广东科技出版社 全国优秀出版社
·广州·

图书在版编目（CIP）数据

中国南药资源研究与应用图鉴．上卷 / 杨得坡等主编．—广州：广东科技出版社，2022.12
ISBN 978-7-5359-7966-7

Ⅰ．①中…　Ⅱ．①杨…　Ⅲ．①药用植物—植物资源—中国—图集　Ⅳ．①S567-64

中国版本图书馆CIP数据核字（2022）第182268号

中国南药资源研究与应用图鉴（上卷）

Zhongguo Nanyao Ziyuan Yanjiu yu Yingyong Tujian (Shangjuan)

出 版 人：严奉强
策　　划：王　蕾　黎青青
责任编辑：黎青青　方　敏　贾亦非
责任校对：李云柯　于强强　廖婷婷　陈　静　曾乐慧
责任印制：彭海波
装帧设计：张志奇工作室
排　　版：柏桐文化
出版发行：广东科技出版社
（广州市环市东路水荫路11号　邮政编码：510075）
销售热线：020-37607413
https://www.gdstp.com.cn
E-mail：gdkjbw@nfcb.com.cn
经　　销：广东新华发行集团股份有限公司
印　　刷：广州市岭美文化科技有限公司
（广州市荔湾区花地大道南海南工商贸易区A幢　邮政编码：510385）
规　　格：889 mm × 1 194 mm　1/16　印张 125　字数 2 400千
版　　次：2022年12月第1版
2022年12月第1次印刷
定　　价：2800.00元（全三卷）

About the authors

作者介绍

杨得坡

中山大学二级教授，药学院博士生导师，法国药学博士，生药学专业，广东省现代中药工程技术研究开发中心主任，国家南药科技创新联盟理事长。从事中草药化学成分、质量标准与活性评价研究，并专注于南药资源及其产业开发。主持承担了包括科技部重点研发计划“2017中医药现代化研究”与“2022南药产业关键技术与应用示范”专项、对外国际合作重点、国家自然科学基金等各类项目60余项，发表论文500余篇，发现并定名植物新种6个，专著5部，授权发明专利60件，包括欧盟专利1件，制定各类标准20余件。曾获科学中国人（2016）年度人物（基础医学与药学领域）、2017年中国产学研合作创新奖获得者、2018广东省医学领军人才、2021广东省优秀农村科技特派员，担任2019—2023广东省农业农村厅现代农业创新技术体系南药首席专家。

叶华谷

中国科学院华南植物园研究员。1978年就职于中国科学院华南植物研究所，2005年任华南植物园研究员，2006年任华南植物园植物鉴定中心主任，2016年4月任中山大学生命科学学院研究员。长期从事植物分类学、植物区系地理学、生物多样性等的研究工作。先后发表论文84篇，其中SCI文章12篇；专著98部，其中68部为主编，10部为副主编。

张丽霞

研究员，北京协和医学院生药学博士。现任中国医学科学院药用植物研究所云南分所副所长，云南省南药可持续利用研究重点实验室主任，云南省中青年学术和技术带头人。主要从事南药资源保护和可持续利用研究。近五年主持承担国家重点研发计划、国家公共卫生重大专项、云南省重大科技专项等项目25项，主持完成云南省第四次中药资源普查。牵头起草发布标准15项，授权专利19件，发表植物新种和认定新品种10个，主编出版《中国傣药志》等著作8部。获云南省青年科技奖、云南省科学技术普及奖、云南省科技进步奖、云南省卫生科技成果奖、西双版纳首届“雨林英才”五年贡献奖等荣誉及奖项。

付琳

博士，中国科学院华南植物园副研究员。主要从事植物分类学、植物发育生物学、植物资源调查与保护利用的研究。参与多项国家、省市的科学研究工作，曾赴多地进行野生植物资源调查，具有丰富的植物学知识和野外工作经验。共主持科研项目8项，发表学术论文20多篇，其中以第一作者发表论文11篇，以通讯作者发表2篇。参与出版专著20余部，其中3部为主编，19部为副主编。获得2013年湛江市科学技术奖一等奖，2016年广东省科学技术奖一等奖。

邓家刚

二级教授，博士生导师。现任广西中药药效研究省级重点实验室主任，中国－东盟传统药物研究国际合作联合实验室执行主任，国家中医药管理局重点学科临床中药学、海洋中药学学术带头人，中华中医药学会中药基础理论分会副主任委员、中国中药协会中药资源循环利用专业委员会副主任委员。全国优秀科技工作者，享受国务院政府特殊津贴专家。长期从事中药理论与药效研究。获国家授权发明专利20余件。先后获国家科技进步二等奖、中国中西医结合学会科技进步一等奖、中国民族医药学会科学技术发明一等奖、广西科技进步一等奖，主编出版学术专著26部，先后4次获国家出版基金资助，获中华中医药学会学术著作一等奖、中国出版政府奖图书奖提名奖。

Compilation Committee

编委会

主编

副主编

编委

Brief Introduction

内容简介

《中国南药资源研究与应用图鉴》分上、中、下三卷，总论与各论两篇，总论主要介绍南药概念、南药区生态地理环境、南药历史、大宗道地南药、南药道地性形成的原因、南药本草、南药资源保护与可持续利用。各论为药材分述，本书收录了我国北纬25°以南区域内的各类药材，包括植物药、动物药和矿物药，并涵盖海洋中药与进口南药，合计4 211种，包括普通药材和重点药材。普通药材收录3 919种，介绍其中文名、拉丁学名、分类地位、药材名、药用部位、功效主治、化学成分7个方面信息；重点药材收录292种，增加了生境、采收加工、药材性状、性味归经、功效主治/药理药效、核心产区、本草溯源和附注等条目。

Foreword Ⅰ 序一

中医药是我国传统文化的标志性代表，其未来的发展在很大程度上取决于疗效和资源，而资源正是中医药的基础保障。传承与发展中医药，当首先从中药资源的保护开始。南药作为我国中药资源的重要组成部分，其梳理与保护亦应予以重视。

2012年，我和我的同事提出了“发展南药与大南药”的构想，并于2014年出版了国内首部南药专著《南药与大南药》(缪剑华等主编)。从世界范围出发，大南药应包括广袤的热带地区，即亚非拉地区中亚洲的南部（南亚）、东南部（东南亚)，拉丁美洲与非洲生长的药材。大南药概念使我国政府、企业和科研工作者对南药有了更多的认识、更深入的思考，为此我感到高兴。开发国际大南药，已经成为促进中医药国际化的新途径与新思维。

中山大学杨得坡教授、中国科学院华南植物园叶华谷研究员等从事南药研究的同仁做了一件很有意义的工作，他们历时三载有余，携手广东、云南、广西、香港等多地专家编写了这本《中国南药资源研究与应用图鉴》。

杨得坡教授长期从事中药资源及其化学成分、质量标准与活性研究，近年来聚焦南药资源及其产业开发。《中国南药资源研究与应用图鉴》一书，汇集了从南方诸省区主要的特色药用资源中精选出的4 211种传统药

物，不仅囊括了南药中绝大多数植物药、动物药和矿物药，还介绍了海洋中药与进口南药。该专著在内容上突显南药特色和蓝色本草的理念，在编排上采用重点药材和普通药材分层编著的方式，在体例上增加化学成分和核心产地等内容，体现了权威性、系统性、先进性和实用性，这是该著作不同于其他药用植物著作的特色之处。

《中国南药资源研究与应用图鉴》内容丰富、图文并茂，是一本国内外不可多得的学术著作，具有重要的学术价值与潜在的应用前景。该书的正式出版，对于中药现代化和国际化，以及提升我国药物学著作的国际影响力，均具有重要意义。

南方诸省区是我国中医药发展比较活跃的地区，资源的保护与梳理很及时，其作用也很重要。《中国南药资源研究与应用图鉴》不仅在科学研究层面具有价值，更重要的是，其对南药产业的发展与促进同样意义重大。我作为多年从事中药资源研究开发的药学人，也作为南药发展的推动者，乐之为序。

中国工程院院士

中国医学科学院药用植物研究所名誉所长

肖培根

Foreword Ⅱ 序二

中医药在医学理论和药典上兼收并蓄，当我们阅读和学习传统中医药时，我们很容易认识到丰富且历史悠久的中医学理论和实践在很大程度上是统一和结合的，而且，中医药的深度和多样性实际上反映了中华民族不同地区特有的文化、气候和饮食的多样性。

纵观历史，医学理论的发展、辨证、检验和应用都是为了应对本地疾病，而用于解决这些疾病的干预手段和主要药物不可避免地来自当地。因此，中国每个地区的地方文化都有自己经过历史检验和充分评估的医学实践和医药民俗就不足为奇了。医生们代代相传的智慧和遗产在当地经过了几个世纪的实践和完善，并随着对不同疾病和治疗方法认识的传播，在全国范围内有了更广泛的应用。

这部详细描述中国南方药材，特别是岭南地区药材的学术著作，是由杨得坡教授和他的同事们孜孜不倦地编写完成的。南药区是中国医学史上一个非常重要的地区，大致指中国北纬25°以南的地区，主要包括广东、广西、云南和海南，也包括湖南、江西、福建、贵州与四川接壤地区，以及香港、澳门和台湾。

本书汇集了131位主创人员的研究成果，他们在整个职业生涯中研究了岭南药用植物（包括藻类、菌类、地衣、苔藓、蕨类、裸子和被子植物）、动物、矿物和海洋药物的各个方面。这些领军的学者、研究人员和临床医生累计收集和记录了约20万份标本，这些标本被保存在中国主要

的标本馆中，大部分被保存在广东和云南两省。

本书综述和记录了4 211种不同的药材，其中包括许多不常见的药材和不常用的民族药以及本地使用的草药。同时本书提供了清晰的药材历史和地理背景，纪念了重要的历史人物，有助于人们了解中国南方独特的药用原材料。本书从实用性出发，用科学的方法进行了系统的分卷，使读者更易于阅读和理解。其主要内容包括药材的鉴定和分类、化学成分、本草溯源、种植、采收、加工以及围绕其保护和可持续性方面的论述。除此之外，还介绍了药材的用法用量、给药形式和临床适应证。最重要的是，专家们在编纂这些资料时所做的细致工作体现在信息的高质量和准确性上，而这些信息将在未来几十年作为科学参考的来源。本书同时配有高质量的药材照片及化学成分的结构图。

本书由多家重点机构联合出版，这些机构均参与出版过中国最全面的南方传统医药汇编。我对为这本书作出贡献的作者、科研工作者和编辑表示由衷的赞赏。他们承担并成功地完成了记录世界上最丰富的传统药材来源之一的历史和科学著作的艰巨任务。作者和编委们有条不紊地工作，以确保编写本书的原始材料来源于最新的科学研究数据。保护这些知识至关重要，这会引导医学的进一步发展，并改善人类的健康。

中医药是中华民族的瑰宝，也是世界人民的瑰宝。没有任何一个国家能如此有效地保护其医学文化和遗产，并将其运用到现代医学实践和临床护理中。无论是单味药材还是与其他药物配伍形成的复方，均具有重要的治疗价值。这本百科全书准确地记录和保存了不计其数的医生和医学研究人员在多个世纪中积累的知识。我感谢所有工作人员的辛苦付出以及本书对中医药实践的国际化和标准化所做出的贡献。

澳大利亚西悉尼大学名誉教授

澳大利亚国家辅助医学研究院前院长

Foreword II

Chinese medicine is eclectic in its medical theories and pharmacopeia. When we read and learn of traditional Chinese medicine, it is easy to believe that the long and rich history of Chinese medical theory and practice was mostly unified and cohesive. However, the depth and diversity of Chinese medicine actually reflects the range of cultures, climates and food endemic to different regions of the extensive Chinese nation.

Throughout history, medical theories have been developed, debated, tested and applied in response to local diseases and hence the intervention tools used to address these diseases are inevitably mostly locally sourced. It is not surprising then that each of these Chinese regions and subcultures has its own historically tested and well-evaluated medical practice and folklore. The received wisdom and legacy of generations of doctors has been tested and refined over centuries locally and then applied more broadly throughout the nation as word spreads of the recognition of different diseases and potential treatments.

Professor Yang Depo and colleagues have been assiduous and tireless in compiling this scholarly work describing in detail the pharmacopeia ingredients of southern China. The southern regions of China comprise a substantial portion of the population of China and hence represent a very significant part of its medical history. The southern regions encompass the provinces south of the Yangtze River (roughly identified as the areas souths of 25° north latitude in China), including principally Guangdong, Guangxi, Yunnan and Hainan, and the bordering regions of Hunan, Jiangxi, Fujian, Guizhou and Sichuan, along with parts of Hong Kong, Macao and Taiwan.

These volumes bring together the work of 131 expert editors and writers who have researched, throughout their professional lives, the aspects of southern Chinese herbal medicines (i.e., algae, fungi, bryophyte, ferns, gymnosperm and angiosperm), animal, mineral and marine medicines. Together these leading academics, researchers and clinicians have accumulated and documented some

200 000 specimens that are preserved in key repositories in China, largely in Guangdong and Yunnan provinces.

The encyclopaedia comprehensively reviews and documents some 4 211 different medicinal materials, including many uncommon medicinal herbs and less commonly used ethnic medicines or locally used herbal medicines. It provides clear historical and geographical context, honouring key historical figures and helping to contextualise the distinctive medicinal ingredients of southern China. The volumes are arranged systematically and practically, which are easily accessible, using a robustly scientific approach. Content includes expert identification and taxonomy, chemical composition, approaches to validation and tracing, growing, harvesting, processing, and issues around their protection and sustainability. Dosage, form of administration and clinical indications are also documented. Most importantly, the meticulous work of these experts in compiling this resource is reflected in the quality and accuracy of the information that will serve as a scientific reference source for decades to come. These volumes are beautifully illustrated with high quality illustrations of the native medicinal materials and prepared ingredients.

This encyclopaedia is jointly published by several key institutions, whose teams were involved in assembling the most comprehensive collection of southern traditional medicines published in China. I applaud the editors, scientists and authors who have contributed to this tome. They have undertaken and successfully completed the massive task of documenting the history and science of one of the world's most prolific sources of traditional medicinal ingredients. The authors and editorial board have worked methodically to ensure the latest scientific data is used as source material to report on these ingredients. Preservation of this knowledge is critical and will in itself lead to further advances in medicine and improved care of our people and planet.

Traditional Chinese medicine is a treasure of the Chinese nation but also of the global community. No other nation has so effectively preserved its medical culture and legacy and carried it forward into modern day practice and clinical care. The individual medicinal ingredients still hold significant therapeutic value on their own as well as when combined in well-designed formulations. This encyclopaedia helps accurately document and preserve this knowledge developed over many centuries by thousands of physicians and medical researchers. I acknowledge all this work and the contribution the Atlas makes to the internationalisation and standardisation of the practice of Chinese medicine.

Emeritus Professor
National Institute of Complementary Medicine
Western Sydney University
A. Benson

Preface 前言

南药指原产地或主产地为热带与亚热带地区的药材，也包括传统上经南方口岸进口的中药材（进口南药）与海洋中药，这一区域大约在北纬25°以南，这是一条沿南岭走向、具有鲜明天文地理与区系植被等特征的纬度线，核心区为广东、广西、云南与海南，还包括香港、澳门、台湾及贵州、湖南、江西、福建和四川等省份靠南的小部分地区。

《中国南药资源研究与应用图鉴》由中山大学与中国科学院华南植物园领衔，联合香港浸会大学、中国医学科学院药用植物研究所云南分所、广西中医药大学、暨南大学、南方医科大学、广东省中药研究所、广州医药集团有限公司与广东新宝堂生物科技有限公司十家单位合作编撰并联合出版。编委会成员大都是南药资源、中药学、植物分类学、民族药学与药学的教授、研究员、行业专家。主创成员长期从事南药资源、生药学、药用植物分类学、动物学、中药化学、中药药理与民族药学研究，调查足迹遍及世界各地，尤其是中国南方与东盟各地，有丰富的野外考察经验，其中主编与副主编，在野外工作的经验大都在20年以上，主创人员还查阅了约20万份的药材标本（尤其是植物标本），这些标本分别被保存于中山大学生物博物馆、中国科学院华南植物园标本馆和中国医学科学院药用植物研究所云南分所标本馆。

《中国南药资源研究与应用图鉴》围绕南药道地性与南药资源这条主

线，分为总论与各论，总论主要针对南药资源科学中涉及南药概念、南药历史、南药区生态地理环境、南药本草、大宗道地南药与南药道地性形成的原因及南药保护与利用的内容进行了归纳、评述与讨论。各论为药材分述，本书收录南药4 211种，包括植物药（藻类植物、菌类植物、地衣植物、苔藓植物、蕨类植物、裸子植物、被子植物）、动物药（无脊椎动物与脊椎动物）、矿物药三大类药材，并涵盖了海洋中药与进口南药，本书还对南药区域的292种大宗、珍稀或地方优势品种作了重点介绍。在药材描述方式上，药材被分为普通药材与重点药材，通过中文名、拉丁学名、分类地位、药材名、药用部位、功效主治、化学成分7个方面全面展现普通药材的生药学特征，通过中文名、拉丁学名、分类地位、药材名、药用部位、生境、采收加工、药材性状、性味归经、功效主治/药理药效、化学成分、核心产区、用法用量、本草溯源与附注15个方面，突出各片区重点特色药材，并按照基原排序。每种基原均配有一幅或多幅高清生态原图，重点药材按照分类系统与普通药材一起排序，体现南药中有特色、大宗或珍稀名贵重点药材的编辑理念。

本书多数案例取自主创人员的研究成果，具有一定的原创性、新颖性与实用性。总论部分突出南药本草与南药道地性，各论部分以植物药、动物药、矿物药为主线，这也是到目前为止，我国出版的南药资源或图鉴类图书中，介绍的品种最多、南方各省药材志或药用植物化学成分标注最全的南药资源研究与应用图鉴。为体现本书的先进性与国际学科发展前沿，中山大学南药团队组织在读研究生系统检索了国内外中药与天然药物学术期刊文献资料2万份以上，尤其是最近20年的研究成果，我们对此进行了归纳、整理与提炼，并尽量反映在药材条目的描述中。

《中国南药资源研究与应用图鉴》基于野外，忠于考证，辨疑订误，博采众家之观点，用南药人的工匠精神，逐件用放大镜查之，博而不繁，详而有要；精美图片，原汁原味；功效化学，精准明确，实现了科学专著

学术性与科普性的完美结合。本书编写期间，被列入“十四五”国家重点出版物出版规划，获得2022年国家出版基金及广东省优秀科技专著出版基金的资助。

本书的研究工作得到了以下计划/项目的支持：“十四五”科学技术部重点研发计划《2022乡村产业共性关键技术研发与集成应用》专项（名称：南药产业关键技术研究与应用示范；编号：2022YFD1600300）、科学技术部重点研发计划《2017中医药现代化研究》[南药（阳春砂、广陈皮与巴戟天）规模化生态种植及其精准扶贫示范研究；编号：2017YFC1701100]、国家公共卫生重大专项“云南省第四次中药资源普查”、广东省科技厅2019重点领域研发计划《岭南中医药现代化》专项（名称：岭南中草药活性化合物库的构建及重大疾病候选药物发现；编号：2020B1111110003）、广东省农业农村厅“以农产品为单元的广东省现代农业产业技术体系创新团队建设——南药（肉桂）”（编号：2019KJ142、2020KJ142、2021KJ142、2022KJ142、2023KJ142）、广东省重点领域研发计划项目“广金钱草等6种岭南中药材新品种培育研究与应用示范”（2020B020221002）、云南省重大科技专项“道地中药材云南砂仁品质提升技术研究及示范”（202102AA100020）、云南省科技人才与计划项目“云南省南药可持续利用研究重点实验室”（202105AG070011）、云南省重大科技专项“生物资源数字化开发应用”（202002AA100007）、云南省科技重大专项“砂仁等中药材林下生态种植与产地加工技术升级及示范”（20181102）、广西海洋局广西科技兴海专项“广西海洋药物资源状况及其潜力评价”（GXZC2014-G3-0578-KLZB-C）、广西科技厅科技创新能力与条件建设“中-泰药用植物专业数据库的研究与开发”（桂科能1140008-1B）、广西卫生厅“广西中药资源试点普查”（GXZYZYPC13-1）及广西科技厅广西科技基地和人才专项“中国-东盟传统药物研究国际合作联合实验室建设”（桂科AD17195025）。

本书的编写还得到了云南省杨得坡专家工作站（西双版纳）、云南省南药可持续利用研究重点实验室、广州神农草堂中医药博物馆、国家中医药管理局南药资源综合开发国际合作重点研究室、广东省现代中药工程技术研究开发中心、南药园（广州）科技发展有限公司与广东远思南药生物科技有限公司的大力支持和帮助。

本书的组织编写与出版在国内外学术界与企业界引起了很大反响，国家南药科技创新联盟与广东省药学会岭南中草药资源专业委员会、中药专业委员会参与了部分组织工作，香港浸会大学中医药学院、澳大利亚悉尼大学（The University of Sydney, Australia）药学院与西悉尼大学国家辅助医学研究院［Western Sydeny University, National Institute of Complementary Medicine (NICM)］在本书的内容选择与编写体例上提出了建设性的意见与可操作性方案。中国工程院院士、中国医学科学院药用植物研究所名誉所长肖培根研究员为本书题词并作序，香港浸会大学第四任校长、中国科学院院士陈新滋教授，以及澳大利亚西悉尼大学名誉教授、澳大利亚国家辅助医学研究院原院长Alan Bensoussan（阿兰 · 本树森）教授分别为本书作序。同时，也感谢中山大学生物博物馆、中国科学院华南植物园标本馆等为药材基原鉴定所提供的专业支持与友情帮助。

本书在编写过程中参考或检索了大量国内外学术期刊、专著、学术论文或者行业报告，由于篇幅所限，书中参考文献没有办法全部标出，书末仅列出了图书类文献，为此，请相关作者理解并原谅。

本书难免有一些遗憾，可能存在疏忽与错漏之处，欢迎国内外同仁与读者提出意见和批评，以便再版时修订。

《中国南药资源研究与应用图鉴》编委会

Instruction

编写说明

本书主要从中药资源科学与资源应用的角度论述，归纳总结了最近20年南药资源研究与应用开发的研究成果，具有很高的科学性、系统性与实用性，可供南药资源研究与开发、药物创新、南药科普等方面参考使用。

1. 本书（中国南药资源研究与应用图鉴，原书名：中国南药图志）包括总论与各论两大部分。总论从中药资源学理论的角度，介绍了南药历史、岭南医学创始人葛洪、南药本草、南药区生态地理环境、各区道地药材（如四大南药、粤八味、云药、桂药），并对南药道地性的形成过程及成因、生态区划、资源保护与可持续性开发利用进行了分析与展望，案例阳春砂介绍了粤滇两地科学家的主要成果及其产业发展的影响。各论基于野外考证，对4 211种南药（包括种、变种、亚种与化学型等），分植物药（含282科，3 968种）、动物药（含124科，212种）与矿物药（31种）三章进行分述。
2. 书中收录的南药指分布或规模化种植于大致沿南岭东西走向、北纬25°以南的广东、广西、海南、云南、台湾、香港与澳门全域，以及贵州、四川、福建、江西、湖南等省南部邻近地域的品种，也包括产于国外热带地区、历史上或目前从南部口岸进口者。
3. 本书分三卷（册）出版。上卷为总论，以及藻类植物（3种）、菌类植物（11种）、地衣植物（3种）、苔藓植物（6种）、蕨类植物

（211种）、裸子植物（35种）、被子植物（木兰科到金虎尾科889种），共1 158种；中卷为被子植物（古柯科到菊科），共1 737种；下卷为被子植物（龙胆科到禾本科）1 037种、动物212种、矿物31种，以及全书植（动、矿）物中文名、学名索引和主要参考文献。

4. 各论部分的植物和动物均采用传统概念。各章分若干节，如植物药下设藻类植物、菌类植物、地衣植物、苔藓植物、蕨类植物、裸子植物与被子植物；动物药下设无脊椎动物与脊椎动物。每节均由本草画师制作一幅手绘图，作为这一节（类）药材的代表性符号。
5. 书中的植物药与动物药按分类系统排列，其中蕨类植物采用秦仁昌系统，裸子植物采用郑万钧系统，被子植物采用哈钦松系统。矿物药按晶体化学分类体系排列。
6. 物种的中文名、学名多数参照《中国植物志》《中国动物志》《中国真菌志》等志书，少量参考最新研究文献做了修订。
7. 书中收录的南药分为普通品种与重点品种。凡南药区内各省或区道地、大宗、珍稀濒危或保护、企业用量比较大或者民间常用药材均列入重点品种范畴；其他为普通品种，普通药材中包括了很多冷背药材及不常用的民族药或地方草药，本书合计收录普通品种3 919种，重点品种292种，照片4 850幅。
8. 普通品种项下的文字内容包括原植（动、矿）物中文名（科名）、学名、药材名（包括别名）、药用部位、功效主治与化学成分等条目，毒性品种特别标注，多数3个品种占1个页面，每个品种至少有1幅植物或药材照片。
9. 重点品种项下，在普通品种的基础上，增加了生境、采收加工、药材性状、性味归经、核心产区、用法用量、本草溯源与附注（包括但不限于该药材的本草演变、种质资源、历史、文化、物种地位、产业现状与前景，以及是否有毒、是否药食同源、是否为重点保护野生物种等需要特别补充说明的事项）等条目。一个重

点品种占1个页面，多数3幅图片，即原植（动）物、药材及有效成分或主要成分的化学结构图各1幅。

10. 本书各药材名项下收载的还有植物/动物的别名、曾用品或俗名；药材性状项下个别没有相关记载或研究的药材使用分类学特征；对于少数没有传统药用记载或新发现的药材，描述了药理药效而非功效主治；附注的内容没有规定范式，涉及多方面的知识（基原考证、资源现状、真假伪劣、新成果、新思路、药用历史、文化记事等），反映了本书的博物特色。

11. 保护物种的标注参考《国家重点保护野生植物名录》[国家林业和草原局 农业农村部公告（2021年第15号）]与《国家重点保护野生动物名录》[国家林业和草原局 农业农村部公告（2021年第3号）]。

12. 药食同源目录的界定参照国家卫生健康委最新版《按照传统既是食品又是中药材的物质目录管理规定》，包括可用于保健食品的中药名单、禁用名单、普通食品及不是普通食品的中药名单。

13. 凡书中涉及《中国药典》（2020版）与《中华本草》收载的品种，药材性状、性味归经、功效主治等内容基本保持一致，其他品种的各项内容均为编委会成员根据国内外期刊或著作中的描述编写，体现本书的原创性、新颖性并反映最新科技成果。

14. 南药区是我国少数民族的聚集区，他们有自己的传统与独特的用药方法，乃至用药理论。为此，本书收集整理了这些药材，如广东的瑶药、云南的傣药、海南的黎药、广西的壮药等，尤其是傣药。傣族医药是中国四大传统医药之一，具有鲜明的民族特色、地域特点和独特的理论体系，本书收录的部分药用植物为傣药，根据傣医的“四塔”理论，将用于调节人体四塔（风、火、水、土）的药用植物分类为风塔、火塔、水塔、土塔。

15. 书中的化学成分，多数采用其中文通用名，少数是国际上新近鉴定的化学成分，尚无中文译名，采用了其英文通用名或化学名。

书中的主治功效多数采用中医惯用表述，少数没有中医记载或新近引进的药材品种则使用药理药效表述。

16. 尽量反映南药的分布、栽培（养殖）、引进或使用现状是本书品种筛选的原则之一。有些原产国外的新近品种，如辣木、南非叶、东革阿里、安南龟与暹罗鳄等，采用了新的编目系统。这些品种都是目前我国南方常见栽培（养殖），从东南亚国家及印度、南非等引种驯化的药材新品种，反映了我国建设“一带一路”成果，以及与广袤的亚非拉国家热带地区紧密的中医药国际交流与合作，这符合肖培根院士的“大南药”理念。

17. 图片精美是本书的特色，占据篇幅也最大，本书编写过程中，征集各类图片合计超1.5万幅，多数是在自然环境中拍摄、反映植（动）物生长状态的高清晰图片，经过筛选本书采用了4 850幅，其中大部分为各位编者提供，少量为同行专家或朋友无偿赠与，由于篇幅所限，除了总论图片标注作者外，其他无法一一标注，请予谅解与支持。

18. 本书编写主要参考历版《中国药典》《中华本草》《中国植物志》（包括英文版FOC）及历代本草典籍，收集整理了最近20年中外科学家发表的文章及出版的专业书籍、图志等文献，经过筛选确认选用信息2万余条，本书参考文献仅列举了图书类文献89条，所参考使用的期刊（中英文）文献，由于篇幅所限未予列出，请予谅解并支持。

19. 本书编委会成员合计131位，主要来自大学、研究机构与企业等，他们为本书的野外调查、物种鉴定、生药学研究与编写做出了贡献，由于单位甚多，本书仅列出该书的组织编写与资助的十家单位，其他未予列出，也请各位编委谅解并支持。

20. 由于编写人员水平所限，时间紧迫，可能有品种遗漏、未能收录的情况。行文抑或有不妥之处，请广大读者不吝批评指正！

主要编写单位

Principal Compiling Institutions

中山大学

中国科学院华南植物园

香港浸会大学

中国医学科学院药用植物研究所云南分所

广西中医药大学

暨南大学

南方医科大学

广东省中药研究所

广州医药集团有限公司

广东新宝堂生物科技有限公司

Table of Contents

目录

各论

General

总论

南药形成的历史、道地性及其种质资源的保护与应用

Part 1

南药与大南药的概念

一 南药的由来与发展

中药材自古以来讲究道地，如“川广云贵”道地药材、浙八味、四大怀药、四大南药、十大广药等。根据国内药学界通用的定义，南药是指长江以南地区所产的道地药材，据记载有1 500余种，在众多南药中，槟榔、益智、砂仁、巴戟天被称为中国四大南药。

关于南药的起源，据考证，清代屈大均在《广东新语》一书中有“戒在任官吏，不得私市南药”之说，这是关于“南药”一词最早的文字记载。

1757年，清政府关闭了沿海的各个海关，划定广州为全国唯一对外贸易的口岸，史称“一口通商”。由于外国商人向中国“叩关索市”及清政府开放海禁，乾隆四十九年（1784年）秋，美国历史上第一艘开来中国的商船“中国皇后号”载着西洋参等货物抵达黄埔港，并载着中国产的桂皮等货物返航美国，我国药材的对外贸易由此进一步展开。中药材的命名与产地、集散地和通商口岸有关，如木香、藿香若从广东口岸进口，则名为“广木香”“广藿香”。进口药材有西洋参、高丽参、乳香、没药、犀角、羚羊角、诃子、大风子、胖大海、番泻叶、血竭等数十个品种，这些药材也被称为“南药”(又称“洋药”或“海药”)。

从事药材贸易的药材十三帮指的是京通卫帮、关东帮、山东帮、山西帮、陕西帮、古北口帮、西北口帮、宁波帮、彰武帮、怀帮、广帮、江西帮、亳州帮。广帮是指经营两广及南洋一带药材的商人，药材集散地是香港、广州和汉口。广帮是大帮口，资金雄厚，来货多是进口细货，比如由印度进口的木香、沉香、红花、犀角、乳香、没药、牛黄、番泻叶等，由印度尼西亚进口的血竭、芦荟、丁香、沉香、牛黄、犀角、珍珠等，由越南进口的砂仁、豆蔻、肉桂、犀角等，以及大西洋的龙涎香、非洲的广

角、美国的西洋参、泰国的暹罗角等；去货则以熟芪、鹿茸、人参等为主。

岭南药事活动现存最早历史记载见于广州西汉南越王墓，在墓中发现了铜杵、铁杵和铜臼等捣药工具及辰砂、铅粒、硫黄、沉香、乳香等中药。相传葛洪在广州白云山种植中草药，使用九节菖蒲、红脚艾、青蒿等治疗疫疠、赘疣、疟疾；在罗浮山建炉炼丹，开创中药化学制药史；著有《金医药方百卷》《肘后备急方》《抱朴子》等，流传后世，影响深远。唐朝后期，罗浮山中草药种植及药材初级加工兴起，成为当时岭南最大的药材集散地。罗浮山与南亚、东南亚各国药材贸易来往密切，并开始对进口药材进行引种驯化。

1969年，在商业、农垦、林业、外贸、卫生、财政等国家六部委联合发出《关于发展南药生产问题的意见》后，广东、广西、云南、福建等省区进一步开展了南药引种工作。

1970年，首届全国南药会议在广东湛江召开，随后在广西南宁、福建漳州、云南西双版纳景洪召开第二、第三、第四届全国南药会议。第四届全国南药会议研讨并布置了砂仁、槟榔、巴戟天、益智、安息香、儿茶、海马等的生产计划，并积极引种传统进口品种白豆蔻、丁香、肉豆蔻、胖大海、乳香、没药、血竭、藏红花（西红花）等，将寻找进口南药代用品提上日程。

1971年，国家拨出专款，先后从国外引进30多种南药种子，扶持南药引种工作。至20世纪70年代后期，成功引种热带药材100多种，如槟榔、南肉桂、穿心莲、广藿香、砂仁、儿茶、豆蔻、丁香、檀香、千年健、西红花、西洋参、古柯、大风子、马钱子等。这些南药在广东、广西、云南、浙江、上海等地的种植面积大幅增加。

1975年，商业、农林、卫生与全国供销合作总社等部门联合发出了《关于发展南药生产十年规划的意见》，将江西、贵州、四川、浙江等省也列入全国南药生产省区。

1985年，槟榔、肉桂、穿心莲、广藿香等在两广热带与南亚热带地区被引种栽培并做到自给自足，进口药材变成了国产南药，而南药进口品种从20世纪50年代初的70种减少到80年代中期的38种。

2004年，国家食品药品监督管理局（SFDA）印发《关于颁布儿茶等43种进口药材质量标准的通知》。2006年，SFDA发布关于施行《进口药材管理办法（试行）》有关事宜的通知，出台《非首次进口药材品种目录》（第一批），内含63种进口药材，2011年增补10种。2020年发布了《国家药监局 海关总署 市场监管总局关于实施〈进口药材管理办法〉有关事项的公告》(2020年第3号)，其中附件1对2006年、2011年发布的两批《非首次进口药材品种目录》进行了修订、合并，列明进口药材93种。虽目录中不少中药材已有国产替代品，但随着中医药的蓬勃发展及药材用量的增加，进口药材仍是必不可少的。

广东省地理位置得天独厚，南药资源丰富，产业基础良好。2006年，广东省率先出台了《中共广东省委 广东省人民政府关于建设中医药强省的决定》和《广东建设中医药强省实施纲要（2006—2020年）》，2016年筛选出立法保护的8个品种（粤八味）并予以重点支持。2019年10月，国家发布了《中共中央 国务院关于促进中医药传承创新发展的意见》。随后，南药现代农业产业园、南药种植基地、南药休闲健康旅游基地、中药材产业化基地等相继建成，南药养生融合生活的吃、住、行、游、购、娱等各个环节，走进了平常百姓家。

涵盖珠三角九市（广州市、深圳市、珠海市、佛山市、惠州市、东莞市、中山市、江门市、肇庆市）及香港特别行政区、澳门特别行政区的粤港澳大湾区（Guangdong-Hong Kong-Macao Greater Bay Area），不仅将成为充满活力的世界级城市群、国际科技创新中心、“一带一路”建设的重要支撑，也将成为内地与港澳中医药深度合作示范区，粤港澳大湾区的建设对南药发展至关重要。

二 南药概念的争议

一直以来，南药的概念在不同时期、不同地区有不同的说法。

（一）传统南药说

传统南药指长江以南、南岭以北地区，包括湖南、江西、福建等省区所产的药材，该地区所产药材有江枳壳、建泽泻、朱砂、石斛、雄黄、南沙参、栀子、白前等，这是20世纪中期比较流行的意见。

（二）南北地域说

自古以来中药就有“北药”“南药”之说。业界通常把北方地区的药物称为“北药”，把南方地区的药物称为“南药”。南药生产区域的划分是以我国秦岭为界，“秦岭-伏牛山-淮河”以南地区生产的药材为南药，以北地区生产的药材为北药。

（三）热带产区说

1975年发布的《关于发展南药生产十年规划的意见》将江西、贵州、四川、浙江等省也列入全国南药生产省区，故认为南药是原产或主产于热带和亚热带地区的中药材。有学者也认为，南药应分为原产或主产于热带非洲（如血竭、乳香、没药、芦荟等）、亚洲（如豆蔻、丁香、肉豆蔻、胖大海等）的药材，包括传统进口南药、国产及引种国产化（如槟榔、砂仁、巴戟天、益智、安息香、儿茶等）的中药材。

（四）进口药材说

1977年，原卫生部颁布了《进口药材质量暂行标准》，南药成了进口药材的同义词，包括羚羊角、西洋参、番泻叶、胡黄连、阿魏、藏红花等进口药材。还有学者认为，南药是指我国需依靠进口或引种栽培的中药材，如豆蔻、砂仁、儿茶、肉桂等，这些药材大都分布在东南亚、南亚诸国。

（五）越南南药说

越南传统医药分为南药和北药，南药是指生长在越南的药材，北药是指生长在中国的药材。越南南药与中国种属可能完全不同，但与中药材用于同一治疗目的。在市场上销售时，越南药材如与中国药材的名称相同，则在名称后加后缀Nam，以代表“南药”；而从中国出口的中药材则加后缀Bac，代表“北药”，以作区别。例如，生长在中国的甘草叫Cam thao，或叫Cam thao Bac，生长在越南的甘草则叫Cam thao Nam。

本书所涉南药的定义与范围是原产或主产地为北半球亚热带与全球热带地区的药材及传统上从海外亚非拉国家进口的药材，尤其是从东盟国家进口的药材，前者为国产南药，后者为进口南药。南药分布区域大约在我国北纬25°以南，北纬25°是一条沿南岭走向具有鲜明天文地理与区系植被等特征的纬度线。国产南药分布区域主要包括广东、广西、海南、云南及香港、澳门和台湾地区，但实际上，也包括贵州、湖南、江西、四川和福建靠南的少部分亚热带地区。

有南药之说就有北药之说。北药原先是药材经营者的行业俗称，很多

人把东北产的道地药材称为“北药”，但其实东北产的药材俗称“关药”，山西、河北和河南北部（如怀药）等地区产的药材才叫“北药”。

中医在临床实践中发现了一种独特现象——南方所产药材在我国北方发挥的治疗效果相对于在南方更佳，因而南药在北方销量更大、运用更广，概称“南药北治”；反之亦然，叫“北药南治”。时至今日，“南药北治”“北药南治”的现象依然存在，专家学者也提出了不少假说试图解释，但实际上，目前还是“知其然不知其所以然”。

三　大南药理念的提出与影响

海上丝绸之路促进了海内外各国的医药交流。郑和七下西洋，通过朝贡采购输入我国的药物有犀角、丁香、乳香、没药等至少29种，船队也用中国本土的麝香、大黄、茯苓、肉桂等中药作为交换和赐赠。南药的形成和发展汇集了中外南药原产地各国人民的传统医药知识和临床经验，是中外传统医药“一带一路”交流互鉴的重要历史见证，代表着不同医药文明交流的丰硕成果。

从世界范围来说，国外广袤的热带地区，大致包括亚洲的南部（南亚）和东南部（东南亚）、拉丁美洲和非洲，也就是我们通常所说的“亚非拉”。肖培根院士指出，广义的“大南药”是指生长在上述地区的药材。“大南药”概念的提出，有利于适应我国改革开放的方针，有利于南药的发展与兴旺，有利于我国和这些国家政治、经济、文化上的双赢。

由于南亚有印度的传统医学——阿育吠陀（Ayurveda）医学体系，所以许多南药在南亚有很长的应用历史。著名的有敛肺止咳的诃子，清热止咳的余甘子，用于各种热证的毛诃子（以上俗称“三果”），有清热解毒作

用的穿心莲，用于治疗感冒等疾患和充当茶剂的圣罗勒，有多种用途的印度楝，以及一批经过现代研究的草药，如发现穆库尔没药有降血脂与抗动脉粥样硬化的作用，蛇根木有降血压的作用，卵叶车前、假马齿苋有促智的作用等。不少东南亚的南药与我国的南药有相似之处，这是由于越南等国的传统医学与我国传统医学有颇多相似之处，常用药材有广豆根、肉桂、马钱子、广藿香、胡椒、巴戟天、八角茴香、砂仁等。东南亚著名的南药还有豆蔻、血竭、胖大海等，东南亚是我国进口南药的一个重要来源。东南亚的两面针、鸡蛋花、蛤蚧、决明子等资源丰富，而中国产量有限，所以这些南药的进口为中药提供了重要的资源。东南亚地区植被丰富，有广阔的热带雨林，南药开发的潜力很大。非洲是世界上陆地面积第二大的洲，植物资源丰富，有100种左右的草药已被商业化，其中有大家熟知的乳香、没药、催吐萝芙木、阿拉伯胶、芦荟、丁香等。

四　本书中南药资源品种收载的范围

基于上述南药与大南药的概念，综合考虑国产药材与进口药材的来源，本书收载的南药是指原产或引种至广东、广西、云南、海南、香港、澳门、台湾地区的药材及江西、福建、贵州、湖南和四川的部分药材（国产南药），进口南药指传统上进口自亚洲南部（南亚）和东南部（东南亚）、大洋洲、拉丁美洲和非洲的外来药材。

Part II

主要南药区的生态地理与药材资源的特点

一 南药核心区的地理地貌与水文

（一）广东

1. 地理

广东简称“粤”，因宋朝时其辖境属于广南东路而得名“广东”。广东位于中国南部，毗邻香港、澳门，与福建、江西、湖南、广西接壤，南临南海，西南端隔琼州海峡与海南相望。广东地处北纬20°09′～25°31′、东经109°45′～117°20′，北回归线横贯境内，陆地海岸线长4 114千米。全省共有海岛1 429个，其中最大的海岛是湛江的东海岛。全省陆地部分东西长、南北窄，面积约18万平方千米。沿海200米以内的大陆架，东起台湾浅滩南部，西至北部湾东部，面积约17万平方千米。全省下辖21个地级市、65个市辖区、20个县级市、34个县与3个自治县。

2. 地貌

广东地势北高南低，横亘省境北部的南岭是珠江与长江水系的分水岭。与湖南接壤的石坑崆，海拔1 902米，是广东省最高峰。山脉多为东北—西南走向。丘陵分布于山前地带，形态常与山地一致。台地主要分布在雷州半岛、海丰及惠来西部一带，海拔在百米以下。平原主要分布于南部江河下游和入海处。珠江三角洲为全省最大的平原，以珠江口至狮子洋为界，可将珠江三角洲分为西江、北江三角洲和东江三角洲两部分。

广东地貌形态复杂，有典型的丹霞地貌、喀斯特地貌、熔岩地貌、海蚀地貌等。复杂的地貌使得广东生态多样性良好，自然资源丰富。

3. 水系

广东共有大小河流1 343条，总长超2.5万千米。主要河流有珠江、韩江、鉴江、漠阳江等。具有流量大、含沙量小、汛期长、终年不冻、水力资源丰富的特点。

珠江是中国南方大河之一，也是广东最大的水系，为中国第四大河，干流总长2 215.8千米，流域面积为45.26万平方千米（其中极小部分在越南境内），地跨云南、贵州、广西、广东、湖南、江西及香港、澳门等地。珠江水系是南药区内对药材分布与品质影响最大的水文因素。韩江为广东省第二大河。全省地表径流总量为1 953亿立方米，仅次于台湾而居全国第2位，水资源总量在全国各省中居第2位。广东濒临的南海是位于热带季风区中封闭性较大的海盆，南海表层水温高，蒸发量大，含盐度较大，近海潮汐现象极为复杂。

4. 气候

广东深受季风和海洋暖湿气流影响，北部、南部分属亚热带季风气候和热带季风气候，是中国光、热、水资源特别丰富的地区。省境年太阳总辐射量达422～563千焦/厘米^2，日照时数为1 700～2 200小时，但南北相差几近一倍。广东各地年均温除粤西北的连山外，均在19℃以上，温度的纬向分布较明显，大致北低南高。

广东是中国降水丰沛的地区之一，大部分地区年降水量在1 500～2 000毫米，但分布不均，地区间和逐年间差异很大。

广东是中国受台风侵袭最频繁的省份，影响省境的台风年均约10次，但在广东登陆的台风年均仅4～5次，以7—9月居多。

5. 自然资源

广东省内维管束植物超过7 717种（包括亚种、变种和变型），隶属于2 051属、289科，约有73%为热带植物。重要的野生资源植物有1 000余种，其中古老植物有30余种，如水松、苏铁、桫椤等，被称为广东的“活化石”。南岭地区植物种类总数超过中国中部和北部各类植物的总和，有“绿色宝库”之称。

广东是中国动物繁盛的省份之一，野生脊椎动物有1 100余种，珍稀动物有苏门羚等。

图❶
广东博罗罗浮山常绿阔叶林
（2021，周天来）

广东矿产资源中已探明储量的有104种，其中有色金属居多。广东药用植物资源、动物资源、矿物资源均极为丰富，有3 500余种。

广东省海岸线长，海域辽阔，海洋资源丰富。海洋生物包括海洋植物和动物，共有浮游植物406种、浮游动物416种、底栖生物828种、游泳生物1 297种。广东沿海沙滩众多，气候温暖，红树林分布广、面积大，在大陆最南端的灯楼角有全国唯一的大陆缘型珊瑚礁。丰富的海洋资源和适宜的海洋环境为海洋中药材的研究和发展提供了摇篮。

（二）广西

广西地处中国南疆，面积23.76万平方千米，位于北纬20°54′～26°23′，东经104°28′～112°04′，北回归线横贯境内。西北连接云贵高原东南部，与

图❷
广西崇左石灰岩剑叶龙血树群落
（2004，陈虎彪）

海洋相接，南面和越南相连。全区地势总体西北高东南低，是一个倾斜的盆地，但丘陵和中等山地也广泛分布。盆地海拔150米左右，丘陵海拔200～400米，山地海拔一般1 000～2 000米。

广西的气候受季风影响强烈，具有北热带、南亚热带和中亚热带三个气候带的特点。春季相对多雨；夏季高温高湿，降雨充沛；秋季凉爽，常有干旱；冬季有霜冻。冬、夏季交替明显。广西是我国中药材的主要产区之一。据不完全统计，广西产药用植物中苔藓48种，真菌90种，蕨类400种，裸子植物58种，种子植物6 124种；药用动物798种；海洋药物600余种。其中，广西特有的药用植物有100余种，如长茎金耳环、广西大青、广西绞股蓝、广西美登木、细柄买麻藤、上思耳草、靖西十大功劳、马山地不容、广西斑鸠菊、茎花来江藤等。广西苦苣苔科特有种也十分丰富，

如肥牛草、药用唇柱苣苔、弄岗唇柱苣苔。广西道地药材有肉桂、八角茴香、广豆根、三七、罗汉果、合浦珍珠、桂郁金、何首乌、蛤蚧、广地龙、滑石粉等。广西大宗及特色药材有姜、龙眼肉、厚朴、杜仲、槐米、广山药、穿心莲、化橘红、牛大力、钩藤、鸡血藤、鸡骨草、两面针、铁皮石斛、广金钱草、吴茱萸、山银花、巴戟天、千年健、天冬、山柰、砂仁、天花粉、茯苓、葛根、绞股蓝、青蒿、肿节风、牡蛎等。

（三）云南

云南位于我国西南边陲，总面积约39万平方千米，位于北纬21°8′～29°15′，东经97°31′～106°11′，北回归线横穿其南部。东接华南台地，西接

图❸
云南河口热带雨林
（2021，李国栋）

印缅次大陆，南接中南半岛，北依青藏高原，为海陆对比之势。省内地势从西北向东南倾斜，最高海拔6 740米（梅里雪山卡瓦格博峰），最低海拔仅76.4米（河口），有河流100多条，大小湖泊40多个。全省地形复杂，气候环境多样，孕育着从热带、亚热带、温带、寒温带到寒带的丰富的生物种类，是举世瞩目的生物多样性中心和生物资源宝库。

由于北有青藏高原阻止了从欧洲和中亚细亚南下的寒潮，东南有牯牛寨山、梁王山天然屏障阻挡了从太平洋北部湾热带气流的推进，使暖温空气抬升，形成了文山、红河等滇东南的南亚热带季风气候区。在西南部和南部，无量山、哀牢山阻挡了冬季北方冷空气南侵，也阻挡了夏季印度洋孟加拉湾潮湿气流北上，亦使暖湿空气抬升，形成西双版纳、德宏、临沧、思茅等滇南和滇西南赤道季风气候区。西南季风和东南季风越过受阻屏障下降时，常常产生下沉，有绝热增温作用，使丽江的东部、大理自治州的东部、楚雄自治州的北部及元江河谷等某些局部地区形成焚风，形成与东南亚某些稀树干草原相似的生态环境，这也是干热性南药生长的生态环境。

（四）海南

海南位于亚洲热带的北缘，属于热带季风气候，年平均气温20～26℃，最冷月均温10～13℃，绝对最低气温一般在5℃左右，终年无霜雪，年降雨量1 500毫米以上，日照时数2 300～2 700小时，适合生物资源的繁殖和生长。全岛四周环海，境内山地连绵，海岛中部及南部为山体，五指山、黎母岭、霸王岭、尖峰岭、鹦哥岭、吊罗山等山脉海拔高达1 000米以上，这些山体是海南植物多样性的摇篮，茂密的热带森林孕育出4 600多种植物，其中有大量的特有属种。截至2005年，我国已确认海南南药资源种数在3 400种以上，其中药用植物3 160余种，占我国现有药用植物

图❹
海南五指山胆木林
（2019，吴孟华）

种类的1/3，位居全国前列。同时，海南的海洋面积居全国首位，在海洋药用植物资源及热带海滩红树林药用资源方面有很大的优势。据《海南植物志》记载，海南现有药用植物3 000多种，被《中国药典》收载的有500种，被誉为“天然药库”“南药之乡”。

根据海南岛的植被类型、地形地貌、生态环境及药用植物分布区域情况，可将海南药用资源分为以下类型。

1. 山地雨林药用植物资源

此类资源分布于海南岛中部、东部和西部地区海拔500米以上的沟谷雨林、山地雨林和季雨林，包括琼中、白沙、通什、乐东西南部、万宁南部、陵水北部等地区。此区地势险峻，雨雾多，温暖湿润，土壤肥沃，药用植物资源丰富，是海南药用植物主要分布区。主要品种有海南粗榧、黄连藤、白木香、鸡血藤、罗汉松、石斛、冷饭团、杜仲、胆木、海南地不容、桫椤等。

2. 丘陵山地药用植物资源

此类资源分布于海拔250～500米的高丘陵低山，该地形位于海南岛垂直分布的第二环形阶梯，包括海南中部、西南部、东南部及东北部部分山区，包括屯昌、琼中、昌江、乐东、琼海、万宁西北部、保亭西南部及定安、澄迈的部分地区，植被大部分为砍伐后的常绿季雨林或落叶季雨林。此区高温多雨、土壤肥沃，药用植物种类繁多，木本药用植物较多，也是海南药用植物主要分布区域之一。主要品种有买麻藤、巴豆、见血封喉、海南大风子、钩藤、山鸡椒、五指毛桃、山银花、草豆蔻、益智仁、巴戟天、海南砂仁、鸦胆子等。

3. 低丘台地和草原药用植物资源

此类资源分布于各市县海拔250米以下地区，该地形位于海南岛垂直分布的第三环形阶梯，植被为旱、中性稀树草原和低丘台地草原及人工植被与灌丛草坡，是药用植物资源分布面积最大的一个区。此区域地势平

缓、耕地面积多、人口集中，是生产药用植物的最佳区域，主要的药用植物品种有了哥王、大青、山芝麻、牛耳枫、牛大力、鸡骨香、余甘子、桃金娘、海金沙、莪术、鸦胆子、裸花紫珠、白茅、槟榔、益智仁、高良姜、山柰、穿心莲、广藿香等。

4. 沿海平原药用植物资源

此类资源分布于海拔50米以下的台地平原，该地形位于海南岛垂直分布的第四环形阶梯，广泛分布于沿海各市县，尤其是琼北和琼西南，植被类型主要是刺灌丛和分布于琼北沿海的湿地草原。主要的药用植物品种有小花龙血树、穿破石、黄荆、露兜簕、独脚金、红厚壳，以及湿地的猪笼草、锦地罗、谷精草、狭叶香蒲等。

5. 滨海沙滩和红树林药用植物资源

滨海沙滩的海拔大多不足10米，其生境干热，太阳辐射强烈，土壤为盐碱性。红树林属热带海滩的特殊生境，主要分布于北部的海口，东部的文昌，西部的临高、儋州及南部的三亚、陵水。主要的药用植物品种有海莲、老鼠簕、海榄雌、海杧果、木榄、芦荟、蒺藜、天门冬、仙人掌、蔓荆子等。

6. 水生药用植物资源

此类资源指淡水植物或海水植物，分布于水塘、水库、河沟、水田、沼泽地或海洋等。主要的药用植物品种有海带、紫草、浮萍、野慈姑、江蓠、石莼等。

7. 居民点、路边、河沟边、旱田药用植物资源

此区域大多数为海拔100米以下的平原台地，人类活动频繁，土壤肥沃湿润。主要的药用植物品种有刺桐、苍耳、槟榔、长春花、白花曼陀罗、马鞭草、积雪草、落葵等，另有引种的药用植物资源约50种，如吐鲁香、白豆蔻、儿茶、肉豆蔻、锡兰肉桂、印度马钱、胖大海、催吐萝芙木、丁香、安息香、檀香等。

图❺
香港梧桐寨亚热带常绿阔叶林
（2021，陈虎彪）

（五）香港

香港位于北回归线以南，由香港岛、九龙半岛、新界和周围的262个岛屿组成，总面积为1 106.3平方千米。香港人口稠密，有700多万人，境

内地少山多，市区面积约占总面积的15%，农地少于1%，但余下郊区仍获大幅保留，以用作自然护理、教育和市民户外康乐用的郊野公园。

香港地处热带北缘，面临广阔海洋，受季候风影响，海洋气候及季节变化显著。冬季季候风每年9月开始由北方或东北方吹来，一直延续到翌年的3月中旬。冬季天气较凉、干燥，初春会有浓雾和微雨。夏季季候风每年4月中旬至9月从南方或西南方吹来，夏季多雨，天气炎热潮湿，常受台风侵袭。香港年平均温度为22.8℃，1月份最冷，平均气温为15.8℃，7月份最热，平均气温为28.8℃。高地的气温可能比平地低数度，而冬季偶尔会有数天的霜冻。年降雨量为2 214毫米，其中80%集中在5—9月。

香港在大地构造上，为华南准地台的一部分，曾发生过几次海陆变迁。岩石以古生代及中生代三类火成岩为主。

花岗岩广泛分布于香港岛北部、九龙至沙田地区、荃湾以西的大部分地区、元朗以南地区、大屿山东部、南丫岛等地。花岗闪长岩主要分布于

图❻
香港三亚湾红树林秋茄群落
（2021，陈虎彪）

图❼
广东阳山千年南方红豆杉
（2021，杨得坡）

大帽山、青龙头、石岗、大埔、青衣岛及城门一带。石英二长岩主要见于大屿山南部的塘福、梅窝、贝澳和港岛的鹤咀等地。地貌上，香港多山，且是一个局部沉降并高达900米的切割高地，高地是自然景观的主要部分，山区占土地面积的3/4，最高的大帽山海拔为958米，其次是大屿山的凤凰山（934米）及大东山（869米）、马鞍山（703米）、草山（645米）、飞鹅山（603米）、扯旗山（554米）、柏架山（531米）。较宽阔的平原仅在西北部可见，而小规模的平地则多在山谷底部或海湾顶端。

香港的土壤可分为山地土壤和冲积土两大类。主要的山地土壤广泛分布于丘陵和山地，根据成土母质，可分为黄壤、红壤和赤红壤。黄壤的成土母质主要是花岗岩，广泛分布于九龙半岛的青山、大榄涌、大帽山、八

仙岭、马鞍山及大屿山中部和东部，海拔500～700米的山地。红壤和赤红壤则分别分布于海拔500米的低山及海拔300米以下的丘陵。冲积土分布在河流溪涧两岸的泛滥平原及沿海各滩地，平原上较肥沃的土壤多曾被开垦作耕地，而沿海泥滩则孕育着红树林。

1 000多千米的海岸线、绵延的山脉及风景宜人的郊野公园，让香港成为多种野生生物栖息和生长的理想地方。香港地处热带及温带之间，地方虽小，却拥有丰富的生物种类。香港有3 300余种植物、55种陆栖哺乳动物、115种两栖和爬行动物、193种淡水鱼。

香港是重要的中药贸易港口，并无大宗地产药材的栽培与生产，所用药材均来自内地或海外。

（六）澳门

澳门地处广东珠江口西南岸，位于北纬22°06′29″～22°13′01″，东经113°31′45″～113°35′43″，北与珠海的拱北接壤，西与珠海的湾仔、横琴岛隔水相对，东隔珠江口与香港相望。澳门由澳门半岛、氹仔岛和路环岛组成，总面积32.9平方千米。据统计，澳门野生和常见维管束植物共有1 604种。

澳门在大地构造上，为华南准地台的一部分，地质环境基本上与广东东南沿海地区相似。地貌上，平地占47.56%，丘陵占47.32%，台地占0.64%，水库及沼泽地占4.48%，最高点位于路环岛的塔石塘山，海拔176.45米。主要的丘峰为位于澳门半岛的东望洋山（91.6米）及位于氹仔岛的大潭山（160.47米），地势以东北—西南走向为主。

澳门虽然面积很小，但海岸线长达76.7千米，为各种海滨植物的生长提供了优越的自然条件。澳门的岩石主要为花岗岩，土壤以由花岗岩发育而成的赤红壤为主，呈酸性（pH 4.84～5.70），此外还有一些为滨海冲积土。

澳门是一个多雨的地区，年均降雨量为2 013.1毫米，4—9月为雨季，占年均降雨量的83.7%，尤以6月份的雨量最多，达361.4毫米。10月至翌年的3月为旱季，其中12月的雨量最少，只有24.0毫米。澳门的年平均气温为22.3℃，1月是最寒冷的月份，平均温度14.5℃，7月是最热的月份，平均温度28.6℃。年平均相对湿度为80.5%。夏、秋季长，多受热带风暴与台风的侵袭和影响。

澳门由于开埠较早，人类的活动对植被的影响很大，尤其在澳门半岛，自然植被遭到了严重的破坏，目前仅在西望洋山、青州山、莲花山、东望洋山等处见有少量的次生南亚热带常绿阔叶林及稀疏灌丛，乔木种类则相当少见。氹仔岛的开发历史晚于澳门半岛，自然植被虽然也遭到了严重破坏，但在小潭山及大潭山有2～4米高的灌丛群落，分布较为普遍。澳门的天然群落主要集中分布于路环岛，这里由于远离市区，人为干扰相对较少，岛上普遍分布着大片的灌丛群落。政府已在岛上建立了自然教育径，为市民提供休闲教育的场所。

澳门的乔木群落为次生性的南亚热带常绿阔叶林，这种群落在澳门呈小片状分布，主要见于澳门半岛，由于长期的人为干扰，组成种类十分简单。澳门的红树林近年由于受到填海工程的影响，遭到严重的破坏，例如分布于路氹公路两侧的红树林，因填海工程，大部分已枯死。澳门的灌丛群落分布较广，主要见于路环岛和氹仔岛，灌丛种类组成十分丰富。

虽然澳门的面积小、海拔低，植物分布大体上较为一致，但由于澳门半岛、氹仔岛及路环岛的海拔不同，植被在各区的分布亦有差异，再加上降雨量的空间分布因地貌的差异而呈现从南向北递减的趋势，即使在同一岛屿，不同坡向的雨量也不同，东南坡的雨量较西北坡的多，这种差异也反映到了植物的分布上。

另外，澳门地区与周围陆地相距不远，其植物与周围地区相互渗透，种类组成具有很大的相似性，所以澳门缺少特有植物种类。澳门由于毗邻

广东，其植物区系实质上是广东植物区系的一部分。从现在所掌握的资料看，澳门植物区系中所有属、种均见于广东。由于澳门与香港的地理位置相近，气候相似，两地植物在属级和种级水平上均具有很高的相似性，澳门大部分的属、种均见于香港。

澳门并无大宗地产药材的栽培与生产，所用药材均来自内地或海外。

二　海洋南药

海洋中药是指在传统中医药理论指导下，用于防治疾病和养生保健的海洋天然药物及其制品，是我国传统中药宝库不可或缺的重要组成部分。海洋中药包括海洋植物药、海洋动物药、海洋矿物药。其中，海洋植物药主要来源于大型藻类（红藻门、褐藻门、绿藻门）和红树类（被子植物门），海洋动物药主要来源于海洋无脊椎动物（腔肠动物门、环节动物门、软体动物门、节肢动物门、棘皮动物门）与海洋脊索动物（脊椎动物门），海洋矿物药主要来源于珊瑚和火山岩石块或部分动物的干燥骨骼、化石（如珊瑚、苔虫、石蟹等）。

海洋南药是指分布于南方沿海地区，包括广东、广西、海南、福建等省（自治区）及香港、澳门、台湾等地区所涉海域的海洋中药。

南海海域生物资源的物种数目占全国对应物种总数的百分率为：鱼类为67%，虾蟹类为80%，软体动物为75%，棘皮动物为76%。据报道，南海北部大陆架仅鱼类就达1 064种，隶属于173科499属，具有经济价值的鱼类200多种、虾类135种、头足类73种，其种数约是东海的1.5倍，是黄海、渤海的2.5倍。南海的特产品种全国最多，如二长棘鲷、红鳍笛鲷、长尾大眼鲷、金枪鱼、海龟、龙虾、红虾、鲱鳗、园腹鲱、蓝园参、灰

鲳、鳓鱼、火枪乌贼、康氏马鲛等。其中国家珍稀动物也不少，如虎斑宝贝、唐冠螺、鹦鹉螺、大珠母贝、马氏珠母贝、大砗磲、棱皮龟、玳瑁、鲎等。据1981—1986年海岸带和海涂资源调查资料，共记录中国潮间带海洋生物1 590种，由北往南逐渐增加，渤海251种，南海971种。南海水产丰富，盛产海龟、海参、牡蛎、马蹄螺、金枪鱼、红鱼、鲨鱼、大龙虾、梭子鱼、墨鱼、鱿鱼等热带名贵水产及海洋中药。鱼类海洋中药中，大黄鱼、小黄鱼、带鱼、鲐鱼、墨鱼、红鱼等资源丰富。仅就海参而言，可供食用的海参种类就达24种。海洋矿物中药有海盐、咸秋石、石燕、石蟹、浮石、珊瑚等。

黄海区常见鱼类有159种，如大黄鱼、小黄鱼、带鱼、鳓鱼、鲅鱼、鲳鱼、鲮鱼、鲐鱼、鳀鱼、鲈鱼、白姑鱼、黄姑鱼、鳐鱼等；虾、蟹类有中国对虾、中国毛虾、三疣梭子蟹等。东海鱼类有727种，主要鱼类有近百种，如大黄鱼、小黄鱼、带鱼、马面鲀、银鲳、鲐鱼、鳀鱼、海鳗等；虾类有100多种，有中国毛虾、须赤虾，蟹类以梭子蟹数量最多。

红树植物，作为药用尤其是民间药用已有较长的历史，在中国南方省份的沿海地区，民间积累了丰富的利用红树植物治疗疾病的经验，如广泛用老鼠簕*Acanthus ilicifolius*根捣碎水煮治疗急慢性肝炎，用木榄*Bruguiera gymnorrhiza*胚轴治疗糖尿病，用海莲*Bruguiera sexangula*的树叶水煮熬汁口服治疗疟疾，红树*Rhizophora apiculata*为治疗肾结核、尿路结石等的特效药，黄槿*Hibiscus tiliaceus*的叶、树皮和花可清热解毒、散瘀消肿，白骨壤*Avicennia marina*的叶捣烂外敷可治脓肿。

广东位于南海之滨，全省海域面积为41.93万平方千米，陆地海岸线4 114千米，广东沿岸10米等深线以内的浅海滩涂面积为13 670平方千米，沿岸港湾有153个，拥有大小海岛1 429个（含东沙群岛），有着得天独厚的海洋资源。海洋生物种类有3 000余种，潮间带生物有1 000余种，潮下带浮游植物约有300种，浮游动物约有200种。鱼类资源约有1 200种，其中

图❽
线纹海马
（2021，侯小涛）

大多分布于大陆架海域；虾类有231种，其中约40%分布于水深400～600米的海域；头足类有70余种。在近海已发现具有药用价值的海洋生物500多种。

广西地处我国南疆边陲，濒临北部湾。海域面积为12.9万平方千米，海岸线绵延1 595千米；境内有大小岛屿624个，浅海滩涂面积为7 500平方千米。广西海洋生物多样性十分丰富，其中有鱼类500多种，虾类200多种，头足类近50种，蟹类190多种，浮游植物近140种，浮游动物130种；沿海滩涂生物有47科140多种，是我国海洋药用生物资源最为丰富的省区之一，也是我国传统中药常用的珍珠、牡蛎、文蛤等品种的主产地。广西有明确药用价值的海洋药用生物695种，归属230科374属。在这695种海洋药用生物中，植物界资源87种，动物界资源608种。

海南全省海域面积200万平方千米，陆地海岸线1 822.8千米，记录有鱼类807种，贝类681种，头足类511种，还有丰富的水母、珊瑚等珍稀药用海洋动物资源。

福建省地处中国东南沿海，全省海域面积13.6万平方千米，陆地海岸线3 752千米，滩涂面积2 068平方千米，拥有海洋生物种类2 000多种，其中鱼类752种，蟹类233种，头足类47种，贝类345种，藻类201种。浅海滩涂有贝、藻、鱼、虾类500多种，其中缢蛏、褶牡蛎（含太平洋牡蛎）、菲律宾蛤子、泥蚶四大贝类养殖历史悠久，为全国“四大贝类之乡”。紫菜产量全国第一。沿海潮间带的泥质滩涂间断性地分布有8科9属10种红树林。莆田盛产鳗鱼、对虾、梭子蟹、丁昌鱼等海产品，宁德盛产大黄鱼、石斑鱼、对虾、二都蚶、剑蛏等海珍品。据不完全统计，福建有海洋药用生物350种，其中海藻类50种，苔藓类1种，腔肠动物3种，软体动物51种，节肢动物117种，棘皮动物6种，鱼类96种，爬行动物8种，哺乳动物2种。

三　珍稀濒危南药

（一）珍稀植物药

南药资源因具有独特的临床疗效、巨大的待挖掘的成药方剂潜力，市场前景十分广阔。近年来，国家十一部委联合发布了《关于切实加强民族医药事业发展的指导意见》，并提出中医药立法、乡村振兴战略实施等一系列政策来支持中医药的发展。在病毒性疾病（如病毒性肝炎、流行性感冒、艾滋病、登革热及新型冠状病毒感染等）仍肆虐的国际大背景下，中医药防治无论是临床试验或新药研发都取得了很好的成绩，也包括来自南方的药材（南药），如广藿香、山银花、南板蓝根。我国中药相关产业发展前景一片利好，将赋能各个相关产业链延伸平台。保守估计，我国及国际南药中药市场具有万亿级规模。随着中药产业的迅猛发展，我国中药，尤其是南药的需求量将不断增大，价格也将日益上涨。但在经济利益的驱动下，不断掠夺采挖，导致很多南药，尤其是珍稀濒危药材的产量急剧下降，部分常用药材也日益短缺，处于濒危或灭绝的困境。

我们根据《国家重点保护野生植物名录》(第二版，2021年)、《中国珍稀濒危保护植物名录（第一册）》《中国物种红色名录》(植物部分)、《濒危野生动植物种国际贸易公约》(CITES）附录（2013年版)、《世界自然保护联盟濒危物种红色名录》(IUCN红色名录）等名录和公约，对列入濒危或重点保护的南药资源进行了梳理总结。

目前被列入《国家重点保护野生植物名录》的南药区药用植物，按保护级别可分为一级和二级。国家一级重点保护野生植物（物种）：荷叶铁线蕨、光叶蕨、苏铁属（所有种）、曲茎石斛、霍山石斛、银杏、巨柏、

图⑨
珍稀濒危杨蕨类植物金毛狗
（2021，张丽霞）

水松、水杉、崖柏、红豆杉属（所有种）、百山祖冷杉、资源冷杉、银杉、毛枝五针松、峨眉拟单性木兰、大黄花虾脊兰、美花兰、文山红柱兰、兜兰属（所有种，被列入二级保护的带叶兜兰和硬叶兜兰除外）、象鼻兰、银缕梅、小叶红豆、萼翅藤、广西火桐、东京龙脑香、坡垒、望天树、云南娑罗双、广西青梅、猪血木、滇藏榄、珍珠麒麟菜、貉藻、发菜等。

国家二级重点保护野生植物（物种）：白木香、云南沉香、金毛狗属（所有种）、海南龙血树、剑叶龙血树、海南粗榧、榧树属（所有种）、大果

五味子、云南肉豆蔻、厚朴、重楼属（所有种，北重楼除外）、贝母属（所有种）、白及、原天麻、天麻、海南豆蔻、宽丝豆蔻、细莪术、茴香砂仁、长果姜、小叶十大功劳、靖西十大功劳、黄连属（所有种）、云南红景天、海南黄檀、降香、玫瑰、四数木、龙眼、野生荔枝、山橘、黄檗、黄皮树、大叶茶、大理茶、香果树、巴戟天、滇南新乌檀、黑果枸杞、云南枸杞、人参属（所有种）、华参、虫草（冬虫夏草）、中华夏块菌等。

（二）珍稀动物药

药用动物或动物药材是中国医药学的重要组成部分，有着悠久的应用历史。最新出版的《中国药用动物志》（第2版，2013年）收载了药用动物13门36纲151目426科2 341种（亚种），约占我国动物总数的0.8%。在保护野生珍稀濒危动物资源的同时，我们应充分利用现代科学技术，开源节流，大力发展药用动物人工养殖，提高动物药材利用率，保障药用动物资源的可持续利用与发展。

国内外在保护野生动物方面出台了一系列重要的政策法规，对保护药用动物资源具有重大作用，如《濒危野生动植物种国际贸易公约》《IUCN红色名录》《保护野生动物迁徙物种公约》《西半球自然和野生动植物保护公约》《保护欧洲野生动物与自然栖息地公约》《北极熊保护协定》《候鸟条约法案》《保护候鸟日澳公约》《中华人民共和国政府和日本国政府保护候鸟及其栖息环境协定》等；我国在保护动物方面，出台了《关于积极保护和合理利用野生动物资源的指示》《关于停止珍贵野生动物收购和出口的通知》《野生药材资源保护管理条例》《国家重点保护野生药材物种名录》《中华人民共和国野生动物保护法》《关于禁止犀牛角和虎骨贸易的通知》《森林和野生动物类型自然保护区管理办法》《关于加强赛加羚羊、穿山甲、稀有蛇类资源保护和规范其产品入药管理的通知》等。这些法律法

规、规章制度的实施，对我国药用动物资源的保护与合理利用起到了较好的推动作用。

《国家重点保护野生药材物种名录》收录动物药材18种，属Ⅰ级重点保护的药材取自虎、豹、赛加羚羊、梅花鹿4种动物；属Ⅱ级重点保护的药材取自马鹿、林麝、马麝、原麝、黑熊、棕熊、穿山甲、中华大蟾蜍、黑眶蟾蜍、中国林蛙、银环蛇、乌梢蛇、五步蛇、蛤蚧共14种动物。《国家重点保护野生动物名录》（第二版，2021年）收录的国家保护动物种类较多，其中属于南药资源的一级保护动物有虎、玳瑁、蟒蛇、梅花鹿、穿山甲、秃鹫、蜂猴、胡兀鹫、双角犀鸟、亚洲象、印度野牛等；二级保护动物有斑羚、黑熊、虎纹蛙、原鸡、水獭、猕猴等。其他珍稀濒危的动物有缅甸陆龟、乌龟等，被保护的种类及数量有所增加。

2010年，由中山大学、中国科学院华南植物园与广东省微生物研究所（现广东省科学院微生物研究所）组织完成的“广东省生物物种资源调查及编目数据库开发”获得了广东省环境保护科学技术奖一等奖（彭少麟、贾凤龙、邢福武等），其中药用动物部分由中山大学药学院杨得坡教授完成，这是广东省历史上最完整的一次生物物种资源普查。这次调查发现，广东省药用动物共有452种，约占全国的29%。目前作为药用的脊椎动物主要有几十种，如蛤蚧、壁虎、五步蛇、银环蛇、眼镜蛇、乌梢蛇、蟒蛇、林麝、毛鸡、金丝燕、青翠鸟、刺猬、棕鼯鼠、玳瑁、乌龟、鳖等；应用于临床的昆虫有120多种，如全蝎、蜈蚣、衣鱼、蜻蜓、金边土鳖、大刀螂、蚱蝉、白蜡虫、九香虫、家蚕、中华马蜂、竹蜂、中华蜜蜂、斑蝥、芫菁、地胆、龙虱等；作为药用的海洋动物有200多种，常用的种类有牡蛎、瓦楞子、海螵蛸等，药用价值较高的种类有珍珠、海参、海马、海龙、玳瑁、抹香鲸、金钱鳖等。

历代《中国药典》收录的品种有：九香虫、土鳖虫、瓦楞子、乌梢蛇、水牛角、水蛭、地龙、全蝎、牡蛎、龟甲、龟甲胶、金钱白花蛇、珍

珠、穿山甲、海马、海龙、海螵蛸、桑螵蛸、斑蝥、蛤蚧、蜈蚣、蜜蜂、蕲蛇、蟾蜍、鳖甲等。

1994年版《广东中药志》收载的品种有：广地龙、广东白花蛇、瓦楞子、五谷虫、水蛭、石决明、白贝齿、竹蜂、牡蛎、鸡内金、金沙牛、金边土鳖、狗鞭、夜明砂、珍珠、穿山甲、盐蛇干、海马、海龙、海底柏、海螵蛸、海螺厣、桑螵蛸、斑蝥、紫贝齿、蛤壳、蛤蚧、蜂房、僵蚕、膨鱼鳃、九香虫、土鳖虫、山斑鱼、毛鸡、牛黄、乌梢蛇、水牛角、龙涎香、生鱼、竹丝鸡、全蝎、红娘子、龟甲、龟甲胶、刺猬皮、鱼脑石、玳瑁、砗磲、响螺厣、海参、海星、海胆、海蛇、海燕、海石花、海麻雀、黄花蛇、蛇蜕、望月砂、鹿茸、淡菜、鹅管石、猴骨、蜈蚣、蜂蜜、蝉蜕、熊胆、蕲蛇、蟋蟀、蟑螂、蟾蜍、鲎甲、麝香等。其中，珍珠、玳瑁、海马、海龙、广地龙、蛤蚧、水蛭等，具有大宗性与道地性，这些药材效佳量大。

在广东药用动物中，有国家一级保护动物，如穿山甲、梅花鹿、虎（华南虎）、豹、玳瑁等。

在药效方面，许多动物药在抗癌、治疗心血管病、补肾壮阳方面具有较高的医疗价值。现代科学研究证实，动物药和同体积、同重量的植物药相比，大都具有更好的生物活性，尤其对某些顽症、重病，更显示了其独特的生物活性。如斑蝥，《神农本草经》将其列为下品，但以后历代本草均记载其具有攻毒、破血、引赤、发泡的功能。实验证实，斑蝥中含有的斑蝥素为抗癌的有效成分，临床上可有效治疗肝癌和膀胱癌，此外，还具有刺激骨髓产生白细胞的作用，这是一般抗癌药所不及的。又如具有“南方人参”之称的海马，具有较高的营养价值和化学活性，具有温肾壮阳、消肿散结、镇静安神等功效，是开发药品和大健康新产品不可多得的原料。其他许多动物药也都具有独特的化学成分和药理活性，是开发新药、特效药的重要原料，被开发利用的潜力巨大。

四 岭南青草药

广东中药资源丰富。由国家中医药管理局组织的第四次全国中药资源普查已进入收尾阶段，这次调查发现，广东有中药资源（植物药、动物药与矿物药）3 700余种，为南药主产地之一。《中国药典》未收载而广东销量较大和临床使用较多、常用且用量较大的地方习用药材或岭南草药有100多种，主要收录在《广东省中药材标准》(第1～3册)，如土牛膝、走马胎、木棉、牛耳枫、五指毛桃、溪黄草等。按药用部位分，这些药材可分为动物类、根及根茎类、茎木类、矿物类、皮类、全草类、树脂类、叶类、菌类、果实及种子类、药材提取物及其他共13类，是对《中国药典》的重要补充，体现了广东地方习用药材的特色。

随着对广东地方习用药材研究的深入，不少品种已被开发成中成药，例如以三叉苦、九里香为主要原料的三九胃泰，以三叉苦、岗梅为主要原料的感冒灵颗粒，均成为年产值达数十亿元的大品种。

青草药是新鲜植物药材的总称，以闽南语系为主并生活在福建、台湾、广东潮汕地区的人们是使用青草药的主体人群。实际上，中国南方各地都有使用青草药的习俗，使用的品种繁多。岭南地区自然环境复杂，植被类型多样，地域辽阔，气候温暖，雨量充沛，药用植物资源丰富。青草药以其根植大自然、无污染和显效快、廉价等特点，深受民众青睐。《滇南本草》《生草药性备要》《岭南采药录》《山草药指南》，以及现代的《广东中药志》中，均收载了大量的青草药，或称之为“生草药”“山草药”。据青草药世家出身的岭南著名医生潘鸿江统计，岭南人民使用的青草药约有400种，传统或新颖的单方、验方超过3 000首，功效范围覆盖各个病科，适用于日常生活中的不同疾患及各种疑难杂症。

青草药不仅在民间被使用，岭南国医大师邓铁涛、禤国维等，名医罗颂平、刘友章、杨群玉、冼绍祥、张玉珍等，也在临床中运用青草药，并积累了宝贵的经验。邓铁涛认为，补气不作火，首选五爪龙；除痹重化湿，用药选诸藤；通淋选珍凤，兼证有变通；止痛辨病因，标本皆兼顾；外感多暑热，解表宜轻清；养心素馨花，滋肾楮实子；止痢火炭母，消积独脚金。禤国维教授在使用岭南青草药治疗皮肤病方面具有其独特的经验，包括疏肝理气选佛手、素馨花，祛湿清热选木棉花、火炭母、救必应，祛湿消滞选布渣叶、独脚金，化湿解毒选白花蛇舌草、积雪草，解毒活血选肿节风、石上柏，解表清热选青天葵，外用选入地金牛、飞扬草等。罗颂平教授常配伍使用风栗壳治疗子宫肌瘤，用岗稔治疗崩漏，用糯稻根治疗更年期综合征，用广东合欢花、素馨花治疗肝郁气滞证，用火炭母合布渣叶治疗湿热型带下病，体现了岭南青草药的独特疗效。刘友章教授在辨证论治的基础上，善用草药如东风桔、铁包金、白背叶根、岗稔根、毛冬青、素馨花等岭南特色草药治疗疑难杂病，并提倡将辨证用方和辨病用药相结合。杨群玉教授依据环境及体质特点，暑月热病选用狗肝菜、水翁花，食滞咳嗽选用芒果核、东风桔，关节痹证选用千斤拔、半枫荷，瘰疬痰核选用风栗壳、夏枯草，湿热下痢选用救必应、石榴皮、火炭母，肝热积滞选用独脚金。冼绍祥教授临床上运用毛冬青、五指毛桃、红丝线、素馨花、广佛手、广东合欢花、龙脷叶等岭南特色草药，彰显了岭南青草药的独特魅力。张玉珍教授针对岭南女性“湿热兼气阴虚”的体质特点，临床上常运用岭南青草药治疗妇科疾病。

民族药物学田野调查发现，岭南民间迄今仍保留了民众采集青草药用于日常疾病防治的习俗。例如，广西凭祥民间草药医生通过家族世代口口相传的方式，保留了上山采集青草药的习俗，以两面针的根和茎为主，辅以多种青草药，用高度白酒浸制成酒剂，治疗风湿性关节痛、跌打损伤等。又如，广东惠州民间普通民众端午前采集南艾蒿的叶，即红脚艾，当

作艾叶使用，煮水用于产妇及小儿沐浴，或食疗，用于改善湿气困扰所致的关节痛、感冒初起等。类似实例不胜枚举。即使在市区，我们走访岭南地区街市青草药摊，也可见鱼腥草、车前草、白茅根、土茯苓、牛大力、飞天蠄螃、五指毛桃、石黄皮、鸡骨草等常年被售卖。

南药本草学发展史与本草著作

Part III

一　南药本草学发展史

古时候的岭南为百越之地，秦末汉初时是南越国的管辖之处，因地形特殊，交通、经济、文化远不及中原。独特的地域特征，决定了岭南药物别具特色。岭南中药多具苦寒性，有清热、利湿或祛湿之功，适合岭南人的湿热体质。南药本草学自东汉杨孚著《异物志》起，经历各朝代的发展，直至今日已形成自身的特色。

《异物志》是第一部针对岭南本草的珍贵记录，是南药本草学的起源。

自魏晋南北朝开始，因中原地区战乱不断，人口逐渐向南迁移，农业技术、科学文化、医学也开始渗透到岭南地区。先秦两汉的岭南医学随着晋朝南渡与唐朝大庾岭开通得到发展，中原文化对岭南的影响也日益加深，该时期，涌现出了不少记录岭南本草的专著，其中影响较大的有晋代葛洪的《肘后备急方》、嵇含的《南方草木状》和唐代李珣的《海药本草》。葛洪是岭南医药的开山之祖，对岭南医药文化具有深远影响，其著作《肘后备急方》，共有2 635方剂，为后世留下了大量宝贵的医药记录。嵇含所著的《南方草木状》是现存最早的医药文献，该书主要研究热带、亚热带植物，被后世视为研究岭南中草药的重要书籍。《南方草木状》是第一部记述南方植物的著作，在记载、传承和发扬岭南本草学上，起着重要作用。岭南地处我国南部边境，为我国对外开放的窗口。东南沿海区域广阔的海洋贸易促进了东西方文化的融合，也促进了岭南本草学术思想的发展。一些进口药材，如温中散寒的胡椒、助阳降逆的丁香、行气止痛的沉香、收敛止泻的番石榴等，先后被移植到南方，而发展成为岭南道地药材。在此背景下，李珣所著的《海药本草》应运而生。该书将唐五代时期南方药物及外来药物，前代本草精华、岭南民间用药经验加以汇总、纠错、补充，并提出了作者自己的独到见解。

宋代开始，中原人又一次大规模南迁，岭南文化得以二次发展。潮州刘昉所著《幼幼新书》，收载了宋以前儿科相关的医药资料，保存了大量儿科佚书和古佚医集，因此，该书对后世儿科的发展有较大的影响。元代释继洪纂写的《岭南卫生方》三卷，可谓现存最早研究岭南流行性疾病的专著。该书所附的医方多涉及岭南道地药材，为明清时期岭南医学的发展打下了坚实的基础。宋元时期可谓南药本草学的积累时期。

明代的《滇南本草》是我国现存内容最丰富的古代地方本草专著，收载了云南众多少数民族的民族药物和用药经验，是研究民族药的珍贵资料。清代何克谏所著的《生草药性备要》是对岭南中药资源的系统整理。该著作总结了明以前岭南医家运用草药防治疾病的经验，为清代以后岭南草药学发展奠定了基础，是现存最早的一部岭南草药学著作，也是我国第一部地方性民间草药著作。清代赵寅谷撰写的《本草求原》是继《生草药性备要》之后的又一部岭南本草学著作，较全面地反映了清代道光以前岭南中草药的成就，是岭南最早的中型本草学著作。明清时期是南药本草学的成熟时期。

近代，岭南本草药学著作较多，其中萧步丹撰写的《岭南采药录》、胡真编写的《山草药指南》较有影响力。

当代南药本草学发展愈趋成熟，代表性著作有《岭南草药志》《岭南道地药材研究》《广东中药志》《粤八味——广东首批保护道地药材》等。纵观岭南本草学的发展沿革，历代岭南人在长期的医疗保健实践中，不断发掘和应用具有明显地域特点的岭南中草药，并加以总结和提炼，逐渐形成独特的岭南本草学学术体系，该体系为后世留下了宝贵的医药财富。

二 岭南医药开山始祖葛洪

葛洪（283—363），字稚川，自号抱朴子，丹阳句容（今属江苏）人，东晋道教学者，著名的炼丹家、医药学家、养生学家。他长期从事炼丹术研究，在炼丹化学上很有成就。他长期隐居民间，接触民间医药知识和经验，著成《肘后备急方》，曾著有《抱朴子》《金匮药方》《玉函方》《神仙服食方》等，其内容散见于《外台秘要》《医心方》等书中。

葛洪炼丹、采药、行医的活动范围很广，包括在江苏茅山的抱朴峰、葛仙观、葛仙公园、葛洪井遗址；在广州南海丹灶、越秀山，在广东罗浮山一带的葛仙祠、衣冠冢、雅川丹灶、长生井等，在广西永福县的百寿凼（岭）、丹寿井及葛洪塑像。

葛洪在医学上的成就是多方面的。他一生广泛收集奇方、异方、遗方，然后分门别类，按轻重缓急编次，整理为100卷，名为《玉函方》。葛洪还著有《肘后备急方》，又名《肘后救卒方》。后来陶弘景对《肘后备急

图⑩
葛洪

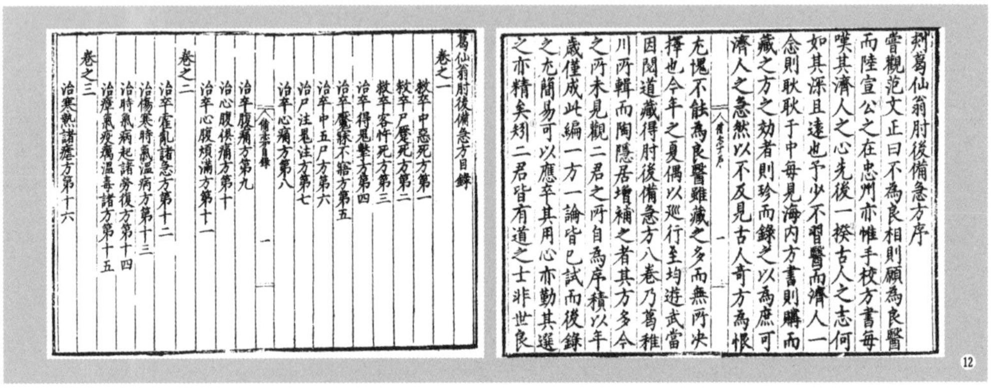

图⑪
广东惠州罗浮山葛洪炼丹遗址——丹灶
（2007，冼建春）

图⑫
《肘后备急方》书影
（李栻—刘自化本）
（2021，吴孟华）

方》进行增补，改名为《肘后百一方》。金代的杨用道又将《肘后百一方》再度修订整理，更名为《附广肘后方》(共8卷)，流传至今。古人常在衣袖中设计口袋，便于携带物品，“肘后”意为可携带在胳膊肘后面，即放在衣袖中，方便取用。“备急”意为用于急救患者，《肘后备急方》是中国最早的“急救手册”。

《肘后备急方》是急救用的医药专著。葛洪收集的药物及方剂较广，几乎包括我国南北地区所产著名药材，且在《肘后备急方》卷二“治卒霍乱诸急方”第十二下，已载有“蓝澱”“龙脑”两个天然产物，这是世界上最早应用于疾病治疗的天然产物药。《肘后备急方》中所记述的各种方剂和剂型及所用辅料，特别是当时用的鼻腔催醒、熏香灸疗及各种栓剂、舌下用药等技术，反映了我国在西晋时期已有较高的医药水平和治疗技术。

葛洪在传染病学、寄生虫病学、症状学、治疗学等方面都有突出的贡献，他的许多有关传染病的记载，在我国医学史上是首次记录，有的还是世界医学史上的最早记录。

（一）在传染病学方面的成就

葛洪在传染病学方面的贡献有以下几个：一是最早记载天花。西方认为，阿拉伯医生雷撒斯最早记载了天花，其实，他比葛洪要晚500多年。二是记载了流行性钩端螺旋体病，简称“钩体病”。1886年，德国医师外耳曾描写一种流行性急性传染性黄疸病，临床症状为骤起的寒战、发热、全身无力、黄疸、出血、肝脾肿大及肾功能衰竭等，他的发现要比葛洪晚1 500多年。三是记载了黄疸性肝炎。《肘后备急方》中记载了一种周身发黄、胸部胀满、四肢肿胀、有时出的汗也是黄色的症状，就是现在的黄疸性肝炎，葛洪在书中收集了一些治疗此病的方子。四是记载了恙虫病。葛洪记载了一种沙虱病的病状：沙虱钻入皮内，皮肤出现红点，豆黍米粟粒般大小，摸之如刺痛。三天后，全身疼痛发热，关节疼痛，此后皮肤发疮结痂，重者致人死亡。其所记载的发热、皮疹、焦痂及得病经过等，与恙虫病相同。过去认为，日本人桥本伯寿在1810年最早报道恙虫病，病名为“都都瓦”，实际比葛洪晚了1 000多年。五是记载了结核病。葛洪曾记述

一种尸注病："其病变动，乃有三十六种至九十九种，大略使人寒热、淋沥、恍恍、默默，不的知其所苦，而无处不恶，累年积月，渐就顿滞，以至于死，死后复传之旁人，乃至灭门。觉知此候者，便宜急治之。""尸注者，举身沉重，精神错杂，常觉废，每节气改变，辄致大恶，此一条别有治后熨也。"这种病就是典型的结核病。

（二）在寄生虫病学方面的成就

葛洪曾记述了两种极小的医学昆虫，一是沙虱，二是疥虫，还记述了血吸虫病。前面恙虫病提到的沙虱，属恙螨科，它是一种只有针尖大小的传播疾病的昆虫。葛洪在《抱朴子 · 内篇》提到，沙虱"其大如毛发之端"。过去认为疥虫是阿拉伯医生阿文佐亚发现的，其实他比葛洪晚800多年。而恙螨才是近代发现的。血吸虫是一种可寄生在人体肝门脉血管系统中的寄生虫。《肘后备急方》中记载的中溪毒、射工、蜮等病，是人在溪水中或溪边受感染，起初可有恶寒发热，之后皮肤上有小疱，并可引起疱痢，即发热头痛，四肢烦懒，并有大便下痢的症状，与现代描述的血吸虫病（急性期）相似。

（三）在症状学方面的成就

前文对天花、黄疸性肝炎、结核病等症的描述，已突显了葛洪在症状学方面的成就。另外，葛洪对脚气病的认识也很准确。他提出用大豆、小豆、牛乳、蜀椒、茵芋、细辛、干地黄、防风、附子、松节、松叶等来治疗脚气病，效果较理想。

（四）在治疗学方面的成就

葛洪提到过治疗狂犬病的方法。被猘犬（即疯狗）咬伤后，人非常痛苦，不能受一点儿刺激，听见一点儿响动就会抽搐痉挛，甚至听到倒水声也会抽风，所以有人把疯狗病叫作“恐水病”。葛洪提出“仍杀所咬犬，取脑敷之，后不复发”。这种取疯狗脑髓敷伤处治疗的效果，虽有待证实，但符合“以毒攻毒”的治疗思想，是难能可贵的。葛洪治疗狂犬病方法是免疫治疗思想的萌芽。葛洪是我国中医免疫学的先驱。

葛洪还提到过用青蒿治疗寒热诸疟，其法是将“青蒿一握，以水二升渍，绞取汁，尽服之”。在此法的启发之下，屠呦呦研究员带领团队从青蒿的原植物黄花蒿中以乙醚低温提取获得青蒿素，将一味药草变成挽救生命的现代良药。以青蒿素为基础的复方药物是治疗疟疾的首选药物，世界卫生组织已经将全民服药方案纳入疟疾防治指南。21世纪以来，青蒿素和它的衍生物成为全球抗疟的一线药物，挽救了数以百万计的生命。2011年9月23日，屠呦呦获得美国拉斯克奖。2015年，屠呦呦获得诺贝尔生理学或医学奖，让中国的医药学在世界的医药史上留下了浓墨重彩的一笔。

葛洪还记录了各种食物、药物中毒的治疗方法，捏脊疗法，食管异物疗法和一些急救方法等，他的诊疗思想和方法技术对中医的发展有着较大的影响。

葛洪曾拜南海太守鲍靓为师，并娶鲍靓之女鲍潜光为妻。鲍潜光，又称“鲍姑”，是我国历史上第一位女灸学家，她采集越秀、罗浮山红脚艾，在民间广施灸术。后世各著作与地方志中关于鲍姑与鲍姑艾（红脚艾）的内容很多。清乾隆四十五年（1780年）郁教宁所撰《鲍姑祠记》记述：“（鲍姑）用越岗天然之艾，以灸人身赘疣，一灼即消除无有，历年久而所惠多。”1946年立《三元宫历史大略记》石碑，碑文记载鲍姑“藉井泉及

红艾为医方，活人无算”。

三　南药代表性本草著作

（一）《南方草木状》

《南方草木状》成书于公元304年，作者为晋代的嵇含。嵇含，字君道，自号亳丘子，谯郡铚县（今安徽省濉溪县临涣镇）人。西晋时期大臣、文学家、植物学家，“竹林七贤”之一嵇康的侄孙。嵇含曾担任广州刺史，对岭南植物进行了细致的观察，经笔记、整理、编辑，撰成《南方草木状》。

《南方草木状》全书分上、中、下三卷，分草、木、果、竹四类，共80种。卷上草类29种，卷中木类28种，卷下果类17种、竹类6种，均为当时出产在交州、南海、番禺、高凉、交趾、合浦、桂林、日南、九真、林邑、扶南和大秦（即今广东、海南、广西以及东南亚、中南半岛、伊朗等地）的植物，除少数名称无法考订外，大多数都和现在所知的植物相符。

《南方草木状》对植物形态、生长环境、产地和用途等都进行了生动翔实的描述，如，“榕树，南海、桂林多植之。叶如木麻，实如冬青，树干拳曲，是不可以为器也。其本棱理而深，是不可以为材也。烧之无焰，是不可以为薪也。以其不材，故能久而无伤。其荫十亩，故人以为息焉。而又枝条既繁，叶又茂细，软条如藤，垂下渐渐及地，藤梢入土，便生根节。或一大株，有根四五处，而横枝及邻树，即连理。南人以为常，不谓之瑞木”。书中所叙植物除水莲、水蕉和冶葛外，均注明产地，如从大秦（我国古代称罗马帝国为“大秦”）引入了薰陆香、指甲花、蜜香纸、抱香履，从番国引入了蒟酱、耶悉茗和茉莉。书中对引入过程也详加描述。这些珍贵

的记载，为后人研究植物的原产地及地理分布提供了重要的历史根据。

书中还记述了生物防治、水面无土栽培、产品加工、南方民族的某些习俗及中外交通的情况。如“交趾人以席囊贮蚁，鬻于市者，其窠如薄絮，囊皆连枝叶，蚁在其中，并窠而卖。蚁赤黄色，大于常蚁。南方柑树，若无此蚁，则其实皆为群蠹所伤，无复一完者矣”。这是关于柑橘害虫人工生物防治的最早记载，至今仍在使用。

书中记述的水面无土栽培农业技术，也是世界上最早被记载入文献的无土栽培技术。长江三角洲、珠江三角洲和潮汕平原等地仍可看到延续至今的蔬菜水面栽培。书中还多涉及植物的加工利用，如“甘藷（薯）”之“充粮糗”，“诸蔗”之“成饴”，“草麴（曲）”之“合糯为酒”，枹木之“刳而为履”。

《南方草木状》开创了我国岭南药用植物研究的先河。书中着重提及了留求子、乞力伽等50多种植物的药用价值，还介绍了许多岭南先民早期的用药经验，这对当时瘴重毒漫、缺医少药的岭南地区有很高的实用价值。著名医家葛洪在《肘后备急方》中就对《南方草木状》中一些药用草木有扩大应用范围的记载，此后许多医家也一直将《南方草木状》视为岭南最早、最重要的中草药文献。

《南方草木状》还体现了我国在实物绘图上的成就，如“水蕉交如鹿葱，或紫或黄。吴永安中，孙休尝遣使取二花，终不可致，但图画已进”。可见，当时的植物图已能真实地反映植物的性状。可惜后来各版本均未附图。1955年，商务印书馆铅印本补入了上海市历史文献图书馆珍藏的、不知何人所绘的60幅《南方草木状图》。

《南方草木状》是世界上现存最早的地方植物志，也是我国现存最早的植物学文献和第一部记述南方植物的著作，对中国古代植物学的发展产生了较大影响。赵宋以降，许多花谱、地方志都曾经引用过它，后世本草学著作对其引用更多。明代李时珍在《本草纲目》一书中描述南方植物

时，即以《南方草木状》的记载作注脚。南宋陈景沂的《全芳备祖》也多有援引。

《南方草木状》把我国南方的主要植物分为草、木、果、竹四大类，使植物学研究大大向前跨了一步，陶弘景《名医别录》、贾思勰《齐民要术》、陈景沂《全芳备祖》，乃至《本草纲目》的分类都受到《南方草木状》的影响。《南方草木状》是植物分类学史上的一个里程碑。此外，《南方草木状》不仅把环境对植物的影响、植物对环境的要求用于分类，还将植物器官的生化特点，如花香、色素和滋味等，也作为分类比较的依据，反映了我国古代在植物分类学方面的独创精神和贡献。

早在12世纪中叶，《南方草木状》就已传入日本。20世纪70年代，在国外有《南方草木状》的英译本发行。1983年，我国曾举办《南方草木状》国际学术讨论会，有我国及来自美国、日本、法国等国的学者出席了会议，会议展出了该书的古本、罕本、善本、英文本等十多个版本，德国植物学家毕施奈德（1833—1901）在他所著的《中国植物学文献评论》中指出，《南方草木状》是中国最早的植物学著作，是解决植物学若干问题的重要文献之一。

（二）《海药本草》

《海药本草》成书的确切年代不详，大约在前蜀（907—925年）。作者李珣，字德润，出生于四川梓州（今四川三台），前蜀土生波斯（今伊朗）人，其祖先是波斯人，家中世代售香药为业。李珣曾做过宾贡，后来游历岭南，对南方物产及外来药很熟悉。

李珣虽祖籍波斯，但对中国文化极为熟悉，对中国文献亦很了解。在本书现存的131种药物条文中，援引古书的就有58种，而且多数是六朝时的书。其中以《山经》《地志》占多数，偶亦涉及小说家之言。其中有些

引文并不见录于现存文献，如张仲景的无食子、员安宇的荔枝诗。所以，李珣虽然是波斯人，但所著《海药本草》，在形制上，是纯中国化的本草书，援引前代文献，多冠以“按”“谨按”。例如“银屑”条文，开头即用“谨按《南越志》云……”。对于药物功效，书中多冠以“主”“疗”，不用“治”字。例如“石流黄”条云：“主风冷”。这都是仿《新修本草》的体例写的。

李珣本人擅长文学，家中世代销售香药，所以能写出《海药本草》。本书成于五代，流行于宋代，到南宋末已亡佚，《通志·艺文略》和《秘书省续编到四库阙书目》对此均有著录。宋代傅肱的《蟹谱》、洪刍的《香谱》、唐慎微的《经史证类备急本草》、刘昉的《幼幼新书》等书都引用过本书。《海药本草》所论药物，多数是从海外来的，或原从海外移植到南方的。“海药”的“海”字，指外来输入的物品。唐代《酉阳杂俎》载李德裕的话：“花木以海名者，悉从海外来。”此与古代外来药品冠以“胡”字、近代外来物品冠以“洋”字，其义相同。从本书收录药物所注的产地看，大都是外国地名，例如金屑出自大食国，安息香、诃黎勒出自波斯，榈木出自安南，龙脑香出自律国。在131种药品中，注明外国产地的药品有96种。所以李珣将本书命名为《海药本草》，是名副其实的。

本书的131种药品中，有40种见录于《新修本草》，54种见录于陈藏器的《本草拾遗》，有15种见录于其他本草，如《药性论》《食疗本草》等。本书新增药有16种，这16种新增药后被《嘉祐本草》收录为正品药。值得注意的是，本书与陈藏器的《本草拾遗》关系很密切，在现存的131种药品中，竟有54种见录于陈藏器《本草拾遗》，这就提示本书似以陈藏器的《本草拾遗》为主要参考资料。从内容上看，本书药物条文中直书陈藏器之名者不少，如瓶香、奴会子、缩砂蜜、甘松香等条，都直提“陈藏器曰”或“陈氏云”。千金藤、钗股子、藒车香等条均引陈氏之语。所以本书似有补充陈藏器《本草拾遗》的遗漏，或改正陈氏书的谬误之言。

本书共6卷，收录131种药品，在这131种药品中，按《新修本草》药物目次来排，计玉石13种（其中紫铆、胡桐泪被《经史证类备急本草》列在木部），草部38种，木部48种（其中楸木皮、没离梨二药条文全同），兽禽部3种，虫鱼部17种，果部11种，米部1种。

李珣家中世代以售卖香药为业，其对香药最熟悉，所以本书收罗香药亦最多，如甘松香、茅香、蜜香、乳香、安息香、必栗香、迷迭香、降真香等。其中，多数香药是阿拉伯商人在贩卖。这些香药并不单纯供作药用，也有作燎熏、美容、调味用，或作"果子药"食品用。

此外，书中记载的炼丹资料较多。例如，藤黄条云"画家及丹灶家并时烧之"，波斯白矾条云"多入丹灶家用"，石流黄条云"并宜烧炼服"，银屑条云"今时烧炼家每一斤生铅，只炼一、二珠"。李珣对炼丹的重视，可能受其弟李玹的影响。黄休复《茅亭客话》卷四李四郎条云："李玹好摄养，以金丹延驻为务，暮年以炉鼎之费，家无余财，唯道书药囊而已。"

李珣擅长文学，所以本书药物条文的叙述，非常简练而雅致，对每味药的叙述亦很全面，药物来源、性味、形态、产地、主治皆有介绍，有些药物还有附方。例如，荜茇条云"得诃子、人参、桂心、干姜治脏腑虚冷，肠鸣泄痢，神效"，又如琥珀条云"此方琥珀一两，鳖甲一两，京三棱一两，延胡索半两，没药半两，大黄六铢，熬捣为散，空心酒服三钱匕"。

本书为我国第一部海药专著，别具一格，总结了唐末五代时南方及海外药物，并有许多不见于《新修本草》的新增药，对于研究本草学甚有价值。

(三)《滇南本草》

《滇南本草》成书于1436年，作者为明代的兰茂（1397—1470年）。兰茂，字廷秀，号止庵，晚号玄壶子、和光道人。祖籍河南武陟（一作洛

阳)，后迁云南，为嵩明县杨林千户所石羊山人。兰茂以授书行医为生，自幼酷爱本草，因母病而“留心此技三十余年”，常在云南各地采药治病，采访当地各民族的用药经验，为民众所爱戴。

《滇南本草》在当地民间辗转抄传，流传不广，又经明清两代医药家及抄传者增补和摘录，版本众多，内容互有出入。各版本收录药物26～458种不等，其中清光绪十三年（1887年）昆明务本堂刻本收药最多，有458种。本书卷上分“卷上”及“卷上之下”两部分。卷上载药68种，均附图；卷上之下系分类记载，均无图，包括果品类36种、园蔬类27种、鳞介类11种、禽兽类9种，共83种。卷中载药134种，卷下载药174种，均无图，也没有分类排列。

各药之下次第叙述药名、性味、功效、主治、附方，个别药物还论及有关生态、形态的内容。该书介绍本地区的具体实践经验较多，有不少是少数民族经验方。

《滇南本草》最突出的特点在于它是我国现存内容最丰富的古代地方本草，乡土气息非常浓郁。云南少数民族众多，该书收有较多的民族药物和用药经验，是研究民族药的珍贵资料。书中糅合汉药的理论和民族药的用药经验，对于民族药学整理来说，这是一种值得借鉴的方式。

除每味药后面的附方外，全书之末还附有良方5个、单方125首。此外，书中还有通治门的药物、方剂16个。这些方、药既有地方性，又有民族性，从而使该书以地方性和民族性两大特点著称于世。

(四)《生草药性备要》

《生草药性备要》约成书于1711年，作者为清代医药学家何克谏，号青萝道人。

本书为岭南中草药专著，分上、下两卷，共记载生草药311种，其中

首载药物100多种。书中多为《本草纲目》未收的粤东特有草药，对药物药名、异名、性味、原植物形态及生长环境、鉴别、质量评价、使用方法、禁忌等都有不同程度述及。

《生草药性备要》一书，对清代以前岭南草药知识进行了全面总结，对岭南草药知识的普及及其大规模应用有重要意义。在该书及后来在其基础上完成的岭南诸本草著作的指导下，百姓凡遇疾患，则"按图索骥"，可轻易地在房前屋后、田间地头找到所需草药，或煲或浸，或服或敷，以祛除疾病。经过300余年的延续和发展，至今，岭南地区已成为全国民间草药应用最活跃的地区，人民群众仍然对草药有很高的认同度，金樱子、山稔子、鬼针草、白背叶、地胆草等常见草药家喻户晓，木棉花、五指毛桃、马齿苋、枸杞叶等亦药亦食，城乡集市也随处可见草药摊铺。笔者在文献研究和实地调研中发现，目前广东民间对部分草药的称谓、用法，仍然与《生草药性备要》中的记述相似，足以说明该书的影响之久远。

此外，《生草药性备要》还对广东药膳和凉茶文化的形成与发展起到了重要作用。药膳制作方面，书中载有煲、煮、炒、煎、煨、蒸、炖、拌、糕、酿等法，仅"煲"就有煲肉、煲粥、煲鸡、煲牛肝、煲猪粉肠等内容，为广东药膳文化积累了丰富的素材。凉茶方面，书中记载"煲水饮""作茶饮"的药材，共有14种，大多数都被后世作为凉茶产品的原料广泛应用。"煲水饮"者如破布叶（即今椴树科布渣叶），现已成为著名的广东凉茶"廿四味"的原料之一；"作茶饮"者如葫芦茶，也常见于广东凉茶配方中，民间也常拿其单煎煲茶喝。从《生草药性备要》中可看到广东凉茶的雏形，从这个意义上说，其对广东凉茶文化的形成有重要的奠基作用。

《生草药性备要》具有独立性、专业性、创新性、严谨性、科学性、通俗性、地方性、适用性、灵活性九大学术特色。

独立性体现在《生草药性备要》无论从写作风格、体例格式，还是内

容方面，都坚持独立性，几乎找不到对历代文献的引用或参考。何克谏不拘泥于统一的体例格式，以相对自由的笔法，极力言之所能言，提供最全面的药物信息。对首载的100多种药物，其条目下的内容完全源于亲自观察和民间实践经验总结；对历代本草已收载的药物，不盲目迷信模仿，而是坚持自己的观察和民间积累的实践成果。

专业性体现在多个方面，例如对植物器官有根、叶、梗、藤、芽、花、蕊等专业称谓；在鉴定草药真伪方面，能以专业眼光抓住鉴别关键点，如无花果，书言“叶大，在一叶罅生一子是真的”，与《中国植物志》对无花果“榕果单生叶腋”的描述完全一致；炮制方面，借鉴传统中药“十蒸九晒”之法对蛇泡簕、猪仔笠等进行加工，对荷钱叶、火山荔等以“存性”之法处理；制剂方面，记载益母丸、落马衣丸和君畏丸等的制剂方法，述及“四制”“成胶”等专业手段。

何克谏在《生草药性备要》序言中总结道：“凡草药梗方骨对叶者，多属温；梗叶圆者，多属寒。”且不论其中是否有科学依据，将植物器官形态与药性之间建立联系，何克谏是历史第一人。笔者在民间调查中了解到，粤东地区至今流传的“草木中空善治风，对枝对叶能治红；叶边有刺皆消肿，叶中有浆拔毒功”的口诀，或许就是从何克谏上述总结中得到的启示。此外，何克谏还对传统中药的“四气五味”进行了较大程度的创新，新增劫（“劫”为广东话，意为性味甘涩）、腥、甜、香、辣五味和甜、苦、辛、和等四性。何克谏不拘泥于前人现成理论和学说，立足岭南实际，勇于探索、大胆创新的精神非常值得我们学习。

严谨性体现在一是药物鉴别非常严谨，注重不同药物之间的细微区别。如从气味上对五爪龙及其易混淆品山槟榔进行了区分：“爪龙乃清香，山槟榔无味。”这与现代对五指毛桃（即五爪龙）的性状鉴别方法非常吻合。二是严格对症施药，非常强调同一药物不同药用部位，甚至不同花色的功效差别。如无花果，“根，治火病。子，煲肉食，解百毒。蕊，下乳

汁亦可”；再如鬼灯笼，书言“红、白二种，红者旺血，白者消毒”。三是非常重视对药物毒性的总结和说明，明确指出具有大毒、小毒、微毒或“略有毒”的药物，对安全使用草药起到了很好的指导作用。四是重视药物注意事项和禁忌，书中明确“不入服”“不可服”“不入服食剂”“不入服剂”“不宜食”“不可食”“不可多服”者有19种，不可入服者，何克谏对部分给出了剂型或用药建议，如金钗草，“宜作汤剂，勿为丸散”。此外，何克谏也对部分药物的适应人群作了限制，如“乌桕，气虚人不可服，猛胜大戟”“土当归，妇人勿服”等。

科学性体现在何克谏的专著立足岭南草药实践，最大限度地摒弃封建迷信色彩，坚持实事求是，全书折射出较强的唯物主义色彩，这在当时的时代背景和自然科学发展阶段，实属难能可贵。全书正文中个别地方有除秽气（柚叶）、解污秽（黄皮、坎香草）、僻腥秽（香茅）、治小儿邪病（狗牙花）、迷魂（假苋菜）等民俗内容，其余均论药性、言草状、述功能、谈用法，毫无鬼神之说。可以看出，何克谏秉承实事求是的科学态度，对当时盛行于民间的迷信内容进行过大量甄别。

通俗性体现在一是语言通俗易懂，仅以清明草为例，书言“此药止于清明时有，过节后则无，多生在滋润溪涧之所”，如此浅显的语言，即便时隔300余年之后的今天，对于文化程度不高者也可毫无阅读障碍；二是比喻生动贴切，如，在植物形态描述方面，为使百姓易于辨识草药，何克谏以常用物品或其他常见动植物作比喻，如言芋头草“其叶，形如犁头样”，言七星剑“花如珍珠”，言过岗龙“叶如燕尾”等。上述特点为草药知识进入千家万户并流传至今创造了充分条件。

《生草药性备要》序云“然其草药多属粤东土产”，这决定了该著作立足岭南、服务岭南的地方性特色。所收载的草药，大多数来源于岭南优势植物，其中一些又为岭南所特有。在语言上，书中普遍应用广东方言“簕”（具刺）、“蔃”（根）、“蔃”（植物嫩枝）等字眼称呼植物器官，在药物性

味上广泛用到“劫”字，全书311种草药中，有34种为“味劫”，1种（大力牛）为“性劫”，“劫”字应用率达到11%。在病名方面，屙痢、天婆究、酒顶等广东方言俚语应用普遍。《生草药性备要》可谓为岭南百姓“量身定制”，促进了岭南草药文化的普及和发展。

适用性体现在《生草药性备要》中，药物的采收、加工和使用非常简单，适用于广大劳动人民在当时社会经济条件下的状况，可谓实现了医疗活动的生活化。采收方面，因所载草药以常见草本居多，房前屋后，俯拾皆是；加工方面，有取汁、捣泥、煲、浸等法；使用上，有敷、擦、涂、搽、水含、酒服等法，方法均简单易学，所用器具无外乎家常器具。尤其是书中记载的饮食疗法，跟老百姓生活紧密结合，煲、炖、炒、煎、煨等方法广泛使用，仅“煲肉食”者就达32种，“煲水饮”者达9种，医食同源，亦药亦食，不仅深受老百姓认可和欢迎，也为后世药膳及凉茶的发展和普及奠定了重要的基础。

灵活性体现在何克谏在记载草药在防病治病方面的经验时，也兼顾介绍个别草药的兽用价值或生活应用价值，使《生草药性备要》一书能在服务民生方面发挥最大作用。全书共载10种可作兽药使用的药物：大沙叶治牛生沙，丁癸草治牛马疔，黑面神解牛毒，班骨相思“马食者最良”，钱贯草治牛马病，老鸦胆治牛毒，枳椇花治牛生疔，猫儿卵草治猫儿卵生疮，土黄连“解牛病天行热气”，凤凰肠为“医牛马圣药”。该书还记载了3种草药在生活方面的应用：水翁皮可用于织染，“煲水染布过泥似真乌色”；紫背草可用于化妆，“若装假打伤，用叶敷之，其内即变紫黑痕”；谷木叶可用于美发，“叶有胶，胶能擦辫更妙”。此外，该书记载了1种防鼠药：山猫儿，“能收老鼠，搥汁，炒香米，将汁浸米晒干，老鼠食之必死”。

《生草药性备要》第一次系统总结了岭南民间中草药使用经验，是岭南历史上第一部草药专著。清代以后多部较有影响的草药专著都是在此书的

理论基础上补充而成的。《生草药性备要》是岭南本草当之无愧的奠基者。

（五）《本草求原》

《本草求原》成书于清道光二十八年（1848年）。作者为赵其光，字寅谷，冈州（今广东新会）人，生草药名家，生卒年不详。该书得到新会外海乡（今江门外海街道）陈某慨然资助而付于梨梓。

《本草求原》共27卷，附奇病症治1卷。书前有自序、凡例。本书仿《本草纲目》体例，对中药、食材、草药按草、木、果、谷、菜、鳞、介、虫、禽、兽、水、火、土、金石、人，共15部进行了系统分类。卷一至卷六为草部，载药349种，卷七至卷十一为木部，载药101种，卷十二至卷十三为果部，载药65种，卷十四为谷部，载药35种，卷十五为菜部，载药64种，卷十六为鳞部，载药61种，卷十七为介部，载药27种，卷十八为虫部，载药44种，卷十九为禽部，载药32种，卷二十为兽部，载药39种，卷二十一为水部，载药41种，卷二十二为火部，载药9种，卷二十三为土部，载药14种，卷二十四至二十六为金石部，载药71种，卷二十七为人部，载药20种。全书合计载药972种，良方、单方不啻数万，附奇病症治1卷，载各种奇难病症138种。本书是岭南地区较为全面、载药较为丰富的本草学专著。

《本草求原》采杂众说，伸以己见。作者对岭南中草药的文献学、临床学溯源，主要来自刘潜江、徐灵胎、叶天士、陈修园四家，"增其类，补其义"，书中还大量引用了刘、徐、叶、陈四家著作中的内容。如卷十《寓木部·茯苓》条下就引用了"淡渗而甘，不走真气"（李文清《医学入门治湿门》），"茯苓补虚，多在心脾"（李东垣《珍珠囊补遗药性赋·平性》）等。作者在多数药物条下"采杂众说，从长弃短，而伸以己见"，如大戟（"时珍谓其浸水青绿，能泻肝胆，是肾实泻子之法，非也"）、萎蕤（"时珍用代参、芪，谬甚"）等，由此，不仅展现出自身深厚的医药学识

基础，也为后人保留了大量的古籍资料。

《本草求原》重视临床，不偏一说。书中据临证录药，强调临床应用，对每味药的性味、归经、功效、主治等，都有所阐述。凡例中即言“药先标其形色、气味、生禀，所以主治之功能于前，令人识其本原，而后以《本经》主治或《别录》主治继之；再又以各本草、各方书之症治继之”。文中还夹有大量的小字注文，用以补充说明及解释某些语义，如人参中“以血化于心肺之阴，根于肾中之阳，而实本于中焦之汁，故补血先补脾肾，加葱白透阳于阴中，使滞血化而阴为阳守也”后，即有小字“仲景治下利亡阴，阳因以脱，大汗而厥，用通脉四逆亦有葱白，亦是此意”。

《本草求原》富有地域特色。作者生活于五岭以南的岭南地区，该地区拥有独特的地理条件和气候环境。受炎热潮湿、草木繁盛、瘴疠虫蛇侵袭等环境因素影响，加上其与中原的风土人情、习俗气候的不同，岭南地区有其特有和多发的疾病。岭南医药积极吸取民间的防治经验，并综合医药新知，充分利用当地的本草资源，形成了独一无二的岭南医学。本书亦富有岭南医学的特色，作者删去了《本草纲目》所载的不常用与不易得的药物，而添加了“为世俗所常用，与食物生草便于采取，而确有专长殊效者”。其中，岭南民间特有的常用中草药就有几十种，如斑骨相思、鸡骨香、番柠檬等。首载药物超过10种，如山橙、油柑叶、黄萝卜、橘络、蟛蜞菊、白扁鱼等。草药因多在民间流传，一药多名的情况比较普遍，因此，作者在多味药下都列举了多个药名，大部分药名沿用至今。不少药名还受粤语方言的影响，较为通俗，如蛇泡簕、老虎利，有些只在岭南一带使用，如痴头婆。受岭南地区湿热气候及地理环境的影响，书中记载了大量外伤科疾病的治疗方法，包括痈疽、疔疮、瘰疬、疥癣，及被蜘蛛、蛇、蝎、蜈蚣等咬伤的治疗方法。治疗多采用敷和洗的外用方式，并根据病情，配以不同的辅料，如蜜、糖、酒、醋、盐、油等，同时结合内服药物，内外同治。本书充分利用岭南地区的本草资源，符合当地的实际，增

强了本书的实用性和地域特色，丰富了岭南本草的药用历史。

《本草求原》分类科学，对《生草药性备要》有修订补充。作者有创见性和科学性地将草药分为山草、芳草、隰草、蔓草、水草、石草、毒草等类，与中药统一编排。同时，该书传承了《生草药性备要》的学术经验，对岭南地区常用中草药的功效主治记述与《本草药性备要》多有相同，如五爪龙、七叶一枝花、田基黄等，但相较于《生草药性备要》对大多数药物记述语言的朴素简洁，作者对不少药物进行了修订和补充，且大都准确可靠。如卷七的《香木部·芦荟》，相比《生草药性备要》中的条目内容，不仅对性味作了调整，还增加了具体的临床主治、产地和真伪鉴别内容，可谓继《生草药性备要》之后，对岭南本草的又一次大总结。

《本草求原》记述了药材真伪的区分方法。在许多药物条下，作者不仅说明了优质药物的产地，还结合当时的市场实际，列举了20余味药物的真伪区分方法，包括伪品的实际种类、制作方法等，如以沙参、荠苨、桔梗根伪造人参，以盐制金莲根及草苁蓉伪充肉苁蓉等。同时，该书明确指出了部分药物真伪鉴别的要点，如防党参“根有狮子盘头者真，硬纹者伪”，藿香“出交、广，方茎有节，揉之如茴香者真，如薄荷者伪”。

《本草求原》收载了一些奇病资料。书中所附奇病症治1卷，载各种奇难病症138种。病症名称离奇古怪，如“蛇”“光热症”“见狮子症”“闻雷昏倒症”等，但从现代医学角度分析，这些病症有其临床合理性。如厚皮症，“一人大指忽麻木，皮厚如裹锅巴，一道人教以苦参用酒煎吃，外敷苦参末而愈”，近似今日之硬皮病。其中对诸多奇病的记载，为后世留下了丰富的医学资料，有一些到现在仍有一定的意义。

综上所述，本书较为全面、系统地反映了清代道光前的岭南本草学成就，承前启后，使得岭南生草药得以一脉相承。本书地域特色鲜明，收录了大量岭南地区特有的草药和疾病防治方法，部分药名也颇有粤语风格。本书是继《生草药性备要》之后对岭南草药的又一次较为全面的总结，不

仅为研究岭南医学史提供了丰富的历史资料，对现代临床也有着一定的指导作用，是清代岭南地区一部极具地域特色的重要本草学著作。

(六)《岭南采药录》

《岭南采药录》成书于1932年，作者为萧步丹。萧步丹为广东南海人，出身医学世家，师从祖父、父亲，积累了丰富的草药治病经验，并虚心吸取民间的用药经验。

全书搜集两广地区生药483种，且多为《本草纲目》所未收载的岭南当地特色草药。该书编写体例为取药名第一字，按四声（平、上、去、入）来分类，并于书后列表以方便检索。书中多数草药均列有药名、别名、植物形态、入药部位、性味主治及详细的用法用量等。为了防止后人在采集草药时出现偏差，该书对植物形态有详细的描述，已使用“托叶”“雄蕊”“总状花序”及“穗状花序”等规范名词，在岭南本草典籍中极为罕见。

所有收集记载的生药均是经历数十年搜集采访，择其药品有经验所得者，以“得诸实用，其效尤确”的原则选择编成，亦可见其学术之严谨。书中记载的一些草药至今在岭南民间仍被广泛应用，如用于制作凉茶的岗梅根、鸡骨草、田基黄、火炭母及破布叶等，用于洗澡的香茅、柚叶及五指柑等，用于煲肉食用的无花果、凤眼果及红丝线等。且书中所载草药多为单味药，较少通过配伍使用，使用方法简便，多为煎水、煮汤、泡酒、捣烂敷贴、汁液涂抹、泡茶饮等，并详细记录了一些民间的特殊使用方法，如“龙船花……，取叶二三十块做一叠，用银簪刺数十孔，好醋一钵，将叶放醋内同蒸，俟冷后，取一叶贴毒上，将干即换……”。

书中所载草药药效涉及各个方面，其中也包括了治疗众多与岭南特殊的自然环境具有密切联系的病症，如脚气、蛇咬伤、虫毒、食滞、中暑、上火及皮肤病（疮、癞、疥、癣）等。此外，书中亦记载了民间对于植物的

各种其他使用经验，体现了植物利用方法的多样性，如不死草暑时置盘中，食物不腐，并可辟蝇；锡叶以其叶擦锡器使光滑；催生兰遇有吉事则开，其花能催生，凡难产者，悬户上即生；葫芦茶干置衣箱中，辟虫去蛀虱等。

与之前的岭南本草相比，《岭南采药录》内容最全、流传最广、最具影响力。该书系统总结了自清代以来岭南医家和民间运用草药的经验，为目前所存岭南本草典籍中内容最详细、描述最严谨、影响最深远的珍贵资料，具有极高的学术价值。该书是发扬岭南生草药的重要专著，对岭南本草学研究有着承前启后的作用。

（七）《山草药指南》

《山草药指南》成书于1942年，作者为胡真。胡真（1874—不详），字莞瀹，东莞（古称“东官”）人。胡真自幼习儒，才气过人，毕业于两广高级师范学校，后从事中医教学医疗行政管理工作，有一定的社交及组织能力，历任广东中医药专门学校学监、广东中医院筹建委员会委员、上海全国中医代表大会秘书、广州大学秘书、广州仁慈医院有限公司董事等职。胡真研究山草药多年，确知用其治病有特殊效能，所谓“往事一二味，应验如神，令人不可思议”。

《山草药指南》全书记载草药642味，内容充实，涵盖了草药的性味功效、主治功能、配伍运用、鉴别要点、炮制及禁忌等，以及临床用药的关键内容。书中论述了近代科学知识，草药按人体部位、临证进行分类，记载别名、又名或俗称的草药甚多，行文简洁、篇幅少且内容丰富，记载了众多草药的民间炮制或食疗方法及有特色疗效的验方。

书中论述了石膏、人参、甘草及当归等草药的药用问题，如今不足为奇，但在民国时期，其融入了一些较新的近代科学知识，具有一定的先进性。按人体部位、临证对药物进行分类的方法，继承和发扬了传统中药

分类方法的优点，贯彻了中医理法方药相统一的原则，突出了中医药疗法和功效的共性，使中药学理论与临床实践有机地结合起来，便于学习和掌握，因其临床实用性和指导性强，故而受到临床医生的普遍重视和广泛采纳。全书行文简洁，用了相当一部分文字记载了草药的别名、又名或俗称，有多个名称的草药占所记载的草药总数的44.4%，例如，相思子“别名红豆，味苦，性平，有小毒，能通九窍，止热闷头痛”，土细辛“别名老虎料，又名一炷香，通关窍，舒筋骨，取根用，治头风”。记载草药的多种名称，对于保证临床用药准确，避免错误，十分必要。每一药下的各项内容不是面面俱到，而是有用则录，无用则略。一般本草书在谈到药物炮制内容时，每多详述其炮制之法，而该书却紧紧抓住炮制与临床用药相关的内容，寥寥数字，一清二楚，文字简练，朗朗上口。例如，仙茅“别名独角仙茅，又名蟠龙草，将根十蒸九晒，用沙糖藏好，清晨服之，能壮精神，乌须发”。该书体现了药食同源的特色，记载了多个来自民间医药实践的食疗方法。在炮制方面，大多数草药单味水煎或捣自然汁服用，又或加入一些佐料，具有简、便、廉、效的特点。炮制辅料多用酒、醋、蜂蜜、砂糖、桐油、姜汁、冰糖等常见佐料。《山草药指南》中的药膳剂型有十几种，涉及汤剂、茶剂、饮剂、酒剂、煎剂、煮剂、蒸剂、粥剂、膏剂、饼剂、丸剂、腌剂等，药膳品种繁多，实属药膳疗法的一大特色。

《山草药指南》是具有代表性的岭南草药著作，具有一定的学术价值、实用价值和文献参考价值。

Part IV

第四章 大宗道地南药及南药道地性形成的原因

一 大宗道地南药与特色南药

（一）四大南药、十大广药与粤八味

岭南自古以来便出产多种道地药材，有“四大南药”“十大广药”的说法。四大南药，指在海南所产的“槟榔、益智仁、砂仁、巴戟天”四味中药。十大广药指广东所产的阳春砂（春砂仁）、广藿香、化橘红、广佛手、高良姜、广陈皮、巴戟天、何首乌、广地龙和金钱白花蛇（广东白花蛇）十味中药。

广东作为岭南医药的发源地，其岭南医药资源的发展历史十分独特。为了更好地推动广东岭南特色中药资源和道地药材的开发和保护，2016年12月1日，广东省人民代表大会常务委员会发布了《广东省岭南中药材保护条例》(2017年3月1日施行)，列明首批被列入保护的岭南道地药材——化橘红、广陈皮、阳春砂、广藿香、巴戟天、沉香、广佛手、何首乌，这是在四大南药、十大广药基础上，经过专家评审、大众网络投票遴选、政府审核发布的首批八种岭南中药材，亦称“粤八味”。

《广东省岭南中药材保护条例》规定，县级以上人民政府农业主管部门负责本行政区域内化橘红、广陈皮、广藿香、广佛手和种植在农用地的阳春砂、巴戟天、何首乌等岭南中药材种源、产地、种植的保护工作。县级以上人民政府林业主管部门负责本行政区域内沉香和种植在林地的阳春砂、巴戟天、何首乌等岭南中药材种源、产地、种植的保护工作。道地化橘红产地化州，道地广陈皮产地新会，道地阳春砂产地阳春，道地巴戟天产地德庆、高要，道地何首乌产地德庆等地，应当设立岭南中药材良种繁育基地；广藿香主产地湛江、肇庆，广佛手主产地肇庆，沉香主产地东莞、中山、茂名、惠州、揭阳等地，优先设立岭南中药材良种繁育基地。

广东通过设立优质岭南中药材生产基地对保护种类产地进行保护。设立优质岭南中药材生产基地，因地制宜，合理布局：①具有适宜种植岭南中药材的地理、土壤、气候等自然条件；②已经形成科学的种植方法、良好的质量控制方法，具有一定的资源、技术和效益等优势；③属于生产道地、珍贵、濒危、渐危岭南中药材的特定地区，或者已经形成种植规模、在中药材市场占有较高份额的岭南中药材主产地区；④生产的岭南中药材应当以药用为主或者优先作为药用。优质岭南中药材生产基地的设立程序以及保护标志的设立，比照岭南中药材良种繁育基地执行。

优质岭南中药材生产基地按照保护种类的特定技术规范进行种植，保持岭南中药材产品质量稳定，创新种植模式应当符合国家中药材生产质量管理规范。

《广东省岭南中药材保护条例》将岭南道地药材列入法律保护的范畴，对岭南药材资源的可持续发展意义重大。

（二）云药

云南素有“动植物王国”“药材之乡”的美誉，是我国生物资源、天然药物和民族医药资源最丰富的省份。云药即云南省闻名遐迩的道地药材。据第三次全国中药资源普查数据，云南省有中药资源6 559种，占全国的51.4%，其中药用植物315科1 841属6 157种，药用动物148科266属372种，药用矿物30种，其中有574种药材被载入《中国药典》，359种药材被载入《云南省中药材标准》（2005年版）。云药在历史上首屈一指，从“云贵川广，道地药材”中可见一斑。著名的道地药材有三七、云木香、云当归、云黄连、天麻、云茯苓等，以及血竭、千年健、诃子、苏木、胡黄连、千张纸、砂仁、白豆蔻、儿茶、槟榔、肉桂等特色南药。除此之外，云南还有续断、滇龙胆、滇黄精、薏苡仁、南板蓝根、

鸡血藤、防风、乌梅、南星、何首乌、天冬、云山楂、枸杞子、骨碎补、干姜等大宗药材。至2019年，云南省中药材种植面积达872.68万亩（1亩≈666.667平方米）（含药食两用药材），产量94.95万吨，中药材种植面积、产量和农业产值连续三年稳居全国第一，其中砂仁、三七、云木香、滇重楼、红花、滇黄精、滇龙胆、草果等17个中药材品种种植面积突破10万亩；三七、灯盏花、砂仁、滇重楼、石斛、草果、茯苓、云木香等种植面积和产量均居全国第一，其中三七、灯盏花、砂仁、草果全国市场占有率超90%，滇重楼全国市场占有率超80%，石斛全国市场占有率超70%，茯苓全国市场占有率超60%。云南认定建设了60个“云药之乡”、65个“定制药园”、144个“中药材种植（养殖）科技示范园”等，还对文山三七、昭通天麻、红河灯盏花、龙陵紫皮石斛、广南铁皮石斛、程海螺旋藻、马关草果等品种实施了国家地理标志产品保护。2021年，三七、滇重楼、灯盏花、铁皮石斛、砂仁、天麻、云茯苓、云当归、云木香、滇龙胆10种药材被推选为“十大云药”。

除了丰富的药用植物资源，各民族文化的交流和不断融合成就了云南特有的中药产品和中药产业，例如云南白药系列、三七和血塞通系列、灯盏花系列、天麻系列、宫血宁胶囊、感冒消炎片、舒肝冲剂、止咳丸、施普瑞胶囊及近年来有较广阔市场前景的排毒养颜胶囊系列等。云南白药是彝族中医曲焕章先生博采传统中医药和彝族医药的精华，于1902年创制的品牌，已有百年历史，不仅是我国传统中药的重要品牌，也是云药的金字招牌；文山三七是云药药材的第一品牌，在三七的系列产品中，血塞通系列在国内外均有极大的市场潜力；苗族药灯盏花的产品已得到医药界和患者的认同，成为脑血管疾病预防和治疗的首选药物，具有显著的市场前景；另外，由传统中药和彝族药结合开发而成的排毒养颜胶囊，建立了云药“排毒”的概念，在短期内取得了很好的发展，成为云药的新品牌。天然药物资源及其产业构成了云药的另一重要支柱，紫杉醇、小檗碱、喜树

碱、薯蓣皂素、豆腐果苷、岩白菜素、蜕皮激素、利血平、秋水仙碱及蒿甲醚等均为云药的特色品种。

（三）桂药

广西药用植物资源丰富，是我国南药主产区之一，享有“天然药库”“生物资源基因库”和“中药材之乡”等美誉。现已查明，广西有中药资源7 512种，其中植物药6 397种、动物药1 066种、矿物药49种。

全国400多种常用中药材中有70多种来自广西，其中10余种占全国总产量的50%～80%，罗汉果、鸡血藤、广豆根、蛤蚧的产量占比更是高达90%以上。遵守“一脉相承，古今皆同”“质量稳定，精益求精”“物随地变，满足需求”“时移物易，择优而用”的遴选原则，广西遴选出了“桂十味”道地药材，包括肉桂（含桂枝）、罗汉果、八角、广西莪术（桂郁金）、龙眼肉（桂圆）、山豆根、鸡血藤、鸡骨草、两面针、广地龙。

（四）香药

香药多指能散发浓郁的芳香气味的中药，传统医学认为，香药具有芳香辟秽、开窍醒神、解表散邪、化湿健脾及固护正气、辟秽防疫等作用。植物药、动物药中均有芳香类药材，其中以龙涎香、沉香、檀香和麝香最为著名。

龙涎香是一种十分名贵的香料，由于其产量稀少、采集困难及香气浓郁，一直被作为难得一见的奢侈品使用。龙涎香的发现和使用，最早可以追溯到中国汉代，两宋时期的《游宦记闻》中有这样的记载：“诸香中，龙涎最贵重。广州市直，每两不下百千，次等亦五六十千，系番中禁榷之物，出大食国。近海傍常有云气罩山间，即知有龙睡其下。或半载或二三

载，土人更相守视。俟云散，则知龙去也，往观必得龙涎。”其真伪鉴别方法也颇具传奇色彩，包括雨中焚烧法、投水法、口含法、热银簪法、滚水泡屑法、引烟入水法和直烟辨真法等。除了作为奢侈品与名贵香料，龙涎香还被认为具有宽胸理气、镇静安神、醒脑清肺等作用，但由于过于稀有，一般仅作为辅助用药。现代研究认为，龙涎香是水生哺乳动物抹香鲸的分泌物干燥后形成的，其十分独特的香气与其中含有的龙涎香醇和降龙涎醚等有关。

沉香是南药中最著名，也是种植面积最大的珍稀名贵香药，其味辛、苦，性微温，具有行气止痛、温中止呕、纳气平喘等功效，临床用于胸腹胀闷疼痛、胃寒呕吐呃逆、肾虚气逆喘急等证。沉香广泛应用于多种复方制剂，包括沉香化滞丸、沉香化气丸、沉香舒气丸、八味沉香散等。自然条件下沉香产量十分有限，只有树干在受到外界伤害或病原微生物侵染的情况下，沉香属植物才能分泌少量沉香树脂，若要满足采收的条件，则通常需要十几年甚至几十年的累积。沉香的来源包括原产于越南、印度、马来西亚等地瑞香科的沉香 *Aquilaria agallocha* Roxb.，以及原产于我国海南、广东、广西、福建和云南等地的白木香 *Aquilaria sinensis* (Lour.) Gilg.。传统中医药认为，以柬埔寨等地区的沉香质量最优。据《诸蕃志》卷记载：“黑沉香尤为林邑沉香中的上品，坚黑者为上，黄者次之。”除了进口沉香，《中国药典》还收载了国产瑞香科植物白木香为沉香的来源之一，其中以广东茂名、海南出产沉香的结香率及质量最佳，以广东东莞的莞香道地性较佳。

檀香是世界上古老、珍贵的树种之一，原产于印度、印度尼西亚等热带地区，集药用、香料、工艺品材料等于一身，在中国乃至整个东南亚地区具有悠久的临床应用历史。例如，《新唐书·南蛮传》（下）云单单国（今马来半岛南部的吉兰丹）盛产白檀香，“单单，在振州东南，多罗磨之西，亦有州县木多白檀”。苏门答腊也产檀香。《南夷志》认为南海昆仑国

也产檀香，云："昆仑国，正北去蛮界西洱河八十一日程，出青木香、檀香、紫檀香……。"中药典籍中记载檀香入脾、胃、肺经，具有行气温中、开胃止痛等功效，现代研究认为，其中的挥发油类成分具有调节胃肠道系统、预防心肌细胞损伤、改善心血管系统、抗肿瘤及抗病原微生物等作用。广东省于1962年开始檀香的引种种植，其中以湛江地区的引种最为成功，现已种植檀香近500亩，普遍生长良好。大部分引种种植的檀香已成林成材并开花结果、繁殖多代，其生产的檀香心材质量与原产地相近，这说明檀香已完全适应广东湛江的气候条件和自然生长环境。

麝香为鹿科动物林麝、马麝、原麝等成熟雄体香囊中的干燥分泌物，主产于我国的四川、西藏、云南、青海、新疆、甘肃、陕西、内蒙古及东北等地区。麝香性辛、温，无毒，味苦，入心、脾、肝经，具有开窍醒神、活血通经止痛等作用。麝香的药用记载最早见于《神农本草经》。梁代陶弘景在《本草经集注》中摘录了《神农本草经》的记载并指出：麝香无毒，主治"诸凶邪鬼气，中恶，心腹暴痛胀急，痞满，风毒，妇人产难，堕胎，去面、目中肤翳"等，魏晋南北朝时期的医学及文学作品中，也多有麝香入药治疗中风、肿胀、蛇毒、趋避蛇虫的记载。《本草纲目》将麝香列为诸香之冠，药材中的珍品。麝香也是一味具有神话色彩的中药，两汉及魏晋南北朝时期的经学著作和笔记小说中，亦多有麝香与其他物质一起服食以成仙成神的故事。现代研究认为，麝香独特的香味及对心血管系统的作用多因其中所含的麝香酮、麝香吡啶和一些大环化合物。

（五）有毒药材

有毒药材指植物或动物在生长发育过程中产生的某些化学物质，误食后能引起人体或动物功能性或器质性病理变化，严重的可造成死亡的药材。我国南方是有毒药材种类最多的地区之一。有毒药材是南药中非常特

图⑬
有毒药材钩吻（断肠草）
（广东紫金呀依山，2016，杨得坡）

殊的类型，常见的植物类毒药有断肠草、见血封喉、曼陀罗、广东狼毒、雷公藤、生南星、生巴豆、昆明山海棠、夹竹桃与钩藤等，动物类毒药有斑蝥、红娘虫、青娘虫、蜈蚣、蛇毒、蟾酥等，矿物类毒药有砒石、砒霜、雄黄、红矾、朱砂、升汞、轻粉和铅丹等。

现代药理和毒理学研究认为，引起中药毒性和副作用发生的化学成分主要包括生物碱类、引起传导阻滞和心肌耗氧量上升的强心苷类化合物、引起组织缺氧和神经损害的氰苷类化合物、造成局部刺激和溶血反应的皂苷类化合物、对胃肠道具有较强刺激作用的蛋白类毒药、有毒动物体内含有的毒素及含有重金属元素的矿物类中药等。例如，关木通中所含的硝基菲羧酸类化合物马兜铃酸会引起肾小管上皮细胞变性、脱落、间质血管瘀血，长期服用会使患者出现明显的肾毒性反应；箭毒木是世界排名第一的有毒植物，有“见血封喉”之称，在广东、广西、云南等地区均有分布，且为国家二级保护植物，其中主要的毒性成分为强心苷类化合物，只要有微量的植物乳汁进入血液循环就会引起肌肉松弛、心跳减缓，最后因心跳停止而死亡。

引起中药毒性的原因十分复杂，主要包括品种特性、长期或过量服用、炮制方法不当、配伍不当和煎煮不当等。例如，苦杏仁有小毒，是因其所含的苦杏仁苷会分解产生氢氰酸，后者为剧毒物质，极微量应用苦杏仁能镇静呼吸中枢、止咳，而剂量稍大则会对人体产生危害。煎煮时间适宜可以消除或减缓中药的毒性，而煎煮不当则可导致中毒，如服用乌头、附子、商陆几味药，需先煎、久煎。煎药和服药器具的选择也很重要，自古以来，均以陶器为优选，而铜、铁、银等金属器具，因化学性质不稳定，易与药物发生化学反应，所以少用。另外，体质因素也是引起中药毒性的原因，正如张景岳所说：“人有能耐毒者，有能不胜毒者。”由于人体有禀赋强弱、高矮胖瘦、年龄性别等区别，不同个体对同一剂量的相同药物可有不同反应。一般而言，高大、强壮的人或青壮年耐毒性较强，矮小、瘦弱的人或老年人、儿童耐毒性较差。此外，机体处于健康与病态两种情

况下，对药物耐受量也不一样，当机体处在疲劳、饥饿、营养不良等状态时，抵抗力下降；传染病患者，全身抵抗力差，往往对有毒中药较敏感，稍有不慎则易引起中毒，还有部分人为过敏体质，或患有哮喘、荨麻疹等过敏性疾病，也易产生中药过敏反应，进而引发毒性反应，用药当慎重。

钩吻*Gelsemium elegans* Benth.为马钱科钩吻属植物，又名断肠草，是一种非常有名的剧毒植物，全年可采，以根、叶及全草入药。钩吻在我国资源丰富，并且分布广泛，主要分布在广东、福建、云南、广西等南部地区。钩吻有祛风攻毒、散结消肿的功效，常用于治疗跌打损伤、神经痛、关节炎、银屑病等。钩吻有大毒，故不能内服，只能外用。

钩吻属植物化学成分以生物碱为主，其他成分包括环烯醚萜类、三萜类等，生物碱成分如：甲基钩吻素乙类（gelsedine-type）、钩吻子素类（koumine-type）、胡蔓藤乙素类（humantenine-type）、钩吻素甲类（gelsemine-type）、常绿钩吻碱（yohimbane-type）、蛇精根类（sarpagine-type）及其他类型生物碱。

巴豆属（*Croton*）是大戟科（Euphorbiaceae）下面的一个属，其下植物种类丰富，在全球约有800种，我国有21种，广泛分布于南方，例如广东、广西、云南、台湾等地，也是常见的有毒植物。我国的巴豆属植物有多种可以药用，主要药用部位为枝、叶、皮和根，具有祛风除湿、理气止痛、活血化瘀的功效，在民间多被用于治疗跌打损伤、肠胃胀痛等。巴豆属植物化学成分种类比较丰富，二萜及其酯类是主要的次生代谢产物，此外还有倍半萜类、生物碱类及其他类。

（六）凉茶

凉茶是岭南地区具有独特风格的一种清凉饮料，它既是中医药的普及应用，也是人民群众的自助性保健措施。凉茶这种医药形式来自民间，具

有浓厚的乡土气息。

顾名思义，“凉茶”就是指由药性寒凉的药物组成，具有清热解毒、滋阴降火等作用，用于治疗实热证和虚热证（热气和上火）的汤药。典型的凉茶，其组成都是以草药为主。凉茶处方的前身就是流行于民间的有效的单方、验方，是中国医药学宝库的组成部分之一。

凉茶店是岭南地区特有的热饮店。每当人们出现咽干口苦、发热咳嗽、尿少而黄等症状时，就认为是“热气”，会到凉茶店饮凉茶或在中药店配些凉茶回家煎饮，往往能药到病除，这其实是一种简便有效的医疗手段。广东地区的凉茶处方品种繁多，县县不同，乡乡有异，比较通用的有王老吉凉茶、甘和茶、廿四味、甘露茶、午时茶、榄葱茶、五花茶、七星茶、神曲茶、茅根竹蔗水、石岐凉茶、斑痧茶等，这些都是家喻户晓的常用凉茶。在选用凉茶的时候，要根据个人体质、年龄、病症的不同，选用不同的处方，如风热型感冒用甘和茶较好，风寒型感冒用榄葱茶较好，肠胃炎型感冒用神曲茶较好，湿热重者用五花茶较好，小儿肠胃积滞用七星茶较好。

凉茶从传统的汤剂发展到现代的冲剂（如王老吉冲剂、夏桑菊冲剂、溪黄草冲剂等）、袋泡茶剂（如甘和茶袋泡装），甚至是超市、便利店直接销售的饮料，既增加了给药途径，又满足了现代人追求方便的需要。现代医学及药理学研究表明，凉茶中所使用的药物大多具有抗菌、消炎、解热、抗病毒、调节机体免疫功能等作用，广泛用于现代医学的感染性疾病、传染性疾病、免疫性疾病、心血管系统疾病、血液系统疾病等的治疗中。

（七）民族医药

近年来，国家十一部委联合发布了《关于切实加强民族医药事业发展的指导意见》，省市各相关职能部门都出台了一系列结合当地实际的民族

图⓮
西双版纳傣医制药工具——傣陶
（2021，岳建军）

图⓯
傣医药文化本草——《贝叶经》
（左图为记载傣医药的《贝叶经》，
右图为贝叶基原贝叶棕）
（2020，杨得坡）

医药发展政策。我们从中国南药区划中，重点总结了具有代表性的少数民族医药，如傣药、壮药、黎药和彝药的发展历史、研究现状、存在问题及未来趋势，为其他少数民族医药如瑶药、拉祜族药、苗药等的发展提供参考，旨在为民族医药的守正创新及可持续发展奠定基础。

1.傣药

傣医药是我国四大民族医药（藏、蒙、维、傣）之一，是祖国传统医药学的重要组成部分。傣族是一个跨境而居的民族，主要分布在中国云南、印度东北部、越南西北部、柬埔寨西北部、缅甸中北部、老挝、泰国等。全球约有6 600万傣族人口，其中我国境内约有126万。傣医药文化广泛流传于东南亚诸国，并与当地医药文化交融，可以说超越国界，也是世界传统医药宝库中的珍品。傣医药学具有独特的理论基础，在继承传统医学理论的基础上，兼容并包，吸收了东南亚地区的民族传统医药知识及中医药学内容，构建了“四塔五蕴”“雅解论”“风病论”“三盘理论”“十大传统特色疗法”等特色鲜明的傣医药学体系，长期以来为傣族及边疆各族人民的健康作出了重要贡献。

傣药学历史悠久，2 500多年前的《贝叶经》就有关于傣药的记载，但都较为零散，大多以口传、心授等方式历代相传。佛教传入后，促进了傣文的发展，傣医药知识得以用文字记载相传。傣医药知识最早被刻于《贝叶经》上。中华人民共和国成立后，国家成立了专门的傣医药研究机构，傣医药得到了不断发展，如1979年成立了西双版纳民族医药研究所，1988年成立了西双版纳州傣医医院。1983年，在全国少数民族卫生工作会议上，国家确定傣医药为四大民族医药之一。同年，经原卫生部（现国家卫生健康委员会）批准，西双版纳成立了中国医学科学院药用植物研究所云南分所，中央科研单位也更直接地加入了傣药研究的队伍中。为了加快傣医药专业人才培养，2017年，教育部和云南省人民政府合作成立了应用型本科试点高校——滇西应用技术大学傣医药学院。在国家各级政府政策和

资金的大力扶持及不同专业机构的共同努力下，傣医药在理论体系建设、文献古籍整理出版、傣药材标准制定、规范化栽培技术、产业化应用、文化传播及人才培养等方面，取得了可喜的成绩，并出版了一系列具有代表性的傣药专著，如《嘎牙三哈雅》《档哈雅龙》《西双版纳傣药志》《中华本草·傣药卷》《中国傣医药彩色图谱》《傣医传统方药志》《傣药学》等。为解决傣药材无法定标准的产业瓶颈，云南省食品药品监管局颁布实施了113个傣药材标准。2018年，由马小军、张丽霞、林艳芳为主编编著出版了《中国傣药志》(上、下卷)，此书基于对云南省10个地州43个县市所有傣族聚居区全覆盖式的实地调查和民间傣医访谈，以及对历史文献记述的傣药的梳理，全面系统地整理出了我国傣药基原1 666种（包括植物药1 509种，动物药135种，矿物药22种），同时收录了4 000余首傣医药经方验方，3 000余张傣药基原高清图片，是迄今记录我国傣药种类最多、篇幅最长、内容最全的傣药专著。以上专著的出版为傣药资源的保护和可持续利用奠定了基础。

傣族居住区主要处于热带、亚热带地区，所以傣药资源物种在分布上与热带、亚热带的植被分布相对应，存在明显的地域性，90%以上的傣药植物产自云南南部、西南部和东南部。

傣药根据治病的特点，具有不同的归属，称“入塔”，即入风、火、水、土四塔；按性分为嘎（寒）、皇（热）、温（温）、阴（凉）、沙么（平）五性；按气分为荒（香）、哦（臭）二气；按味分为八味，即宋（酸）、弯（甜）、烘（苦）、撇（辣）、景（咸）、发（涩）、很（麻）、章（淡）。

解药是傣医用药治病的一大突出特色，形成了“未病先解、先解后治、同解同治”的“雅解（解药）理论”。傣医把凡是具有清火解毒，解除、分解、化解人体内外因素导致的各种毒邪的药，统称为“解药”，按其功能又可分为综合解毒类，解妇女产后病类，解食物、药物中毒类，解毒退热类，解毒蛇、蜈蚣、毒虫、野兽、疯狗毒类，解酒毒类，解刀、枪

图⑯
云南傣族解药——傣百解
（2021，陈海涛）

伤毒类，解水、火烫伤毒类等。根据统计，解药占傣药的55%以上，可见解药在傣药中举足轻重的地位。

“就地取材、鲜采鲜用”是傣医用药特色之一。如民间用于接骨或治疗蛇咬伤的药多是清热解毒、活血消肿、凉血止血之类的鲜草药，可内服外敷，或煎汤浸洗等。傣医常见的传统特色疗法中，睡药、熏蒸药、洗药等大多也采用鲜药。

“药食同源”是傣医药文化与饮食文化的另一大特色。傣族人民常把具有祛病延年、补肾强身、抗衰防老、消除疲劳、保健、美容养颜功效的药物应用在日常饮食和茶饮中。苦凉菜、鱼腥草、刺五加、香茅草、水芹菜、薄荷、木蝴蝶等药物，都是傣族餐桌上常见的菜肴。傣族人家家户户都有煮药茶且男女老少皆饮的习惯，其饮用养生茶的历史可追溯到上千年前，据贝叶经版傣医药典籍《档哈雅》《蛾西达敢双》《桑松细典》《档哈雅勐泐》等记载，光养生茶就有40多种。在日常生活中，傣族同胞根据不同的季节及气候的变化，将能防治疾病的傣药泡入开水中，调配成男女老

图⑰
云南傣族特色茶饮——肾茶
（2021，张丽霞）

幼皆宜的傣药茶饮，既解渴又防疾病。如夏秋季节，是痢疾、肠炎、腹泻传染病的多发期，为了预防这类疾病，他们常用具有清热消炎、抗菌、止血、收涩作用的长柄异木患、弯管花等煮水代茶饮；疟疾发病季节，取具有截疟、清热解毒、祛风除湿作用的白花臭牡丹根、须药藤各等量煮水代茶服；农忙季节，如出现劳累、腰酸背痛、肢体麻木等症，多用具有舒筋活络、强筋健骨、理气止痛功效的苏木、黑皮跌打等泡茶饮；妇女产后出现体质虚弱、消瘦、头晕、头痛、眼花、口干舌燥、食欲不振、缺乳等症，常用具有消炎抗菌、清热解毒、活血化瘀、理气补血、疏风散寒、通发乳汁功效的长柱山丹、粗叶木、人字树等药物泡水当茶饮；而因食用辛辣燥烈之品，引起尿黄、尿急，甚至尿痛、尿血、小便不利时，则用肾茶、扫把茶、倒心盾翅藤泡水当茶饮，以达到清热泻火、除湿利尿、解毒健肾的目的。

随着现代科学技术的不断进步，傣医药的发展面临巨大的机遇和挑战。傣药的基础研究相对滞后，未来需要加强傣医药人才的培养、傣药传统知识的保护和守正创新，要重点加强傣药资源系统保护、质量控制、化学成分、生物活性、产品开发及濒危傣药引种驯化等方面的研究力度。

2. 壮药

壮族聚居地区具有的典型地理环境和独特的气候条件，造就了丰富且独特的壮药资源，壮药主要集中于广西壮族自治区。壮医药具有独特的理论体系，阴阳为本，三气同步，三道两路（谷道、水道、气道、龙路、火路），脏腑气血及痧、瘴、蛊、毒、风、湿等壮医对人与自然、生理病理和各种病症的认识，以及调气解毒补虚的治疗原则等，构成了壮医药的基本理论。壮医药已形成目诊、摸诊的诊断方法，药线点灸、药物竹罐、浅刺疗法等特色疗法及主帮带、公药母药用药体系。

古代药物学著作中就有关于壮医药疗法的记载。壮医药疗法包括内服、外洗、熏蒸、敷贴、佩药、药灸、药浴、药刮等，《本草纲目》《本草

拾遗》《南方草木状》里对此有过记载。《岭南卫生方》及广西各地地方志中，记录了一批壮族医药家。近现代相继成立的一系列科研机构，使壮医药得到了较好的发展，同时取得了巨大的成绩。广西先后成立了10多所民族医药科研、医疗机构和高等院校，如广西民族医药研究院、广西国际壮医医院、广西中医药大学壮医药学院等，并构建了壮医药陈列室、壮药标本室等，也相继出版了《中国壮药学》《中国壮药材》《中国壮药原色图谱》《中国壮药资源名录》《常用壮药生药学质量标准研究》《壮族通史·壮医药》《广西壮药新资源》等30多部壮医药专著，构建了壮医药的理论体系。

据统计，2014年版的《中国壮药资源名录》中，共收录壮药资源种类2 285种，其中包括植物药2 063种，动物药201种，矿物药21种。常用的壮药有2 000余种，其中壮医常用药达千种。壮药可以通过“一看，二摸，三闻，四尝，五水浸，六火烧”的传统方法进行性状鉴定。壮族地区毒物较多，壮医药在毒药和解毒药的应用方面积累了丰富的经验。在壮药中，毒药有99种，占常用壮药的14%。壮药的道地药材主要有三七、罗汉果、八角、肉桂、金银花、龙血竭、扶芳藤、钩藤、鸡血藤、蛤蚧等，具有十分广阔的开发利用前景。

党的十七大明确提出要扶持中医药和民族医药事业的发展，表明了国家政策对发展壮医药事业的重视和支持。广西壮族自治区政府在发展壮医药方面采取了一系列重要举措，形成了相关标准——《广西壮族自治区发展中医药壮医药条例》于2009年3月1日起正式施行，《广西壮族自治区壮药质量标准》于2008年10月正式颁布，以丰富壮医药理论内容，奠定壮医药在祖国传统医药中的学术地位。壮医药具有资源优势、浓厚民族特色和文化元素等明显特点，是广西传统医药事业发展的突破口。

3. 黎药

我国有160余万黎族人口，其中，海南黎族人口为127万余人，约占海南总人口的15%。黎族是海南的土著民族，已有3 000多年的悠久历史，

其主要聚居在以五指山地区为中心的海南岛中南部。海南省自然环境独特，地处热带与亚热带交汇地带，全年气候温湿，常温在25℃左右，雨量充沛，四季常青，气候环境适宜，有“天然温室”的美誉。黎族聚居地区蕴藏着丰富的药用植物资源。黎族人民经过漫长岁月的积累和探索，逐渐形成了具有黎族特色的传统黎药文化。

海南黎药资源的开发历史悠久。早在公元304年,《南方草木状》中就有关于槟榔、益智等植物的记载,《海南岛志》对益智做了更详尽的介绍。黎药的研究起步较晚，发展相对滞后。海南省相继成立的相关研究机构有中国医学科学院药用植物研究所海南分所、海南医学院、海南大学及依托于中国热带农业科学院热带生物技术研究所建立的海南省黎药资源天然产物研究与利用重点实验室等，承担着黎药的资源保护、质量标准制定、活性物质检测、产品开发等的研究工作。

海南生物多样性丰富，是我国热带药用植物集中分布的区域之一，其中，黎药资源在我国传统药物资源中占有重要地位。海南岛上现存热带高等植物4 600多种，药用植物有3 100余种。五指山地区现有植物药500余种，动物药200多种，矿物药100多种；白沙县黎族人民所使用的药用植物约有1 000种。载入《全国中草药汇编》的黎药约有1 100种，纳入《中国药典》的黎药有135种，常用黎药250多种。如常见的黎药有槟榔、沉香、海南大风子、海南龙血树、嘉兰、海南地不容、五月茶、葫芦茶、广东金钱草、田基黄、地胆头、地耳草、鸡骨草、马跤、三七、红参、姜黄、桂枝、壳香、刺菜、红芩、八莲草、野胡椒、蝴蝶草、“千人打”、三七姜、“肉笨”、油灯草、小叶海金沙、落地生根、倒地铃等。海南18种大宗珍贵的中药材为黄连藤、鸡血藤、石蚕干、青天葵、石斛、海南粗榧、见血封喉、美登木、杜仲藤、高良姜、金钱草、锦地罗、海南砂仁、胆木、蔓荆子、七叶一枝花、木棉花、海南巴豆。槟榔、益智、海南砂仁、巴戟天、沉香被称为“海南的五大南药”。黎医在治疗毒蛇咬伤、跌

打损伤、风湿骨痛、接骨、中毒、疟疾、风痧症、瘴气等方面积累了较为丰富的经验，黎药在治疗妇科等疾病方面也具有较好的效果，如乳腺增生、乳腺纤维瘤、功能性子宫出血，以及乙型肝炎、骨折、骨质增生、胆囊结石、呼吸道感染等疾病。

在我国重视与发展民族医药的大背景下，黎药的发展面临着巨大的机遇和挑战，因此，应进一步加强黎药的基础科学研究，对黎药资源进行科学、合理的开发和保护，持续推进挖掘黎医药基本理论的研究，并进行整理保护，使民族传统医学得到更好的传承与发展。

4. 彝药

彝族是居住在我国西南地区的一个具有悠久历史的少数民族，其有本民族的语言文字。该族主要分布于海拔1 500～3 000米的云南、广西等地，有980余万人，居我国少数民族人口排名的第六位。云南的彝族人口最多，有507万人，以楚雄彝族自治州、红河哈尼族彝族自治州等较为集中。彝族生活环境特点为：多处低纬地区，多山，海拔高差较大，地貌复杂，动植物资源丰富，生物多样性良好。

彝族医药发展历史悠久。彝族人民在长期的实践探索中，逐渐形成了深厚的彝族医药文化，并用自己的语言文字进行了较好的传承。彝药资源种类繁多，其利用最早可追溯到公元957年左右。古代彝药资源丰富，包括动物药、植物药、矿物药。彝族人民最显著的用药特点是动物药比例较大，这是与其他少数民族用药方式不同的一个特色。彝族人民擅用动物药，有些动物药对某些疑难杂症有较好的疗效。

古代彝药著作比较丰富，如最早的彝族医药古籍《元阳彝医书》收录动植物药200多种；《作祭献药供牲经》收载的彝族动物药占全书比例高达93%；除此之外，还有《彝族治病药书》《老五斗彝医书》《洼垤彝医书》《三马头彝医书》《造药治病书》《双柏彝医书》等代表性著作。中华人民共和国成立以来，一系列彝药的著作得以出版，如《医病好药书》《中国少

数民族传统医药大系》《民族药创新发展路径》《哀牢本草》《彝药志》《楚雄彝州本草》《聂苏诺期》《云南民族药名录》等。近年来，云南省组织制定并颁布了一系列云南省药品标准，这些标准先后收录了50余种彝族药材，如七叶莲茎叶、万寿竹、千针万线草根、大黑药、小铜锤、山百部、山槟榔、马尾黄连、五爪金龙、双参、心不干、心慌藤、火升麻、火把花根、牛蒡根、叶上花、叶下花、四块瓦、玉葡萄根、石椒草、红药子、红紫珠、羊耳菊、羊角天麻、丽江山慈菇、鸡根、法落海、虎掌草、金铁锁、金蒿枝、鱼屋利、鱼眼草、响铃草、草血竭、真金草、臭灵丹草、臭牡丹、透骨草、通关藤、菊三七、野拔子、续骨木、樟木根、黄藁本、滇八角枫、滇老鹤草、蜘蛛香、小红参、五气朝阳草、瓦草等。

云南省彝族地区各类药物资源（基原）约1 000种，药材品种约1 400种，其中较常用的及具有特色的彝药品种为300～500种。在彝药中，较常用的动物药品种约为250种。彝药资源丰富，明显体现出彝族人民擅用动物药的特色。因此，我们一方面需要加强资源挖掘，对重要的彝药品种进行深入的研究和开发利用；另一方面，要加大种植养殖研究技术，实施生态种植养殖及规范化生产，构建彝药的繁育体系，保障彝药资源的可持续利用。

二 南药道地性形成的原因

道地药材是中药材的精髓，是优质大宗药材的专用名词，是指历史悠久、产地适宜、品种优良、产量宏丰、炮制考究、疗效突出、带有地域特点的药材。道地药材最早记载于明代汤显祖的《牡丹亭·调药》，但早在先秦时期，个别医书已散见记载有药物产地和生态环境。秦汉统一以后，

药材已经作为商品在各地流通，某些具有真正“道地”意义的药材已经产生。如《名医别录》中记载地黄“生咸阳川泽黄土地者佳”，体现了“以特定地区所产为佳品”的概念。在魏晋南北朝时期，道地药材这一概念实际上已经完全形成，追求特定产区所产药材已是药界的普遍现象，在此期间，本草著作有关药材“道地”的记载也不断增多，道地药材已经深入人心。陶弘景的《本草经集注》中记载了大量的道地药材鉴别经验、变迁情况，有些著作还探讨了“道地”产区变迁的道理。南北朝后，古人记载下的道地药材的数量增多及对道地药材的认识也有深化。宋代寇宗奭《本草衍义》云：“凡用药必择土地所宜者，则药力具，用之有据。”明代陈嘉谟《本草蒙筌》谓：“凡诸草本、昆虫，各有相宜地产。气味功力，自异寻常。”这些都强调了水土气候等自然条件与药材的生产、气味的形成、疗效都有着密切的关系。

现代关于道地药材的论述研究也比较多，胡世林先生认为：道地药材源自“天人相应”的理论，是品质比较优良的药材，是独具特色的药材品质综合评价标准；而谢宗万先生认为：道地药材就是指在特定自然条件、生态条件的地域内所产的药材，且生产较为集中，栽培技术、采收加工也都有一定的讲究，以致较同种药材在其他地区所产者品质佳、疗效好，为世所公认而久负盛名者。

道地药材与非道地药材为同种异质，遗传背景非常相似，所以，环境因素在道地药材品质的形成中起着极其重要的作用，不同生境药材的化学组成会呈现出其独特的自适应特征。道地药材并不意味着有效成分含量高，非道地药材也不代表有效成分含量低，有效成分或其有效成分群的组合或许是药材道地性的成因。

总的来说，药材质量的影响因素多种多样，如物种、气候因素、土壤因素、地形因素、生物因素等，因此，对南药道地性成因的分析应从多方面综合考虑。

（一）物种

南药地域性特点使南药可能在质量、性状、药效等方面会有所不同。南药道地性特有的品质（包括外观性状、内部构造和化学成分）是其原物种在变异与分化过程中所形成的各种变异型或变异宗与不同生境条件特定组合并协调统一的综合反映，但物种或南药种质是影响道地性的最主要因素。

1. 南药道地品种具有独特的化学成分，决定了其出众的药材质量

在影响药物质量的诸多因素中，种质具有至关重要的地位。它不仅是生物体传授给后代用以决定药用植物的遗传特征的一套基因，也是影响药用植物合成次生代谢产物所需酶类的种类和活性，进而影响各种次级代谢产物的合成和积累的最重要因素。中药材的有效成分通常是含量仅为千分之一甚至更少的次生代谢产物，所以，药材有效成分含量在很大程度上决定了药材的质量。道地药材在长期自然选择及人工选择的过程中形成了独特的基因型及性状，并形成了有效成分含量相对较高且性状优异、可以稳定遗传的优良品种，比如陈皮。

陈皮就是普通柑橘的干燥果皮，橘子皮放3年才叫陈皮。陈皮是不可多得的药食同源、食养俱佳的药材。陈皮的有效成分——橙皮苷，含量一般在3.5%以上，而新会陈皮（来源于柑橘的栽培变种茶枝柑）橙皮苷含量一般为2.0%～3.5%，很少超过3.5%。2020年，国家药典委员会对陈皮用药标准进行了修订，陈皮项下设立广陈皮子项质量标准，并把原先要求广陈皮内橙皮苷含量达到3.5%，调至大于等于2%。“我们经过长时间研究发现，正是橙皮苷含量少，成就了广陈皮的‘道地性’，这也是广陈皮好的原因所在”，中山大学南药团队杨得坡教授如是说。2007年，中山大学南药团队从陈皮及其基原植物茶枝柑开始进行基础研究，当年就从陈皮类药材中鉴定出了200多种化合物，研究发现广陈皮富含多甲氧基黄酮类化合

图⑱
广东江门新会茶枝柑
（2019，杨得坡）

图⑲
不足三年的柑皮
（2019，杨得坡）

图⑳
新会陈皮，三年以上广陈皮
（2019，杨得坡）

物（如川陈皮素、橘皮素），而其他陈皮（如赣陈皮、川陈皮、建陈皮）则含有更多的二氢黄酮苷类化合物（橙皮苷）。为此，南药团队又从新会及其周边，如四会、阳春，省外如江西、广西、四川等地进一步收集样品，比较了不同品种、不同地区与不同采收期，以及不同储藏年限的陈皮样品中的有效成分的变化情况，发现新会产的陈皮所含的陈皮苷多数达不到药典规定标准，但其多甲氧基黄酮类化合物（如川陈皮素、橘皮素）的含量

是一般陈皮的10倍左右。为此，南药团队进一步从生物活性、安全性、多成分质量控制体系等方面证实了多甲氧基黄酮类化合物成分的特征性，系统完整地解释了“新会陈皮的道地性及其化学、生物学特征”，首次给出了“新会陈皮就是好”的科学道理。橙皮苷的单一成分无法解释新会陈皮的道地性，橙皮苷及其多甲氧基黄酮类化合物（川陈皮素、橘皮素）的组合成就了新会陈皮（广陈皮）的道地性。

砂仁是另一种重要的南药品种，其性温、味辛，具有化湿开胃、温脾止泻、理气安胎等多种功效。作为岭南地区的重要药用植物，其在广东、云南均有种植。由于砂仁市场需求量大，市场上曾出现从东南亚等其他国家和地区进口的其他物种。研究发现，物种对砂仁道地性影响十分显著，无论是砂仁的气味还是性味，都是广东与云南出产的春砂仁等级最佳：种子团油润、香气浓郁且有明显的辛凉感；而东南亚产区砂仁的香气和辛凉感较轻，果实饱满度及油润程度较差。对比主要有效成分，云南和广东地区出产的春砂仁挥发油含量较东南亚其他地区更高，而且研究人员发现核心产地金花坑出产的春砂仁总挥发油含量（7.7%±0.2%）及主要有效成分乙酸龙脑酯含量均高于广州及云南其他产地的春砂仁，并远高于东南亚其他地区出产的砂仁。在随后的抗肿瘤作用比较中，春砂仁也显示出较好的肿瘤抑制活性，表现出理想的药理学活性。

2. 岭南炎热多湿的自然环境影响种质并刺激代谢产物的合成与累积

除了药材自身的优秀品质以外，特定环境对道地药材的形成也具有十分重要的作用。自然环境是道地药材物种形成的基础，核心产地的温度、湿度、日照时间、最大温差、水土等环境因素对于药用植物的生长、营养物质的累积及次生代谢产物的合成都具有十分重要的影响。在药用植物种植的过程中，其自身也会不断适应外界环境的变化，形成具有特定优良属性的栽培变异品，并逐步形成道地药材。另外，核心产地特殊的自然环境也会影响环境及道地药材表面微生物的种类和分布，从而对药材的质量产

生影响。

陈皮为芸香科植物橘 *Citrus reticulata* Blanco及其栽培变种的干燥成熟果皮，具有理气健脾、和胃止呕、燥湿化痰等多种功效，存放陈化三年及三年以上者才叫陈皮，否则就是普通的橘子皮。陈皮，原名橘柚，首载于《神农本草经》，被列为上品，药材又分为“陈皮”和“广陈皮”，陈皮也叫橘皮，主要产于广东、广西、四川、福建、湖南、湖北、浙江、贵州和云南等地，广陈皮是植物橘的一个栽培变种茶枝柑（*C. reticulata* ‘Chachi’）的干燥成熟果皮，在广东主要分布在江门市（新会区、江海区和蓬江区）、惠州市龙门、肇庆市怀集等地，统称广陈皮，产于江门新会的质量最好，种植面积也最大，属于新会区特产、国家地理标识产品，特称新会陈皮。茶枝柑除广东有种植外，南药区其他省也有种植，如广西浦北县，是茶枝柑新的主产区，从基原角度看，实际上此地的陈皮可归为广陈皮。早期的广陈皮基原除茶枝柑外，还包括四会柑 *C. reticulata* ‘Hanggan’ 及大红袍 *C. reticulata* ‘Dahongpao’，现在的广陈皮基原就是茶枝柑，并不包括柑橘属其他植物，因为，在岭南地区特殊的气候环境条件下，上述栽培品的性状发生了明显的变化。通过对不同栽培品进行ITS2基因序列和基因条形码分析，研究人员发现茶枝柑和大红袍中GC碱基含量为71.55%，高于其他产地栽培品。同时，在对基因多态性水平进行分析时，研究人员发现茶枝柑含有10个不同的基因多态性位点，分别为11、37、118位胞嘧啶（C）突变为鸟嘌呤（G），83位和197位胞嘧啶（C）突变为胸腺嘧啶（T），103位胞嘧啶（C）突变为腺嘌呤（A），183位和199位的鸟嘌呤（G）突变为腺嘌呤（A），188位的鸟嘌呤（G）突变为胸腺嘧啶（T）。这些突变的产生可能会影响DNA二级结构及相关蛋白的转录和翻译的能力，最终影响植物的形状及其合成黄酮类化合物的能力。

除了会影响植物的基因组，自然环境还决定了陈皮表面附着的真菌种类及数量。研究表明，新会陈皮表面可以附着包括 *Penicillium common*、

Penicillium citrinum、*Aspergillus flavus*、*Aspergillus niger*和*Penicillium minioluteum*等在内的多种真菌。其中*Aspergillus niger*不仅可以促进黄酮类化合物的含量升高，还可以促进黄酮及其类似物A环的羟基化反应，为其A环引入更多的羟基和甲氧基，提高陈皮的抗氧化能力。

3. 种内变异与化学生态型

药用植物经过长期栽培或者在地理位置及不同气候环境的影响下，或者由于种间自然杂交，而形成许多不同的化学生态型（chemical type），化学生态型可能涉及基因组的变异，植物的遗传特性可能发生改变，如薄荷就有7个化学生态型：薄荷醇型、薄荷酮-胡椒酮型、胡椒酮型、氧化胡椒酮-氧化胡椒烯酮型、胡椒烯酮型、芳樟醇-氧化胡椒烯酮型和香芹酮型。在中药材的道地性及种质资源开发、利用过程中，化学生态型的出现具有极其重要的意义，这也是道地南药中会发生的现象。

岭南中草药道地性十分明显。长期的自然与人为因素形成了独具特色的岭南种质，如历史上的广藿香是广州的石牌藿香（牌香）经过长期的栽培与驯化形成的。目前有石牌藿香（主含广藿香酮，分布在广州；酮型）、高要藿香（高香，主含广藿香酮和广藿香醇，分布在广东高要和德庆；酮-醇型）和湛江藿香（湛香，主含广藿香醇，分布在湛江；醇型）三个化学生态型（或种系），湛香与海南藿香（海香）属于比较相似的类型。现在很难在市场上发现牌香的踪迹，目前种植的所谓“牌香”实际上是高香或湛香。牌香适合药用，湛香或海香则更适合作为香水与化妆品的原料，高香属于过渡类型。分子生药学研究也发现，随机引物扩增多态性DNA分析（RAPD）显示，广东石牌、高要、湛江和海南产广藿香的指纹条带主体基本一致，但是存在不同的遗传多态性。对比不同地区出产的广藿香挥发油含量及特征性成分（包括广藿香醇和广藿香酮）后发现，不同产地广藿香样品均含有β-广藿香烯、β-榄香烯、顺式石竹烯、反式石竹烯、刺蕊草烯、α-愈创木烯、α-广藿香烯、δ-愈创木烯、广藿香醇、广藿香酮等

主要成分，且上述成分相对含量约占挥发油总量的80%，为广藿香挥发油的主要成分。然而，在不同产地的广藿香中，各种主要成分在挥发油中所占比例却存在明显差异：牌香中广藿香酮的含量（72.63%）明显高于高香（7.52%）和海香（2.61%）；然而，广藿香醇的含量（7.72%）明显低于高香（53.30%）及海香（46.87%）。在药物疗效方面，牌香与高香对小鼠胃排空、正常小鼠肠推进运动的抑制作用、乙酰胆碱引起的离体兔肠平滑肌收缩的抑制作用及对大鼠胃液总酸量和胃蛋白酶活性的影响均明显强于湛香与海香。

冰片是我国常用的中药，始载于唐代《新修本草》，原名为“龙脑香”，其来源有3种：合成龙脑，俗称“机制冰片”，系由松节油、樟脑等经化学方法合成，为外消旋体，其成分中含有对人体有害的异龙脑；天然冰片，系龙脑香科常绿乔木植物龙脑香树*Dryobalanops aromatica* Gaerthn. f.树脂经蒸馏冷却结晶所得，主要成分为右旋龙脑；艾纳香冰片，亦称“艾片”，是从菊科多年生草本植物艾纳香*Blumea balsmifera* DC.叶中提取的结晶，主要含左旋龙脑。目前，天然冰片被应用于多个领域，如医药、香料、食品工业、化妆品等行业，在市场上处于供不应求的状态。20世纪八九十年代，我国科研人员发现广泛分布在我国南方地区的三种樟科植物：香樟（樟树）*Cinnamomum camphora* (L.) J. Presl、油樟*C. longepaniculatum* (Gamble) N. Chao ex H. W. Li、阴香*C. burmannii* (Nees et T. Nees) Blume可用于提取天然冰片。香樟广泛分布于我国江西、福建、广西、广东、湖南、湖北、云南、浙江、台湾等地，根据其叶精油所含的主成分，可分为5个化学型：①龙脑型，叶含精油1.53%～1.93%，其化学主成分为d-龙脑（81.78%）；②樟脑型，叶含精油1.59%～2.53%，其化学主成分为樟脑（83.87%）；③芳樟醇型，叶含精油1.37%～2.16%，其化学主成分为芳樟醇（90.57%）；④桉油素型，叶含精油1.60%～2.38%，其化学主成分为1,8-桉油素（50.00%）、α-松油醇（14.35%）；⑤异橙花叔醇

型，叶含精油0.24%～0.56%，其化学主成分为异橙花叔醇（57.67%）。油樟主要分布在我国湖南、四川等地，根据叶精油所含主成分可分为6个化学型：①龙脑型，叶含精油0.45%，其化学主成分为d-龙脑（77.57%）；②樟脑型，叶含精油0.63%，其化学主成分为樟脑（88.63%）；③芳樟醇型，叶含精油1.25%，其化学主成分为芳樟醇（89.63%）；④桉油素型，叶含精油0.70%，其化学主成分为1,8-桉油素（52.21%）；⑤甲基丁香酚型，叶含精油1.58%，其化学主成分为甲基丁香酚（82.66%）；⑥倍半萜烯型，叶含精油0.61%，其化学主成分为倍半萜烯（52.66%）。阴香主要分布在我国云南、广西、广东、福建等地，根据叶精油所含主成分可分为3个化学型：①梅片树，叶含精油0.34%，其化学主成分为d-龙脑（70.81%）；②油计树，叶含精油0.3%～0.4%，其化学主成分为1,8-桉油素（48%以上）；③油脑计树，叶含精油0.3%～0.4%，其化学主成分为d-龙脑（32.50%）、1,8-桉油素（20.80%），油脑计树是油计树和梅片树的过渡类型。

天然冰片的3种新资源都属于樟科樟属植物，分别是不同种（即香樟、油樟和阴香）植物的化学生态型，但三者在含量上存在一定的差异，香樟中的龙脑樟中右旋龙脑含量为81.78%，油樟中龙脑型右旋龙脑含量为77.57%，阴香中的梅片树右旋龙脑含量为70.81%。叶精油的含量也有差异，分别为：樟树中龙脑型为1.53%～1.93%，油樟的龙脑型为0.45%，阴香中的梅片树为0.34%。由此可见，樟树中的龙脑型无论是叶精油的含量还是右旋龙脑的含量，均高于其他两个类型，并成为我国天然冰片的主要来源。

巴戟天主要产于广东，且以德庆和高要产的为好。实际上，巴戟天在广西、海南与福建等亚热带和热带地区也有种植，但其在壮阳功效等方面较德庆产巴戟天差，有效成分含量也较少。随着巴戟天的长期栽培，该植物也表现出明显的种内变异现象，并出现玻璃薯、萝卜薯、光管薯、长茎

薯、豆角薯等不同的农家类型。不同产地的巴戟天多糖类成分、茜草素型蒽醌的含量及其他糖类成分的含量都表现出一定差异，并影响药材质量。例如，在对广东产5个类群的栽培巴戟天进行遗传多样性分析后，研究人员发现栽培导致巴戟天居群间有一定的分化，且不同巴戟天居群甲基异茜草素-1-甲醚、甲基异茜草素含量及蒽醌类化合物总含量之间都存在一定差异：大叶玻璃薯中甲基异茜草素和甲基异茜草素-1-甲醚含量显著低于其他品种，这些变异品种的出现可能是导致目前栽培巴戟天质量产生变异的主要原因。

地龙在动物分类上属于环节动物门寡毛纲，这类动物种类繁多，已知全世界有多种，分布于我国的也有多种。目前各地医家作为药用的地龙在分类学上就有3科4属49种之多。而2020年版《中国药典》地龙项下收载的仅有巨蚓科动物参状远盲蚓（参环毛蚓）*Amynthas aspergillum*

图㉑
香樟的化学生态型——龙脑樟
（2016，杨得坡）

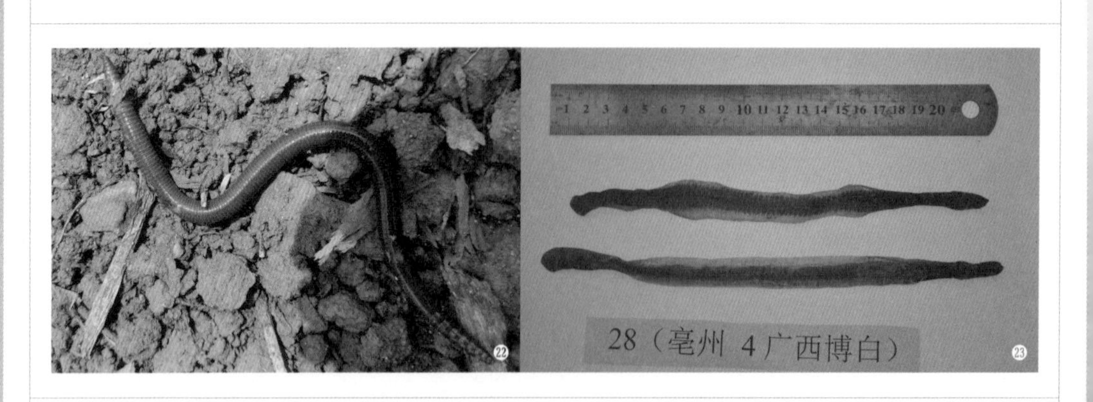

图㉒
参状远盲蚓（2022，杨得坡）

图㉓
广地龙药材（2020，吴孟华）

(Perrier)、通俗腔蚓*Metaphire vulgaris* (Chen)、威廉腔蚓*Metaphire guillelmi* (Michaelsen)或栉盲远盲蚓*Amynthas pectiniferus* (Michaelsen)的干燥体，前一种习称“广地龙”，后三种习称“沪地龙”。广地龙一直以来就是公认的广东道地药材，质量最优。研究者发现，参环毛蚓适合的主要产区环境为北纬29°05′～33°20′，东经108°21′～116°07′，一般为亚热带和热带季风气候。广东省境年太阳总辐射量达422～563千焦/厘米^2，日照时数长达1 700～2 200小时，但南北相差几近一倍。年均温除粤西北的连山外均在19℃以上。大部分地区年降水量1 500～2 000毫米，但分布不均，地区间和逐年间差异很大。土壤呈地带性分布，多为红壤和赤红壤，自北而南可分为红壤、赤红壤、砖红壤和磷质石灰土带。粤北红壤较多，雷州半岛以砖红壤较普遍，赤红壤分布于省境中部，介于红壤与砖红壤之间，有明显的过渡性质。研究者从我国地龙的药源调查和商品鉴定中发现，我国地龙药材主要产区和主要分布区的基原动物主要有14种（含变种），分别隶属于钜蚓科和正蚓科的3个属。

（二）气候因素

气候是植物生长的基本生态因素，也是药材存储与陈化的影响因素，包括光、温度、水和空气等。广东中部和北部由于温度较广东大部分地区

偏低，可观察到热带季雨林和亚热带常绿阔叶林过渡性质的植被类型，可见供药用的枫香树等冬季落叶乔木、蕨类植物桫椤等在粤北山区分布。广东中部和南部的热带植物，耐寒能力较差，在数年一遇的寒潮中，常常被冻死，例如龙眼、荔枝、广藿香等。广藿香等草本药用植物如在夏秋定植，冬季植株幼小，受寒后易整株被冻死。广东大部分地区常年光照充足，持续高温同样易对药用植物的生长造成伤害。因此，广东地区的植物为应对高温，在形态上常能分化出特殊的组织，如鸡骨草，主要生长在广东南部低山和丘陵，根茎位置着生很厚的木栓组织，以防被高温的砂粒土壤灼伤。有的植物通过在表面着生浓密的毛，避免被强光破坏，减少水分散失。如广东化州出产的化橘红，其基原植物化州柚与柚相比，果实、嫩枝表面密布非腺毛，成为化橘红道地药材的独特标记。

地理位置和纬度不同，日照长短也有不同。北回归线自西向东穿过广东封开、四会、花都、从化、揭西、南澳等地。北回归线以南的药用植物在物候期上与北回归线以北的相比，有明显的区别，果实成熟期更迟。以广布种橘为例，橘*Citrus reticalata* Blanco及其栽培变种的干燥成熟果皮陈皮可入药。以各栽培变种所处的纬度来看，四川的大红袍*C. reticalata* 'Dahongpao'果实10月成熟，浙江的温州蜜柑*C. reticalata* 'Unshiu'果实10月成熟，福建的福橘*C. reticalata* 'Tangerina'果实11月成熟，广东新会的茶枝柑*C. reticalata* 'Chachi'果实则是12月成熟。自明清时期起，产自广东新会的广陈皮便是岭南道地药材，以其优异的品质成为清代皇家贡品之一。而广东干湿交替的自然环境，造就了药材良好的陈化条件。陈皮为六陈中药之一，中医理论认为“陈久者良”。李中梓在《雷公炮制药性解》中指出陈皮“多历梅夏而烈气全消”，梅夏季节多雨，微生物生长代谢旺盛而导致酶活性变化，进而影响陈皮次生代谢产物的积累。广东地处岭南，属干湿交替的自然环境，春天阴湿，冬天干燥，具有使广陈皮自然陈化的条件，易使自然陈化长期发生，这特殊的自然环境造就了广陈皮。

水是植物生长的必需条件，水的丰沛程度决定了植物的分布。按照植物生活地点水分供给情况的不同，药用植物可分为水生植物、沼生植物、陆生植物。广东水系广布，河流、湖泊分布多，适合水生药用植物的生长。芡实是睡莲科芡属一年生水生草本植物。沉水叶与浮水叶形态不同，沉水叶呈箭形或椭圆肾形，浮水叶革质，呈椭圆肾形或圆形。明代《广东通志》记载“芡叶似荷而大，实有芒刺，其裹如珠，鸡头实也，出肇庆”，可见自明代起，广东肇庆芡实（肇实）已被广泛栽培。作为广东道地药材之一，肇实与其他地方的芡实相比，颗粒大，种仁有明显的蟋蟀纹，淀粉丰富，药效显著。

（三）土壤因素

广东在地带性的生物气候条件作用下，土壤类型多种多样。热带地区是砖红壤土，热带雨林在此分布；热带山区是山地砖红壤性红壤和山地黄壤，分布着热带季雨林等。亚热带地区是砖红壤性红壤和红壤，亚热带山区则以山地红壤和山地黄壤为代表，分布着亚热带季雨林、亚热带常绿阔叶林、亚热带针叶林、亚热带草坡等。土壤类型又随海拔高度而变化，并有不同的植被带与之相适应。此外，石灰岩地区分布着红色石灰土和黑色石灰土，紫色砂页岩地区分布着紫色土，海滨砂地和海边分布着海滨砂土和盐土，南海诸岛珊瑚礁母质上有热带黑色土，在珠江下游的三角洲冲积平原等地区有大面积的水稻土等。在这些土壤上生长着的不同植被在种类成分、外貌、结构上都有不同。

土壤因素对道地药材的形成十分重要。广东省江门市新会区位于广东珠江三角洲西南部，有西江和潭江两大水系。西江从区内北部流入，纵贯区境东部，从南端虎跳门出海；潭江从区西部流入，横贯区中西部，在中南部与西江支流的江门水道、虎坑河汇集于银洲湖，南流经崖门出海。受

淡水与海水交汇的影响，新会土层深厚、疏松，透气性和排水性良好，富含有机质，pH值5.6～6。每年汛期，西江就会将远至云贵高原的土壤元素带到新会银洲湖与潭江水交汇。每年的12月至来年的3月、4月汛期前，西江、潭江径流减少，海潮倒灌，形成每年一次的咸潮，含盐量3%～9%。特殊的土壤条件形成了独特的生态，成就了广陈皮药材的道地性。

与土壤密切相关的药用品种还有化橘红。广东化州具有丰富的礞石资源，《化州志》记载："化州城内宝山及署内有礞石土质""礞石能化痰，橘红得礞石之气，故化痰力更胜"。现代研究表明，礞石主要组成元素包括铝和钾，土壤心土层铝、钾元素对化州柚遗传距离有显著影响，这表明化橘红（毛橘红）的道地性可能与当地盛产的礞石有一定关系。化橘红产地土壤中的微量元素也被证实与化橘红有效成分相关。化橘红幼果中的黄酮类、柚皮苷含量与土壤有效铜、有效硫含量呈显著或极显著的正相关关系，这反映了土壤中有效铜、有效硫对化橘红吸收土壤锰的协同作用。土壤pH值影响土壤养分的存在状态、有效性及土壤微生物活动，从而影响植物对土壤养分的吸收。化橘红中柚皮苷含量和土壤pH值呈显著负相关，有利于化橘红柚皮苷含量积累的土壤pH值为4.3～4.5。化橘红适合生长于土层深厚、富含腐殖质、疏松肥沃的中性或微酸性的土壤（红壤）中。据测定，化州平定良好农业规范（good agricultural practices, GAP）基地土壤pH值北坡约为5.95、南坡约为6.52。化橘红产地大部分采样点土壤中有效硫含量较高，土壤的有效钙和有效镁含量处于很低水平，而化橘红产地多数采样点土壤的有效铜、锰、锌、钼、硼含量处于中低或很低水平。

（四）地形因素

地形对药用植物生态的影响主要体现在地形造成的局部气候与土壤因素方面，对药用植物分布起到了主导作用。位于广东乐昌与湖南宜章交界

的莽山海拔最高，约1 900米，附近海拔超过千米的山有多座，植被带变化富有层次，形成了植被由热带雨林带过渡至冰雪带的垂直带谱。山形还对降雨量有显著的影响，从而影响药用植物的分布。南岭山地从东北到西南的走向，使其可以为岭南地区阻挡来自北方的寒流，所以粤北谷底低地可见买麻藤、半枫荷等热带药用植物。

药用植物有喜阳、喜阴之分，喜阳的植物通常分布在山地阳坡、路边等日照充足的地方，如何首乌；喜阴的植物则通常分布于林下或阴坡，如砂仁、巴戟天等。巴戟天的生长不仅受到大气候如温度、水分、光照等的影响，也受到大环境，如地形、地貌的影响。我国巴戟天主要分布在北面能抵挡北来寒潮、南面能截留东南湿润季风的丘陵、山地，其生境特点为：高温、多湿、静风，上有一层植被覆盖，下有富含有机质、疏松湿润的森林土，即满足“前阴后阳，上阳下阴”的特点。粤北山地主要包括瘦岭、骑田岭及其支脉滑石山等，是南岭的一部分，山脉呈弧形向南突出，海拔1 000～1 500米，万山重叠，走向复杂。南部海岸线长，能满足巴戟天对温、湿基本条件的要求。

（五）生物因素

植物、动物及土壤微生物等对药用植物生态存在多方面的影响。植物对生态的影响体现在植物之间的相互影响，直接影响有共生、寄生、附生3种形式。共生是植物间互利的体现，例如豆科植物根部多有根瘤菌与之共生，为豆科植物提供氮。寄生则是只对一方有利，广东常见的寄生植物如桑寄生，因其本身有绿叶，可进行光合作用，实际为半寄生植物。附生则是一种植物依附于另一种植物生长，但并不从宿主的活组织中吸取养料，例如人工仿野生栽培的石斛，固定于树皮上，通过树皮上的腐殖质及自身的气根来吸收营养和水分。空气环境良好的地方，常可见树皮着生苔藓、地衣等。

动物为药用植物的传花授粉、种子传播等提供帮助，也可能因虫害或鼠害过度而破坏生态平衡。阳春砂是广东阳春的道地药材，近几十年来，产自阳春的阳春砂奇货可居，市场上流通的阳春砂主要来自云南西双版纳和广西。究其原因，阳春砂花葶自根茎发出，广东阳春几乎无昆虫帮助其完成传花授粉，必须依靠人工授粉，亩产量只有1千克左右，因此生产成本很高。而西双版纳野生中蜂*Apis cerana* indica和排蜂*Apis dorsata*是阳春砂的主要访花昆虫，可以帮助授粉，生产成本低，产量大，价格低。2022年云南砂仁（西双版纳阳春砂）价格为150～230元/千克，而广东阳春砂的价格则为3 000～5 000元/千克，广东阳春砂的价格是云南西双版纳的数十倍，云南西双版纳出产的阳春砂已成为当前的市场主流。

土壤中的微生物主要有细菌、黏菌、真菌等，此外，土壤中还有蚯蚓等无脊椎动物，它们常能改善土壤的结构与肥力，从而影响药用植物的生长。广东很适合芸香科柑橘属植物的生长，道地药材有化橘红、广陈皮、广佛手等。困扰柑橘属植物的黄龙病被称为“柑橘属植物癌症”，是一种由亚洲韧皮杆菌等侵染引起的毁灭性病害，历史上曾造成广陈皮基原植物茶枝柑的大面积死亡。据非正式统计，在1989—1990年黄龙病暴发期间，近14万亩的茶枝柑几乎全军覆没，至1996年茶枝柑的种植面积已骤减到700亩。以红柠檬等作为砧木的驳枝繁殖技术的出现，大大增强了茶枝柑的抗病能力，使广陈皮的种植生产得以逐步恢复并壮大。新会陈皮在2006年10月被原国家质量监督检验检疫总局列为国家地理标志保护产品，它是广东省获得的第一个国家级现代农业产业园的品种，2022年产值已突破190多亿，成为广东南药产业成功的代表。

（六）药材本身的生长发育

道地药材在来源上具有强烈的地域性，表现在它们往往分布于某些狭

小的区域，或虽然分布较广，但只有某些狭小生境所产药材的质量最优、疗效最佳、药用部位有效成分含量较高、产量较大，如德庆的何首乌、巴戟天，阳春的春砂仁，化州的化橘红，新会的广陈皮等道地药材，品质优异，远近闻名。

阳春砂由于花器官构造特殊，柱头高于花药，较难自花授粉，且花序生于地面的根茎上，被繁茂的地上茎和叶所遮盖，昆虫难以传粉，自然授粉结实率低，植株结出的少量果实能够得到充足的养分，因而造就了阳春砂特有的优良品质。有研究表明，阳春砂中的乙酸龙脑酯含量明显高于绿壳砂和海南砂，与传统认为阳春砂的疗效优于绿壳砂和海南砂一致。上述研究也说明了砂仁唯有阳春产者为上佳，因此有“顺境出产量，逆境出品质”之说。广藿香作为广东道地药材，在岭南的种植历史已有近2 000年，其在原产地菲律宾能开花结实，但在广东种植多年均未见开花，主要采取无性扦插的繁殖方法。繁殖器官的不育（败育）为广藿香的生长积攒了更多养分，从而促使广藿香的有效成分大大增加，挥发油含量高，质量优良，从而造就了广东道地药材广藿香的美名。

（七）历史文化交流因素

在中国的历史上，每逢朝代更迭或外族入侵，便有世居于北方中原地区的百姓迁往南方，汉文化与岭南文化不断进行交流融合，促进了岭南的经济、思想文化等领域的繁荣发展，对岭南中医药文化也产生了重要影响，如“南芪”“山银花”“南板蓝根”等一些功同北药的岭南道地药材，便是南北多民族文化交流融合的产物。北方有“北芪”，南方有“南芪”。“南芪”——五指毛桃，又称“土黄芪”“五爪龙”，是重要的岭南道地中药材，其益气补虚之功同北芪却不燥，药性温和，补而不峻，兼可化湿行气，非常适合岭南多湿的气候特点，故有“南芪”之称。“金银花”在山

东、河南等中原地区种植历史悠久，而“山银花”一词出现较晚，主产于广东等岭南地区，是岭南道地药材。“山银花”又称“华南忍冬”“南方金银花”，是一种多分散野生于华南地区的忍冬科植物。不同民族不同地区的中医药文化交流，有利于药材品种的多样化发展，南药种植、加工、炮制技术的提高，促进了南药道地性的形成。

（八）外来药用植物的“归化”

外来药用植物是指从我国疆域外传入的或者从域外引种进入中国的具有悠久应用历史的传统药用植物，是对外交流的产物。岭南地处沿海，自古海上贸易发达，且与东南亚地区毗连，是对外沟通交流的重要港口，因此，许多的国外药用植物被引种入国内，逐渐发展为岭南本土道地中药材，如沉香、广藿香、山柰、阳春砂等。

沉香的药用历史悠久。沉香主要指进口沉香，多分布于东南亚等地区；土沉香，又称“白木香”，为国产沉香，主产于岭南地区，广东东莞在宋代已普遍种植土沉香并以土沉香为特产。《广东中药志》沉香项下载：“我省在几百年前已成为土沉香的重要产地，尤以当时海南产的‘黎峒香’中的‘东峒香’、东莞（实是中山）一带产的‘女儿香’品质最优，驰名遐迩。”广藿香原产于菲律宾、印度尼西亚、马来西亚、印度等东南亚国家，有学者根据成书于梁代郭义恭的《广义》，认为广藿香在梁代或以前，就从马来西亚等热带地区引种入广州石牌地区种植，进而逐渐形成道地药材“牌香”，在20世纪40年代，又有人从印度尼西亚引种于海南万宁、广东湛江等地，形成“南香”“湛香”等，因此，广东地区逐渐成为广藿香的核心产地。

（九）南药中的海洋元素

岭南地处我国南疆边陲，位于南海之滨，背山面海的环境，使其成为我国中医药海外沟通的“南大门”。得天独厚的海洋资源，也诞生了众多的海洋中药，传统海洋中药资源亦成为南药重要组成部分。晚唐迄五代，岭南出现了《南海药谱》和《海药本草》两部本草专著，所载的都是岭南特产或由海外经岭南转输进口的药物。1978年出版的《南海海洋药用生物》收载了广东省、海南岛、西沙群岛的药用海洋生物214种。岭南更是我国传统中药海马、海龙、海龟等常用品种的主产地。《本草纲目》中曾记载“藏器曰：海马出南海”，南海海域主产线纹海马、大海马、刺海马及三斑海马，其体型相对较大、质量优异，可与吉林野山参齐名，素有“南马北参”之说。海龙之名始出自清代孙元衡的《赤嵌集》，其称“海龙产澎湖澳。冬日双跃海滩，渔人获之，号为珍物，首尾似龙，无牙、爪，以之入药，功倍海马云”。产自台湾海域的刁海龙周身如玉色，起竹节纹，且体型能达到尺许（32厘米左右），是岭南地区优质的海龙药材来源。除了这些深入海洋的岭南海洋中药，临近海洋环境也是一些岭南道地药材的形成因素，如上文列举的广陈皮生长于潭江、西江与海水交融之地，湿润的环境、肥沃的土壤夹杂着海洋中丰富的微量元素，为优质陈皮原药材的生长提供了独特的环境。

第五章

南药采收加工与炮制特色

Part V

一　南药的采收加工特色

岭南地区常年高温多雨，许多南药水分含量较高，如不及时加工，易腐烂变质，影响药材质量。为了缩短干燥时间，大型药材常切片或切块后再干燥；含挥发性成分的药材通常低温烘干或晒干。根据采收时间，药材在春夏多雨季节常采用烘干的方式干燥，秋冬则多采用晒干的方式。

（一）根和根茎类药材

此类药材采收后，一般趁鲜除去非药用部位，如地上部分、须根，然后洗净泥沙，按大小分级后进行干燥。有的药材，如何首乌、土茯苓等，较为粗大，通常趁鲜切块或切厚片后再干燥；如巴戟天，通常晒至六七成干，锤扁，抽去木心后再进行干燥。根和根茎类药材如不能及时干透，会腐烂；干燥过快，又容易造成外干内湿的问题，例如三七，采收期以冬季为主，产区气温低，干燥缓慢，通常晒至六七成干时，稍堆捂发汗，再低温烘干，或烘至六七成干时，发汗，再低温烘干。

（二）皮类药材

此类药材一般采收后趁鲜切成适当大小的片或块，再进行干燥。有的药材，如肉桂，富含挥发油，秋季剥取后，阴干。

（三）茎木类药材

茎木类药材通常切块或切厚片后干燥，如三叉苦等。

（四）叶类或全草类药材

南药中，全草类药材占比较高。叶类或全草类药材采收后通常放在通风处晒干或阴干，如广藿香日晒夜闷，能防止叶片从茎秆脱落，并可提高挥发油含量。有的全草类药材，在晒软而未干透时，扎成小把，再晒干，能避免叶的破碎。

（五）花类药材

南药最常见的花类药材，如木棉花、鸡蛋花等，通常在通风处晾干。

（六）果实类药材

此类药材有的采收后直接干燥，有的经过适当处理后再干燥。如广佛手，果实较大，不易直接干燥，通常切片后晒干或烘干；广陈皮，除去果肉后，晒至果皮发软，再翻皮晒干；化橘红胎，则是沸水略烫杀青，除去表层蜡质，再烘干或晒干；罗汉果通常晾数天后，再低温干燥。

（七）种子类药材

此类药材通常待果实成熟后，取出种子或种仁，晒干或烘干。

二 南药的炮制特色

因潮湿与炎热相伴，岭南地区形成了独特的气候环境。《岭南卫生方》谓岭南“春夏淫雨，一岁之间，蒸湿过半”。岭南全年雨水丰富，空气湿度高。叶天士在论及湿热病因时也提及“粤地潮湿，长夏涉水，外受之湿下起”，体现了岭南地区气候炎热且潮湿的特点。岭南气候炎热潮湿，而脾的生理特性是喜燥恶湿，故脾为湿困而主运化功能失常，加上气候多炎热而出汗多、耗气，所以岭南人常见脾胃虚夹湿证；脾为后天之本，因为出汗多，耗气伤阴，加上脾虚日久，岭南人易出现脾肾两虚的症状，见面黄或黑（黄色主湿证，黑色主肾虚）；另外，因长期出汗而阴不足，阴虚则阳热，易上火。故岭南人多表现出湿热偏盛、气阴两虚、易上火、脾气虚弱兼有痰湿和脾肾两虚的体质。

针对岭南的气候特点和岭南人体质，岭南医家注重调理脾胃，遵循祛湿不伤阴、补益不化燥的治则。岭南炮制特色方法——蒸法，在我国中药炮制技术中独树一帜，充分反映了岭南中医药文化底蕴。蒸制是岭南炮制最具特色，也是应用最普遍的一个方法。其他地区以生品入药的药物，在岭南地区均以蒸制后入药，包括清蒸、酒蒸、盐蒸、醋蒸及其他蒸法，如佛手、黄精、仙茅等均清蒸后入药；桑螵蛸、巴戟天、女贞子、金樱子、桑椹、覆盆子等采用盐蒸法；狗脊、仙茅、川芎、玉竹、鹿茸等采用酒蒸法；郁金、白薇、香附子、益母草等采用醋蒸法。此外，发酵蒸制、蒸后炒制、四制蒸法、姜汤蒸法、复制法中的蒸法等，也充分体现了南药的特色之处。

蒸法之外，泡法、港澳地区的压扁纵切法亦为岭南特色。

独特的“粤帮”炮制工艺

药材道地性的形成除了与物种独特的气候环境及药材生长发育等有关外，独特的加工炮制技术对药材道地性的形成也具有重要的影响。对核心产地采收的中药原药材进行加工炮制，能够进一步提高疗效、减轻或除去毒副作用。岭南地处五岭以南，包括广东、海南及广西的大部分地区。岭南气候湿热，岭南人的体质湿热偏盛、气阴两虚，临床用药为了避免伤阴，缓和药性，去除药物燥性，多用蒸制后的药物，逐渐形成了以蒸法为主，独具岭南特色的“粤帮”炮制工艺体系。以“粤八味”之一的化橘红为例，其道地性就与传统道地炮制方法和手段分不开。化橘红表层有一层霜白的茸毛，其在通过独特的炮制工艺炮制、切片后，逆光时仍能看见表皮附着一层茸毛，这也是区分道地化橘红的方法。化橘红的炮制必须要经过杀青步骤，杀青既可以杀菌消毒，又可以去除部分农药残留，同时使化橘红变为金黄色，卖相更好看。杀青后切开，剥出果皮，再去除部分中果皮，对折，以木板压结实，摆入竹筒内烘干或阴干，十片为一扎，用红绳绑结实。如此，方能获得道地、质量上乘、性状极佳的化橘红。

广州采芝林药业有限公司是南药特色“粤帮”炮制的主要传承单位之一，其独有的岭南特色炮制中药——甘草泡地龙，荣获“广东省名优产品”称号。广东地区特有的炮制方法“甘草制”，使广地龙具有质地松脆、增效减燥、矫臭矫味、便于服用的特点，更适合岭南人的体质。同时，地龙用甘草炮制，在炮制工艺中无需用文火进行加热，所以抗肿瘤作用比其他炮制品效果好。

天雄属乌头类中药，是附子的一种药材规格，生附子具有很强的毒性，但可祛风散寒，益火补阳。炮制后制成的炮天雄是岭南地区习用的温阳补肾的食疗药材，在岭南、港澳地区及东南亚国家被广泛使用。由于历

史原因，20世纪80年代，广东省停止对炮天雄的加工生产，为保障传承不断层，广州采芝林药业有限公司于90年代结合岭南地区的湿热地理环境特点，对传统附子的炮制工艺进行深入研究，在恪守遗方的基础上，沿用传统的手工操作模式，采用漂、姜润、蒸、炒等多道工序，其中最后一步砂炒的工序，更是岭南地区独特的炮制工艺。相较于其他种类的附子炮制品，岭南炮天雄工序更为复杂，毒性大大降低，安全性更高，使得临床上能用作内服药物，更适用于体虚人群。

陈皮在岭南悠久的药用历史中，已形成具有特色的炮制工艺。清代《本经逢原》载橘皮："苦、辛，温，无毒。产粤东新会，陈久者良。"新皮产地加工要求细微："拣果考眼力，二三刀开皮。翻皮看门路，晒皮趁天气。"果以扁身油皮方为上品；刀以"对称二刀""正三刀"或"丁字二刀"方为正统；艺以"冬前好天气，失水软翻皮。自然陈晒制，晾晒不迟疑"为内行，并需陈化3年以上。

图㉔
采芝林"粤帮"炮制文化纪实
（2019、2021，冯冲、郑国栋）
a 切制中药的铡刀
b 刨丝的刨刀
c 岭南炮天雄
d 用对称二刀法制作广陈皮

Part VI

南药的主要种植品种及其生态种植区划

一　南药种植的历史变迁

南药历史上许多品种依赖进口，中华人民共和国成立初期，进口南药大约有60种。1969年，国务院六部联合下达的《关于发展南药生产问题的意见》附表所列品种有38个。进口南药或海药的产地近在东南亚，远至南非、南美洲。广东华侨众多，地理条件也适宜南药生长，但中华人民共和国成立以前的千百年间，引种进口南药品种不多，只有广藿香、诃子（含西青果）、胡椒（含胡椒根）等。

据统计，中华人民共和国成立以前，广东的南药资源（大部分是野生的）中已开发利用的品种，有槟榔、益智仁、砂仁、巴戟天、沉香、广藿香、鸡蛋花、木棉花等。从20世纪60年代开始，广东从国外引进的品种有肉桂、豆蔻、丁香、檀香、马钱子、苏木、儿茶、西红花等。

同时，广东经过几次中药野生资源普查，相继发现了一批新的动植物、矿产南药资源，如安息香、芦荟、海南巴豆、龙血竭、琥珀、玛瑙、红珊瑚、玳瑁、麝香等。

中华人民共和国成立初期，广东产的南药资源中，绝大部分品种都处于野生状态，受自然和人为的因素影响很大、产量很低，仅有的几个家种品种，栽培管理技术也很落后，如春砂仁由于种管粗放，多数亩产达不到1千克，甚至有些往往有种无收。随着经济的发展，人民生活水平逐步提高，卫生医疗事业迅速发展，对中药的需求量也大幅度增长。但是，对野生资源的保护未被重视，滥采滥伐，破坏严重，资源越来越少，因此，被迫转为家种、家养的品种就越来越多，如砂仁（春砂、壳砂）、巴戟天、珍珠、海马等。

1958年，国务院发布《关于发展中药材生产问题的指示》后，南药规模化种植被摆上议事日程，各地开始有组织有计划地推进南药科研工作。

1959年，在海南岛屯昌县建立了第一个较大规模的南药种植场（场地面积2万多亩，职工50多人），以种植槟榔、益智仁为主，开展槟榔的栽培管理技术和选育良种、防治病虫害的研究，同时引种试种国外南药。1969年，广东湛江遂溪建立了一个面积50多亩的南药试种场，引种试验研究南药，为发展生产提供种子种苗和技术资料。1959年，中国医学科学院药物研究所在海南岛兴隆也建立了一个药物试验站，任务是引种驯化进口南药和研究开发海南的野生药源，该站的南药园引种了丁香、胖大海、马钱子、大枫子等十几个品种。

益智仁、巴戟天在中华人民共和国成立初期基本上是处于野生状态，现已基本转为家种，野生资源已经很少。阳春砂的人工辅助授粉和高产稳产栽培管理技术成果的推广，使阳春产区阳春砂产量大幅度提高。为保障用药，也在云南西双版纳大面积种植阳春砂，并取得了可喜的产量，目前西双版纳出产的阳春砂已成为市场上的主流砂仁商品。

以粤八味为例，8种道地药材的种植在其各自的原产地都得到了大力发展。化州的化橘红，新会的广陈皮，阳春的阳春砂，德庆、高要的巴戟天，德庆的何首乌，湛江、肇庆、海南的广藿香，肇庆的广佛手，东莞、中山、茂名、惠州、揭阳等地的沉香，均已设立岭南中药材良种繁育基地，并具备了一定的种植规模。

二　南药产业存在的问题

南药品种繁多，在生产、管理和质量控制方面，影响因素多而复杂，种植中的突出问题主要表现在以下几个方面。

（一）种质资源保护力度弱，种质流失严重

南药的道地性十分明显，长期的自然与人为因素形成了独具特色的岭南种质，如历史上的广藿香有牌香、高香和湛香3个种系（或者化学生态型），药用的种质以牌香最为著名，但现在已很难发现牌香踪迹，目前种植的所谓牌香，实际上是高香或湛香，湛香是与海香比较相似的种系。巴戟天是德庆与高要的道地药材，据调查，目前巴戟天种质资源至少有12种，目前正在种植使用的品种也只有小叶种和大叶种（黑蕊型），其他10个品种都处于“自然淘汰，随波逐流”的状态。有人说，南药大品种少，小品种多，实际上，也的确如此，随着企业对野生小品种药材需求量的日益增加，小品种药材供不应求的局面更加严重，多数列入国家保护名录的品种也面临濒危、极危或灭绝的境地。如金毛狗，该药材来源于蕨类植物金毛狗脊，属于常用药材，还是著名的观赏植物、国家二级保护植物，主要分布于福建、广西、广东、湖南、江西等地。广东是金毛狗的主要产区，但现实情况是狗脊几乎全部来源于野生，没有栽培资源，由于过度采挖与环境变迁，储藏量急剧减少，资源枯竭的“末日”即将到来。类似的品种还有南方红豆杉、喜树、桫椤、野大豆、猴耳环、黑老虎，急需为这些药材建立统一、集中的庇护所与人工繁育基地。

（二）缺乏严密的质量控制标准和科学检测手段

中药材的生产涉及多个环节多种因素，包括种子选育、栽培、采收、加工、炮制、贮藏、流通等，要保证中药材的安全有效、质量稳定可控，严密的质量控制标准和科学的检测方法十分重要。从总体上看，我国现有的质量标准水平偏低，国家标准与部颁标准不统一。如标准和检测方法仅

限于性状、气味、浸出物含量或其中某一种主要成分的含量，而对种质、生产基地、产地环境、采收、栽培管理、农药残留量及重金属限量、药效等方面没有严格的规定及量化指标，一些标准可操作性不强。

（三）生产经营分散，效益低，可控性差

南药品种繁多，但是没有几个品种能够规模化、基地化生产。不少品种的供应靠采收的野生品，但大量青壮年外出务工，使得药材采挖缺乏人手，供应量不稳定。许多中药材产于贫穷地区或由药农单独分散经营，既不容易形成规模，又不易控制质量，耕作方式也比较原始，效益低，市场波动大，资源浪费与药材缺乏现象同时存在。部分野生资源无计划地采收利用，导致失控，也经常造成资源枯竭，环境恶化。

（四）产供销脱节，产前、产中、产后全程监管力度不够

广义的南药生产包括品种的选育，种子的标准化，中药材的栽培、采收、加工、炮制、贮藏、流通等各个相互联系的环节，为了保证最终产品的安全有效、质量稳定可控，必须要对南药生产的每一个环节严格规范控制，生产、供应、销售应衔接统一。而目前药材的生产者、销售者、使用者之间基本上没有多大联系。因此，对中药材及饮片的验收、流通、储藏各个环节加强质量监督管理也是生产GAP南药的重要条件。

（五）规范化基地数量有限

我国南药资源丰富，多具产业特色和显著的区位比较优势，国家在执行GAP认证期间（2004—2016年），通过审查认证的共有167个中药材GAP

基地，包括126家企业和81个药材品种，但只包含21个南药GAP基地，其中广东5个，云南16个，仅涉及三七、穿心莲、灯盏花、广藿香、云木香、化橘红、铁皮石斛等南药资源。广西、海南两大南药主产区目前尚未有GAP基地通过认证，发展形势十分严峻，但潜力也是巨大的。

三 各区种植的主要南药品种及其生态种植区划

（一）广东

广东著名的特产南药品种有阳春砂、巴戟天、广藿香、广陈皮、广佛手、化橘红、何首乌、沉香、肉桂、高良姜、益智仁、肇实、广香附、穿心莲、广金钱草、溪黄草、玉竹、山柰（沙姜）、龙眼肉等，其中前8种已被列为《广东省岭南中药材保护条例》首批受保护品种。除了化橘红、广陈皮、高良姜、广香附、肇实及高州龙眼一直保持在核心产地规模化种植外，巴戟天、广藿香、阳春砂、沉香、穿心莲等道地南药在省内的种植产地也在不断扩大。

在广东传统非道地南药中，种植面积达千亩以上的药材有牛大力、凉粉草、银杏叶、百部、桑、八角、金银花、天冬、葛根、灵芝、吴茱萸、青蒿、蔓荆子、栀子、杜仲及百合等，各药材的产地分布见表6-1和表6-2，牛大力、凉粉草等药材的产区还在不断扩大。此外，灵芝、百部、吴茱萸、天冬、杜仲等药材的种植也在一些地区得到了发展。

表6-1　广东省道地或大宗药材的主要品种及其分布

序号	药材品种	产区分布
1	阳春砂	阳春（道地产区）、高州、信宜、广宁、封开、新兴、云安、丰顺、佛冈、博罗、龙门、惠东、韶关、揭阳
2	广陈皮	新会
3	化橘红	化州
4	广藿香	广州、湛江、阳江、肇庆、梅州等
5	巴戟天	郁南、德庆、高要、龙门、和平、惠东
6	广佛手	高要、德庆、郁南、罗定
7	何首乌	德庆、新兴、高州、化州
8	沉香（白木香）	电白、东莞、中山、深圳、陆丰、陆河、揭西、鹤山、惠东、汕头
9	肉桂	罗定、郁南、高要、广宁、四会、怀集、封开、德庆、信宜、湛江等
10	檀香	遂溪、信宜、化州、阳西、台山、新会、高要、清远、博罗、东莞、五华
11	穿心莲	英德、阳春、遂溪、雷州、徐闻
12	高良姜	徐闻、遂溪、廉江、雷州、阳西
13	益智仁	高要、封开、信宜、化州
14	梅片树	平远、兴宁
15	山柰（沙姜）	阳春、茂名
16	凉粉草（仙草）	梅州、河源
17	荜澄茄（山苍子）	各山区
18	铁皮石斛	韶关、云浮、茂名、河源、梅州
19	金线莲（金线兰）	梅州、惠州
20	广金钱草	遂溪、徐闻、雷州、化州、肇庆、新会、英德、紫金

续表

序号	药材品种	产区分布
21	牛大力	韶关、清远、梅州、汕头、河源、惠州、江门、阳江、茂名、湛江
22	溪黄草	清远、湛江、英德、乳源、翁源、新丰、四会
23	降香	揭阳、肇庆（怀集、封开）、高州
24	八角茴香	信宜、云城、郁南
25	五指毛桃	和平、紫金、东源、连州、阳山
26	凉粉草	平远、增城、兴宁
27	岗梅	平远、紫金、云浮（罗定、新兴）、怀集、五华、始兴、大浦、梅县、普宁、英德、龙川
28	三叉苦	平远、电白、东源、高州、龙川、罗定、普宁、阳西、英德、紫金、龙川
29	九里香（千里香）	博罗、南雄、云浮、紫金
30	南板蓝根（马蓝）	紫金、从化、罗定
31	广地龙（参环毛蚓）	茂名、湛江、云浮

表6-2　广东省野生珍稀濒危南药资源

序号	基原名/中药名	别名	药用部位	保护等级
1	千层塔	蛇交子、毛青杠	干燥全草	I
2	飞天蠄蟧	龙骨风	干燥主干	I
3	南方红豆杉	红豆杉、美丽红豆杉	树皮与干燥种子	I
4	金毛狗脊	金毛狗	鳞茎与干燥全草	I
5	金耳环	土细辛、一块瓦	干燥全草	I
6	山慈菇	毛慈菇、冰球子	干燥假鳞茎	I

续表

序号	基原名/中药名	别名	药用部位	保护等级
7	黄藤	红藤（海南）	干燥藤茎	Ⅰ
8	防己	汉防己	干燥根	Ⅰ
9	屈头鸡	马槟榔、水槟榔	干燥根及果实	Ⅱ
10	丁公藤	包公藤、麻辣仔藤	干燥藤茎	Ⅱ
11	走马胎	血枫、山鼠	干燥根	Ⅱ
12	独脚金	干草（广东）、矮脚子（江西）	干燥全草	Ⅱ
13	重楼	七叶楼、铁灯台	干燥根茎	Ⅱ
14	仙茅	地棕、独茅	干燥根茎	Ⅱ
15	白及	紫兰	干燥块茎	Ⅱ
16	铁皮石斛	黑节草、云南铁皮	干燥茎	Ⅱ
17	始兴石斛	—	干燥茎	Ⅱ
18	青天葵	青天葵	干燥全草或块茎	Ⅱ
19	金线莲	金线兰、金草	干燥全草	Ⅱ

广东境内复杂的地貌和适宜的气候环境亦造就了丰富多样的药用动物资源，常见的野生及饲养药用动物有蛤蚧、水蛭、地龙、蝎子、金沙牛、蚝、蚕等。广东濒临南海，大陆海岸线长4 114千米，居全国首位，在海洋药用资源的蕴藏上比其他省市具有相对优势，在海产养殖业上有深厚的基础，在海洋药物前期的研究上有丰富的积淀。常见的海洋药用生物有海马、海龙、海星、昆布、海藻、鹧鸪菜及贝壳类动物等。广东地区的矿物药主要分布于省内的清远、湛江、珠海、河源、梅州等地，如浮海石、花蕊石、代赭石、硫黄、钟乳石、磁石等。

野生资源主要分布于岭南各省区，具有明显岭南地域特色和用药习惯的一些药材种类如五指毛桃、岗梅、两面针、九里香、三叉苦、山苍子、草珊瑚（九节茶）、黄花倒水莲、金钗石斛、铁皮石斛等，这些药材不仅为临床处方用药，也是华南地区各大制药企业生产中成药的原料药。近20年来，随着药材需求量不断攀升，野生资源逐渐呈紧缺濒危状态，野生药材资源远远满足不了药用需求，省内一些著名的制药企业联合中药材种植企业，纷纷开展野生转家种或野生抚育技术研究，现已实现规模化种植的药材主要有五指毛桃、岗梅、三叉苦、九里香、两面针、山苍子、梅片树、草珊瑚、虎杖、黄花倒水莲、火炭母等，种植面积均在千亩以上，其中三叉苦、梅片树均具有2万亩的种植规模，两面针种植面积达1万亩，岗梅、五指毛桃、草珊瑚和石斛的种植面积在5 000亩以上，五指毛桃和石斛的产值达1亿元以上。

广东地处我国南岭以南，东邻福建，南濒南海，西邻广西，北邻湖南、江西，疆域广阔，具有山地、丘陵、台地及平原等复杂的地形地貌，土壤类型亦多样。北回归线横贯全省中部，全省地处东亚季风区，从北向南分别为中亚热带、南亚热带和热带气候，气候温和，雨量充沛，这种得天独厚的自然地理条件，孕育了广东省丰富的药用动植物资源。广东省南药种植面积约320万亩，规模化种植种类有60余种，其中道地南药有40余种。

广东省中药资源区划系统分为6个一级药材区与8个二级药材亚区，见表6-3。

表6-3　广东省中药材种植重点发展区域规划

中药材生产发展一级药材区	涵盖区域	主要特点（地理位置、地形、气候等）及发展建议	中药材生产发展二级药材亚区及适宜品种
粤北、粤东山地、丘陵药材区	韶关、清远、梅州、河源等地	南岭山地区，气候温和，雨量充沛，森林茂密，野生中药资源丰富，适宜种植中药材	粤北药材亚区：黄柏、杜仲、厚朴、银杏、吴茱萸、无患子、红豆杉、龙脑樟、金银花、屈头鸡、栀子、桃金娘、木通、罗汉果、绞股蓝、威灵仙、百合、天冬、桔梗、野党参、牛大力、千斤拔、溪黄草、穿心莲、薄荷、玄参、白术、菊花、茯苓等。林下种植品种：三七、重楼、草珊瑚、白及、铁皮石斛、金线莲、黄精、玉竹、黄花倒水莲等
			粤东北药材亚区：梅片树、龙脑樟、半枫荷、枳壳、鸡血藤、岗梅根、两面针、铁包金、牛大力、五指毛桃、山栀子、黑老虎、黄精、巴戟天、黄花倒水莲、黑老虎、凉粉草、铁皮石斛、金线莲、青蒿、茯苓等
粤东南丘陵台地药材区	汕头、惠州滨海丘陵、台地和潮汕地区	具有深厚的人文基础，当地人善经商，适合发展中药材加工等增值产业	降香、白木香、牛樟、鸭脚木、裸花紫珠、广党参、牛大力、砂仁、巴戟天、石参、广豆根、郁金、青蒿等
珠三角药材区	广东中南部珠江口两侧，以平原为主	工业发展迅猛，土地资源紧缺，但经济发达，消费市场巨大，科技力量雄厚，配套体系较为完善，可着重流通中药材	檀香、沉香、牛樟、神秘果、广陈皮、牛大力、千斤拔、簕菜、广藿香、排草、南豆花、灯心草、紫苏、素馨花、龙脷叶、红丝线、泽泻、黑豆等
粤西丘陵山地药材区	广东西部及西南部	以丘陵山地为主，地处南亚热带，自然条件优越，具有独特的资源优势，适宜种植中药材	粤西药材亚区：肉桂、檀香、沉香、降香、三叉苦、佛手、两面针、岗梅根、栀子、巴戟天、何首乌、百部、砂仁、郁金、姜黄、广藿香、龙脷叶、茯苓等
			粤西南药材亚区：化橘红、白木香、檀香、肉桂、八角、小叶榕、阳春砂仁、益智仁、山柰、何首乌、广藿香、茯苓等

续表

中药材生产发展一级药材区	涵盖区域	主要特点（地理位置、地形、气候等）及发展建议	中药材生产发展二级药材亚区及适宜品种
雷州半岛热带药材区	广东大陆西岸的热带半岛	热量资源丰富，适宜种植热带药材	檀香、沉香、丁香、肉桂、儿茶、大枫子、马钱子、安息香、诃子、鸦胆子、牛大力、高良姜、壳砂仁、草豆蔻、广藿香、穿心莲、香附子、鸡骨草及各海产药材等
南海海产药材区	广东南海区域	海域面积大，海岸线长，港湾多，海产药材资源丰富，适宜养殖海马	汕头、陆丰、湛江、海丰：海马

（二）广西

广西人工种植药材也颇具规模，大面积种植成功的有阳春砂、天麻、巴戟天、苦玄参等。1998年，广西有药材生产基地12个，种植三七、肉桂、龙血树等22个品种。2003年，广西投资8 000余万元打造的5万亩广西稀缺中药材那坡种植基地项目正式启动，结束了广西没有规模化种植基地的历史。目前，全省已有各种中药材种植场28 000个，其中形成较大规模的基地的有16个，大多为“企业+农户+基地”的种植模式。已建成罗汉果、肉桂、八角、三七等中药材规模化种植基地。

目前，南药种植示范基地有南宁市江南区弄峰山铁皮石斛种植示范基地、南宁市青秀区长塘镇金花茶种植示范基地、桂林永福县罗汉果种植示范基地、桂林瑶汉养寿（金银花、生姜、酸枣仁、东风菜）五福村仁义屯中药材种植基地、恭城东面村草珊瑚仿野生种植示范基地、防城港东兴市肉桂产业中药材示范基地、钦州钦南区久隆镇五指毛桃种植示范基地、贵港富硒橘红中药材种植示范基地、桂平肉桂种植示范基地、广西大宗特色

中药材——陆川化橘红标准化种植示范基地、福绵区六万大山八角中药材基地、玉林北流市石窝良冲沉香产业示范园、博白化橘红万祥绿色中药材种植示范基地、那坡县草珊瑚中药材种植示范基地、环江毛南族自治县广豆根特色中草药扶贫产业整乡推进示范基地、金秀镇共和村古坪屯黄花倒水莲中草药种植示范基地等20余个。广西各地区部分药材种植品种见表6-4。

表6-4　广西各地区部分中药材种植品种

序号	地区	核心产地/主产区	中药材品种
1	桂东	梧州市、贺州市、玉林市、贵港市	葛根、生姜、茯苓、苦玄参、山药、巴戟天、厚朴、肉桂、金银花、八角、栀子、水半夏、山柰、鸡骨草、穿心莲、泽泻、猫豆等
2	桂南	南宁市、崇左市、北海市、钦州市、防城港市	茯苓、穿心莲、山药、砂仁、肉桂、金银花、八角、生姜、苦丁茶、肉桂、金花茶、铁皮石斛、鸡骨草、金钱草、广莪术、葛根、山柰、凉粉草、香附子等
3	桂西	百色市、河池市	生姜、板蓝根、薏苡仁、猫豆、郁金、青蒿、茯苓、金钱草、八角、金银花、肉桂、小叶榕、扶芳藤等
4	桂北	桂林市	罗汉果、广佛手、栀子、槐米、郁金、葛根等
5	桂中	柳州市、来宾市	葛根、生姜、金银花、八角、百合、青蒿、山药、厚朴等

广西自然环境的特点是跨北热带、南亚热带和中亚热带南缘3个气候带。由于太阳辐射、大气环流的差异，不同地带的中药资源种类也有明显的不同，植物的分布也有一定的规律。根据“三向地带性”学说，广西可分为以下3个药材区，每个药材区均有它的特有种。

1. 北部地带药材区

桂东北：罗汉果、厚朴、黄柏、杜仲、槐米。

2. 中部地带药材区

桂东：肉桂、广山药、葛根、姜、鸡血藤、穿心莲、山柰、铁皮石斛、龙眼肉。

桂中：山银花、广豆根、八角、桂郁金、绞股蓝、天花粉。

桂北：草珊瑚、山银花、罗汉果、钩藤。

桂西北：薏苡仁、广豆根、石斛。

3. 南部地带药材区

桂东南：合浦珍珠、牡蛎、肉桂、八角茴香、砂仁、巴戟天、广山药、桂郁金、鸡骨草、山柰。

桂西南：广豆根、肉桂、龙眼肉、八角茴香、砂仁。

桂西：广豆根、三七。

（三）云南

1. 云南省主要南药品种概况

云南是我国重要的南药产区，特色南药品种有三七、砂仁、草果、石斛、沉香、龙血竭、八角、儿茶、诃子、苏木、豆蔻、槟榔、肉桂、荜茇、鸡血藤、木蝴蝶、千年健、胡黄连等。

云南野生南药种类众多，早在1956年，在文山州富宁县就发现了长籽马钱。1957年，在西双版纳发现绿壳砂仁，同年在保山及临沧发现大量野生诃子，在西双版纳发现丰富的儿茶资源。1958年在盈江发现野生荜茇。20世纪60年代，在普洱、西双版纳发现天竺黄、龙脑香、大枫子、琥珀等南药资源。20世纪70年代初，在普洱、西双版纳发现龙血树资源，在德钦县发现野生胡黄连资源。这些资源的发现为国内发展南药生产奠定了有力的基础。据调查，仅1957年全省收购的野生绿壳砂仁就达1万多千克，同年，收购苏木10.91万千克，1955—1982年共收购儿茶27.12万千克，除供

应省内市场外，大部分还调供省外。1961年，全省诃子产量达40万千克，创历史最高水平，从1957年发现野生诃子资源至1983年，全省共收购422万千克诃子，云南诃子为全国作出了重要的贡献。

云南从20世纪50年代末至今引种了国内外上百种南药，如阳春砂仁、豆蔻、益智仁、檀香、催吐萝芙木、金鸡纳、印度萝芙木、古柯、胖大海、丁香、肉豆蔻、胡椒、广藿香等；同时加大了南药的种植推广，至1983年，全省推广和扩大种植的南药有14种，面积5万多亩，占全省药材种植总面积的40%，产量达15万余千克。到1988年，全省初步形成了苏木、肉桂、豆蔻、儿茶、槟榔5个千亩南药园，以及万亩砂仁产区。到1990年，全省南药留存面积近11万亩，产量约34万千克，儿茶、诃子、砂仁3种南药商品产量占全国的1/3～2/3。至2020年，云南省规模化种植的南药品种有三七、砂仁、草果、石斛、沉香、八角等。砂仁、三七、云木香、滇重楼、红花、滇黄精、滇龙胆、草果等南药品种种植面积突破10万亩，三七、灯盏花、砂仁、滇重楼、石斛、草果、茯苓、云木香等种植面积和产量均居全国第一。三七、灯盏花、砂仁、草果的全国市场占有率超90%，重楼的全国市场占有率超80%，石斛的全国市场占有率超70%，茯苓的全国市场占有率超60%。

2. 云南省南药资源区划

根据云南的植被类型、地形地貌、生态环境及药用植物分布区域情况，全省分成滇西北、滇东北、滇西、滇中、滇东南、滇南、滇南边缘7个一级区，其中滇东南、滇南、滇南边缘和“热区飞地”（专业术语，即零星分布在各地的“热区”）为南药集中分布区，滇西北、滇东北、滇西、滇中大部分地区气温偏低，分布着极少数适合冷凉环境的南药。如表6-5所示，全省适合南药生长和生产的区域可分为4个一级区和8个二级区，总面积18.02万平方千米，占全省的45.72%。

表6-5　云南省南药资源区划

中药材生产发展一级药材区	涵盖区域	主要特点	二级药材亚区及适宜品种
滇东南岩溶三七、八角、草果、砂仁南药区	本区位于云南省东南部，东接广西，南邻越南，包括文山全部地区，红河的石屏、建水、开远、蒙自、个旧、屏边、弥勒等15个县（市），总面积49 629.71平方千米	本区属南亚热带和中亚热带气候，年均温15.8～19.7℃，>10℃活动积温4 600～7 000℃。因受来自太平洋暖湿气候的影响，降雨量较丰富，年平均降雨量800～1 700毫米，年平均蒸发量1 814毫米，由于蒸发量大于降水量，岩溶地表渗透严重，因此，常出现干旱。植被类型主要为石灰岩植被区系，其次是山地常绿阔叶混交叶及热带雨林和季雨林	中北部岩溶山区三七亚区：包括文山、西畴、砚山、丘北、广南、马关、石屏、建水、个旧、开远、蒙自、弥勒、屏边13个县（市）。本区药材生产历史悠久，主要品种有三七、金银花、山楂、乌梅、防风、杜仲、黄柏、黄草、栀子、马槟榔、枇杷叶、青叶胆、草乌、红大戟、柴胡、何首乌、地珠半夏、重楼、柏子仁等，动物类药材有穿山甲等。广南、马关、屏边河谷地带还分布八角、苏木、砂仁、草果等南药
			南部边缘八角、草果、砂仁、肉桂南药亚区：包括富宁、麻栗坡、马关、屏边4个县。本区八角、草果生产历史悠久，种植经验丰富，已成为全省的生产基地，肉桂、砂仁生产发展较快。此区主要品种有草果、八角、肉桂、砂仁、苏木、马钱子、槟榔、高良姜、姜黄、三七、吴茱萸等
滇南中山宽谷黄草、龙胆草及南药诃子等野生药材区	包括凤庆、永德、昌宁、龙陵、施甸、临沧、云县、双江、景谷、宁洱、普洱、景东、镇沅、墨江、红河、元阳、新平、元江共18个县，总面积63 646.01平方千米	本区冬暖夏热，主要属南亚热带和中亚热带气候。由于纬度偏低，热量较为丰富。海拔600米以下的元江、红河谷地属热带稀树草原气候，年均温20～24℃，>10℃活动积温达7 500～8 700℃；其余大部分地区年均温16～20℃，>10℃活动积温5000～7000℃。受印度洋和太平洋暖湿气流的影响，降雨充沛，年平均降雨量多在1 000～1400毫米。元江、红河等低热河谷地带蒸发量大，干旱严重，只宜种植干热型南药	本区中药资源品种繁多，蕴藏量丰富，主要品种有黄草、诃子、龙胆草、天冬、银花、蔓荆子、郁金、草豆蔻、高良姜、何首乌、防风、黄精、钩藤、川楝子、金毛狗脊、乌药、贯众、荜澄茄、紫草茸、补骨脂、苏木、千张纸等。原料药有龙血树、三颗针、山乌龟、大黄藤等

续表

中药材生产发展一级药材区	涵盖区域	主要特点	二级药材亚区及适宜品种
滇南边缘中低山南药区	本区位于滇南、滇西南边缘地带，与缅甸、老挝、越南毗邻，包括西双版纳，德宏，临沧地区的耿马、沧源、镇源，普洱地区的江城、孟连、澜沧、西盟，红河的金平、绿春、河口等19个地区，总面积62 389.65平方千米	本区纬度和海拔为全省最低，东、中部均位于北回归线以南，西北端至北纬25.5°。主要有南亚热带和北热带两种气候类型，海拔800～1 400米范围属南亚热带气候，年平均温度17～19℃，>10℃活动积温6 000～7 285℃，年降雨量1 200～2 200毫米，雨季降水占全年的80.9%，干季雨量稀少。冬季受强寒潮侵袭时，在一定程度上会影响南药生产；东部海拔400米以下为北热带气候，年平均温度在21℃以上，>10℃活动积温7 300～8 300℃，年降雨量1200～1800毫米，干季少雨，但雾重，在一定程度上减轻了干旱的影响。本区为云南热带雨林、季雨林分布区，水、肥、气、热充盈，蕴藏着极其丰富的南药资源，为全省主要南药生产基地	东部低热河谷肉桂亚区：包括河口、金平、绿春3个县，野生药材主要有香樟、乌药、千年健、苏木、姜黄、郁金、儿茶、钩藤、草豆蔻、高良姜等，亚热带和温带药材黄草、龙胆草、重楼、黄精、南板蓝根等也有分布，家种药材有砂仁、肉桂、草果等
			南部砂仁、儿茶、白豆蔻及引种南药亚区：包括景洪、勐腊、勐海3个县，主要药材品种有砂仁、白豆蔻、槟榔、儿茶、苏木、益智、千张纸、千年健、红豆蔻、草果、肉桂、檀香、大黄藤、马钱子、嘉兰、锡生藤、龙血树、藿香、薏苡仁、郁金、鸦胆子、蔓荆子、钩藤、板蓝根、草豆蔻、高良姜、黄草、乌药等。从20世纪50年代末至今已引种了国内外上百种南药，主要有阳春砂仁、白豆蔻、益智、檀香、催吐萝芙木、金鸡纳、印度萝芙木、古柯、胖大海、丁香、肉豆蔻、胡椒、广藿香等
			西南部砂仁及野生南药亚区：包括江城、孟连、澜沧、西盟、沧源、耿马、镇康7个县，主要品种有砂仁、草果、黄草、龙血树、苏木、蔓荆子、千张纸、郁金、川楝子、台乌、荜茇、诃子、红花、胡椒、萝芙木、钩藤、天冬、板蓝根等
			西部砂仁、草果及林木药材亚区：包括德宏等6个县（市）。主要品种有砂仁、草果、草豆蔻、胡椒、荜茇、苏木、乌药、黄柏、诃子、金银花、郁金、莪术、枳壳、陈皮、木瓜、使君子、乌梅、山楂、天冬、五味子、荜澄茄、千张纸、蔓荆子、黄草等，以南药和木本药材为多

续表

中药材生产发展一级药材区	涵盖区域	主要特点	二级药材亚区及适宜品种
中北部低热河谷南药区	本区为全省的热区飞地，主要涉及云南中北部的25个县，区域内有热带土地面积4 530.09平方千米	本区气候干燥、高热、光照充足，区内平均温度17.8～21.8℃，>10℃活动积温5 900～8000℃，年降雨量600～1 000毫米，年相对湿度54%～70%，水湿状况差，金沙江、元江、澜沧江河谷最差	本区分布吴茱萸、诃子、蔓荆子、砂仁、红花、陈皮、千张纸、补骨脂、香橼、佛手、石斛、苏木、川楝子、姜黄等品种

（四）海南

海南省科技厅根据海南岛的自然地理条件和药材分布种植状况，将海南中药材生产示范基地按如下4个区域进行规划：①海南阶地绿色药材生产示范区，位于周边沿海地带，适宜发展的主要品种有广藿香、仙人掌、龙血树等；②海南台地绿色药材生产示范区，适宜发展的主要品种有槟榔、肉豆蔻、五指山参等；③海南丘地绿色药材生产示范区，适宜发展的主要品种有益智、白木香、绞股蓝等；④海南山地绿色药材生产示范区，适宜发展的品种有海南粗榧、海南梧桐、海南地不容等。

海南的一些企业采用“公司+农户”的运作方式，按GAP的要求进行中药材种植，取得了一定进展，如屯昌县提出开发百万亩南药种植的规划，海南海利药业在琼中县建设了丁香、槟榔、益智、鸡蛋花南药栽培示范基地；海南科源藿香科技开发有限公司在万宁、儋州等地建立了广藿香种植基地。2012—2013年，海南省科技厅围绕特色南药品种开展海南省南

药产业化示范基地认定工作，目前共有20个基地完成认定。

四 南药制药企业概况

目前南药主产区药材加工企业有1 000多家，饮片企业200多家。“企业+基地”“企业+基地+农户”等新型经营模式不断涌现，建设了广东清平、广东普宁、云南菊花园、广西玉林等5个中药材批发市场，形成了大中型中成药加工企业带动一批中小企业发展的良好态势，“白云山”“华润三九”“云南白药”“三金”“玉林”“天和”“金嗓子”与“花红”等品牌全国驰名。南药在中医药产品的独创性方面有着得天独厚的优势，具备丰富的药材资源，同时其历史悠久。以广东最大的中医药企业广州医药集团有限公司（简称“广药集团”）为例，在全国11个中药制造百年中华老字号中，广药集团占6个；拳头产品方面，广药集团有20个年产值过亿产品；此外，5大中药机密级品种中，广药集团有华佗再造丸和安宫牛黄丸。

截至2020年2月21日，全国中药相关的药品生产企业数量为3 699家，广东省数量最多，为338家，占全国的9.1%。据2018年中国中药行业上市公司市值排行榜，2006年以后，全国新增中药行业上市公司35家，在各省份中，广东省新增5家，增长数量最多，占比14%。其中，广州白云山医药集团股份有限公司（简称“广药白云山”）和华润三九医药股份有限公司等进入2018年中国中药行业上市公司市值排行榜前十名。广东省规模以上中药生产企业达到170家，产值10亿元以上的企业有9家，有全国最大的中成药生产企业广药集团，全国最大的中药配方颗粒生产企业广东一方制药有限公司，全国销量第一的饮料广东凉茶。目前，广东省年产值超10亿元的中药企业有10家，亿元以上的中药品种30个。广东省中药销售

发展迅速，企业数量不断增加及规模也在不断扩大，逐步形成了以大企业集团为主导，各类型企业分工协作、优势互补、协同联动的产业格局，中药产业链不断优化完善，但广东省中药产业仍存在中药企业数量多、规模小，产品重复多、技术含量低的现象，产业结构仍需不断优化升级。著名的“十大广药”是许多广东医药企业的原料药，广东一片天制药有限公司、广州市香雪制药股份有限公司、广州白云山和记黄埔中药有限公司等企业共建了阳春砂、广藿香、穿心莲、广金钱草等品种的规范化和产业化示范基地。其所产的穿心莲、广藿香等分别提供给各药企生产中成药，如消炎利胆片、抗病毒口服液、清热消炎宁等。除“广药”外，著名的广东习用草药也是各大药企的原料药，如三叉苦和九里香是三九胃泰的原料，溪黄草是溪黄草冲剂的原料等。这些合作不仅保证了生产中成药的原料药材的质量，还促进了企业的发展和产品的升级。

广西中药产业在产品质量、市场占有率、资源利用方面具有一定优势的有三金片、湿毒清胶囊、西瓜霜系列产品、妇血康等30多个品种。以鸡骨草为主要原料开发的鸡骨草丸是广西玉林制药厂的主打产品。目前广西桂林三金集团从龙血竭中提取有效成分研制治疗心血管病的二类新药，投产后，预计产值在亿元以上。百色桂西制药厂根据壮药民间单方，以滇桂艾纳香开发的妇血康已成为畅销全国的名牌产品。

海南省目前有40多家中成药生产企业，特色产品有枫蓼肠胃康胶囊、枫蓼肠胃康颗粒、裸花紫珠片、裸花紫珠栓、贯黄感冒颗粒、胆木注射液、胆木浸膏片、荔花鼻窦炎片和槟榔花口服液等。其中，枫蓼肠胃康颗粒是国家中药保护品种，单品种年销售额超亿元，成为海南药用植物资源开发的龙头产品。以海南道地南药品种——裸花紫珠为原料的裸花紫珠片及裸花紫珠栓为海南九芝堂药业有限公司的拳头产品，年销售额达近亿元。现在海南基本形成了以“海口药谷”为中心，海口保税区、国科园、永桂开发区及琼海市、定安县、洋浦开发区为主的产业区，形成了一批具

有较好硬件和软件条件的药品生产企业，具备了重组、联合、做强、做大的基础平台。

云南省的一些制药企业注重突出云南特色，如云南白药集团股份有限公司、昆明圣火药业（集团）有限公司、云南文山特安呐制药股份有限公司等，突出了以云南特色资源三七为基础的系列产品。云南白药集团股份有限公司开发了以白药系列为主的云南白药胶囊、宫血宁胶囊等；云南生物制药有限公司开发了以灯盏花为主的系列产品，如灯盏花素片、云南灯盏花注射液等。这些知名企业和品牌为云南省医药产业的发展奠定了较好的基础。

在中药种植方面，华润三九医药股份有限公司（简称“华润三九”）组建了“企业+种苗基地+种植基地”三位一体的利益共同体（或“三九模式”），让进入系统的三方均获得稳定的、合适的利润，“六统一”（品种统一、种苗统一、种植规范统一、采收统一、产地加工统一、标准统一）与“三保障”（品质、数量与保护价）是这个系统顺利实施的关键。“三九模式”的核心是定制或南药订单，包括种子种苗保护价与药材收购保护价。公司积极培育龙头企业，并通过龙头企业推动南药种植的标准化与规模化。华润三九专业的技术团队服务于种植一线，提供技术指导，做好防病、防虫、防灾工作，保障药材的优质生态环境，给种植户提供种子种苗、基肥，保障中药材道地性及品质。华润三九主要繁育与推广种植的品种是三九胃泰、999感冒灵等名优中成药的原料药材三叉苦、九里香、两面针、岗梅、南板蓝根等。目前，华润三九在云浮、肇庆怀集和河源紫金建立了南药种子种苗繁育基地，每年可繁育优质南药种苗2 000万株以上，供应广东、广西、湖南与江西地区。每年20 000亩以上的南药产业化种植，实现中药材产业经济效益数亿元。

广州采芝林药业有限公司（简称“采芝林”）实行的是“政府+采芝林+公司+合作社/农户”四位一体的种植模式，做到“政府有管控，采芝林做规划，公司（往往是当地龙头种植公司）建规模，合作社或农户有

责任”，有效实施中药材标准化种植。采芝林为广药集团的药材集采平台，其种植的南药有27个品种，如鸡蛋花、布渣叶、猴耳环、凉粉草等，种植地涵盖广东、江西、广西、云南等地，合计2.5万余亩，同时，还对小品种、珍稀濒危物种或顽拗品种如金毛狗脊、杜鹃和黑老虎等，开展了种子种苗繁育研究与基地建设，并取得了很好成绩。

五　案例：阳春砂的前世今生

阳春砂*Amomum villosum* Lour.又名春砂仁，是历版《中国药典》收录的砂仁药材基原之一，具有化湿和胃、理气安胎之功效，是国产砂仁商品的主流品种。阳春砂是著名的“四大南药”之一、药食同源品种、广东省立法保护的岭南中药材，其道地产区为广东省阳春市，20世纪60年代被引种至云南西双版纳。经过60余年的引种驯化和栽培推广，云南已发展成为阳春砂的主产区，提供了目前中国市场90%以上的商品砂仁。2021年，砂仁被遴选为云南省“十大云药”之一。

阳春砂属于《全国道地药材生产基地建设规划（2018—2025年）》华南道地药材产区的主要品种。2016年12月1日，广东省人民政府通过了《广东省岭南中药材保护条例》，正式以立法的形式把阳春砂作为重点保护品种，并把“恢复阳春砂生产”作为主攻方向。目前该品种生产中还存在诸多问题，如种源混乱、品质参差不齐，道地产区与主产区的药材质量有无区别等。这些问题不仅关乎阳春砂临床用药的安全性和有效性，也关乎阳春砂产业的道地性与高质量可持续发展。

2017年，中山大学牵头承担了“十三五”国家重点研发计划《2017中医药现代化研究》南药重点专项［项目名称：南药（阳春砂、广陈皮与巴

图㉕
化湿和胃、理气安胎之阳春砂
（左：基原阳春砂；
右：传统烘焙的药材）
（2020，杨得坡）

载天）规模化生态种植及其精准扶贫示范研究]（项目周期：2018—2022），与中国医学科学院药用植物研究所云南分所、广州中医药大学等单位成立了“粤滇砂仁工作组”，启动了粤滇合作振兴阳春砂计划。本案例通过文献考证和工作组关于阳春砂的研究成果，分析了阳春砂道地产区与主产区的形成过程及产地变迁情况，从阳春砂种质资源、新品种选育、标准体系构建、基地建设、质量评价，尤其是阳春砂全基因组测序研究等方面，探讨阳春砂种质资源与品质的变化及其成因，介绍工作组在阳春砂种质资源保护、新品种选育（种业）、质量评价、规范化栽培生产与大健康产品开发方面取得的一系列创新成果。

（一）砂仁的历史沿革

砂仁始载于唐代甄权所著的《药性本草》，谓“缩砂蔤，出波斯国”，指出砂仁产自波斯湾各国，如伊朗；其后五代李珣所著的《海药本草》记载“缩沙蜜，生西海及西戎诸地”，也指出砂仁产自印度洋、波斯湾、地

中海一带。由此推断古时最早使用的砂仁系进口，多来自西亚地区，唐时进口砂仁应是绿壳砂*A. villosum* var. *xanthioides*。

宋代之后，本草中出现国产砂仁的记载，如宋代苏颂的《本草图经》记载“缩沙蔤生南地，今唯岭南山泽间有之”，并附有清晰逼真的新州（今广东新兴县）缩砂蔤图一幅，其中描述的植物形态与今广东阳春的阳春砂相似。元明清三代的本草对砂仁产地的描述均无太大变化，引述同为“产波斯国”“出岭南”等。民国陈仁山所著的《药物出产辨》称砂仁“产广东阳春为最，以蟠龙山为第一”，说明中华人民共和国成立前国产砂仁均产自广东阳春及周边地区。

本草考证表明，从古至今，市场上所用砂仁药材，国内产品与进口产品并存。国内产品为阳春砂，原产自广东阳春及周边，后逐渐引种到云南、广西、福建等地；进口产品为绿壳砂。

（二）广东阳春砂的困境

阳春砂是典型的虫媒植物，自花授粉困难，需要通过昆虫授粉或人工辅助授粉，广东种植环境缺乏授粉昆虫，必须通过人工授粉才能结果，但劳动力成本高，且产量一直低下，导致种植面积逐渐萎缩，极大地限制了广东阳春砂产业的发展。1990年之前广东的阳春砂种植面积处于全国首位，之后被云南省超越，目前云南阳春砂种植面积和产量均居全国首位，提供了中国市场90%以上的商品砂仁。虽然广东阳春砂售价极高，是云南阳春砂的10倍有余，2022年售价3 000～5 000元/千克，但有价无市，少量产出仅作为高档礼品或药膳煲汤原料，药材市场基本无广东阳春砂的踪影。

广东省对阳春砂产业发展所存在的问题，尤其是道地产区或主产区的

图㉖
花儿为谁开？蕙风轻，尽憔悴
（2021，杨得坡）

变迁甚为忧虑，广东省科技厅、农业农村厅与阳春市一直把解决阳春砂自然授粉的难题作为阳春砂产业卡脖子技术的优先选项开展产学研合作研究。广东省阳春市是阳春砂的道地产区，春砂仁是阳春市最具代表性的国家地理标志保护产品，2004年3月中国经济林协会还授予广东省阳春市“中国春砂仁之乡”的称号，阳春市春砂仁产业园成功入选了第二批省级现代农业产业园建设名录。阳春市通过各种措施，如举办春砂仁旅游文化

节，打造阳春砂中医药健康养生旅游产业集群，大力推动“农业+旅游+健康”产业融合发展，但收效甚微。

（三）一种药材致富一个民族

20世纪50年代，阳春砂在我国仅产于广东阳春及周边地区，但产量一直不高，药用所需砂仁依靠大量进口解决。为了扩大国内砂仁生产，扭转依赖进口的局面，中国医学科研院药用植物研究所云南分所以周庆年为首的老一辈科技人员于1963年从广东阳春引入阳春砂种子，开始了阳春砂在西双版纳的引种栽培研究。采用阳春砂种子育苗，第二年便启动了在西双版纳基诺山等试验点的试种工作。1966年引种试种的阳春砂开始结果，但由于“文革”影响，阳春砂的研究和推广处于停顿状态。1969年中央六部下达了“关于发展南药生产的意见”文件，明确提出了需发展生产解决的38种进口南药品种，而阳春砂便是其中之一。乘借这一东风，周老带领药用植物研究所的科技人员于1973年又重新启动了对阳春砂的研究。

西双版纳授粉昆虫资源极其丰富，大量传粉蜂类如排蜂、中蜂、熊

图27
砂仁阿普周庆年
（左：基诺山推广砂仁，右：景洪南药园雕像）
（2022，张丽霞）

蜂、芦蜂、彩带蜂等在采集花粉或吸蜜的活动中，起到了为阳春砂传粉的作用，从而大大提高了阳春砂的自然结实率，无须人工授粉也可获得高产。优越的生态环境和授粉昆虫资源为阳春砂在西双版纳的大面积推广创造了适宜的条件。基诺山是西双版纳的一个以基诺族（我国认定的最后一个少数民族）为主的少数民族聚居的山区，20世纪80年代初的基诺乡仍处于“刀耕火种”的原始耕作状态，生活极其贫困，从1981年中国医学科学院药用植物研究所云南分所在基诺山建立阳春砂种植综合技术试验示范及推广后，至1985年基诺山山区种植阳春砂面积已发展到8 600多亩，收获面积4 300多亩，产量4.86万千克，阳春砂收入达194万元，占全乡总收入的近一半。种植阳春砂的农户，仅阳春砂一项收入就有几千元以上，高的达1万元以上，该举措极大地推动了基诺族群众的脱贫致富和山区农村面貌的改变。经过几年的努力，基诺山一跃成为全国有名的科学致富山区，创造了“一种药材致富一个民族”的佳话，周老也从此被基诺族同胞亲切地称为“砂仁阿普”(基诺语，意为砂仁爷爷)，之后相继带动云南其他热区种植。至1985年西双版纳发展种植阳春砂面积5.2万亩，产量9.7万千克，已和当时广东省的产量相当。中国医学科学院药用植物研究所云南分所组织开展了阳春砂引种驯化与药材品质变化的研究，发现西双版纳阳春砂与广东阳春的阳春砂在原植物、药材性状特征、显微结构、化学成分、药理与安全性等方面没有显著性差异，两地的药材均符合历代《中国药典》的要求，1987年“阳春砂在西双版纳引种推广”成果获得卫生部科技进步奖一等奖。

（四）粤滇合作振兴阳春砂计划

云南阳春砂传统种植于天然雨林或次生原始林下，林下土质肥沃，水热条件好，有丰富的授粉昆虫，初期种植易获得高产，但长期处于“人种

天养”的半野生模式，随着种植年限的加长，生产中种质退化、病虫害加剧、单产剧减、产地加工技术不规范等问题日趋凸显，产量低下，价格偏低等现状影响了农民种植的积极性和产业的可持续发展，阳春砂产业提质增效势在必行。

依托“十三五”国家重点研发计划《2017中医药现代化研究》南药重点专项、云南省重大科技专项等项目实施，中国医学科学院药用植物研究所云南分所和中山大学两地院校与企业成立“粤滇砂仁工作组”，携手开启了粤滇合作振兴阳春砂产业之征程。

工作组以“建设高品质道地性阳春砂药材基地”为目标，聚焦“生态种植、药材加工与品质保障”三大技术领域，以种质资源保护、生态种植技术与基地建设为立足点，建立“阳春砂生态种植技术与药材示范基地、

图㉘
粤滇砂仁工作组的“诗与远方”
（2021，杨得坡）

药材加工技术与示范生产线与药材质量安全溯源技术与追溯系统平台”。建立基于市场为导向的南药定向种植，并在云南省西双版纳与广东省阳春市推广应用，打造广东与云南跨省规模化的共建共享阳春砂南药基地，以产业为依托推动脱贫攻坚，践行党的十九大精准扶贫和党的二十大乡村振兴思想。

工作组在阳春砂品种培优、种植加工技术创新、技术标准制订、产品研发及质量标准提升等方面开展了系统研究，建立了覆盖砂仁全产业链的技术标准体系，实现云南砂仁产业从有到优的跨越式发展路径，为我国边疆民族脱贫致富和乡村振兴，以及澜湄国际合作做出了积极贡献。

（五）构建阳春砂林下生态种植技术体系，促进砂仁产业提质增效

1. 认定我国阳春砂首批新品种，建立良种繁育体系，推动良种产业发展

针对阳春砂种质混杂、品种退化等问题，工作组开展了种质资源评价及优良品种选育研究。从云南、广东、广西、福建，以及老挝、缅甸等产

图㉙
云砂1号（2022，张丽霞）

区收集砂仁和近缘种种质资源120多份，建立了砂仁种质资源圃。开展了不同种质生物学性状、品质性状和产量性状评价研究，根据果型、叶舌花青苷显色程度、产量、抗性等特征，选育“云砂1号”和“云砂2号”两个新品种，其中“云砂1号”具有早实特性，较原生种可提前1年开花结果，列为主推品种。制定发布阳春砂种子、种苗质量、种苗生产等技术标准，建立良种繁育体系，推动良种产业发展，为砂仁提质增效产业化发展提供了种源保障。

2. 倡导“退出天然林，发展人工林下种植”模式，通过以药养林，促进林药双增收

云南砂仁传统种植于热带雨林下，对生物多样性保护造成了一定影响。雨林内树高林密，荫蔽度超过砂仁生长最佳遮阴条件，受天然林保护政策影响而无法调控。项目立足生物多样性保护原则，倡导“退出天然林，发展人工林下种植”，利用云南山区丰富的经济林资源，开展人工林下砂仁种植，同时辅以绿色规范管理，不施化学农药和化肥。以“选树看冠幅、秋冬落叶易腐烂”为选林标准，探索建立“橡胶+砂仁”“苦楝+砂仁”“热果+砂仁”等人工林下种植新模式，通过以药养林，促进林药双增收及热带雨林的生物多样性恢复和保护。以“橡胶+砂仁”模式为例，西双版纳是全国最大的橡胶产区，现有橡胶446万亩，近10年全球橡胶价格持续低迷，老百姓收入严重受损。选择橡胶林缘水源和荫蔽度适宜的生境

图㉚
砂仁人工林林下生态种植模式
（从左至右：橡胶+砂仁、香蕉+砂仁、苦楝+砂仁）
（2022，张丽霞）

下发展砂仁种植，橡胶林地土壤表现出比纯橡胶林较高的土壤微生物生物量和较短的土壤微生物转化周期，促进了橡胶林地有机养分的积累，极大地改善了林内生态环境，有效增加了胶农收入，成为构建“环境友好型胶园”最成功的模式。

3. 发明阳春砂高垄整地及剪枝新技术，构建阳春砂林下生态种植技术体系

根据阳春砂生物学特性，通过理高垄做窄畦面、种苗单行定植、调整匍匐茎生长方向等创新技术，有效解决阳春砂地林下透光不均、雨季积水造成烂花烂果和果腐病发生等问题。解析了水、光、肥等关键生态因子对阳春砂产量和品质的影响规律，在此基础上进行适宜生境的优选和调控，以及管理措施的优化提升。首次鉴定阳春砂苗期毁灭性病害苗疫病尖孢镰刀菌*Fusarium oxysporum*、生长期植株病害叶枯病节梨孢菌*Pyricularia costina*，以及果期重要害虫皱腹潜甲*Anisodera rugulosa*、素雅灰蝶大陆亚种*Jamides alecto* alocina，揭示其发生规律和危害特性，建立以“农业防治为主，生物防治为辅”的绿色防控措施，集成阳春砂林下生态种植关键技术体系，发布阳春砂产地环境、种苗生产、栽培管理、规范化生产技术规程等相关标准13项，实现阳春砂“良种+良地+良法+良具”的整体推广应用，促进云南省阳春砂平均单产从2.67千克/亩增加到25.57千克/亩，增幅达857.7%。各示范区所产阳春砂挥发油含量平均达4.29%，无农药和重金属残留，达到有机产品要求，并通过有机产品认证。

4. 构建了砂仁集约化产地加工技术体系，显著提升砂仁药材品质

云南砂仁通常采用自制的土灶（炉）、烧柴源进行烘烤，存在费工费时、加工的砂仁外观品相差、有烟熏味，且对森林植被和生态环境会造成破坏和污染等弊端，项目开展了砂仁规范化采收及集约化现代加工工艺的优化和提升；利用现代电烤房设施，结合传统烘烤方法，发明以“高温杀青、冷却发汗、低温复烤”为核心的创新加工工艺，实现了从经验化加工

转变为标准化加工。该项措施不但显著提升了砂仁的烘烤效率，而且加工出的砂仁具有外观品相好。制定并发布《绿色药材 砂仁商品分等规格》和《绿色药材 砂仁》等团体标准，通过砂仁林下生态种植技术体系和集约化加工体系的推广应用，使云南砂仁的质控指标普遍提高。

（六）构建阳春砂多成分多指标质量评价体系，提升砂仁药材质量标准

1. 基于生物活性建立了砂仁非挥发性成分有机酸、总酚、总黄酮质量评价指标

砂仁主要含有挥发油、有机酸、总酚、黄酮类等成分。挥发油是砂仁主要活性成分之一，而有机酸、总酚和黄酮类物质同样具有抗菌、抗炎、抗氧化等生物学活性，也是体现砂仁传统功效的物质基础。现行药典仅以挥发油和乙酸龙脑酯含量作为砂仁的质量控制指标，乙酸龙脑酯属于砂仁挥发油中的挥发性成分之一，极易受加工方式、存储温度和时间的影响，单纯以挥发性成分作为其质量的评价指标具有一定的局限性。项目研究建立了砂仁非挥发性成分有机酸原儿茶酸和香草酸的高效液相色谱定量测定方法，结合总酚、总黄酮及抗氧化能力测定，以多成分多指标评价砂仁药材质量。在《中国药典（2020年版）》一部收载的砂仁质量标准基础上，根据20批不同产地砂仁样本的检测数据，制定了砂仁新的质量标准草案，新增砂仁原儿茶酸和香草酸的HPLC含量测定，规定砂仁含原儿茶酸（$C_7H_6O_4$）不得少于0.057毫克/克，含香草酸（$C_8H_8O_4$）不得少于0.357毫克/克；增加了砂仁总酚和总黄酮的紫外—可见分光光度法含量测定，规定砂仁总黄酮以芦丁（$C_{27}H_{30}O_{16}$）计，不得少于14.94毫克/克，砂仁总酚以没食子酸（$C_7H_6O_5$）计，不得少于9.96毫克/克，为提升《中国药典》砂仁质量标准奠定了基础。

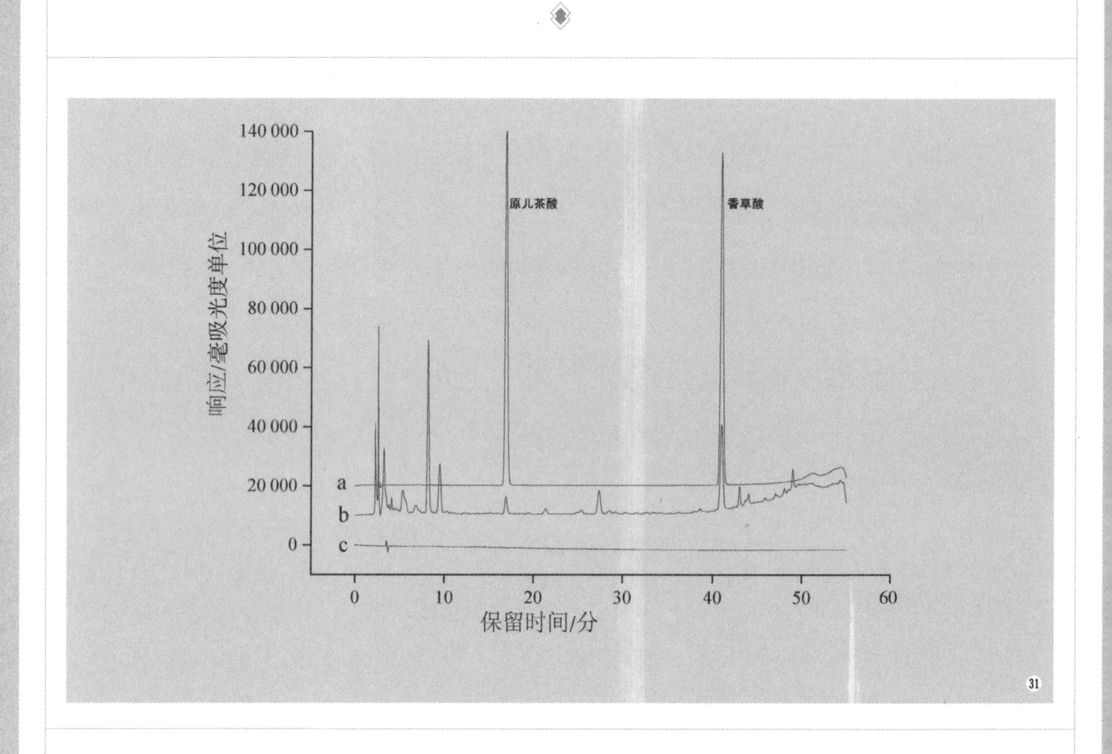

图31
砂仁非挥发性成分原儿茶酸和香草酸高效液相色谱图
（a：混合标准品，b：砂仁样品，c：溶液空白）

2. 基于代谢组学和蛋白质组学技术，阐明砂仁挥发油成分抗菌抗炎的作用机制

砂仁是传统健胃良药，具有抗菌抗炎、调节肠道菌群等功效，但其挥发油抗菌抗炎的作用机制不清楚。工作组以革兰氏阳性菌耐甲氧西林金黄色葡萄球菌（MRSA）作为研究抗菌机制的模式菌株，通过扫描电镜、膜通透性测定、生物膜形成等方式表征砂仁挥发油作用于MRSA的体外抗菌特性，并基于GC-MS非靶向代谢组学和Label-free定量蛋白质组学技术全面表征了在挥发油作用下引起MRSA代谢物组和蛋白质组的变化，从代谢组和蛋白质组水平阐明了砂仁挥发油对MRSA的抗菌作用机制。以脂多糖（LPS）诱导的BV2细胞为炎症模型，基于GC-MS非靶向代谢组学方法研究砂仁挥发油作用于BV2细胞后整体代谢水平的变化，结合定量PCR、酶联免疫吸附（ELISA）等生物学实验，从分子和代谢组角度共同阐明砂仁挥发油抗炎作用机制，为砂仁挥发油的深入开发提供了科学依据。

3. 基于多组学技术，揭示道地产区和主产区阳春砂的差异性

基于UPLC-Q-TOF-MS非靶向代谢组学研究广东和云南两大产区阳春砂的代谢组，按照差异倍数大于2，VIP值大于1和P值小于0.001的筛选标准，得到了11个差异代谢物，其中VIP大于1.5的8个差异代谢物可用于云南和广东产阳春砂产地的区分。

同时，工作组利用ICP-MS离子组学结合化学计量学分析发现，根据5个显著差异元素检测数据（Hg、Cs、Rb、Mn、Be）构建的线性判别函数可用于广东和云南产阳春砂产地的区分。

此外，工作组进一步以阳春砂挥发油作用后的MRSA细菌为研究对象，采用Label-free定量蛋白质组学技术分析挥发油处理组和对照组细菌胞内蛋白表达差异，共鉴定了1 445个蛋白，其中有144个蛋白表达水平发生了显著变化，其中42个蛋白表达上调，102个蛋白表达下调，且发现了2个抗氧化蛋白在挥发油处理组中显著上调。进一步的功能分析发现，这

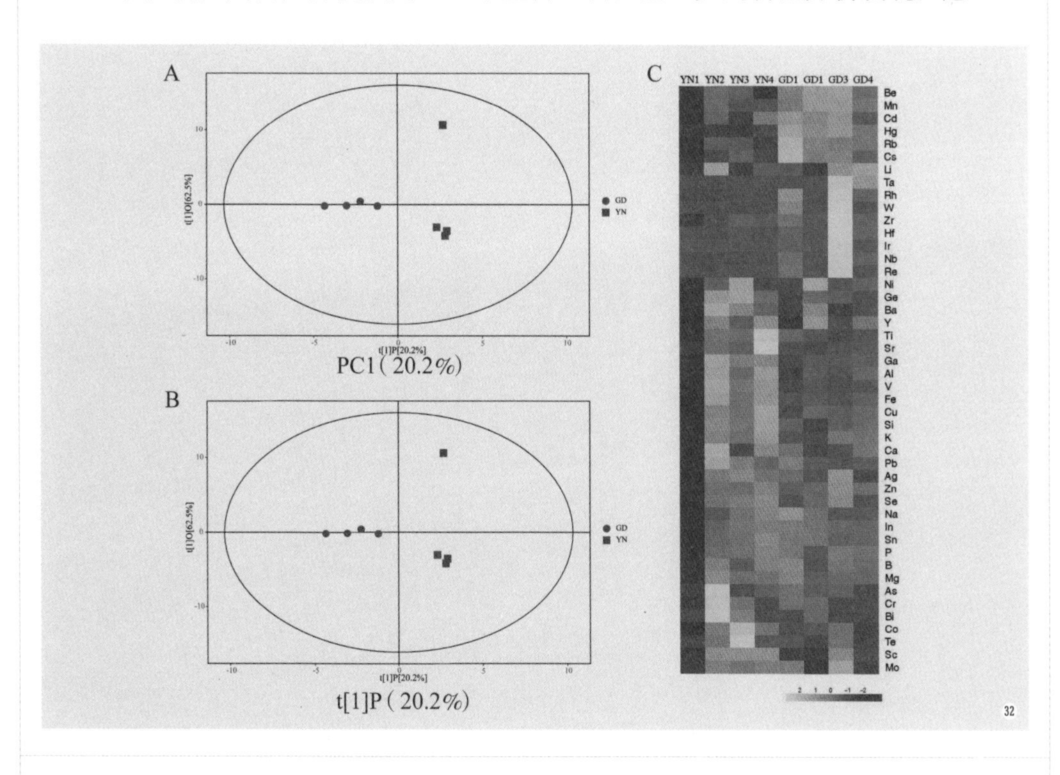

图㉜
阳春与西双版纳阳春砂多元统计分析
（A：PCA分析得分散点图；
B：OPLS-DA分析得分散点图；
C：离子元素热图）

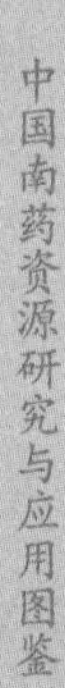

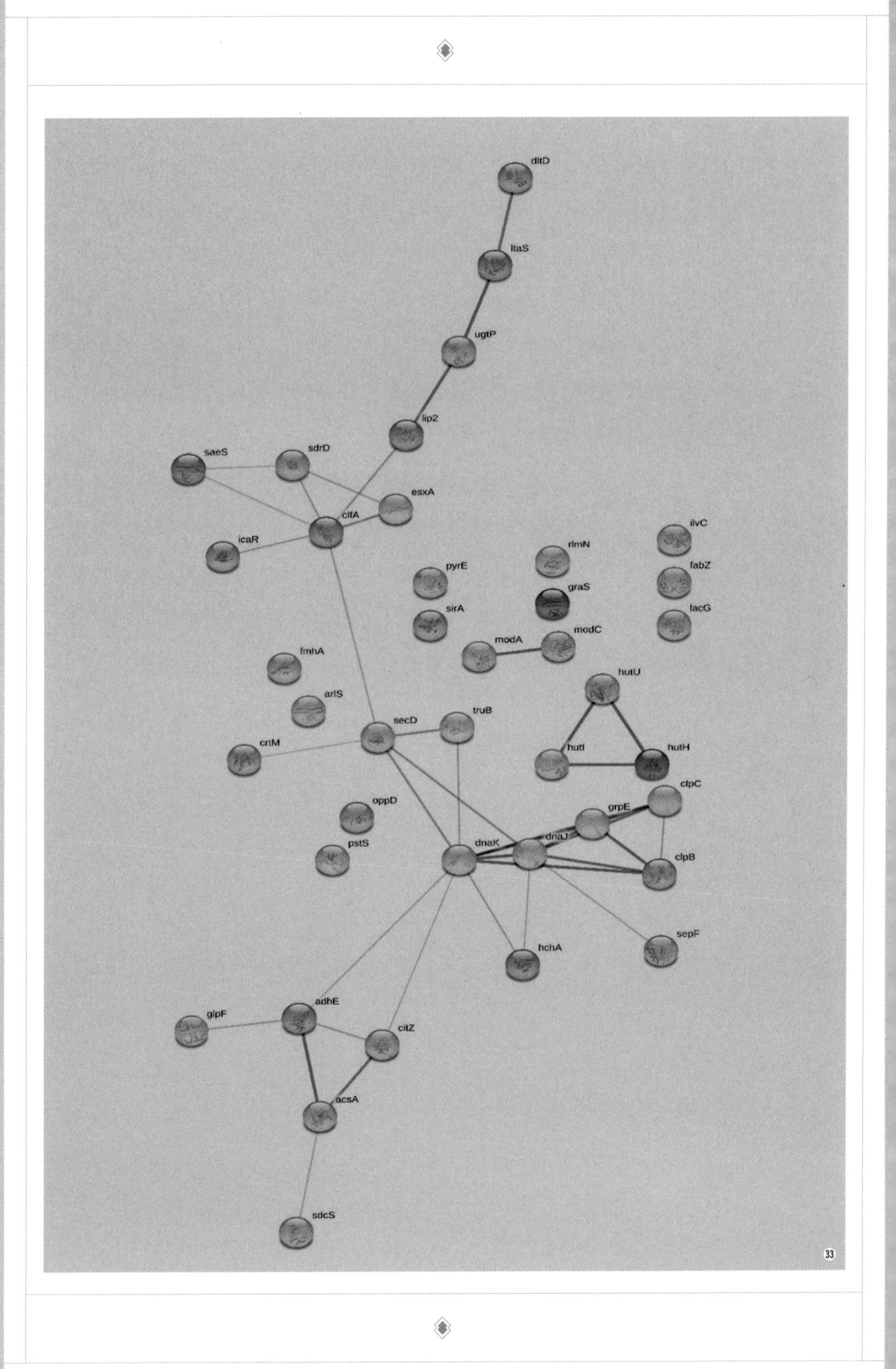

图33
差异表达蛋白PPI互作分析

些差异表达蛋白承担不同的生理功能，如参与碳水化合物代谢、脂肪酸降解、氨基酸代谢、胆固醇合成等9条代谢通路。关于阳春砂及其变种绿壳砂、粤滇阳春砂的遗传差异一直未被揭示。

（七）完成阳春砂全基因组组装，解析阳春砂道地药材产地变迁原因

砂仁属于多基原药材，《中国药典》收载为阳春砂、绿壳砂或海南砂。粤滇砂仁工作组结合多组学方法，对砂仁的3个基原物共4个种群体（阳春砂分别来自广东阳春和云南景洪、绿壳砂、海南砂）进行了比较研究，内容主要分为四部分：阳春砂基因组表征、阳春砂和绿壳砂萜类合成基因表达的比较、阳春砂中从龙脑到樟脑的龙脑脱氢酶基因*BDH*（borneol dehydrogenase）的进化讨论和实验验证、砂仁群体的比较研究。其中，在群体方面研究时，对这4个群体进行了重测序和分析。发现这4个群体在遗传上是有差异的，海南砂与阳春砂、绿壳砂是不同的物种，因而海南砂与后两者的遗传关系都远，相比于阳春的阳春砂，绿壳砂与西双版纳的阳春砂在遗传上更近，这可能与两者地理位置相近有关。从20世纪60年代移栽到西双版纳，经过60多年的移栽历史，使得两地的阳春砂发生了遗传分化，绿壳砂与西双版纳的阳春砂的基因交流有助于该地阳春砂遗传多样性的增加，相比之下，广东阳春的阳春砂多样性最低、可能在经历遗传退化。此外，萜类合成基因*TPS*（terpene synthesis）和*BDH*基因在砂仁多基原物种之间、道地产区和非道地产区之间受选择，这可能也解释了这些群体间的差异原因。总之，阳春砂由广东引种到云南后，可以恢复自然授粉，使物种多样性提高，这是对阳春砂道地性和多样性的保护，也为其他中药材的道地性研究和保护提供了参考。

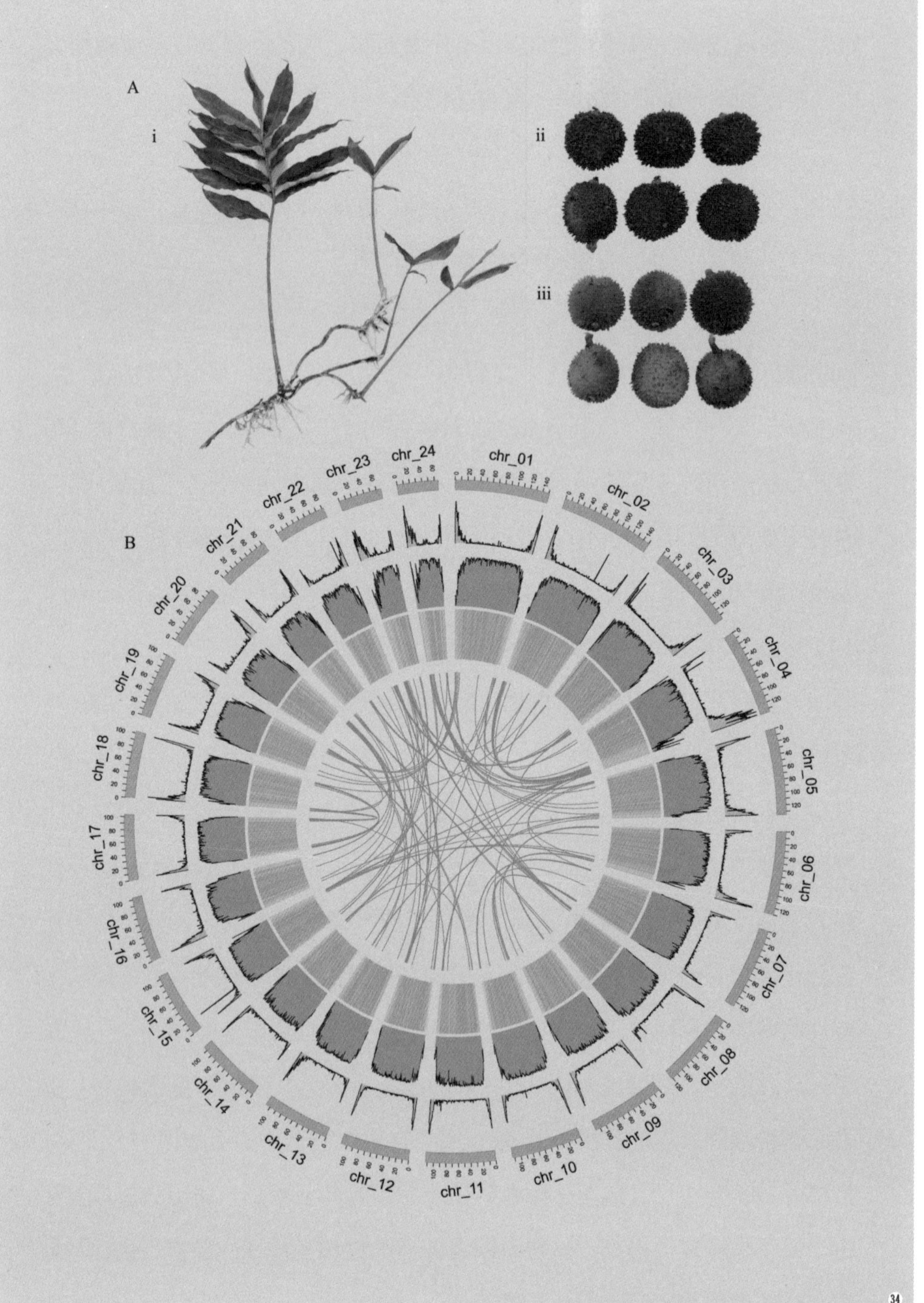

图34
阳春砂基因组特征图
补充说明：
A：阳春砂和绿壳砂的形态特征，
（i）阳春砂的全株，
（ii）紫红色和绿色分别是阳春砂和绿壳砂的新鲜成熟果实；
B：阳春砂基因组特征分布，
circos图从内圈到外圈依次表示共线性、GC含量、转座子（transposable element, TE）分布、基因密度和24对染色体。
所有这些基因组特征均用500千字节的非重叠滑动窗口计算。

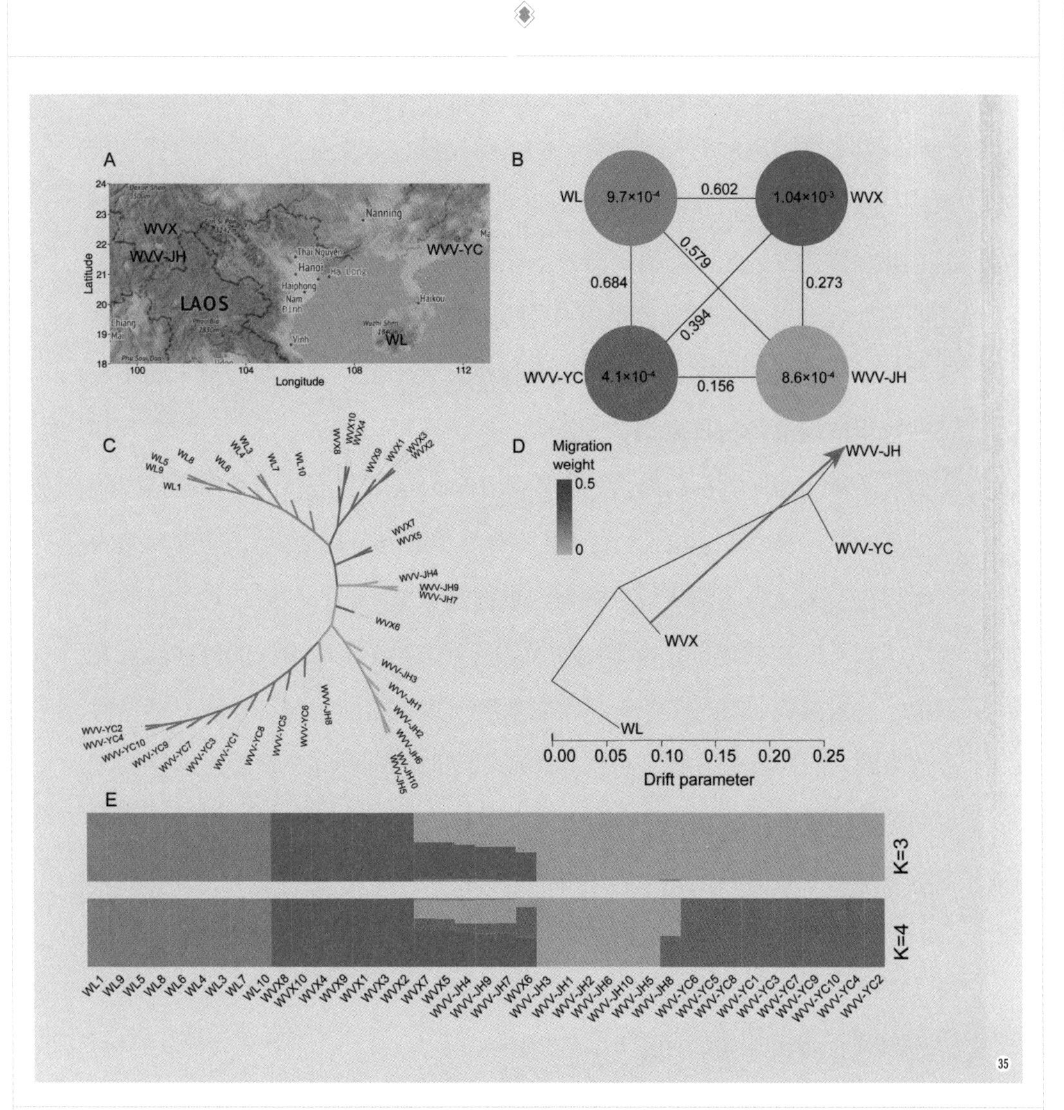

图35
砂仁3个基原物种的4个群体遗传分析
补充说明：
该图中紫色表示海南砂（WL）、
红色为阳春的阳春砂（WVV-YC）、
蓝色为绿壳砂（WVX）、
橙色为景洪的阳春砂（WVV-JH）。
A：4个群体的地理分布；
B：基于24 854 114个
SNP（single-nucleotide polymorphism）
计算的群体间分化指数FST和
每个群体的核酸多样性π；
C：基于160 967个高质量SNP的
39个样本的邻接
（neighbor-joining，NJ）树；
D：TreeMix分析识别到的绿壳砂到
景洪的阳春砂（WVV-JH）的基因流，
纵轴表示迁移方向；
E：群体结构分析展示的39个
样本的分化情况。

（八）砂仁入选“十大云药”

粤滇工作组在开展阳春砂基础研究和技术开发的同时，积极在云南、广东，以及缅甸、老挝等地开展砂仁规范化种植推广，促进科技成果转化，助推阳春砂产业高质量发展。为西双版纳、勐腊、金平3个州县政府制定了《砂仁产业发展规划》，为产业发展提供了政策依据。开展技术培

训2 000 余人，免费为企业和农户提供新品种种苗50万株，仅勐腊县就惠及建档立卡贫困户870户3 720人；服务和支撑17家企业发展砂仁产业；技术成果在云南省应用面积达50余万亩，近三年累计增产砂仁3.75万吨，新增农业产值37.5亿元，新增利润25.5亿元。助推勐腊、马关、江城、西盟、澜沧、孟连等边疆深度贫困地区少数民族脱贫致富；建立了云南-广东共建共享示范基地，构建了“砂仁定制”推广大平台，为云南边疆巩固拓展脱贫攻坚成果及乡村振兴提供了重要支撑。同时，粤滇工作组积极融入和服务“一带一路”国际科技合作，编著出版五国语言配音版音像著作《阳春砂优质栽培技术》(汉语、老挝语、缅语、泰语、越南语)；作为云南省国际科技特派员，团队成员赴缅甸、老挝等国家积极开展砂仁种植技术输出培训和基地指导建设，援建缅甸第四特区政府100亩砂仁优良种苗繁育基地、老挝南塔省勐醒县1条现代加工生产线，为澜湄国家开展罂粟替代种植及助力农民减贫发挥了积极的作用，同时为国内砂仁产业发展建立了可溯源的国际原料基地，为砂仁产业化快速发展提供了优质原料储备，也为东盟国家发展南药产业提供了范例。

云南省砂仁种植面积从2017年的30万亩提高到2021年84.6万亩，总产量从800吨提高到1.92万吨，亩均单产增幅达10倍以上。

2021年砂仁作为云南道地药材入选“十大云药”，成为道地药材产地变迁的重要案例。中国医学科学院药用植物研究所云南分所联合中山大学完成的“砂仁林下生态种植和提质增效关键技术及应用示范”成果获得2023年“云南省科技进步二等奖”，同时获批建设“云南省杨得坡专家工作站”等平台。粤滇两地将进一步深化合作通过强化种质资源保护、新品种选育、生态种植与品质保障措施，进一步延长产业链、提升价值链、完善利益链，推动乡村振兴南药产业集约化、规模化，乃至数字化发展，扶持南药区域的少数民族地区（云南）与经济欠发达地区（如粤东、桂东南）发展阳春砂产业，具有很高的经济、生态与社会效益。目前，阳春砂已成

为广东省与云南省乡村振兴的南药主导品种，随着泛亚铁路的建设与开通，中国—东南亚各国之间的国际贸易会越来越频繁，阳春砂有望成为南药走向国际市场的“名片”。

继“十三五”期间国家重点研发计划《2017中医药现代化研究》南药重点专项阳春砂列入粤滇产学合作攻关的主要内容，2022年“十四五”国家重点研发计划《2022乡村产业共性关键技术研发与集成应用》南药重点专项（项目名称：南药产业关键技术研究与应用示范南药）（实施周期：2022—2026）又获科技部批准立项支持。粤滇砂仁工作组及其团队将在阳春砂振兴行动计划研发成果的基础上，加大研发力度，助推阳春砂产业提质增效，高质量发展，把论文写在大地上，不忘初心，砥砺前行。

图㊱
阳春砂有望成为南药进入“一带一路”东盟国家的“中国名片”（2021，冼建春）

Part VII

南药资源保护与可持续利用

一 南药种质资源保护

中药材资源问题是资源消耗和循环利用的问题，应在保护的前提下进行资源的合理开发利用。《野生药材资源保护管理条例》《中国植物红皮书》《中药材保护和发展规划（2015—2020年）》等一系列政策与法规的出台，对中药资源保护有一定效果。各个省份应以生物多样性和可持续发展为指导思想，出台并严格执行地方性法律法规以保护本省的优势药用资源，分级保护濒危野生药材。

绿水青山就是金山银山，南药资源的可持续发展策略走的是“保护与合理开发利用并举”的道路。合力构建南药资源保护与永续利用体系是必由之路。我国南药资源种类虽然很丰富，但资源储量有限。近年来由于野生资源需求量的迅速攀升，过度的采挖和盲目的开发利用，已使很多野生药用植物资源受到严重威胁，数量锐减，接近枯竭，种质资源流失严重，尤其是部分种类濒临灭绝。我国南药资源保护和永续利用是事关国家中医药生存发展的大计，关系到我国生态平衡、环境保护及生物多样性保护等多方面。

对于植物药，我国应持续加强南药资源的就地保护工作，构建药用植物园体系，实施迁地保护，推进离体保护工作，建立中国南药资源种质资源库和基因库，采取寄存于国内其他种质资源库的措施，对珍稀濒危南药或特有资源的种子、组织培养器官、DNA、其他器官或组织进行分层保护与保存。开展珍稀濒危南药的野生抚育及人工扩繁技术研究，促进资源整合，扩大种群体量，对于种植大品种，如阳春砂、广陈皮、沉香、巴戟天、云木香、广藿香等，应加强种源与种苗繁育基地建设，推动生态种植基地规模化与标准化。

对于动物药，药用动物药用价值高（显效、特需、紧缺）、经济价值

高，其资源受破坏最为严重，濒危物种多。药用植物中濒危物种的比例约为2%，药用动物中濒危物种的比例高达30%。野生动物药材中早就有了较多的濒危物种，如麝、穿山甲、蛇、龟、鳖等，现在的情况更为严重。这种状况出现或许并不主要由于中药材的利用，而是由于食品和保健品等多方面的开发和滥用。破坏的方式，对野生药用动物来说，是滥捕乱猎，对水生药用动物来说，则是竭泽而渔。因此，对药用动物的保护，在中国生物多样性保护中，尤其具有紧迫性，应该放在生物资源保护的优先地位，有些不仅需要进行一般的保护，还应采取适当措施进行抢救。

正由于药用动物具有较高的经济价值，而且濒危物种众多，因而一向是国际贸易关注的焦点，贸易争议多。一方面，医药和食用的需求增大，出现滥捕滥杀的局面；另一方面，各国积极倡议加强保护，产生许多矛盾，但目前还难以调和。

目前，南药的药用更多是在药用植物领域。虽然药用动物资源丰富，研究潜力巨大，但研究力量薄弱，也少有涉及，研究保护甚少，自发开发利用较多，有意识的科学开发利用较少，亟须将之提上议事日程。

二　寻找替代品

（一）开发珍稀、濒危南药的人工代用品和人工合成品

为解决珍稀、濒危名贵药材紧缺的问题，我国鼓励业界和科研院校积极采用现代生物技术、基因工程、组织培养等新技术、新手段研发、开发珍稀、濒危南药的人工代用品和人工合成品。目前，只有少数野生药材，如牛黄、麝香、熊胆等，被批准进行工业化生产并被广泛使用。牛黄是牛

的胆结石，量少价高，我国自20世纪已开始寻找天然牛黄的代用品，目前共有3种代用品：参照天然牛黄所含的化学成分加工制成的人工牛黄；将异物植入牛胆囊中，使其快速形成结石的培植牛黄；根据天然牛黄形成机制，应用现代生物工程技术，模拟体内牛黄形成的过程，在体外牛胆囊胆汁中培育形成的体外培育牛黄。这些代用品的开发，基本解决了我国牛黄资源极度稀缺的问题。此外，人工麝香、采用发酵工程获得的虫草菌丝体等的研发均获得了成功，可广泛作为生产各种中成药的原材料。

（二）寻找濒危动植物药材和国外进口药材的替代品

随着中医药产业的发展，人们对疗效显著、用途广泛的珍稀、濒危中药材资源的需求日益增加，但由于生态环境恶化、长期过度采挖、资源保护力度不足等，部分药用资源濒临灭绝。积极寻找有效的替代品，不仅可以满足市场需求，还可以降低稀有药用动植物的濒危程度。

根据传统的中药基础理论，性味、归经、功效、主治等相似的中药材在作用机制、部位等方面具有相似性，因此可互为替代品。例如，水牛角与犀角、广角的主要化学成分相似，只是含量存在一定差异，故临床上常用水牛角替代犀角、广角。药用动植物在进化过程中存在一定的亲缘关系，可利用形态学上“品种相近，性效相似”的原则和化学分析方法来寻找濒危动植物药材的替代品。例如，虎骨是珍稀、濒危药材，但塞隆骨与其化学成分相似，且具有相似功效，故可作为虎骨的替代品，满足市场与临床用药需求。

进口药材是中医临床用药调剂和制剂不可缺少的重要部分，但多数进口药材因资源锐减、产地变更、中药制药工业飞速发展和中药饮片用量急剧增加等，供应不足、价格升高。因此，可寻找国外进口药材的国产替代品以满足市场需求，如用国产沉香代替进口沉香等。

（三）扩充药用部位，提高南药资源利用率

目前中药材使用的常常为动植物的某些特殊部位，如植物的块根、根茎、叶、花、果实、树皮、枝条等，动物的结石、角、骨、壳等，其余非药用部位常被作为废料丢弃。有研究表明，许多非药用部位也具有药用价值，需重视对非药用部位的研究，扩大药材的药用部位，以提高药材的资源利用率。如黄蜀葵花是黄蜀葵的主要药用部位，但文献记载和研究表明，黄蜀葵全身都是宝，其根、茎、叶和种子均可供药用；银杏叶、杜仲叶等逐渐转变为药用部位，成为《中国药典》收录的新增品种；重楼的传统药用部位为根茎，地上部分（茎、叶）常被丢弃，造成资源浪费，但研究表明，其地上部分富含皂苷、多糖、黄酮等成分，其茎、叶总皂苷具有抗癌、抗肝损伤、止血、镇痛和抗菌等作用，多糖具有免疫调节等作用，黄酮具有抗氧化等作用。

（四）以化学成分为线索，开发新药用资源

根据“亲缘关系相近的植物类群具有相似的化学成分”的理论，可以化学成分为线索，有目的地从亲缘关系相近的同科属药材品种中寻找新的药用资源，或从已知含有特定成分的植物类群中选择含量高的种类作为最佳的药用资源。如从印度蛇根木提取的总生物碱称为“寿比南”，其主要活性成分是利血平，我国萝芙木与蛇根木同属，也含有利血平，研究表明萝芙木的总生物碱能温和持久降压，副作用更小，用萝芙木开发的“降压灵”已被应用于临床。

（五）应用生物技术，大规模生产药用成分

运用生物化学、分子生物学、微生物学、遗传学等原理与生化工程相结合的生物技术，进行动植物药用成分的大规模生产。如采用紫草细胞培养生产紫草宁，紫草的细胞培养物中乙酰紫草素的含量可达到原植物含量的4.7倍；应用基因工程技术工业化生产的重组水蛭素的结构、药理活性与天然水蛭素基本相同。

运用合成生物学的方法，利用基因工程技术进行动植物药用成分的大规模生产合成。如黄花蒿中青蒿素含量很低（0.01%～0.80%），且难以运用化学方法进行全合成，但可采用合成生物学方法，将青蒿素生物合成途径的一系列基因引入到酿酒酵母中，高效合成青蒿素的前体物质青蒿酸，再通过化学转化的方法大量制备青蒿素，实现青蒿素在发酵罐中的产业化生产。

三 海洋南药应得到重视

海洋南药资源调查与应用开发是南药资源领域比较薄弱，且有重大应用前景的研发方向，尤其是南海海域，有丰富的珊瑚资源，如石珊瑚、红珊瑚、白珊瑚、蓝珊瑚等，还有多彩的海洋生物，多数具有药用价值，如昆布、海藻、紫菜、石花菜、海蜇、沙蚕、杂色鲍、泥蚶、珠母贝、牡蛎、乌贼、中国鲎、海龟、海胆、海龙、海马、玳瑁、海蛇、蛤等。海洋南药医疗用途广泛，潜力很大，目前中国海洋南药开发利用种类还比较少，数量也不大，与资源潜力相差甚远，但海洋南药在民间应用很广泛，这些都为开发海洋南药开辟了广阔前景。

SU

图㊲
大型海洋综合科考实习船
“中山大学”号
（2020，于为东）

中山大学作为一所毗邻南海的“双一流”综合性高校，发展海洋科学，培养海洋人才，服务国家海洋战略。目前国内最大的海洋综合科考实习船“中山大学”号已于2020年8月28日下水出海，“中山大学”号综合科考实习船承续的不仅仅是中山大学的家国情怀，更是当代中国人向海求索的使命与担当，以及兴海强国的荣光与梦想。

四　综合利用，合理开发

（一）守正创新，开发新药

以在药材中发现新的活性部位、活性成分为契机，直接提取活性成分或间接进行药材结构改造，积极将其开发为新药，促进药材的深度利用，提高药材的资源利用率。将有效部位开发为药物的典型代表有：用于治疗神经系统疾病及心血管疾病的银杏提取物，用于防治抑郁症、调节情感障碍的贯叶连翘提取物等。将活性成分直接开发为药物的经典案例有：从小檗属植物提取的用于抗菌抗炎的小檗碱，从蛇足石杉提取的用于治疗老年痴呆的石杉碱甲。将活性成分进行结构改造后开发为药物的成功典范有：从红豆杉枝叶中提取的活性成分10-去乙酰基巴卡亭Ⅲ，经化学半合成生产的紫杉醇和多烯紫杉醇等。

（二）延伸南药价值链，开发大健康产品

中药材产业不仅要做大做强，还要综合利用药材资源，向精深加工、高附加值方向发展，形成完整产业链。

中药材生产过程中产生的大量副产物，在饲料、食品、香料、农药、化妆品等方面大有可为，具有潜在资源价值，可开展南药生产过程副产物资源化利用和产业化开发，增加南药产业综合效益。研究表明，将药食同源的中药渣作为饲料，不仅能变废为宝，提高中药资源利用率，还能改善畜禽肉类品质，减少畜禽传染病的发生。茶枝柑肉无疑是广陈皮开发过程中最大的副产物，近年来已将柑肉开发为果酱、果汁、果醋、果酒、酸奶、酵素等食品、保健品；沉香叶茶、沉香保健茶等显著提高了沉香的综合利用价值和经济效益；荜澄茄，又名"山苍子"，其精油具有新鲜柠檬果香，可作为食品添加剂，用于糕点、饮料等调味增香；荜澄茄油的主要成分为柠檬醛，是合成高级香料柠檬腈、假性紫罗兰酮等的原料；肉桂油也可作为食品、香烟配料等日用品香料；中药提取物苦参碱、藜芦碱、蛇床子素、小檗碱、烟碱、印楝素等，可开发出选择性强、高效、低毒、低残留的生物农药；紫苏、柑橘、银杏、蒲公英等药材，可开发出一系列色调自然、安全性高的天然食用色素；大蒜、生姜、丁香、银杏叶、肉桂、荜澄茄等药材提取物，可开发出对人体无毒害的天然防腐剂。

积极结合当地药材基地建设、产业化建设及当地文化，对已有旅游资源进行充分挖掘，建设可持续发展的生态旅游、绿色旅游。例如，湖北药材村为少数民族聚集村，其将黄连种植、少数民族文化及旅游业发展相融合；贵州雷山县将天麻加工业、苗药加工业、茶叶加工业、工艺品加工业与旅游业融合。海南槟榔谷黎苗文化旅游区将南药槟榔、黎族文化与旅游业相融合，经过20多年的开发，其已经成为一个比较成熟的旅游景区，促进了海南经济发展，提升了海南槟榔的知名度与销量。截至2021年6月，广东建设了12个省级中药材现代农业产业园，1个国家级现代农业产业园（广陈皮），扶持了156个村发展南药产业，形成全国"一村一品"示范村镇（南药）7个、省级专业镇（南药）10个、专业村（南药）93个，其中广陈皮已从2007年的种植面积不足4 000亩、年产值3 500万元规模发展为

2020年种植面积14万亩、年产值120亿元的大产业，粤西云浮已经形成了以第一产业为主，第二产业、第三产业融合发展的支柱性产业结构。“岭南第一山”罗浮山是岭南医药鼻祖葛洪问道采药与中国古代“四大女名医”之一鲍姑采药问诊之处，也是广东省重点打造的以第三产业为主的中医药科普与岭南医药文化休闲养生的代表性作品、中山大学药学野外实习基地、国家AAAAA级自然景区。

五 南药资源可持续利用与产业高质量发展

当前，随着新发传染病不断出现，大众更加重视生命健康和药材安全。一方面，南药作为民族瑰宝中医药的组成部分之一，在健康中国的伟大实践中有其独特优势；另一方面，在满足资源可持续利用的前提下，需要不断提高产业发展水平，推动南药产业的高质量发展，以应对各种健康挑战，更好地满足人民群众对健康与安全的需求。2022年3月国家新版《中药材生产质量管理规范》(以下简称“新版中药材GAP”)和《“十四五”中医药发展规划》(以下简称《规划》)的先后发布对未来中医药建设提出了一系列新的要求与目标，同时也为南药未来十余年的资源可持续利用与产业高质量发展指明了方向。

(一) 加强南药资源保护与利用

加强中药资源保护与利用是《规划》中推动中药产业高质量发展的重要一环。近年来，我国南方各省区的经济快速发展，工农业生产、城市建设速度不断加快，随之而来的是人们对森林、植被、土地的利用越来越

多，导致一些野生药用动植物栖息地与生态环境遭到破坏，大量的野生药用植物被过度采挖、野生药用动物被滥捕乱猎，生态平衡的失调也直接导致一些野生药用动植物濒临灭绝。例如云南黄连、桃儿七、黄牡丹、见血封喉等，都已处于濒危状态。为此我们首先需要完成全国中药资源普查成果的转化，完善南药资源共享数据集与实物库，并利用实物样本建立南药质量数据库，编纂中国南药资源大典和图鉴。对于珍稀濒危药材，要支持南药种质资源保护和发展，加强药用植物种质资源库和道地药材良种繁育基地建设，完善种质资源动态数据监测，建设重点区域常态化管理机制。政策上要公布实施药材种子管理办法，制定中药材采收、产地加工、野生抚育及仿野生栽培技术规范和标准。

（二）建立南药质量管理体系

目前南药的生产组织模式较多，最小生产单元多为农户，质量管理和风险管控偏弱。从近几年全国药品质量抽检情况来看，相对于其他药品，中药饮片的不合格率仍然处于高位，药材质量问题严重制约了南药产业的健康发展。新版中药材GAP“质量管理”第六条和第九条分别提出了要实施“六统一”和“可追溯”的目标。在“统一供应种子种苗或其他繁殖材料”这一新版中药材GAP的严格要求下，建立南药种子种苗标准化生产体系，将成为从源头上提升药材质量的重要手段。最终要确保所有最小生产单元使用的种源质量合格，防止不明种源影响基地药材质量。同时应当建立中药材生产质量追溯体系，保证从生产地块、种子、种苗或其他繁殖材料、种植养殖、采收和产地加工、包装、储运到发运全过程关键环节可追溯，鼓励企业运用现代信息技术建设追溯体系，实现中药材来源可查、去向可追、责任可究。另外，新版中药材GAP和《规划》都鼓励在传承的基础上进行创新，这就需要南药在传承核心产地、传统采收经验、产地

加工方法的前提下结合现代的质量控制技术和手段、方法，运用现代生物和信息技术提高南药生产的现代化水平，例如运用电子鼻技术鉴别不同产地、不同采收期的阳春砂，根据砂仁气味判断砂仁的道地性；采用DNA条形码技术，对广藿香、砂仁等药材进行真伪鉴别等。

（三）建设南药传承保护与科技创新体系，加强重点领域攻关

对于南药的发展来说，首先需要做好南药学术传承，做好对南方民间中医药验方、秘方和技法的传承保护，推动对南方学术流派和南药传承保护。发挥南方各省区的地理和学术的特色优势，做好国医大师、全国名中医、岐黄学者等省级以上非物质文化遗产中医药类的学术传承，大力支持国家级学术流派建设。南药的发展也要在传承名老中医药专家验方验药的基础上，以中医药关键技术装备、中医病证研究和中药现代化为重点，在原创思维、理论、临床、方法及循证评价、中药创制、技术装备等方面加强研究，以古代经典名方、名老中医经验方、有效成分或组分等为基础进行中药新药研发。重点开展南药在防治重大、难治、罕见疾病和新发突发传染病等诊疗规律与临床疗效上的研究。推动设立南药关键技术装备项目，突破珍稀濒危中药材繁育技术及综合利用技术科技创新瓶颈，打造以中药资源为核心的"大南药、大品种、大产业"的中药材产业发展新型格局。《规划》中加大了在科技创新2030重大项目、重点研发计划等国家科技计划中对中医药科技创新的支持力度。《规划》和新版中药材GAP都强调中医药发展需要继承和创新相结合，立足中医药特色和传承，鼓励采用适当的新技术、新方法。南药也要在弘扬精华、守正创新下实现其创造性转化、创新性发展。加快新药创制和古代经典名方、医疗机构制剂研究，瞄准大健康产业发展，实现产、学、研、医、用一体化，助推中医药科技创新成果转化体系建设。

（四）加快南药制造业转型升级

中国5 000年发展的历史就是中国人不断应用中医药与疾病斗争的历史，随着社会疾病谱、死因谱的改变，慢性病与非传染性疾病已经成为威胁人民健康的主要疾病，中医药特有的防治理念及方法形成了防治这些疾病独特的优势。虽然在面对现代西方医学与现代制造业的冲击时，中医药产业的确也暴露了自身存在的问题，如一些中药材种植周期较长，传统炮制工艺、制剂的生产均需要大量劳动力，相关工艺设备已难以满足与日俱增的市场需求和国家要求。而一些已具备信息化、智能化程度高的生产设备及工艺流程的企业在疫情期间依旧保持高效率、高产能、高安全性等生产状况，充分保障生产供应，并且兼有低成本、高利润、工艺合理、信息可溯等优势，充分体现工业信息化、数字化的意义，通过加大“智能制造”在工业生产中的占有率，确保在人力资源匮乏或其他特殊情况下中药产品高质量、高效率供给。《规划》也提出需要加快中药制造业数字化、网络化、智能化建设，加强技术集成和工艺创新，提升中药装备制造水平，加速中药生产工艺、流程的标准化和现代化。要推进南药现代化、产业化，推动南药高质量发展，我们需要掌握以制药过程知识系统为核心的中成药智能制造关键技术，借助5G、人工智能、物联网、大数据等为代表的信息技术促使中药工业向智能制造时代靠拢，并建立中成药智能制造基础标准、技术标准和应用标准体系，以加快南药产业的转型升级。南药产业协同先进科技手段融合南药自身的特色及优势，由传统产业向现代化、信息化及智能化转型升级具有深远的发展意义。

Systematics

各论

Part I　Phytomedicines

植物药

Section 1 Algae

第一节 藻类植物

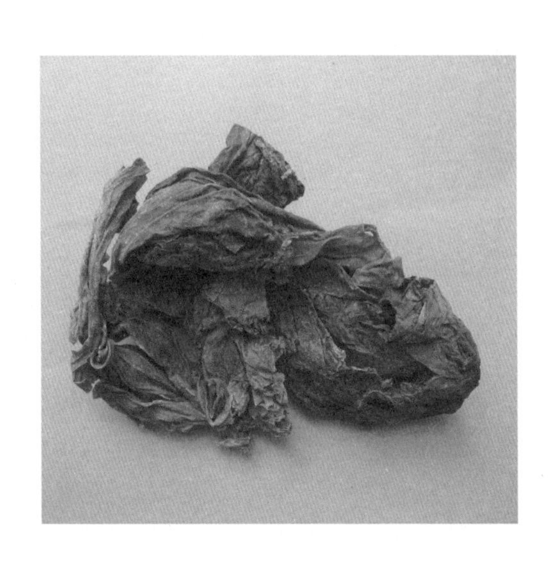

石莼（石莼科）

Ulva lactuca L.

药 材 名 广昆布、青昆布、绿昆布、海白菜。

药用部位 藻体。

功效主治 软坚散结，利水解毒；治痰火结核，瘰疬，睾丸肿痛，痰饮水肿。

化学成分 杂多糖、糖蛋白、甘露糖等。

海带（海带科）

Laminaria japonica Aresch.

药 材 名 昆布。

药用部位 叶状体。

功效主治 消痰软坚散结，利水消肿；治甲状腺肿大，慢性支气管炎，淋巴结结核，瘰疬，睾丸肿痛，痰饮水肿。

化学成分 褐藻酸盐、岩藻多糖、脂多糖、海带多酚等。

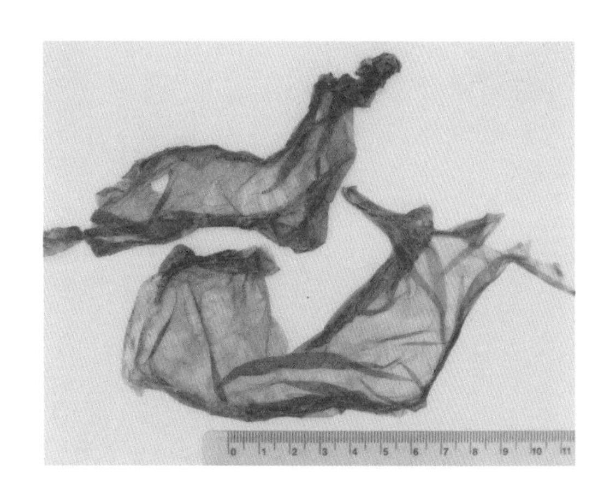

海蒿子（马尾藻科）

Sargassum pallidum (Turner) C. Agardh

岩藻糖

药 材 名　海藻、大叶海藻。

药用部位　藻体。

生　　境　生于低潮浅海水激荡处的岩石上。

采收加工　夏、秋二季采捞，除去杂质，洗净，晒干。

药材性状　大叶海藻为不规则的段，卷曲状，棕褐色至黑褐色，有的被白霜；枝干可见短小的刺状突起；叶缘偶见锯齿；气囊棕褐色至黑褐色，球形或卵圆形，有的有柄。小叶海藻为不规则的段，卷曲状，棕黑色至黑褐色；枝干无刺状突起；叶条形或细匙形，先端稍膨大；气囊腋生，纺锤形或椭圆形，多脱落，囊柄较长。

性味归经　苦、咸，寒。归肝、胃、肾经。

功效主治　消痰软坚散结，利水消肿；治瘿瘤，瘰疬，睾丸肿痛，痰饮水肿。

化学成分　岩藻糖、藻胶酸、粗蛋白、甘露醇、脂肪、黏液质、果糖、褐藻淀粉（即海带淀粉）、马尾藻多糖等。

核心产区　辽宁、山东、福建、浙江、广东等沿海地区。

用法用量　煎汤，6～12克。

本草溯源　《神农本草经》《广雅疏证》《名医别录》《中华海洋本草》。

附　　注　不宜与甘草同用。

Section 2 Fungi

第二节 菌类植物

蝉花（虫草科）

Cordyceps chanhua Z. Z. Li, F. G. Luan, Hywel-Jones, C. R. Li et S. L. Zhang

别　　名　金蝉花。

药用部位　子实体。

功效主治　明目退翳，定惊镇痉；治云翳，惊痫，小儿夜啼，麻疹未透。

化学成分　多糖、虫草素等。

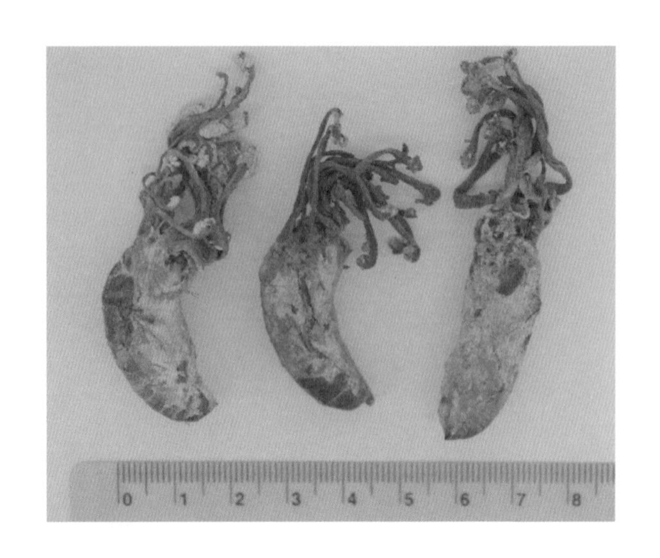

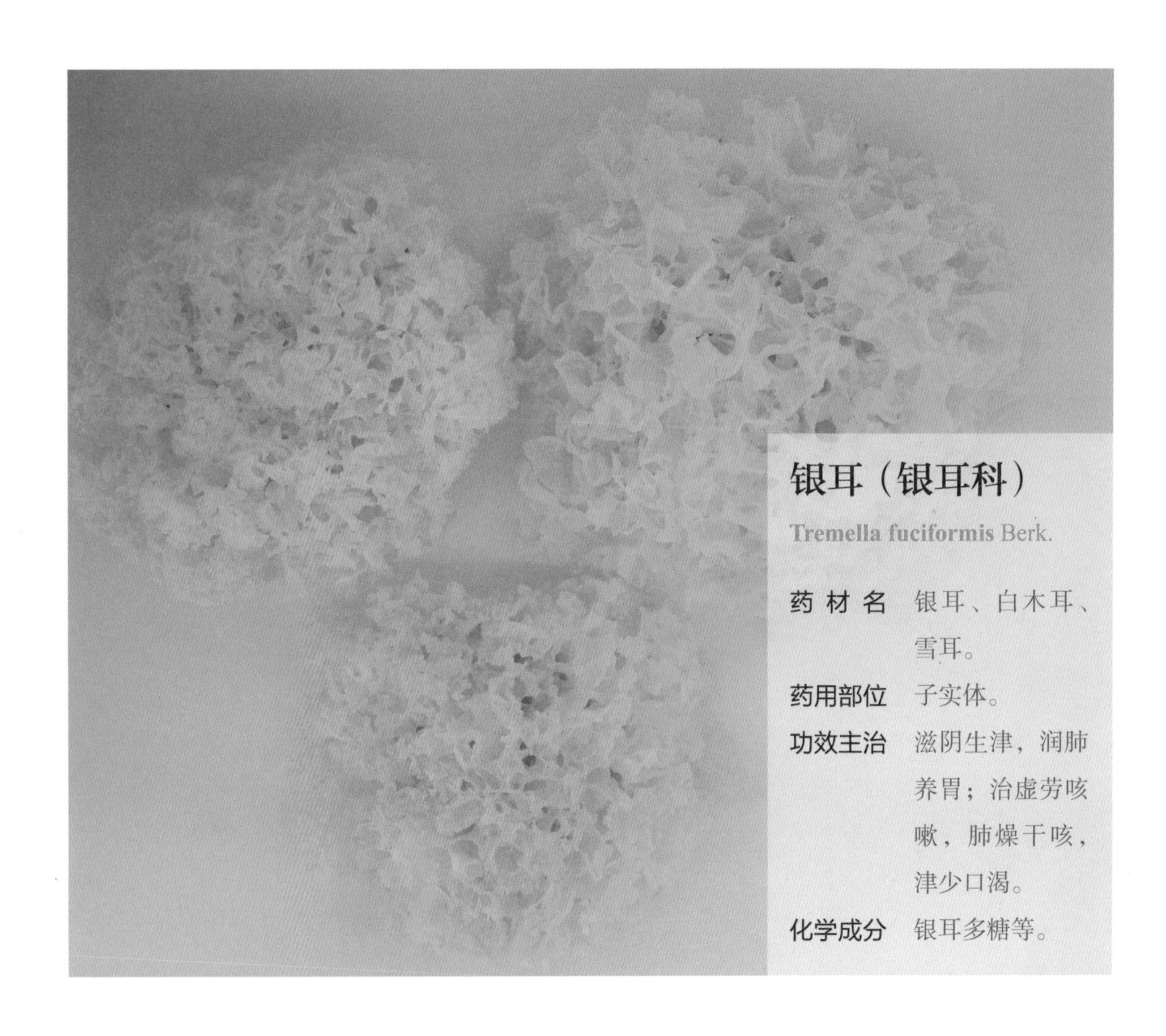

银耳（银耳科）

Tremella fuciformis Berk.

药 材 名　银耳、白木耳、雪耳。

药用部位　子实体。

功效主治　滋阴生津，润肺养胃；治虚劳咳嗽，肺燥干咳，津少口渴。

化学成分　银耳多糖等。

灵芝（多孔菌科）

Ganoderma sichuanense J. D. Zhao et X. Q. Zhang

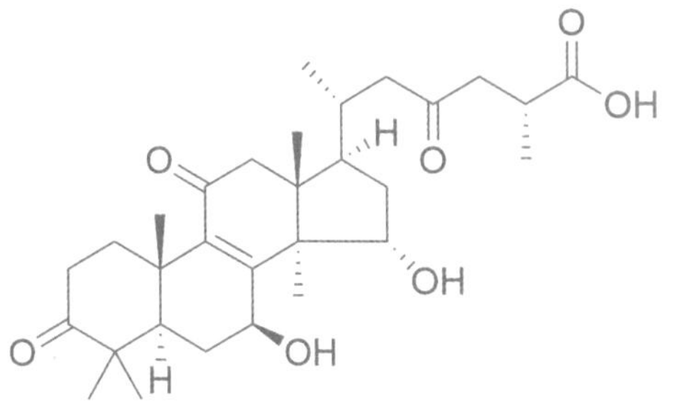

灵芝酸A

药 材 名 灵芝、赤芝。

药用部位 子实体。

生　　境 栽培，生于向阳的壳斗科和松科松属植物等根际或枯树桩上。

采收加工 全年采收，除去杂质，剪除附有朽木、泥沙或培养基质的下端菌柄，阴干或在40～50℃烘干。

药材性状 外形呈伞状，皮壳坚硬，黄褐色至红褐色，有光泽，具环状棱纹和辐射状皱纹，边薄稍内卷，菌柄侧生，少偏生，光亮。

性味归经 甘，平。归心、肺、肝、肾经。

功效主治 补气安神，止咳平喘；主治心神不宁，失眠心悸，肺虚咳喘，虚劳短气，不思饮食。

化学成分 灵芝酸A-C、甜菜碱、灵芝多糖等。

核心产区 目前全国大部分地区均有分布，药材商品主要来源于栽培品，通常以浙江、安徽等周边辐射地区种植者为道地药材。

用法用量 煎汤，6～12克；研末吞服1.5～3克。

本草溯源 《本草经集注》《滇南本草》《本草蒙筌》《本草纲目》。

附　　注 一百多年前，法国真菌学家Patouillard将中国分布的灵芝的学名定为*Ganoderma lucidum*，并沿用至今。近年来有学者采用分子生物学技术对其ITS 序列进行研究，发现我国广泛分布和栽培的灵芝与产于欧洲的*G. lucidum*不同，是一个独立的种，命名为*G. lingzhi*，其广泛分布于东亚暖温带和亚热带；而*G. lucidum*主要分布于欧洲和亚洲，在我国分布于东北、华北、华中和西南海拔较高地区。鉴于“灵芝”这一名称在中国应用历史悠久，故建议“*G. lingzhi*”的中文学名为“灵芝”(即赤芝)，建议将*G. lucidum* 的中文学名改为“亮盖灵芝”(俗称白肉灵芝或白灵芝)。而后*G. lingzhi*又被归并入1983年发表的*G. sichuanense*。

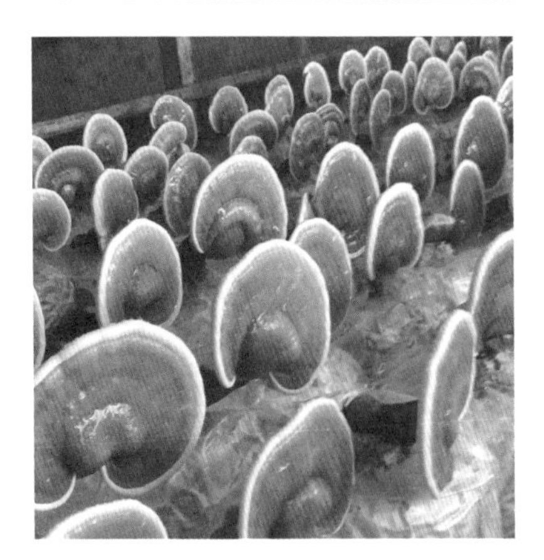

紫芝（多孔菌科）

Ganoderma sinense J. D. Zhao, L. W. Hsu et X. Q. Zhang

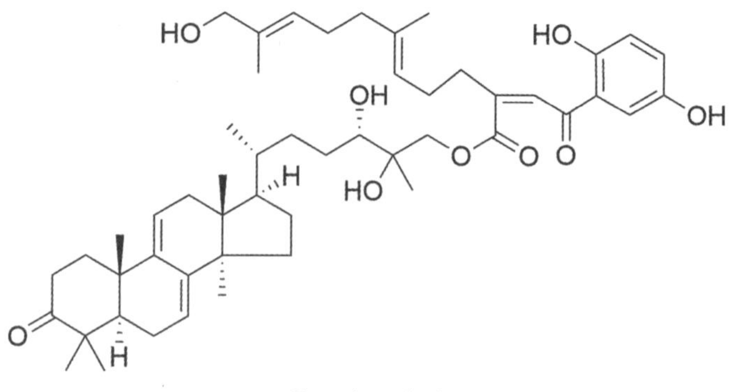

Ganosinensin A

药 材 名 灵芝、紫芝、黑芝。

药用部位 子实体。

生　　境 紫芝常生长于林中阔叶树或针叶树木桩上，引起木材白色腐朽，目前紫芝子实体主要有野外栽培和室内栽培两种生产模式，生产过程基本一致，室内栽培可更好地调节温度、湿度、光照等条件。

采收加工 全年采收，除去杂质，剪除附有朽木、泥沙或培养基质的下端菌柄，阴干或在40～50℃环境下烘干。

药材性状 皮壳紫黑色，有漆样光泽。菌肉锈褐色。菌柄长17～23厘米。

性味归经 甘，平。归心、肺、肝、肾经。

功效主治 补气安神，止咳平喘；主治心神不宁、失眠心悸、肺虚咳喘、虚劳短气、不思饮食。

化学成分 Ganosinensin A、紫芝酸A-C、麦角甾醇、三萜类、灵芝多糖等。

核心产区 主要在长江以南，包括江苏、安徽、浙江、山东、湖南、江西、福建、台湾、广东、广西和海南等。

用法用量 煎汤，6～12克；研末吞服，1.5～3克。

本草溯源 《本草蒙筌》《滇南本草》《本草经集注》《本草纲目》。

附　　注 不是普通食品的药材。

茯苓（拟层孔菌科）

Wolfiporia hoelen (Fr.) Y. C. Dai et V. Papp

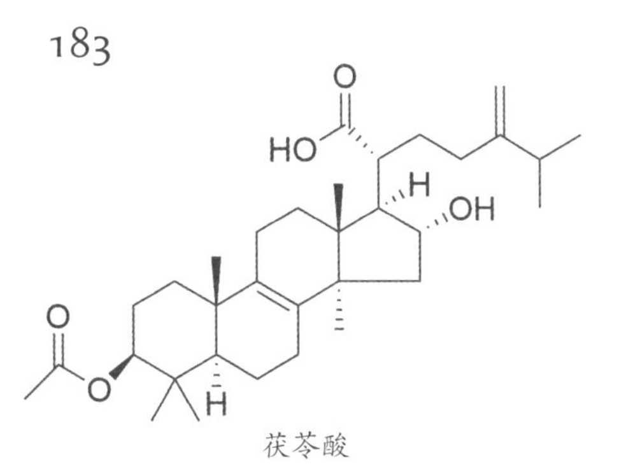

茯苓酸

药 材 名 茯苓。

药用部位 菌核。

生　　境 野生或栽培，生于海拔600～1 000米山区的干燥向阳山坡上的马尾松、云南松等松树根际。

采收加工 7—9月挖出堆置发汗至阴干，称为“茯苓个”；或将鲜茯苓按不同部位切制，阴干，分别称为“茯苓块”和“茯苓片”。

药材性状 茯苓个：呈不规则团块。外皮有皱缩纹理。体重，质坚实，断面颗粒性，气微，味淡，嚼之黏牙。茯苓块：为去皮后切制的茯苓，呈立方块状或方块状厚片，大小不一。白色、淡红色或淡棕色。茯苓片：为去皮后切制的茯苓，呈不规则厚片，厚薄不一。白色、淡红色或淡棕色。

性味归经 甘、淡，平。归心、肺、脾、肾经。

功效主治 利水渗湿，健脾，宁心；治水肿尿少，痰饮眩悸，脾虚食少，便溏泄泻，心神不宁，惊悸失眠。

化学成分 茯苓酸、三萜类、乙酰茯苓酸、3β-羟基羊毛甾三烯酸等。

核心产地 大别山产区与云南产区是我国传统的茯苓栽培区，两大产区具有相对稳定的产业基础，并逐渐辐射至湖南、四川、广西、陕西、江西、贵州、福建等地。

用法用量 煎汤，10～30克。

本草溯源 《神农本草经》《名医别录》《本草经集注》《本草图经》《经史证类备急本草》。

附　　注 茯苓为“中华九大仙草”（金钗石斛、天山雪莲、三两重人参、百二十年首乌、花甲之茯苓、深山野灵芝、海底珍珠、冬虫夏草、苁蓉）之一，九大仙草之说出自唐代开元年间的《道藏》。2020年版《中国药典》中含茯苓的制剂253种，《古代经典名方目录（第一批）》中共收录100种方剂中含茯苓的方剂有25种。茯苓为万吨级大宗中药品种，被誉为除湿之“圣品”，健脾之“要药”，同时也是大量食品、保健品、化妆品、中兽药的重要原料，应用前景极为广阔。

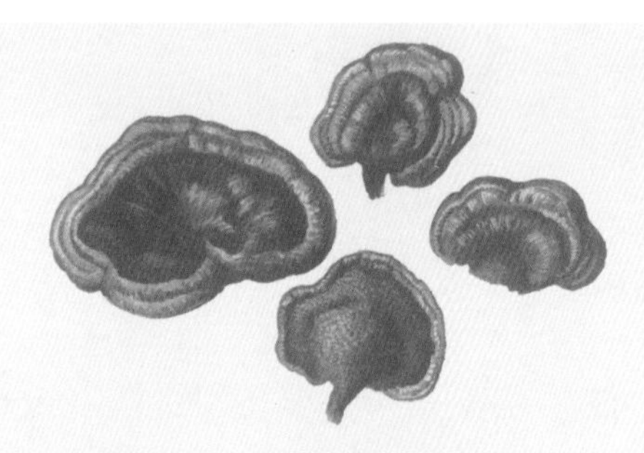

朱红栓菌（多孔菌科）

Fabisporus sanguineus (L.) Zmitr.

药 材 名　红栓菌。

药用部位　子实体。

功效主治　祛风除湿，消炎止血，解毒生肌，抗癌；治湿毒为患之证，吐血和肝炎；外用治创伤出血。

化学成分　1,3-二油酰甘油酯、朱红菌素、麦角甾醇等。

雷丸（多孔菌科）

Omphalia lapidescens (Horan.) Cohn et J. Schröt.

药 材 名　雷丸。

药用部位　菌核。

功效主治　杀虫消积；治绦虫病，钩虫病，蛔虫病，虫积腹痛，小儿疳积。

化学成分　蛋白酶、雷丸多糖等。

马尾松拟层孔菌（拟层孔菌科）

Fomitopsis massoniana B. K. Cui, M. L. Han et Shun Liu

药 材 名　无柄赤芝。

药用部位　子实体。

功效主治　消除疲劳，保肝护肝，抑制癌细胞生长，止痛，清热，化积，止血，化痰，安神。

化学成分　红缘拟层孔菌多糖、三萜类、脑苷脂类、挥发性成分。

猴头菌（猴头菌科）

Hericium erinaceus (Bull.) Pers.

药 材 名　猴头菇、猬菌、猴菇。

药用部位　子实体。

功效主治　健脾养胃，安神，消肿止痛；治胃和十二指肠溃疡，体虚乏力，失眠。

化学成分　猴头菌碱，猴头菌酮A、猴头菌酮B，猴头菌酮D-H等。

杯形秃马勃（马勃科）

Calvatia cyathiformis (Bosc) Morgan

别　　名　牛屎菇。

药 材 名　马勃。

药用部位　子实体。

功效主治　清肺利咽，止血；治咽喉肿痛，咳嗽，喑哑，鼻衄，外伤出血。

化学成分　Cyathisterone等甾类。

脱皮马勃（马勃科）

Langermannia fenzlii (Reichardt) Kreisel

药 材 名　马勃、马屁勃、马屁包。

药用部位　子实体。

功效主治　清肺利咽，解毒止血；治咽喉肿痛，咳嗽失声，吐血衄血，疮疡不敛。

化学成分　麦角甾-5,7,22-三烯-3β-醇、麦角甾-7,22-二烯-3,6-二酮、马勃素等。

Section 3 Lichens

第三节 地衣植物

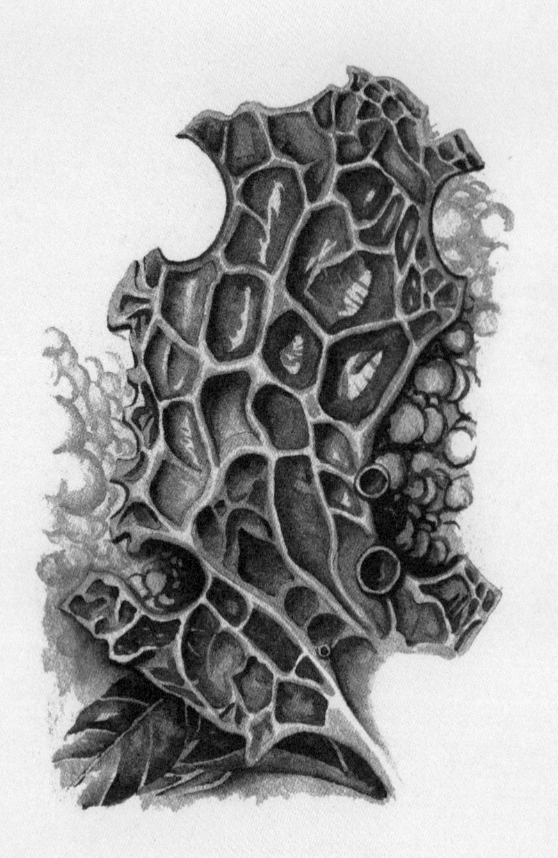

长松萝（梅衣科）

Usnea longissima Ach.

药 材 名　蜈蚣松萝、天蓬草。

药用部位　地衣体（叶状体）。

功效主治　清热解毒，止咳化痰；治肺结核，慢性支气管炎。

化学成分　松萝酸、松萝多糖等。

肺衣（肺衣科）

Lobaria pulmonaria (L.) Hoffm.

药 材 名　老龙皮、石龙衣、老龙七。

药用部位　地衣体。

功效主治　消食健脾，利水消肿，祛风止痒；治消化不良，腹胀水肿，皮肤瘙痒。

化学成分　三苔色酸、斑点酸、降斑点酸等。

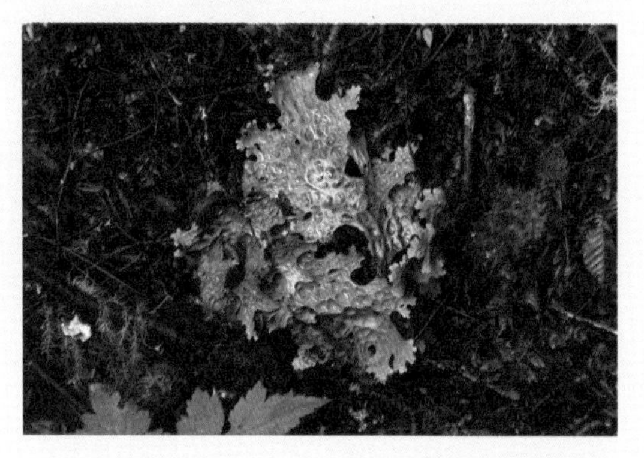

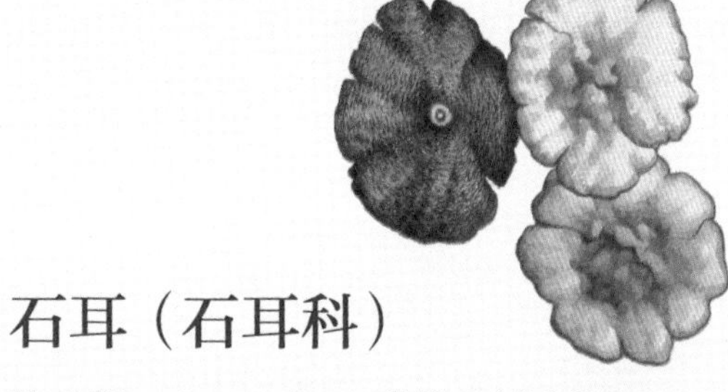

石耳（石耳科）

Umbilicaria esculenta (Miyoshi) Minks

药 材 名　石耳。

药用部位　地衣体。

功效主治　养阴润肺，凉血止血；治肠炎，久痢，支气管炎，劳咳吐血，肠风下血，痔漏，脱肛，毒蛇咬伤。

化学成分　麦角甾醇、顺式-3-乙烯-1-醇、麦角甾醇过氧化物等。

第四节 苔藓植物

Section 4 Liverworts and Mosses

蛇苔（蛇苔科）

Conocephalum conicum (L.) Dumort.

药 材 名 蛇地钱。

药用部位 叶状体。

功效主治 清热解毒，消肿止痛；治痈疖。

化学成分 (+)-醋酸冰片酯、(-)-β-桧烯、(+)-阿魏冰片等。

地钱（地钱科）

Marchantia polymorpha L.

药 材 名 地钱、地浮萍、一团云。

药用部位 叶状体。

功效主治 清热利湿，解毒敛疮；治湿热黄疸，痈疮肿毒，毒蛇咬伤，水火烫伤，骨折，刀伤。

化学成分 间羟基苯甲醛、半月苔酸、半月苔素、对羟基苯甲醛等。

东亚小金发藓（金发藓科）

Pogonatum inflexum (Lindb.) Sande Lac.

药 材 名 小金发藓。

药用部位 全草。

功效主治 镇静安神，止血；治失眠，癫狂，跌打损伤，吐血。

化学成分 苜宿素、芹菜素、槲皮素、黄芩素等。

金发藓（金发藓科）

Polytrichum commune Hedw.

药 材 名 金发藓、土马鬃。

药用部位 全草。

功效主治 滋阴清热，凉血止血；治阴虚骨蒸，潮热盗汗，肺痨咳嗽，血热吐血，衄血，咳血，便血，崩漏，二便不通。

化学成分 里白烯、二十八烷醇，豆甾醇等。

暖地大叶藓（真藓科）

Rhodobryum giganteum Paris

药 材 名 回心草、茴薪草。

药用部位 全草。

功效主治 养心安神，清肝明目；治心悸怔忡，神经衰弱；外用治目赤肿痛。

化学成分 β-谷甾醇、胡萝卜苷、乌苏酸等。

大叶藓（真藓科）

Rhodobryum roseum (Hedw.) Limpr.

药 材 名 茴心草、铁脚一把伞、芽咩栽（傣药）。

药用部位 全草。

功效主治 养心安神，清肝明目；治心悸怔忡，神经衰弱，阳痿，目赤肿痛。

化学成分 氨基酸、挥发油、酚类、甾体类、糖类等。

Section 5 Ferns

第五节　蕨类植物

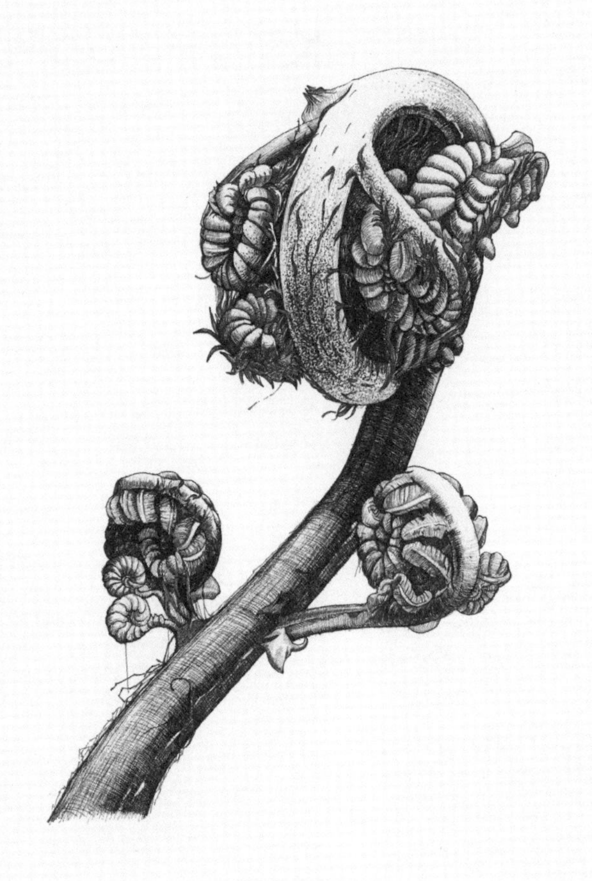

松叶蕨（松叶蕨科）

Psilotum nudum (L.) P. Beauv.

药 材 名　石刷把。

药用部位　全草。

功效主治　祛风除湿，活血止血；治跌打损伤，风湿麻木及骨痛，坐骨神经痛，闭经。

化学成分　穗花杉双黄酮、芹菜素-7-*O*-鼠李葡萄糖苷、芹菜素苷等。

长柄石杉（石杉科）

Huperzia javanica (Sw.) Fraser-Jenk.

药 材 名　千层塔。

药用部位　全草。

功效主治　散瘀消肿，解毒，止痛；治跌打损伤，瘀血肿痛，内伤吐血；外用治痈疖肿毒，毒蛇咬伤，烧烫伤。

化学成分　石松碱、千层塔烯二醇等。

龙骨马尾杉（石杉科）

Phlegmariurus carinatus (Desv. ex Poir.) Ching

药 材 名　大伸筋草。

药用部位　全草。

功效主治　祛风除湿，舒筋活络，消肿止痛；治关节炎，腰痛，无名肿毒。

化学成分　石松生物碱、萜类等。

华南马尾杉（石杉科）

Phlegmariurus fordii (Baker) Ching

药 材 名 华南马尾杉。

药用部位 全草。

功效主治 清热解毒，祛风除湿；治关节疼痛，四肢麻木，跌打损伤，咳嗽，热淋，毒蛇咬伤。

化学成分 石杉碱甲、千层塔萜烯三醇、千层塔萜烯二醇等。

闽浙马尾杉（石杉科）

Phlegmariurus mingcheensis Ching

药 材 名 青丝龙、阳痧草、晒不死。

药用部位 全草。

功效主治 清热解毒，消肿止痛，灭虱；治发热，头痛，咳嗽，泄泻，肿毒，头虱。

化学成分 福定碱、石杉碱甲等。

有柄马尾杉（石杉科）

Phlegmariurus petiolatus (C. B. Clarke) H. S. Kung et L. B. Zhang

药 材 名 八股绳。

药用部位 全草。

功效主治 活血通络，利湿消肿；治跌打损伤，腰痛，水肿。

化学成分 福定碱、石杉碱甲等。

马尾杉（石杉科）

Phlegmariurus phlegmaria (L.) Holub

药 材 名　催产草、牛尾草、六角草、细穗石松。

药用部位　全草。

功效主治　祛风止痛，解毒消肿；治跌打损伤，风湿疼痛，高热，水肿，毒蛇咬伤，荨麻疹。

化学成分　细穗石松碱、马尾杉醇A等。

扁枝石松（石松科）

Diphasiastrum complanatum (L.) Holub

药 材 名　地刷子、过江龙、铺地虎、地蜈蚣。

药用部位　全草、孢子。

功效主治　祛风除湿，舒筋活血；治风湿痹痛，手足麻木，跌打损伤，月经不调。

化学成分　石松碱、α-芒柄花醇等。

藤石松（石松科）

Lycopodiastrum casuarinoides (Spring) Holub ex R. D. Dixit

药 材 名　舒筋草、千金藤、老虎须。

药用部位　全草。

功效主治　祛风除湿，舒筋活血，明目，解毒；治风湿痹痛，腰肌劳损，跌打损伤，月经不调，盗汗，夜盲症，结膜炎。

化学成分　二表千层塔烯二醇、α-芒柄花醇等。

石松（石松科）

Lycopodium japonicum Thunb. ex Murray

药 材 名　伸筋草、筋骨草、过山龙。

药用部位　全草。

功效主治　祛风除湿，舒筋活血；治风湿筋骨疼痛，扭伤肿痛，目赤肿痛，急性肝炎。

化学成分　石松碱、棒石松宁碱等。

垂穗石松（石松科）

Palhinhaea cernua (L.) Vasc. et Franco

药 材 名　灯笼草、筋骨草、小伸筋。

药用部位　全草。

功效主治　祛风解毒，收敛止血；治关节炎，盗汗，夜盲症，烧烫伤，老鼠疮，急性肝炎，目赤肿痛。

化学成分　垂石松碱、羟基垂石松碱等。

蔓出卷柏（卷柏科）

Selaginella davidii Franch.

药 材 名　小过江龙、小过山龙、卷柏。

药用部位　全草。

功效主治　清热利湿，舒筋活络；治肝炎，腹泻，风湿性关节炎，烫伤，外伤出血。

化学成分　邻羟基苯丙酸、5-羟基香豆素、阿曼托双黄酮等。

薄叶卷柏（卷柏科）

Selaginella delicatula (Desv.) Alston

药 材 名　薄叶卷柏、山柏枝、地柏。

药用部位　全草。

功效主治　清热解毒，活血，祛风；治肺热咳嗽或咳血，肺痈，急性扁桃体炎，乳腺炎，月经不调，跌打损伤，麻疹等。

化学成分　穗花杉双黄酮、橡胶树双黄酮等。

深绿卷柏（卷柏科）

Selaginella doederleinii Hieron.

药 材 名　石上柏、大叶菜、梭罗草。

药用部位　全草。

功效主治　清热解毒，祛风除湿；治咽喉肿痛，目赤肿痛，肺热咳嗽，乳腺炎，湿热黄疸，风湿痹痛，外伤出血。

化学成分　扁柏双黄酮、莽草酸等。

疏松卷柏（卷柏科）

Selaginella effusa Alston

药 材 名　疏松卷柏。

药用部位　全草。

功效主治　清热利湿，解毒；治肝炎，痢疾，痈疖。

异穗卷柏（卷柏科）

Selaginella heterostachys Baker

药 材 名　异穗卷柏。

药用部位　全草。

功效主治　消炎解毒，凉血止血；治蛇咬伤，外伤出血。

兖州卷柏（卷柏科）

Selaginella involvens (Sw.) Spring

药 材 名　兖州卷柏、石卷柏、金花草。

药用部位　全草。

功效主治　清热利湿，止咳，止血，解毒；治湿热黄疸，痢疾，腹水，水肿，淋证，痰湿咳嗽，便血痔疮，外伤出血等。

化学成分　橡胶素双黄酮、大黄素、大黄酚等。

细叶卷柏（卷柏科）

Selaginella labordei Hieron. ex Christ

药 材 名 细叶卷柏、柏地丁、地柏枝。

药用部位 全草。

功效主治 清热利湿，止咳平喘，止血；治小儿高热惊风，肝炎，胆囊炎，泄泻，湿热痢疾，小儿疳积，哮喘，肺痨咳血，崩漏，创伤出血。

化学成分 β-谷甾醇、穗花杉双黄酮等。

伏地卷柏（卷柏科）

Selaginella nipponica Franch. et Sav.

药 材 名 小地柏、六角草、宽叶卷柏。

药用部位 全草。

功效主治 清热解毒，止咳平喘，止血；治咳嗽气喘，吐血，痔血，外伤出血，淋证，烧烫伤。

化学成分 穗花杉双黄酮等。

江南卷柏（卷柏科）

Selaginella moellendorffii Hieron.

药 材 名 地柏枝、石柏、岩柏。

药用部位 全草。

功效主治 清热利湿，止血；治肺热咳血，吐血，便血，外伤出血，发热，小儿惊风，湿热黄疸，淋证，水肿，烧烫伤。

化学成分 异茴芹香豆精、β-谷甾醇、棕榈酸、硬脂酸等。

垫状卷柏（卷柏科）

Selaginella pulvinata (Hook. et Grev.) Maxim.

药 材 名　卷柏、九死还魂草。

药用部位　全草。

功效主治　活血通经；治经闭痛经，癥瘕痞块，跌打损伤。卷柏炭：化瘀止血；治吐血，崩漏，便血，脱肛。

化学成分　海藻糖、扁柏双黄酮等。

疏叶卷柏（卷柏科）

Selaginella remotifolia Spring

药 材 名　蜂药、石打穿。

药用部位　全草。

功效主治　祛痰止咳，解毒消肿，止喘；治肺热咳嗽，痔疮，疮毒，烧烫伤，蜂刺伤，出血。

化学成分　α-海藻糖、扁柏双黄酮等。

卷柏（卷柏科）

Selaginella tamariscina (P. Beauv.) Spring

药 材 名　一把抓、老虎爪、长生草。

药用部位　全草。

功效主治　活血通经；治经闭痛经，癥瘕痞块，跌打损伤。卷柏炭：化瘀止血；治吐血，崩漏，便血，脱肛。

化学成分　穗花杉双黄酮、芹菜素、海藻糖等。

粗叶卷柏（卷柏科）

Selaginella trachyphylla A. Braun ex Hieron.

药 材 名　粗叶卷柏、肺筋草、石上柏。

药用部位　全草。

功效主治　清热止咳，凉血止血；治肺热咳嗽，肺痨，便血，痢疾，烧伤，刀伤出血。

翠云草（卷柏科）

Selaginella uncinata (Desv.) Spring

药 材 名　翠云草、金鸡独立草、翠翎草。

药用部位　全草。

功效主治　清热利湿，解毒，止血；治黄疸，痢疾，泄泻，水肿，骨痹痛，吐血，咳血，便血，外伤出血，烧烫伤，毒蛇咬伤。

化学成分　二酯酰甘油基三甲基高丝氨酸、海藻糖等。

节节草（木贼科）

Equisetum ramosissimum Desf.

药 材 名　节节草、土木贼、笔杆草。

药用部位　全草。

功效主治　清热，利尿，明目退翳，祛痰止咳；治目赤肿痛，角膜薄翳，肝炎，咳嗽，支气管炎，尿路感染。

化学成分　芦素、木樨草黄素等。

笔管草（木贼科）

Equisetum ramosissimum Desf. subsp. **debile** (Roxb. ex Vaucher) Hauke

药 材 名　笔管草、芽办脱（傣药）。

药用部位　全草。

功效主治　清肝明目，止血，利尿通淋；治风热感冒，咳嗽，目赤肿痛，云翳，鼻衄，尿血，肠风下血，淋证，黄疸，带下，骨折。

化学成分　山柰酚等黄酮类。

七指蕨（七指蕨科）

Helminthostachys zeylanica (L.) Hook.

药 材 名　入地蜈蚣、倒地蜈蚣、蜈蚣草。

药用部位　根茎、全草。

功效主治　清肺化瘀，散瘀解毒；治咳嗽，哮喘，咽痛，痈疮，跌打肿痛，毒蛇咬伤。

化学成分　岩蕨甾醇、卫矛醇、入地蜈蚣素A-D等。

华东阴地蕨（阴地蕨科）

Botrychium japonicum (Prantl) Underw.

药 材 名　阴地蕨。

药用部位　全草、根茎。

功效主治　清肝明目，化痰消肿；治小儿高热抽搐，淋巴结结核，痈肿疮毒，眼中生翳，咳喘痰血，精神分裂症等。

化学成分　阴地蕨素等。

绒毛阴地蕨（阴地蕨科）

Botrychium lanuginosum Wall. ex Hook. et Grev.

药 材 名 独蕨箕、肺心草、帕故怀（傣药）。

药用部位 全草。

功效主治 清热解毒，止咳平喘，滋补，平肝散结；治乳痈，黄疸，咳嗽，产后体虚，肝肾虚弱，疮毒，风毒，淋巴结肿，目中生翳；外用治犬、蛇咬伤。

化学成分 木犀草素、芹菜素等。

阴地蕨（阴地蕨科）

Botrychium ternatum (Thunb.) Sw.

药 材 名 阴地蕨。

药用部位 全草。

功效主治 清热解毒，平肝息风，止咳止血，明目去翳；治小儿高热惊风，咳嗽，咳血，百日咳，癫狂，痢疾，疔疮疖肿，瘰疬痰核，毒蛇咬伤，目赤火眼，目生翳障。

化学成分 阴地蕨素、槲皮素-3-*O*-α-L-鼠李糖-7-*O*-β-D-葡萄糖苷等。

尖头瓶尔小草（瓶尔小草科）

Ophioglossum pedunculosum Desv.

药 材 名 一支箭、蛇咬子、青藤。

药用部位 全草。

功效主治 清热解毒，活血祛瘀；治小儿肺炎，脘腹胀痛，毒蛇咬伤，疔疮肿毒；外用治火眼，角膜薄翳，眼睑缘炎。

化学成分 瓶尔小草醇、3-*O*-甲基槲皮素等。

心叶瓶尔小草（瓶尔小草科）

Ophioglossum reticulatum L.

药 材 名　一支箭、蛇咬子、青藤。

药用部位　全草。

功效主治　清热解毒，活血祛瘀；治小儿肺炎，脘腹胀痛，毒蛇咬伤，疔疮肿毒；外用治火眼，角膜薄翳，眼睑缘炎。

化学成分　瓶尔小草醇、4′-*O*-*β*-D-葡萄糖苷等。

瓶尔小草（瓶尔小草科）

Ophioglossum vulgatum L.

药 材 名　瓶尔小草、一支箭、独叶一支枪。

药用部位　全草。

功效主治　解毒凉血，解毒镇痛；治小儿肺炎，脘腹胀痛，毒蛇咬伤，疔疮肿毒；外用治火眼，角膜薄翳，眼睑缘炎。

化学成分　丙氨酸、3-*O*-甲基槲皮素-7-*O*-双葡萄糖苷-4-*O*-葡萄糖苷等。

披针观音座莲（观音座莲科）

Angiopteris caudatiformis Hieron.

药 材 名　观音座莲、大莲座蕨、故季马（傣药）。

药用部位　根茎及叶柄残基。

功效主治　清热解毒，止泻止痢，利水消肿，除风止痛；治泄泻，痢疾，水肿，风湿痹痛，腰膝疼痛。

福建观音座莲（观音座莲科）

Angiopteris fokiensis Hieron.

药 材 名 福建观音座莲。

药用部位 根茎。

功效主治 祛瘀止血，解毒；治跌打损伤，功能性子宫出血，毒蛇咬伤，创伤出血。

化学成分 甾体类、变型二肽类等。

分株紫萁（紫萁科）

Osmunda cinnamomea L.

药 材 名 分株紫萁。

药用部位 根茎。

功效主治 祛风湿，解毒杀菌；治风湿性关节炎，四肢麻木，痢疾，小便不利。

紫萁（紫萁科）

Osmunda japonica Thunb.

药 材 名 紫萁贯众。

药用部位 根茎、叶柄残基。

功效主治 清热解毒，止血，杀虫；治疫毒感冒，热毒泻痢，痈疮肿毒，吐血，衄血，便血，崩漏，虫积腹痛。

化学成分 东北贯众素、紫萁内酯等。

华南紫萁（紫萁科）

Osmunda vachellii Hook.

药 材 名　华南紫萁。

药用部位　根茎、叶柄的髓部。

功效主治　清热解毒，止血，杀虫；治流行性感冒，子宫出血，钩虫病，蛔虫病。

化学成分　间苯三酚衍生物等。

镰叶瘤足蕨（瘤足蕨科）

Plagiogyria distinctissima Ching

药 材 名　镰叶瘤足蕨。

药用部位　全草、根茎。

功效主治　散寒解表，透疹，止痒；治流行性感冒，麻疹，皮肤瘙痒。

华中瘤足蕨（瘤足蕨科）

Plagiogyria euphlebia Mett.

药 材 名　华中瘤足蕨。

药用部位　根茎、全草。

功效主治　清热利尿，疏风；治流行性感冒。

华东瘤足蕨（瘤足蕨科）

Plagiogyria japonica Nakai

药 材 名 华东瘤足蕨。

药用部位 根茎。

功效主治 清热利尿，消肿止痛；治跌打损伤，风热头痛，感冒。

耳形瘤足蕨（瘤足蕨科）

Plagiogyria stenoptera (Hance) Diels

药 材 名 耳形瘤足蕨。

药用部位 根茎、全草。

功效主治 清热利尿，消肿镇痛；治跌打损伤，感冒头痛，咳嗽。

铁芒萁（里白科）

Dicranopteris linearis (Burm. f.) Underw.

药 材 名 铁芒萁。

药用部位 全草。

功效主治 清热利尿，散瘀止血；治血崩，鼻衄，咳血，外伤出血，跌打骨折，热淋涩痛，带下，风疹瘙痒，疮肿，烫伤，痔瘘，蛇咬伤。

化学成分 3*β*-羟基羽扇豆-28-酸、羽扇豆醇等。

芒萁（里白科）

Dicranopteris pedata (Houtt.) Nakaike

药 材 名 芒萁骨、芒萁骨根。

药用部位 幼叶、叶柄或根茎。

功效主治 清热利尿，散瘀止血；治鼻衄，肺热咳血，尿道炎，膀胱炎，小便不利，水肿，月经过多，血崩，带下。

化学成分 原儿茶酸、阿福豆苷等。

里白（里白科）

Diplopterygium glaucum (Thunb. ex Houtt.) Nakai

药 材 名 里白。

药用部位 根茎。

功效主治 行气散瘀，止血；治胃脘痛，鼻出血，跌打肿痛，骨折。

化学成分 里白醇等。

光里白（里白科）

Diplopterygium laevissimum (Christ) Nakai

药 材 名 光里白。

药用部位 根茎。

功效主治 清热利咽，补益脾胃，行气止血；治咽喉肿痛，病后体弱，胃痛。

化学成分 Hymenoside X、hexanoside A等。

莎草蕨（莎草蕨科）

Actinostachys digitata (L.) Wall.

药 材 名　莎草蕨。

药用部位　全草。

功效主治　清热解毒；治感冒发热，喉咙肿痛。

海南海金沙（海金沙科）

Lygodium circinnatum (Burm. f.) Sw.

药 材 名　海南海金沙。

药用部位　全草。

功效主治　清热利尿；治砂淋，血淋，痢疾，拔子弹。

曲轴海金沙（海金沙科）

Lygodium flexuosum (L.) Sw.

药 材 名　金沙藤、海金沙藤、金砂蕨。

药用部位　全草。

功效主治　清热解毒，利水通淋，止血，舒筋活络；治淋证，小便不利，水肿，黄疸，骨折，烧烫伤，外伤出血。

化学成分　槲皮素、异槲皮苷、银杏醇等。

海金沙（海金沙科）

Lygodium japonicum (Thunb.) Sw.

药 材 名　金沙藤、海金沙藤、金砂蕨。

药用部位　全草。

功效主治　清热解毒，利水通淋，止血，舒筋活络；治尿路结石，肾炎，感冒，气管炎，腮腺炎，流行性乙型脑炎，肝炎，乳腺炎，淋证，水肿，黄疸，烧烫伤，外伤出血。

化学成分　槲皮素、异槲皮苷等。

小叶海金沙（海金沙科）

Lygodium microphyllum (Cav.) R. Br.

药 材 名　金沙藤、海金沙藤、金砂蕨。

药用部位　全草。

功效主治　清热解毒，利水通淋，止血，舒筋活络；治淋证，小便不利，痢疾，骨折，外伤出血。

化学成分　6-*O*-咖啡酸葡萄糖酯、5-羟甲基糠醛、银杏醇等。

华东膜蕨（膜蕨科）

Hymenophyllum barbatum (Bosch) Baker.

药 材 名　华东膜蕨。

药用部位　全草。

功效主治　止血；治金疮出血。

化学成分　芹菜素、trapezifolixanthone等。

蕗蕨（膜蕨科）

Mecodium badium (Hook. et Grev.) Copel.

药 材 名 蕗蕨。

药用部位 全草。

功效主治 消炎生肌；治痈肿，烫伤；外用鲜品捣烂敷患处。

瓶蕨（膜蕨科）

Vandenboschia auriculata (Blume) Copel.

药 材 名 瓶蕨。

药用部位 全草。

功效主治 止血生肌；治外伤出血。

华东瓶蕨（膜蕨科）

Vandenboschia orientalis (C. Chr.) Ching

药 材 名 华东瓶蕨。

药用部位 全草。

功效主治 止血，消食，清热解毒；治出血，疔疖肿毒，食积，肺热咳嗽。

漏斗瓶蕨（膜蕨科）

Vandenboschia striata (D. Don) Ebihara

药 材 名 漏斗瓶蕨。

药用部位 全草。

功效主治 健脾开胃，止血；治消化不良，外伤出血。

金毛狗（蚌壳蕨科）

Cibotium barometz (L.) J. Sm.

原儿茶酸

药 材 名 狗脊、金毛狗脊。

药用部位 根茎。

生　　境 野生，生于山脚沟边及林下阴处酸性土壤。

采收加工 秋、冬二季采挖，干燥；或去硬根叶柄及金黄色茸毛，切片干燥，为“生狗脊片”；蒸后晒至六七成干，切片干燥，为“熟狗脊片”。

药材性状 不规则的长块状，残留金黄色茸毛、叶柄及细根。生狗脊片较平滑，有环纹或条纹，边缘不整齐，易折断，有粉性。熟狗脊片呈长块状，质坚硬，不易折断。无臭，味淡微涩。

性味归经 苦、甘，温。归肝、肾经。

功效主治 祛风湿，补肝肾，强腰膝；治风湿痹痛，腰膝酸软，下肢无力。

化学成分 原儿茶酸、亚油酸、棕榈酸、β-谷甾醇、香草醛、山柰素等。

核心产区 云南、贵州、四川、福建、广东、广西等地。

用法用量 内服：煎汤，6～12克。外用：适量，煎水洗患处。

本草溯源 《神农本草经》《名医别录》《新修本草》《本草图经》。

附　　注 《国家重点保护野生植物名录》二级保护植物。

桫椤（桫椤科）

Alsophila spinulosa (Wall. ex Hook.) R. M. Tryon

药 材 名 飞天蠄螃。

药用部位 茎髓心。

功效主治 祛风利湿，活血祛瘀，清热止咳，预防流行性感冒；治风湿性关节痛，跌打损伤，慢性支气管炎，肺热咳嗽，肾炎水肿。

化学成分 芹菜素、木犀草素、桫椤黄酮A、桫椤黄酮B等。

平鳞黑桫椤（桫椤科）

Gymnosphaera henryi (Baker) S. R. Ghosh

药 材 名 大桫椤、黑狗脊。

药用部位 叶。

功效主治 祛风除湿，活血止痛；治风湿性关节疼痛，腰痛，跌打损伤。

化学成分 三十一烷、豆甾-4-烯-3-酮等。

碗蕨（碗蕨科）

Dennstaedtia scabra (Wall.) Moore

药 材 名 碗蕨。

药用部位 全草。

功效主治 祛风，清热解表；治感冒头痛，风湿痹痛。

化学成分 蕨素A、蕨素F、蕨素K、蕨素V、金粉蕨辛、碗蕨苷等。

华南鳞盖蕨（碗蕨科）

Microlepia hancei Prantl

药 材 名　华南鳞盖蕨。

药用部位　全草。

功效主治　祛湿热；治肝胆湿热。

边缘鳞盖蕨（碗蕨科）

Microlepia marginata (Houtt.) C. Chr.

药 材 名　边缘鳞盖蕨。

药用部位　地上部分。

功效主治　清热解毒，祛风活络；治痈疮疖肿，风湿痹痛，跌打损伤。

化学成分　鳞盖蕨苷、边缘鳞盖蕨素、柚皮素等。

异叶鳞始蕨（鳞始蕨科）

Lindsaea heterophylla Dryand.

药 材 名　异叶鳞始蕨。

药用部位　全草。

功效主治　活血止血、祛瘀定痛；治内外出血症，跌打损伤，瘀滞疼痛。

团叶鳞始蕨（鳞始蕨科）

Lindsaea orbiculata (Lam.) Mett. ex Kuhn

药 材 名　鳞始蕨。

药用部位　全草。

功效主治　清热解毒，止血；治痢疾，疮疖，枪弹伤。

乌蕨（鳞始蕨科）

Odontosoria chinensis J. Sm.

药 材 名　乌蕨、金花草、大金花草。

药用部位　全草。

功效主治　清热解毒，利湿；治感冒发热，咳嗽，扁桃体炎，腮腺炎，肠炎。

化学成分　牡荆苷、丁香酸、原儿茶醛、原儿茶酸等。

香鳞始蕨（鳞始蕨科）

Osmolindsaea odorata (Roxb.) Lehtonen et Christenh.

药 材 名　鳞始蕨。

药用部位　全草。

功效主治　利尿，止血；治小便不畅，尿血，吐血。

化学成分　黄酮类等。

姬蕨（姬蕨科）

Hypolepis punctata (Thunb.) Mett.

药材名 姬蕨。

药用部位 全草。

功效主治 清热解毒，收敛止痛；治烧烫伤，外伤出血。

化学成分 姬蕨苷、姬蕨酮、欧蕨伊鲁苷、蕨素、金粉蕨素等。

蕨（蕨科）

Pteridium aquilinum (L.) Kuhn var. **latiusculum** (Desv.) Underw. ex A. Heller

药材名 蕨。

药用部位 全草。

功效主治 清热利湿，消肿，安神；治发热，痢疾，湿热黄疸，高血压，头昏失眠，风湿性关节炎，带下，痔疮，脱肛。

毛轴蕨（蕨科）

Pteridium revolutum (Blume) Nakai.

药材名 毛轴蕨。

药用部位 全草。

功效主治 清热利湿，解热利尿，驱虫；治风湿性关节痛，痢疾，疮毒。

狭眼凤尾蕨（凤尾蕨科）

Pteris biaurita L.

药 材 名 狭眼凤尾蕨。

药用部位 全草。

功效主治 清热燥湿，解毒逐邪；治湿热泄泻，黏滞不爽或泻下急迫，热毒痢疾，大便带脓血性物，里急后重，肛门灼热。

欧洲凤尾蕨（凤尾蕨科）

Pteris cretica L.

药 材 名 岩凤尾蕨。

药用部位 全草。

功效主治 清热，利湿，解毒，凉血，收敛，止血，止痢；治痢疾，肝炎，尿路感染，腹泻，水肿，风湿痹痛，跌打损伤。

粗糙凤尾蕨（凤尾蕨科）

Pteris cretica L. var. **laeta** (Wall. ex Ettingsh.) C. Chr. et Tardieu

药 材 名 井边草。

药用部位 根茎、全草。

功效主治 清热利湿，活血消肿；治痢疾，腹泻，水肿，肝炎，尿路感染，风湿痹痛。

化学成分 黄酮苷类等。

岩凤尾蕨（凤尾蕨科）

Pteris deltodon Baker

药 材 名　岩凤尾蕨。

药用部位　全草。

功效主治　清热解毒，敛肺止咳，定惊，解毒；治泄泻，痢疾，淋证，久咳不止，小儿惊风，疮疥，蛇虫咬伤。

化学成分　β-谷甾醇、麦角甾醇、大黄素、熊果酸等。

刺齿半边旗（凤尾蕨科）

Pteris dispar Kunze

药 材 名　刺齿凤尾蕨。

药用部位　全草。

功效主治　清热解毒，止血祛瘀；治肠炎，痢疾，腮腺炎，疮毒，跌打损伤。

化学成分　萜类、异蕨苷、刺齿凤尾蕨苷等。

剑叶凤尾蕨（凤尾蕨科）

Pteris ensiformis Burm. f.

药 材 名　剑叶凤尾蕨。

药用部位　全草。

功效主治　清热利湿，消肿解毒，凉血止血；治湿热黄疸性肝炎，痢疾，乳腺炎，小便不利。

化学成分　越南巴豆素等。

傅氏凤尾蕨（凤尾蕨科）

Pteris fauriei Hieron.

药 材 名 金钗凤尾蕨。

药用部位 全草。

功效主治 清热利湿，祛风定惊，敛疮止血；治痢疾，泄泻，黄疸，小儿惊风，外伤出血。

化学成分 蕨素、蕨苷、金粉蕨辛-2′-*O*-*β*-D-葡萄糖苷等。

全缘凤尾蕨（凤尾蕨科）

Pteris insignis Mett. ex Kuhn

药 材 名 全缘凤尾蕨。

药用部位 全草。

功效主治 消热利湿，活血消肿；治黄疸，痢疾，风湿骨痛，咽喉肿痛，跌打损伤。

化学成分 环鸦片甾烯醇、*α*-紫罗兰酮、胡萝卜苷等。

井栏边草（凤尾蕨科）

Pteris multifida Poir.

药 材 名 凤尾草、鸡脚草、金鸡尾、井边凤尾。

药用部位 全草、根茎。

功效主治 清热利湿，消肿解毒，凉血止血；治痢疾，胃肠炎，肝炎，尿路感染，感冒发热，咽喉肿痛，带下，崩漏，农药中毒；外用治外伤出血，烧烫伤。

化学成分 蕨素、蕨素C-3-*O*-葡萄糖苷等。

栗柄凤尾蕨（凤尾蕨科）

Pteris plumbea Christ

药 材 名　五齿剑。

药用部位　全草。

功效主治　清热利湿，活血止血；治痢疾，跌打损伤，刀伤出血。

化学成分　蕨贝壳杉烷、大叶凤尾蕨苷A等。

半边旗（凤尾蕨科）

Pteris semipinnata L.

药 材 名　半边旗、半边蕨。

药用部位　全草。

功效主治　清热解毒，消肿止血；治细菌性痢疾，急性肠炎，黄疸性肝炎，结膜炎；外用治跌打肿痛，外伤出血，疮疡疖肿，湿疹，毒蛇咬伤。

化学成分　3-羟基-6-羟甲基-2, 5, 7-三甲基-1-茚满酮等。

蜈蚣凤尾蕨（凤尾蕨科）

Pteris vittata L.

药 材 名　蜈蚣草、蜈蚣蕨。

药用部位　全草、根茎。

功效主治　祛风活血，解毒杀虫；治痢疾，风湿疼痛，蜈蚣咬伤，疥疮。

化学成分　芦丁、山柰酚-3-*O*-芸香糖苷等。

粉背蕨（中国蕨科）

Aleuritopteris anceps (Blanf.) Panigrahi

药 材 名 水狼萁、卷叶凤尾。

药用部位 全草。

功效主治 止咳化痰，健脾燥湿，活血祛瘀；治急慢性支气管炎，百日咳，消化不良，痢疾，腹痛，带下，跌打损伤。

银粉背蕨（中国蕨科）

Aleuritopteris argentea (S. G. Gmel.) Fée

药 材 名 通经草、金丝草、止惊草。

药用部位 全株。

功效主治 活血调经，止咳，利湿，解毒消肿；治月经不调，经闭腹痛，赤白带下，肺痨咳血，泄泻，小便涩痛，肺痈，乳痈，风湿性关节痛，跌打损伤，肋间神经痛，暴发火眼，疮肿。

化学成分 粉背蕨酸、蔗糖等。

毛轴碎米蕨（中国蕨科）

Cheilanthes chusana Hook.

药 材 名 毛轴碎米蕨、舟山碎米蕨、细凤尾草。

药用部位 全草。

功效主治 止泻利尿，清热解毒，止血散血；治痢疾，小便痛，蛇咬伤，痈疖肿疡。

化学成分 类固醇苷、酚苷等。

碎米蕨（中国蕨科）

Cheilanthes opposita Kaulf.

药 材 名 碎米蕨。

药用部位 全草。

功效主治 清热解毒；治毒蛇咬伤，痢疾，喉痛。

薄叶碎米蕨（中国蕨科）

Cheilanthes tenuifolia (Burm. f.) Sw.

药 材 名 薄叶碎米蕨、山兰根。

药用部位 全草。

功效主治 清热解毒，活血化瘀，止痢；治痢疾，跌打损伤；外用鲜品捣烂敷患处。

野雉尾金粉蕨（中国蕨科）

Onychium japonicum (Thunb.) Kuntze

药 材 名 小野鸡尾、柏香莲、解毒蕨。

药用部位 全草、叶。

功效主治 清热解毒，利湿，止血；治风热感冒，咳嗽，咽痛，泄泻，烫火伤。

化学成分 山柰酚-3, 7-二鼠李糖苷等。

团羽铁线蕨（铁线蕨科）

Adiantum capillus-junonis Rupr.

药 材 名 猪毛针、乌脚芒、岩浮萍。

药用部位 全草。

功效主治 清热利尿，舒筋活络，补肾止咳；治血淋，尿闭，乳腺炎，遗精，咳嗽。

铁线蕨（铁线蕨科）

Adiantum capillus-veneris L.

药 材 名 猪鬃草、铁丝蕨。

药用部位 全草。

功效主治 清热解毒，利尿消肿；治感冒发热，咳嗽咯血，痢疾，尿路感染。

化学成分 挥发油、黄酮类、鞣质、甾体类等。

鞭叶铁线蕨（铁线蕨科）

Adiantum caudatum L.

药 材 名 鞭叶铁线蕨、过山龙、岩虱子。

药用部位 全草。

功效主治 清热解毒，利湿消肿；治乳腺炎，黄水疮；外用研末敷患处。

化学成分 三萜类、酚类等。

扇叶铁线蕨（铁线蕨科）

Adiantum flabellulatum L.

药 材 名 扇叶铁线蕨、乌脚枪、过坛龙。

药用部位 全草。

功效主治 清热利湿，解毒，祛瘀消肿；治感冒发热，肝炎，痢疾，肠炎，尿路结石。

化学成分 扇叶铁线蕨凝集素等。

白垩铁线蕨（铁线蕨科）

Adiantum gravesii Hance

药 材 名 白垩铁线蕨、猪鬃草。

药用部位 全草。

功效主治 清热解毒，利水通淋；治热淋，血淋，水肿，乳痈，阴肿阴痒。

化学成分 槲皮素、芦丁、(*E*)-2-癸烯醛等。

假鞭叶铁线蕨（铁线蕨科）

Adiantum malesianum Ghatak

药 材 名 岩风子。

药用部位 全草。

功效主治 清热解毒，利水通淋；治淋证，水肿，乳痈，疮毒。

化学成分 黄酮类。

半月形铁线蕨（铁线蕨科）

Adiantum philippense L.

药 材 名 菲岛铁线蕨、芽呼话（傣药）。

药用部位 全草。

功效主治 清火解毒，利尿消胀，活血止痛；治感冒发热，肝炎，肠炎，急性肾炎。

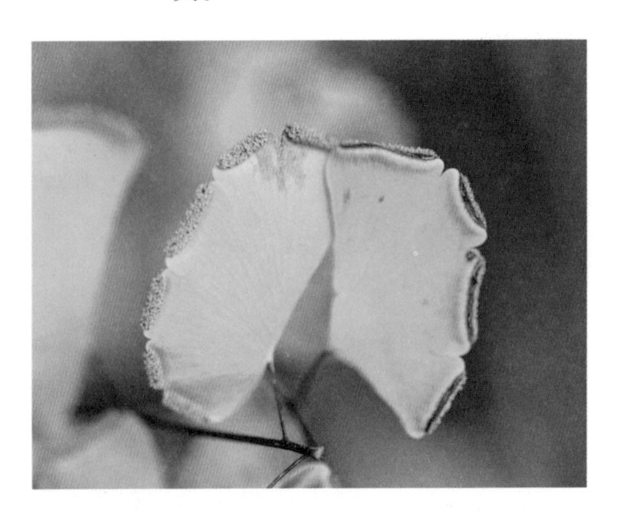

水蕨（水蕨科）

Ceratopteris thalictroides (L.) Brongn.

药 材 名 水蕨、岂、水松草。

药用部位 全草。

功效主治 散瘀拔毒，镇咳化痰，止痢，止血；治胎毒，痰积，跌打损伤，咳嗽，痢疾，淋浊。

化学成分 β-胡萝卜素等。

凤丫蕨（裸子蕨科）

Coniogramme japonica (Thnub.) Diels

药 材 名 凤丫草、散血莲、眉风草。

药用部位 根茎、全草。

功效主治 祛风除湿，活血止痛，清热解毒；治风湿筋骨痛，跌打损伤，瘀血腹痛，经闭。

化学成分 5-羟甲基糠醛、亚油酸甲酯、亚油酸甘油三酯等。

金毛裸蕨（裸子蕨科）

Paraceterach vestita (Hook.) R. M. Tryon

药 材 名 金毛裸蕨。

药用部位 根茎、全草。

功效主治 根茎：消炎退热；治伤寒高热，关节痛。全草：治胃痛。

书带蕨（书带蕨科）

Haplopteris flexuosa (Fée) E. H. Crane

药 材 名 马尾还阳、树韭菜。

药用部位 全草。

功效主治 清热息风，舒筋活络，理气止痛，祛风解痉；治小儿惊风，跌打损伤，风湿痹痛，妇女干血痨，咯血。

毛柄短肠蕨（蹄盖蕨科）

Allantodia dilatata (Blume) Ching

药 材 名　毛柄短肠蕨。

药用部位　根茎、全草。

功效主治　清热解毒，祛湿，驱虫；治肠炎，流行性感冒，疮肿，肠道寄生虫病。

日本蹄盖蕨（蹄盖蕨科）

Athyrium niponicum (Mett.) Hance

药 材 名　华东蹄盖蕨。

药用部位　全草。

功效主治　消热解毒，止血，驱虫；治疮毒肿痛，痢疾，蛔虫病。

化学成分　芦丁等。

假蹄盖蕨（蹄盖蕨科）

Athyriopsis japonica (Thunb.) Ching

药 材 名 小叶凤凰、尾巴草。

药用部位 根茎、全草。

功效主治 清热解毒；治疮疡肿毒，乳痈，目赤肿痛。

化学成分 黄酮类等。

双盖蕨（蹄盖蕨科）

Diplazium donianum (Mett.) Tardieu

药 材 名 双盖蕨。

药用部位 全草。

功效主治 清热利湿，凉血解毒；治黄疸性肝炎，外伤出血，蛇咬伤。

菜蕨（蹄盖蕨科）

Diplazium esculentum (Retz.) Sm.

药 材 名 菜蕨、过沟菜蕨。

药用部位 嫩叶。

功效主治 解热。

化学成分 胡萝卜苷、苯乙酸等。

单叶双盖蕨（蹄盖蕨科）

Diplazium subsinuatum (Wall. ex Hook. et Grev.) Tagawa

药 材 名 单叶双盖蕨。

药用部位 全草。

功效主治 消炎解毒，健脾利尿；治高热，尿路感染，烧烫伤，蛇咬伤，目赤肿痛，血尿，淋证，咳血，小儿疳积。

华中介蕨（蹄盖蕨科）

Dryoathyrium okuboanum (Makino) Ching

药 材 名 小叶山鸡尾巴草。

药用部位 叶。

功效主治 清热消肿；治疮疖，肿毒。

肿足蕨（肿足蕨科）

Athyrium niponicum (Mett.) Hance

药 材 名 肿足蕨。

药用部位 全草、根茎。

功效主治 祛风利湿，止血，解毒；治风湿性关节痛，疮毒，外伤出血。

化学成分 肿足蕨碱、黄酮苷、三萜类、鞣质等。

星毛蕨（金星蕨科）

Ampelopteris prolifera (Retz.) Copel.

药 材 名 星毛蕨。

药用部位 全草。

功效主治 清热，利湿；治痢疾，淋浊，胃炎，风湿肿痛。

渐尖毛蕨（金星蕨科）

Cyclosorus acuminatus (Houtt.) Nakai

药 材 名 渐尖毛蕨。

药用部位 全草、根茎。

功效主治 清热解毒，祛风除湿，健脾；治泄泻，痢疾，热淋，咽喉肿痛，风湿痹痛，小儿疳积，犬咬伤，烧烫伤。

化学成分 柯伊利素、山柰酚、木犀草素、金丝桃苷、芦丁等。

齿牙毛蕨（金星蕨科）

Cyclosorus dentatus (Forssk.) Ching

药 材 名 齿牙毛蕨。

药用部位 全草。

功效主治 舒筋活络，散寒；治风湿筋骨痛，手指麻木，跌打损伤，瘰疬等。

毛蕨（金星蕨科）

Cyclosorus interruptus (Willd.) H. Ito

药 材 名 毛蕨。

药用部位 全草、根茎。

功效主治 祛风除湿，舒筋活络；治风湿性关节疼痛，瘫痪，肢体麻木等。

华南毛蕨（金星蕨科）

Cyclosorus parasiticus (L.) Farw.

药 材 名 华南毛蕨。

药用部位 全草。

功效主治 祛风除湿，止痢；治风湿性关节痛，痢疾。

化学成分 大黄素甲醚、槲皮素、芹菜素、山柰酚等。

戟叶圣蕨（金星蕨科）

Dictyocline sagittifolia Ching

药 材 名 戟叶圣蕨。

药用部位 全草。

功效主治 补脾和胃；治脾胃气虚，消瘦，食欲不振，食后腹胀，大便溏薄，倦怠乏力。

金星蕨（金星蕨科）

Parathelypteris glanduligera (Kunze) Ching

药 材 名 水蕨菜、白毛蛇。

药用部位 全草。

功效主治 清热，利尿，止血；治痢疾，小便不利，吐血，外伤出血，烫伤。

化学成分 山柰酚、黄芪苷等。

中日金星蕨（金星蕨科）

Parathelypteris nipponica (Franch. et Sav.) Ching

药 材 名 扶桑金星蕨。

药用部位 全草。

功效主治 止血消炎；治外伤出血；外用捣烂敷患处。

化学成分 查耳酮、高良姜素、黄芩素、山柰酚等。

延羽卵果蕨（金星蕨科）

Phegopteris decursive-pinnata (H. C. Hall) Fée

药 材 名 延羽针毛蕨。

药用部位 根茎。

功效主治 利湿消肿，收敛解毒；治水湿臌胀，疖毒溃烂，久不收口；外用捣烂敷患处。

披针新月蕨（金星蕨科）

Pronephrium penangianum (Hook.) Holttum

药 材 名 披针新月蕨。

药用部位 全草。

功效主治 活血调经，散瘀止痛，除湿；治月经不调，崩漏，跌打损伤，风湿痹痛，痢疾，水肿。

化学成分 黄酮类、萜类及甾醇类、糖苷类、酚类、鞣质等。

单叶新月蕨（金星蕨科）

Pronephrium simplex (Hook.) Holttum

药 材 名 新月蕨、鹅仔草。

药用部位 全草。

功效主治 消炎解毒，利咽消肿；治急性扁桃体炎，蛇咬伤，咽喉肿痛，湿热泻痢，食积不化，脘腹胀满。

三羽新月蕨（金星蕨科）

Pronephrium triphyllum (Sw.) Holttum

药 材 名 蛇退步。

药用部位 全草。

功效主治 消肿散瘀，清热化痰；治跌打损伤，湿疹，皮炎，毒蛇咬伤。

化学成分 Triphyllin A等。

华南铁角蕨（铁角蕨科）

Asplenium austrochinense Ching

药 材 名　华南铁角蕨。

药用部位　全草。

功效主治　利湿化浊，消肿，止血；治小便白浊，前列腺炎，肾炎，刀伤出血。

剑叶铁角蕨（铁角蕨科）

Asplenium ensiforme Wall. ex Hook. et Grev.

药 材 名　剑叶铁角蕨。

药用部位　全草。

功效主治　活血祛瘀，舒筋止痛；治闭经，跌打损伤，腰痛，风湿麻木。

厚叶铁角蕨（铁角蕨科）

Asplenium griffithianum Hook.

药 材 名　旋鸡尾。

药用部位　根茎。

功效主治　清热利湿，解毒；治黄疸，淋浊，高热，烧烫伤。

化学成分　黄酮类等。

胎生铁角蕨（铁角蕨科）

Asplenium indicum Sledge

药 材 名　胎生铁角蕨、凤尾草。

药用部位　全草。

功效主治　舒筋活络，活血止痛；治腰痛。

倒挂铁角蕨（铁角蕨科）

Asplenium normale D. Don

药 材 名　倒挂草。

药用部位　全草。

功效主治　清热解毒；治肝炎，痢疾，外伤出血，蜈蚣咬伤。

化学成分　Apigenin-7-dirhamnoside、luteolin-7-dirhamnoside、维采宁-2等。

北京铁角蕨（铁角蕨科）

Asplenium pekinense Hance

药 材 名　铁杆地柏枝。

药用部位　全草。

功效主治　化痰止咳，清热解毒，止血；治感冒咳嗽，肺痨，腹泻，外伤出血。

长叶铁角蕨（铁角蕨科）

Asplenium prolongatum Hook.

药 材 名　长叶铁角蕨。

药用部位　全草。

功效主治　清热除湿，活血化瘀，止咳化痰，利尿通乳；治风湿疼痛，肠炎，痢疾，尿路感染，咳嗽痰多，跌打损伤，吐血，崩漏，乳汁不通。

化学成分　kaempferol3-rhamnoside-7-*O*-[6-feruloylglucoside(1→3)rhamnoside]等。

岭南铁角蕨（铁角蕨科）

Asplenium sampsonii Hance

药 材 名　岭南铁角蕨。

药用部位　全草。

功效主治　清热解毒，止咳化痰，止血，健脾；治小儿疳积，感冒咳嗽，痢疾，外伤出血，蜈蚣咬伤。

石生铁角蕨（铁角蕨科）

Asplenium saxicola Rosenst.

药 材 名　石生铁角蕨。

药用部位　全草。

功效主治　清热润肺，通淋利尿，消肿解毒。治肺痨发热咳嗽，热淋，尿频尿急，跌打损伤，疮痈。

狭翅铁角蕨（铁角蕨科）

Asplenium wrightii D. C. Eaton ex Hook.

药 材 名 狭翅铁角蕨。

药用部位 全草。

功效主治 清热解毒，消肿止痛；治疖肿，牙痛，口腔溃疡。

东方荚果蕨（球子蕨科）

Pentarhizidium orientale Hayata

药 材 名 东方荚果蕨。

药用部位 根茎或茎叶。

功效主治 祛风湿，止血；治风湿痹痛，外伤出血。

化学成分 荚果蕨素、甲氧基荚果蕨素、荚果蕨酚、去甲氧基荚果蕨酚等。

巢蕨（铁角蕨科）

Neottopteris nidus (L.) J. Sm. ex Hook.

药 材 名 定草根。

药用部位 全草。

功效主治 强壮筋骨，活血化瘀，消热解毒，利尿消肿，通络止痛；治风湿疼痛，跌打损伤，骨折，血瘀，头痛，血淋，阳痿，淋病。

乌毛蕨（乌毛蕨科）

Blechnum orientale L.

药 材 名　乌毛蕨贯众。

药用部位　根茎。

功效主治　清热解毒，活血止血，驱虫；治流行性感冒，流行性脑脊髓膜炎，伤寒，斑疹，麻疹，肠道寄生虫病，吐血，衄血及妇女血崩等。

化学成分　绿原酸、甾醇类等。

苏铁蕨（乌毛蕨科）

Brainea insignis (Hook.) J. Sm.

药 材 名　苏铁蕨。

药用部位　根茎。

功效主治　清热解毒，止血，驱虫，预防麻疹，流行性乙型脑炎；治流行性感冒，痢疾，异常子宫出血，钩虫病，蛔虫病。

化学成分　东北贯众素等。

荚囊蕨（乌毛蕨科）

Struthiopteris eburnea (Christ) Ching

药 材 名　荚囊蕨。

药用部位　根茎。

功效主治　清热利湿，散瘀消肿；治淋证，疮痈肿痛，跌打损伤。

化学成分　黄酮类、萜类及甾醇类、糖苷类、酚类、氨基酸、蛋白质、挥发油、内酯、香豆素等。

崇澍蕨（乌毛蕨科）

Woodwardia harlandii Hook.

药 材 名 崇澍蕨。

药用部位 根茎。

功效主治 祛风除湿；治痹证，风湿性关节炎，关节痛。

东方狗脊蕨（乌毛蕨科）

Woodwardia orientalis Sw.

药 材 名 东方狗脊。

药用部位 根茎。

功效主治 祛风除湿，补肝肾，强腰膝，解毒，杀虫；治腰背酸疼，膝痛脚弱，痢疾，崩漏，带下，小儿疳积，癥瘕，蛇咬伤。

化学成分 β-谷甾醇、β-谷甾醇棕榈酸、菜油甾醇、狗脊酸等。

狗脊（乌毛蕨科）

Woodwardia japonica (L. f.) Sm.

药 材 名 狗脊贯众。

药用部位 根茎、叶柄基部。

功效主治 清热解毒，杀虫散瘀，止血，预防感冒、麻疹、流行性乙型脑炎；治流行性感冒，痢疾，异常子宫出血，钩虫病，蛔虫病。

化学成分 儿茶酚衍生物等。

珠芽狗脊（乌毛蕨科）

Woodwardia prolifera Hook. et Arn.

药 材 名 胎生狗脊。

药用部位 根茎。

功效主治 祛风除湿；治肝肾不足所致腰腿痛，四肢麻木，筋骨疼痛。

斜方复叶耳蕨（鳞毛蕨科）

Arachniodes amabilis (Blume) Tindale

药 材 名 斜方复叶耳蕨。

药用部位 根茎。

功效主治 祛风止痛，益肺止咳；治关节疼痛，肺痨，外感咳嗽。

化学成分 黄酮醇类等。

顶芽狗脊（乌毛蕨科）

Woodwardia unigemmata (Makino) Nakai

药 材 名 狗脊贯众。

药用部位 根茎。

功效主治 清热解毒，杀虫，止血，祛风湿；治风热感冒，恶疮痈肿，虫积腹痛，小儿疳积，痢疾，便血，崩漏，外伤出血，风湿痹痛。

化学成分 东北贯众素等。

异羽复叶耳蕨（鳞毛蕨科）

Arachniodes simplicior (Makino) Ohwi

药 材 名 异羽复叶耳蕨。

药用部位 根茎。

功效主治 清热解毒；治内热腹痛。

镰羽贯众（鳞毛蕨科）

Cyrtomium balansae (Christ) C. Chr.

药 材 名 镰羽贯众。

药用部位 根茎。

功效主治 清热解毒，驱肠寄生虫；治流行性感冒。

刺齿贯众（鳞毛蕨科）

Cyrtomium caryotideum (Wall. ex Hook. et Grev.) C. Presl

药 材 名 刺齿贯众。

药用部位 根茎。

功效主治 清热解毒，活血散瘀，利水消肿；治流行性感冒，麻疹，疔疮痈肿，瘰疬，毒蛇咬伤，崩漏带下，水肿，跌打损伤，蛔积。

化学成分 山柰酚-3-*O*-*β*-D-葡萄糖苷、山柰酚-3-*O*-*β*-D-芸香糖苷、大黄素。

贯众（鳞毛蕨科）

Cyrtomium fortunei J. Sm.

药 材 名 贯众。

药用部位 根茎及叶柄基部。

功效主治 清热平肝，解毒杀虫，止血；治感冒发热，头晕目眩，痢疾，湿热，疮疡，尿血，便血，崩漏，带下，钩虫病。

化学成分 黄绵马酸、异槲皮素、紫云英苷、冷蕨苷、贯众苷等。

阔鳞鳞毛蕨（鳞毛蕨科）

Dryopteris championii (Benth.) C. Chr.

药 材 名 阔鳞鳞毛蕨。

药用部位 根茎。

功效主治 清热解毒，止咳平喘；治钩虫病，气喘，大便出血。贫血、体弱者禁用。

化学成分 黄酮类、绵马素-AB、绵马素-BB等。

桫椤鳞毛蕨（鳞毛蕨科）

Dryopteris cycadina (Franch. et Sav.) C. Chr.

药 材 名 桫椤鳞毛蕨。

药用部位 根茎。

功效主治 凉血止血，驱虫；治功能失调性子宫出血，蛔虫病。

化学成分 Kaempferol-3,7-di-*O*-α-L-rhamnopyranoside等。

黑足鳞毛蕨（鳞毛蕨科）

Dryopteris fuscipes C. Chr.

药 材 名　黑色鳞毛蕨。

药用部位　根茎。

功效主治　清热解毒，生肌敛疮；治目赤肿痛，疮疡溃烂，久不收口；外用鲜品捣烂敷患处。

奇数鳞毛蕨（鳞毛蕨科）

Dryopteris sieboldii (T. Moore) Kuntze

药 材 名　奇数鳞毛蕨。

药用部位　根茎。

功效主治　活血化瘀；治跌打损伤。

稀羽鳞毛蕨（鳞毛蕨科）

Dryopteris sparsa (Buch. -Ham. ex D. Don) O. Ktze.

药 材 名　稀羽鳞毛蕨。

药用部位　根茎。

功效主治　清热止痛；治内热腹痛，肺结核。

变异鳞毛蕨（鳞毛蕨科）

Dryopteris varia (L.) Kuntze

药 材 名　变异鳞毛蕨。

药用部位　根茎。

功效主治　清热，止痛；治内热腹痛，肺结核。

对生耳蕨（鳞毛蕨科）

Polystichum deltodon (Baker) Diels

药 材 名　对生耳蕨。

药用部位　全草。

功效主治　活血止痛，消肿，利尿；治跌打损伤，外伤出血，流行性感冒，蛇咬伤。

黑鳞耳蕨（鳞毛蕨科）

Polystichum makinoi (Tagawa) Tagawa

药 材 名　黑鳞大耳蕨。

药用部位　嫩叶、根茎。

功效主治　清热解毒；治痈肿疮毒，痢疾；外用鲜品捣烂敷患处。

化学成分　油酸、棕榈酸、10,13-十八碳二烯酸和植物醇等。

革叶耳蕨（鳞毛蕨科）

Polystichum neolobatum Nakai

药 材 名 新裂耳蕨、凤凰尾巴草。

药用部位 根茎。

功效主治 治内热腹痛。

化学成分 脂肪酸等。

戟叶耳蕨（鳞毛蕨科）

Polystichum tripteron (Kunze) C. Presl

药 材 名 耳蕨。

药用部位 根、叶。

功效主治 解毒；治内热腹痛。

化学成分 十六醛、正十六酸、邻苯二甲酸二乙酯等。

地耳蕨（三叉蕨科）

Quercifilix zeilanica (Houtt.) Copel.

药 材 名 地耳蕨。

药用部位 全草。

功效主治 清热利湿，凉血止血；治痢疾，小儿泄泻，淋浊，便血。

三叉蕨（三叉蕨科）

Tectaria subtriphylla (Hook. et Arn.) Copel.

药 材 名 三羽叉蕨。

药用部位 叶。

功效主治 解毒，止血，祛风湿；治风湿骨痛，痢疾，刀伤出血，蛇咬伤。

化学成分 Eriodictyol-8-*C*-*β*-D-glucopyranoside等酚类。

长叶实蕨（实蕨科）

Bolbitis heteroclita (C. Presl) Ching

药 材 名 长叶实蕨。

药用部位 全草。

功效主治 清热止咳，凉血止血。治肺热咳嗽，咯血，痢疾，烧烫伤，毒蛇咬伤。

华南实蕨（实蕨科）

Bolbitis subcordata (Copel.) Ching

药 材 名 华南实蕨。

药用部位 全草。

功效主治 清热解毒，凉血止血；治毒蛇咬伤，局部破溃，红肿疮痈。

华南舌蕨（舌蕨科）

Elaphoglossum yoshinagae (Yatabe) Makino

药 材 名　华南舌蕨。

药用部位　全草。

功效主治　利尿通淋，清热利湿；治毒蛇咬伤，痢疾，吐血，衄血，外伤出血。

毛叶肾蕨（肾蕨科）

Nephrolepis brownii (Desv.) Hovenkamp et Miyam.

药 材 名　毛叶肾蕨。

药用部位　全草。

功效主治　消积化痰；治小儿疳积，食滞。

肾蕨（肾蕨科）

Nephrolepis cordifolia (L.) C. Presl

药 材 名　肾蕨。

药用部位　块茎、叶、全草。

功效主治　清热解毒，止咳，利湿；治感冒发热，肺热咳嗽，痢疾。

化学成分　β-谷甾醇、羊齿-9(11)-烯、齐墩果酸、黄酮类等。

大叶骨碎补（骨碎补科）

Davallia divaricata Dutch et Tutch.

药 材 名　大叶骨碎补。

药用部位　根茎。

功效主治　散瘀止痛，补肾壮骨；治跌打损伤，肾虚腰痛。

化学成分　4-羧甲基黄烷-3-醇、原花青素等。

云南骨碎补（骨碎补科）

Davallia trichomanoides Blume

药 材 名　云南骨碎补。

药用部位　根茎。

功效主治　壮腰骨，强腰膝。

化学成分　黄酮类。

杯盖阴石蕨（骨碎补科）

Humata griffithiana (Hook.) C. Chr.

药 材 名　白毛蛇。

药用部位　根茎。

功效主治　祛风除湿，止血，利尿；治风湿性关节炎，慢性腰腿痛，跌打损伤，骨折，黄疸性肝炎，吐血，便血，血尿。

化学成分　Hop-22(29)-ene、stigmast-4-ene-3,6-dione等。

阴石蕨（骨碎补科）

Humata repens (L. f.) Small ex Diels

药 材 名　红毛蛇。

药用部位　根茎。

功效主治　活血散瘀，清热利湿；治风湿痹痛，腰肌劳损，尿路感染；外用治跌打损伤。

中华双扇蕨（双扇蕨科）

Dipteris chinensis Christ

药 材 名　中华双扇蕨、双扇蕨。

药用部位　根茎。

功效主治　利水渗湿，补肾疗虚；治水肿，小便不利，肾虚，腰腿痛。

化学成分　Dipterinoid A、槲皮素等。

龙头节肢蕨（水龙骨科）

Arthromeris lungtauensis Ching

药 材 名　龙头节肢蕨。

药用部位　根茎。

功效主治　清热利湿，活血止痛；治小便不利，骨折。

掌叶线蕨（水龙骨科）

Colysis digitata (Baker) Ching

药 材 名 掌叶线蕨。

药用部位 全草。

功效主治 活血化瘀，治蛇虫咬伤，跌打损伤。

线蕨（水龙骨科）

Colysis elliptica (Thunb. ex Murray) Ching

药 材 名 线蕨。

药用部位 全草。

功效主治 清热利湿，活血止痛；治跌打损伤，尿路感染，肺结核。

断线蕨（水龙骨科）

Colysis hemionitidea (C. Presl) C. Presl

药 材 名 断线蕨。

药用部位 叶。

功效主治 清热利尿；治尿路感染，小便短赤淋痛。

化学成分 尿嘧啶、尿嘧啶核苷等。

矩圆线蕨（水龙骨科）

Colysis henryi (Baker) Ching

药 材 名 矩圆线蕨。

药用部位 全草。

功效主治 凉血止血，利湿解毒；治肺热咳血，尿血，小便淋浊，痈疮肿毒，毒蛇咬伤，风湿痹痛。

宽羽线蕨（水龙骨科）

Colysis pothifolia (Buch.-Ham. ex D. Don) C. Presl

药 材 名 宽羽线蕨。

药用部位 根茎、全草。

功效主治 祛风通络，散瘀止痛；治风湿腰痛，跌打损伤。

化学成分 α-芒柄花二烯、氧杂线蕨萜等。

褐叶线蕨（水龙骨科）

Colysis wrightii (Hook. et Baker) Ching

药 材 名 褐叶线蕨。

药用部位 全草。

功效主治 行气祛瘀，补肺镇咳；治虚劳咳嗽，血崩，带下。

抱树莲（水龙骨科）

Drymoglossum piloselloids (L.) C. Presl.

药 材 名　抱树莲。

药用部位　全草。

功效主治　消炎解毒，止血消肿；治黄疸，肺结核，淋巴结结核，血崩，乳癌，腮腺炎，跌打损伤。

丝带蕨（水龙骨科）

Drymotaenium miyoshianum (Makino) Makino

药 材 名　丝带蕨。

药用部位　全草。

功效主治　清热息风，活血；治小儿惊风，劳伤。

伏石蕨（水龙骨科）

Lemmaphyllum microphyllum C. Presl

药 材 名　抱石莲。

药用部位　全草。

功效主治　清热解毒，凉血止血，润肺止咳；治肺热咳嗽，肺脓肿，咽喉肿痛，腮腺炎，痢疾，衄血，崩漏。

化学成分　Onocera-7,14-diene、onocera-7, 13-diene等。

抱石莲（水龙骨科）

Lepidogrammitis drymoglossoides (Baker) Ching

药 材 名 抱石莲。

药用部位 全草。

功效主治 清热解毒，祛风化痰，凉血去瘀；治小儿高热，肺结核，内、外伤出血，风湿性关节痛，跌打损伤；外用治疔疮肿毒。

化学成分 β-蜕皮甾酮、大黄素甲醚、大黄素、伞形花内酯等。

披针骨牌蕨（水龙骨科）

Lepidogrammitis diversa (Rosenst.) Ching

药 材 名 披针骨牌蕨。

药用部位 全草。

功效主治 清热止咳，祛风除湿，止血；治小儿高热，肺热咳嗽，风湿性关节炎，外伤出血。

化学成分 花青素、绿原酸、黄酮类等。

黄瓦韦（水龙骨科）

Lepisorus asterolepis (Baker.) Ching ex S. X. Xu

药 材 名　黄瓦韦。

药用部位　全草。

功效主治　清热利尿，止咳，止痉；治小儿惊风，咳嗽吐血，小便不利。

大瓦韦（水龙骨科）

Lepisorus macrosphaerus (Baker) Ching

药 材 名　金星凤尾草、凤尾金星、岩巫散。

药用部位　全草。

功效主治　清热解毒，利尿祛湿，止血；治暴赤火眼，翳膜遮睛，热淋，水肿，血崩，月经不调，疔疮痈毒，外伤出血。

粤瓦韦（水龙骨科）

Lepisorus obscurevenulosus (Hayata) Ching

药 材 名　粤瓦韦。

药用部位　全草。

功效主治　清热解毒，利水通淋，止血；治咽喉肿痛，痈肿疮疡，烧烫伤，蛇虫咬伤，小儿惊风，呕吐腹泻，热淋，吐血。

骨牌蕨（水龙骨科）

Lepisorus rostratus (Bedd.) C. F. Zhao, R. Wei et X. C. Zhang

药 材 名 骨牌蕨。

药用部位 全草。

功效主治 清热利尿，除烦清肺气，解毒消肿；治淋沥，热咳，心烦，疮疡肿毒，跌打损伤。

瓦韦（水龙骨科）

Lepisorus thunbergianus (Kaulf.) Ching

药 材 名 瓦韦。

药用部位 全草。

功效主治 清热利尿，凉血，解毒，消肿；治小儿惊风，咽喉肿痛，毒蛇咬伤，小便淋痛。

化学成分 异荭草苷等黄酮类、绿原酸等苯丙素类。

攀援星蕨（水龙骨科）

Microsorum buergerianum (Miq.) Ching

药 材 名 一枝旗。

药用部位 全草。

功效主治 清热利湿；治尿路感染，黄疸。

江南星蕨（水龙骨科）

Microsorum fortunei (T. Moore) Ching

药 材 名 大叶骨牌草。

药用部位 全草。

功效主治 清热利湿，凉血解毒；治感冒，黄疸，痢疾，带下，痔疮，瘰疬结核，痈肿疮毒，毒蛇咬伤。

化学成分 *β*-谷甾醇、松脂素、槲皮素等。

羽裂星蕨（水龙骨科）

Microsorum insigne (Blume) Copel.

药 材 名 羽裂星蕨。

药用部位 全草。

功效主治 清热，祛湿，活血；治关节痛，跌打损伤，疝气，无名肿痛。

化学成分 *N*-(2-phenethyl)-3-chloropropionamide。

膜叶星蕨（水龙骨科）

Microsorum membranaceum (D. Don) Ching

药 材 名 膜叶星蕨、故望帕（傣药）。

药用部位 全草。

功效主治 利水消肿，消肿止痛；治膀胱炎，尿道炎，水肿，便秘，痈肿疔疮。

星蕨（水龙骨科）

Microsorum punctatum (L.) Copel.

药 材 名　星蕨。

药用部位　全草。

功效主治　清热利湿，解毒；治淋证，小便不利，跌打损伤，痢疾。

剑叶盾蕨（水龙骨科）

Neolepisorus ensatus (Thunb.) Ching

药 材 名　剑叶盾蕨。

药用部位　全草。

功效主治　治吐血，血淋，痈毒，跌打损伤，烫伤。

盾蕨（水龙骨科）

Neolepisorus ovatus (Bedd.) Ching

药 材 名　盾蕨。

药用部位　全草。

功效主治　清热利湿，止血，解毒；治热淋，小便不利，尿血，肺痨咳嗽，吐血，外伤出血，痈肿，水火烫伤。

金鸡脚假瘤蕨（水龙骨科）

Phymatopteris hastata (Thunb.) Pic. Serm.

药 材 名　金鸡脚、鹅掌金星。

药用部位　全草。

功效主治　祛风清热，利湿解毒；治小儿惊风，感冒咳嗽，小儿支气管肺炎，咽喉肿痛，扁桃体炎，中暑腹痛，痢疾，腹泻，尿路感染，筋骨疼痛；外用治痈疖，疔疮，蛇咬伤。

化学成分　香豆素等。

喙叶假瘤蕨（水龙骨科）

Phymatopteris rhynchophylla (Hook.) Pic. Serm.

药 材 名　喙叶假瘤蕨。

药用部位　全草。

功效主治　清热解毒；治肺热咳嗽，疮疖肿毒。

光亮瘤蕨（水龙骨科）

Phymatosorus cuspidatus (D. Don) Pic. Serm.

药 材 名　光亮瘤蕨。

药用部位　全草。

功效主治　补肾壮骨，活血止痛，接骨，消肿；治腰腿痛，跌打损伤，骨折。

友水龙骨（水龙骨科）

Polypodiodes amoena (Wall. ex Mett.) Ching

药 材 名　友水龙骨。

药用部位　根茎。

功效主治　清热解毒，消肿止痛，舒筋活络；治风湿痹痛，跌打损伤，痈肿疮毒。

化学成分　20-羟基羽扇烷、水龙骨-7, 17, 21-三烯等。

日本水龙骨（水龙骨科）

Polypodiodes niponica (Mett.) Ching

药 材 名　水龙骨。

药用部位　根茎。

功效主治　清热利湿，活血通络；治小便淋浊，泄泻，痢疾，风湿痹痛，跌打损伤。

化学成分　多糖等。

贴生石韦（水龙骨科）

Pyrrosia adnascens (Sw.) Ching

药 材 名　贴生石韦。

药用部位　全草。

功效主治　清热利尿，散结解毒；治腮腺炎，瘰疬，蛇咬伤。

相似石韦（水龙骨科）

Pyrrosia assimilis (Baker) Ching

别　　名　小石韦。

药 材 名　相似石韦、小石韦。

药用部位　全草。

功效主治　清热解毒，镇静，调经；治肺热咳嗽，尿路感染，癫痫。

光石韦（水龙骨科）

Pyrrosia calvata (Baker) Ching

药 材 名　光石韦。

药用部位　全草。

功效主治　清热，利尿，止血，止咳；治肺热咳嗽，痰中带血，尿路结石，颈部淋巴结结核。

化学成分　里白烯、正三十一烷、杧果苷等。

石韦（水龙骨科）

Pyrrosia lingua (Thunb.) Farw.

药 材 名　石韦。

药用部位　叶。

功效主治　利尿通淋，清肺止咳，凉血止血；治热淋，血淋，小便不通，肺热喘咳，吐血，衄血，尿血，崩漏。

化学成分　绿原酸甲酯、(+) -儿茶素、香草酸等。

有柄石韦（水龙骨科）

Pyrrosia petiolosa (Christ) Ching

药 材 名　石韦。

药用部位　叶。

功效主治　利尿通淋，清肺止咳，凉血止血；治小便短赤，淋漓涩痛，水肿，肺热咳嗽，咳血，吐血，衄血，血淋，崩漏及外伤出血。

化学成分　原儿茶酸、七叶内酯、绿原酸甲酯、儿茶素等。

庐山石韦（水龙骨科）

Pyrrosia sheareri (Baker) Ching

药 材 名　石韦。

药用部位　叶。

功效主治　利尿通淋，清肺止咳，凉血止血；治热淋，血淋，小便不通，肺热喘咳，吐血，衄血，尿血，崩漏。

化学成分　3*β*-羟基齐墩果-12-烯-27-羧酸、乌索酸、7*β*-羟基谷甾醇等。

柔软石韦（水龙骨科）

Pyrrosia porosa (C. Presl) Hovenkamp

药 材 名　毛石韦、石岩金、故摆摇（傣药）。

药用部位　全草、孢子。

功效主治　清热利尿，通淋；治肾炎水肿，化脓性中耳炎，外伤出血，泌尿道感染。

化学成分　皂苷类、蒽醌类、多糖等。

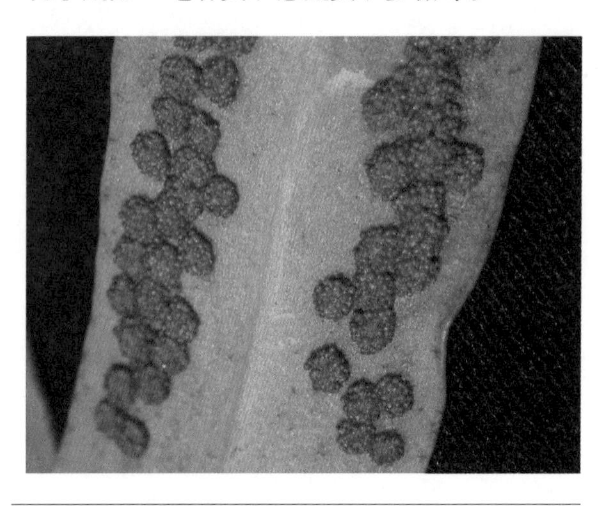

石蕨（水龙骨科）

Saxiglossum angustissimum (Giesenh. ex Diels) Ching

药 材 名　石蕨。

药用部位　全草。

功效主治　清热利湿，凉血止血；治目赤，咽喉肿痛，小便不利，风湿腰腿痛，衄血，崩漏。

化学成分　29-diol-29-formate等藿烷三萜类。

槲蕨（槲蕨科）

Drynaria roosii Nakaike

柚皮苷

药 材 名 骨碎补、肉碎补、毛姜。

药用部位 根茎。

生　　境 附生于树上、山林石壁上或墙上。

采收加工 全年均可采挖，除去泥沙，干燥，或再燎去茸毛（鳞片）。

药材性状 呈扁平长条状，多弯曲，有分枝。表面密被深棕色至暗棕色的小鳞片，柔软如毛，经火燎者呈棕褐色或暗褐色，两侧及上表面均具凸起或凹下的圆形叶痕，少数有叶柄残基和须根残留。体轻，质脆，易折断，断面红棕色，维管束呈黄色点状，排列成环。

性味归经 苦，温。归肝、肾经。

功效主治 疗伤止痛，补肾强骨；治筋骨折伤、肾虚腰痛、筋骨痿软、耳鸣耳聋、牙齿松动；外治斑秃，白癜风。

化学成分 柚皮苷、21-何帕烯、骨碎补双氢黄酮苷、骨碎补酸等。

核心产区 浙江、福建、台湾、广东、广西、江西、湖北、四川、贵州、云南等地。

用法用量 内服：煎汤，3～9克。浸酒或入丸、散。外用：捣敷。

本草溯源 《日华子本草》《本草图经》《本草纲目拾遗》。

附　　注 可用于保健食品的中药。

石莲姜槲蕨（槲蕨科）

Drynaria propinqua (Wall. ex Mett.) J. Sm.

药 材 名 石莲姜槲蕨、故肯埋（傣药）。

药用部位 根、茎。

功效主治 接骨，止痛，止血；治骨折，跌打损伤，颈椎病，腰椎病，中风偏瘫后遗症。

化学成分 石莲姜素、4-*O*-*β*-D-吡喃葡萄糖基咖啡酸、胡萝卜苷和蔗糖等。

崖姜蕨（槲蕨科）

Pseudodrynaria coronans (Wall. ex Mett.) Ching

药 材 名 崖姜蕨。

药用部位 全草。

功效主治 祛风除湿，舒筋活络；治风湿疼痛，跌打损伤，骨折，中耳炎。

化学成分 羽扇豆醇、白桦脂醇、蔗糖等。

短柄禾叶蕨（禾叶蕨科）

Grammitis dorsipila (Christ) C. Chr. et Tardieu

药 材 名 两广禾叶蕨。

药用部位 全草。

功效主治 消食，止咳；治小儿消化不良，肺炎。

柳叶剑蕨（剑蕨科）

Loxogramme salicifolia (Makino) Makino

药 材 名 柳叶剑蕨。

药用部位 全草。

功效主治 清热解毒，利尿；治尿路感染，咽喉肿痛，犬咬伤。

苹（苹科）

Marsilea quadrifolia L.

药 材 名　苹。

药用部位　全草。

功效主治　清热解毒，利尿消肿，截疟；治尿路感染，肾炎水肿，肝炎，神经衰弱，火眼。

化学成分　3-*O*-(2″-*O*-*E*-caffeoyl)-*β*-D-glucopyranoside-4-methy-3'-hydroxypsilotinin等。

槐叶苹（槐叶苹科）

Salvinia natans (L.) All.

药 材 名　槐叶苹。

药用部位　全草。

功效主治　清热除湿，活血止痛；治痈肿疔毒，瘀血肿痛，烧烫伤。

化学成分　蛋白质等。

满江红（满江红科）

Azolla pinnata R. Br. subsp. **asiatica** R. M. K. Saunders et K. Fowler

药 材 名　满江红、满江红根。

药用部位　叶、根。

功效主治　解表透疹，祛风胜湿，润肺，止咳；治感冒咳嗽，肺痨，麻疹未透，风湿性关节痛，荨麻疹。

化学成分　3′,4′,5,7-四羟基黄酮-5-葡萄糖苷、马栗树皮素、绿原酸等。

Section 6 Gymnosperms

第六节 裸子植物

宽叶苏铁（苏铁科）

Cycas balansae Warb.

药 材 名　云南苏铁、孔雀抱蛋、故拉龙（傣药）。

药用部位　全株、果实。

功效主治　解毒，收敛，通经，健胃，止咳祛痰；治肠炎，痢疾，消化不良，呃逆，气管支气管炎。

篦齿苏铁（苏铁科）

Cycas pectinata Griff.

药 材 名　篦齿苏铁。

药用部位　全株。

功效主治　种子：平肝，降血压；治高血压。根：祛风活络，补肾；治肺结核咯血，腰痛，风湿性关节麻木疼痛，跌打损伤等。

苏铁（苏铁科）

Cycas revoluta Thunb.

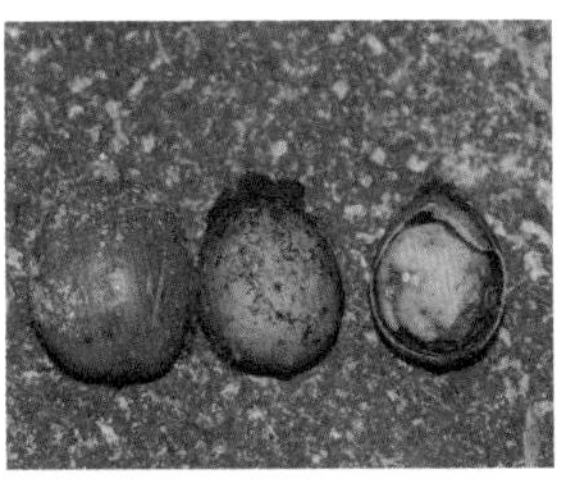

药 材 名　苏铁叶、苏铁花、苏铁果、苏铁根。

药用部位　叶、花、种子、根。

功效主治　叶：收敛止血，解毒止痛；治各种出血、胃炎、胃溃疡、高血压等。花：理气止痛，益肾固精；治胃痛，遗精，血带，痛经。种子：平肝，降压；治高血压。根：祛风活络；治肺结核，咯血，肾虚牙痛，腰痛，白带，风湿关节麻木疼痛，跌打损伤。

化学成分　苏铁双黄酮、香草醛、穗花杉双黄酮、柚皮素等。

银杏（银杏科）

Ginkgo biloba L.

银杏内酯A

药 材 名 银杏叶、白果。

药用部位 叶或成熟种子（白果）。

生　　境 喜光植物，分布在海拔500～1 000米的黄壤，排水良好的天然林，适合庭园、寺庙房前屋后种植，尤其是土层深厚，肥沃湿润，排水良好的地方。

采收加工 叶秋季尚绿时采收，干燥。种子秋季成熟时采收，除去肉质外种皮，洗净，稍蒸或略煮后，烘干为白果。

药材性状 叶多皱褶或破碎，完整者呈扇形，黄绿色，叶基楔形，体轻；种子略呈椭圆形，一端稍尖，另端钝，表面黄白色，平滑，具2～3条棱线，中种皮（壳）骨质，坚硬，内种皮膜质，种仁宽卵球形，一端淡棕色，另一端金黄色，粉性，中间有空隙。气微，味甘、微苦。

性味归经 银杏叶：甘、苦、涩，平；归心、肺经。白果：甘、苦、涩，平；归肺、肾经。

功效主治 银杏叶：活血化瘀，通络止痛，化浊降脂；治胸痹心痛、中风偏瘫、肺虚咳喘等。白果：敛肺定喘，止带缩尿；治痰多喘咳、带下白浊、遗尿尿频。

化学成分 银杏叶：含有银杏内酯A、槲皮素、山柰素和异鼠李素等。白果含少量氰苷、腰果素、白果酸、银杏毒素、山柰黄素、槲皮素等。

核心产区 全国各地均有分布，其中白果主产广西、四川、湖北、河南、山东等地。

用法用量 内服：煎汤，银杏叶9～12克，白果5～10克。外用：捣敷，或切片涂擦患处。

本草溯源 《绍兴本草》《滇南本草》《本草品汇精要》《本草蒙筌》《本草纲目》。

附　　注 《国家重点保护野生植物名录》一级。叶、种子有小毒（氢氰酸、白果酸）；种子药食同源，叶为可用于保健食品的中药。

南洋杉（南洋杉科）

Araucaria cunninghamii Aiton ex D. Don

药 材 名　南洋杉。

药用部位　叶。

功效主治　治皮肤过敏。

化学成分　没食子酸、儿茶素、绿原酸等。

思茅松（松科）

Pinus kesiya Royle ex Gordon. var. **langbianensis** (A. Chev.) Gaussen ex Bui

药 材 名　松脂、喃曼别（傣药）。

药用部位　树脂。

功效主治　祛风活血，消肿止痛，接骨续筋；治骨折，风湿骨痛，跌打损伤，疔疮脓肿，心悸。

化学成分　二萜类等。

马尾松（松科）

Pinus massoniana D. Don

药 材 名　松香、松节、松花粉、松针、松子仁。

药用部位　树脂、松节、松花粉、松针、松树皮、松子仁。

功效主治　树脂：祛风除湿止痛；治痈疖疮疡，湿疹。松节：祛风除湿止痛；治风湿性关节痛。松花粉：收敛止血；治胃和十二指肠溃疡。松针：祛风活血，明目安神；治流行性感冒。松树皮：收敛生肌；治烧烫伤、小儿湿疹。松子仁：润肺滑肠；治肺燥咳嗽，慢性便秘。

化学成分　(+)-儿茶素、(+)-没食子儿茶素、α-蒎烯和β-蒎烯等。

云南松（松科）

Pinus yunnanensis Franch.

药 材 名　云南松、青松、锅别（傣药）。

药用部位　松节、花粉、松针、松香、根、根皮、松笔头。

功效主治　松节：祛风除湿，活络止痛；治风湿性关节痛，腰腿痛，跌打肿痛。花粉：燥湿，收敛止血；治胃和十二指肠溃疡，中耳炎，鼻炎，外伤出血，皮肤溃疡。松针：祛风活血，明目，安神，解毒，止痒；治流行性感冒，夜盲症，高血压，神经衰弱。松香：祛风燥湿，生肌止痛；治痈疖疮疡，湿疹，外伤出血，烧烫伤。根或根皮：祛风除湿，活血止血；治筋骨疼痛，劳伤吐血。松笔头：祛风利湿，活血消肿，清热解毒；治风湿性关节痛，骨折，便浊膏淋，解木薯、钩吻中毒。

化学成分　二萜类等。

日本柳杉（杉科）

Cryptomeria japonica (Thunb. ex L. f.) D. Don

药 材 名　日本柳杉。

药用部位　根皮。

功效主治　解毒，杀虫，止痒；治癣疮，鹅掌风，烫伤。

柳杉（杉科）

Cryptomeria japonica (Thunb. ex L. f.) D. Don var. **sinensis** Miq.

药 材 名　柳杉、柳杉叶。

药用部位　根皮、树皮。

功效主治　根皮或树皮：解毒，杀虫，止痒；治癣疮，鹅掌风，烫伤，痈疽疮毒。

化学成分　异海松酸、柳杉双黄酮A、复瓦杉酸、异柏酸、松叶酸、柳杉素A等。

杉木（杉科）

Cunninghamia lanceolata (Lamb.) Hook.

药 材 名　杉子、杉木、杉叶、杉皮、杉塔、杉木根。

药用部位　杉木、杉叶、树皮、球果、杉木节、杉木油、杉木根、种子。

功效主治　杉木：辟恶除秽，除湿散毒；治脚气肿满。杉叶：祛风化痰，活血解毒；治半身不遂初起。树皮：利湿，消肿解毒；治脚气肿满。球果（杉塔）：温肾壮阳，杀虫解毒；治遗精阳痿。杉木节：祛风止痛，散湿毒；治风湿性关节痛。杉木油：利尿排石，消肿杀虫；治淋证。杉木根：祛风利湿,行气止痛；治风湿痹痛。种子：治疝气痛。

化学成分　柏木醇、α-柏木烯、香叶烯等。

水松（杉科）

Glyptostrobus pensilis (Staunton ex D. Don) K. Koch

药 材 名　水松叶、水松皮、水松球果、水松枝叶。

药用部位　皮、球果、枝叶、叶。

功效主治　皮：杀虫止痒，祛火毒；治泡疮。球果：理气止痛；治胃痛，疝气痛。枝叶：祛风湿，通络杀虫；治风湿骨痛，高血压。叶：祛风止痛，止痒杀虫；治周身骨节痛，皮炎，风湿性关节炎，高血压。

化学成分　莽草酸、金丝桃苷、扁蓄苷、番石榴苷等。

水杉（杉科）

Metasequoia glyptostroboides Hu et W. C. Cheng

药 材 名　水杉。

药用部位　叶、果实。

功效主治　清热解毒，消炎止痛；治风疹，疮疡，疥癣，赤游丹，接触性皮炎，过敏性皮炎。

化学成分　黄酮类、萜类、木脂素等。

线柏（柏科）

Chamaecyparis pisifera 'Filifera'

药 材 名　线柏。

药用部位　枝叶。

功效主治　杀虫止痒；治风疹。

柏木（柏科）

Cupressus funebris Endl.

药 材 名　垂柏。

药用部位　果实、种子、枝叶。

功效主治　祛风清热，安神，止血；治发热烦躁，小儿高热，吐血。叶：止血生肌。外用治外伤出血，黄癣。

福建柏（柏科）

Fokienia hodginsii (Dunn) A. Henry et H. H. Thomas

药 材 名　福建柏。

药用部位　心材。

功效主治　行气止痛，降逆止呕；治脘腹疼痛，噎膈反胃。

化学成分　桧脂素、双氢芝麻脂素、扁柏脂内酯等。

圆柏（柏科）

Juniperus chinensis L.

药 材 名　圆柏。

药用部位　枝、叶、树皮。

功效主治　祛风散寒，活血消肿，解毒利尿；治风寒感冒，肺结核，尿路感染。

化学成分　α-罗勒烯、α-蒎烯、β-蒎烯等挥发油成分。

龙柏（柏科）

Juniperus chinensis 'Kaizuca'

药 材 名　龙柏。

药用部位　枝、叶。

功效主治　祛风散寒，活血消肿，解毒利尿，广治风寒感冒，风湿关节痛，小便淋痛等。

化学成分　穗花杉双黄酮、罗汉松双黄酮A等。

刺柏（柏科）

Juniperus formosana Hayata

药 材 名　刺柏。

药用部位　带叶嫩枝、果实。

功效主治　清热，补肾；治遗尿，积水，疔毒，炭疽。

化学成分　罗汉松脂素、桧脂素、槲皮素、刺槐素等。

侧柏（柏科）

Platycladus orientalis (L.) Franco

药 材 名　侧柏叶、柏子仁。

药用部位　侧柏叶、嫩枝、叶、种子。

功效主治　侧柏叶：凉血止血，清肺止咳。嫩枝、叶：治吐血，尿血，子宫出血，紫斑，风湿痹痛，高血压。种子：治失眠遗精。

化学成分　α-蒎烯、桧烯、柏木烯、雪松醇等挥发油成分。

鸡毛松（罗汉松科）

Dacrycarpus imbricatus (Blume) de Laub.

药 材 名　鸡毛松。

药用部位　枝叶。

功效主治　散热消肿，杀虫止痒；治发热，哮喘，咳嗽。

化学成分　Podoimbricatin C、罗汉松双黄酮A、阿曼托黄素等。

短叶罗汉松（罗汉松科）

Macrophyllus (Thunb.) Sweet var. **maki** Siebold et Zucc.

药 材 名　罗汉松实、罗汉松叶、罗汉松根皮。

药用部位　种子、花托、枝叶、根皮。

功效主治　行气止痛，养血，止血，祛风，杀虫；治胃脘疼痛，血虚面色萎黄，吐血，咳血，跌打损伤。

化学成分　罗汉松双黄酮A等黄酮类。

竹柏（罗汉松科）

Podocarpus nagi (Thunb.) Zoll. et Mor. ex Zoll.

药 材 名　竹柏、竹柏根。

药用部位　叶、根、树皮。

功效主治　止血，接骨，祛风除湿；治外伤出血，骨折，风湿痹痛。

化学成分　竹柏内酯A、阿曼托黄素、白果素等。

百日青（罗汉松科）

Podocarpus neriifolius D. Don

药 材 名 百日青。

药用部位 叶。

功效主治 祛风，接骨；治风湿，骨折，斑痧症。

化学成分 Makilactones E、makilactones G、inumakilactone A等。

肉托竹柏（罗汉松科）

Podocarpus wallichianus C. Presl

药 材 名 大叶竹柏、大叶罗汉松。

药用部位 枝、叶、根。

功效主治 治关节红肿，水肿症。

化学成分 芳香类、杂环类、降二萜类、降碳倍半萜类等。

三尖杉（三尖杉科）

Cephalotaxus fortunei Hook.

药 材 名 三尖杉、三尖杉根。

药用部位 枝叶、根。

功效主治 抗癌。枝叶：清热凉血；治目赤风疹，恶性淋巴瘤，白血病，肺癌。根：活血止痛；治直肠癌，跌打损伤。

化学成分 牛蒡子苷元、α-铁杉脂素、罗汉松脂酚等。

西双版纳粗榧（三尖杉科）

Cephalotaxus mannii Hook. f.

药 材 名　印度三尖杉、藏杉。

药用部位　提取物。

功效主治　治白血病及淋巴肉瘤。

化学成分　生物碱。

粗榧（三尖杉科）

Cephalotaxus sinensis (Rehder et E. H. Wilson) H. L. Li

药 材 名　粗榧枝叶、粗榧根、粗榧子。

药用部位　枝叶、根、树皮、种子。

功效主治　枝叶：抗癌；治白血病，恶性淋巴瘤。根：祛风除湿；治风湿痹痛。种子：驱虫消积。治蛔虫病，钩虫病，食积。

化学成分　桥氧三尖杉碱、三尖杉酯碱等三尖杉碱型生物碱。

篦子三尖杉（三尖杉科）

Cephalotaxus oliveri Mast.

药 材 名　篦子三尖杉、粗榧子。

药用部位　枝叶、种子。

功效主治　枝叶：抗癌；治恶性实体瘤。种子：驱虫消积；治蛔虫病，钩虫病，食积。

化学成分　柳杉酚、junipediol A、(+)-儿茶素、(-)-表儿茶素等。

穗花杉（红豆杉科）

Amentotaxus argotaenia (Hance) Pilg.

药 材 名　穗花杉种子、穗花杉叶、穗花杉根。

药用部位　种子、叶、根、树皮。

功效主治　种子：驱虫，消积；治虫积腹痛，小儿疳积。叶：清热解毒，祛湿止痒；治毒蛇咬伤，湿疹。根及树皮：活血止痛，生肌；治跌打损伤，骨折。

化学成分　(-)-贝壳杉烯、β-苦芸烯等。

南方红豆杉（红豆杉科）

Taxus chinensis (Pilg.) Rehder var. **mairei** (Lemée et H. Lév.) W. C. Cheng et L. K. Fu

紫杉醇

药 材 名 南方红豆杉、红豆杉、榧子、血柏、美丽红豆杉。

药用部位 枝、叶、成熟种子。

生　　境 野生或栽培，海拔1 200米以下的山地。

采收加工 鲜叶一年四季均可采收，10月份为最佳采收期。采收后如不作鲜加工用，应及时摊开通风阴干或晒干。种子成熟时采收。

药材性状 茎上小枝不规则互生，叶片全缘，近革质，中脉隆起明显，叶背具有2条黄褐色气孔带。种子卵圆形。种皮质硬。种仁表面皱缩，外胚乳灰褐色，膜质；内胚乳黄白色，富油性。气微，味微甜而涩。

性味归经 甘，平。归肺、胃、大肠经。

功效主治 驱虫，消积食，抗癌；治月经不调、产后瘀血、痛经等。

化学成分 紫杉醇等。

核心产区 南方红豆杉是中国亚热带至暖温带特有物种之一，产于中国长江流域以南，星散分布，尤其在安徽、河南、浙江、贵州、云南、广西和广东量大。

用法用量 煎汤，9～18克。

本草溯源 《尔雅翼》《中华本草》《中药大辞典》《全国中草药汇编》。

附　　注 《国家重点保护野生植物名录》一级，属于保健食品禁用的中药。世界上公认具有独特抗癌活性的紫杉醇主要来源于红豆杉属植物，该类植物全球共有 12 种，均被所在国列为濒危树种保护。紫杉醇作为畅销的抗癌药物之一，其原料保障已经成为红豆杉产业化开发的关键，近年来盲目的砍伐使得野生红豆杉资源受到了极大的破坏人工种植、细胞培养、半合成与全人工合成等是解决资源匮乏的主要途径。

香榧（红豆杉科）

Torreya grandis 'Merrillii'

药 材 名 羊角榧、细榧。

药用部位 种子、根皮、花。

功效主治 种子：驱虫，消积，润燥；治虫积腹痛，食积痞闷，便秘，痔疮，蛔虫病。根皮：治风湿肿痛。花：驱蛔虫。

化学成分 不饱和脂肪酸、生物碱等。

罗浮买麻藤（买麻藤科）

Gnetum luofuense C. Y. Cheng

药 材 名 买麻藤。

药用部位 根、茎皮。

功效主治 补脾健胃，活血散瘀，消肿止痛，止咳平喘；治不思饮食，恶心呕吐，风热感冒，视物不清。

化学成分 异丹叶大黄素、白藜芦醇、买麻藤醇等。

小叶买麻藤（买麻藤科）

Gnetum parvifolium (Warb.) C.Y. Cheng ex Chun

药 材 名 小叶买麻藤。

药用部位 藤、根、叶。

功效主治 祛风活血，消肿止痛，化痰止咳；治风湿性关节炎，腰肌劳损，跌打损伤，支气管炎，溃疡出血。

化学成分 香草酸等芳香酸类、千层纸素A、高圣草素等黄酮类。

垂子买麻藤（买麻藤科）

Gnetum pendulum C. Y. Cheng

药 材 名 垂子买麻藤、嘿梅囡（傣药）。

药用部位 根、藤茎、叶。

功效主治 祛风湿，强筋骨，止血止痛；治风湿性关节炎，腰肌劳损，支气管炎，溃疡出血，跌打损伤。

化学成分 原儿茶酸甲酯、买麻藤醇、白藜芦醇、原儿茶酸、香草醛、阿魏酸等。

Section 7 Angiosperms

第七节 被子植物

鹅掌楸（木兰科）

Liriodendron chinense (Hemsl.) Sarg.

药 材 名 凹朴皮、马褂木皮、鹅掌楸根、双飘树根。

药用部位 树皮、根。

功效主治 树皮：祛风除湿，散寒止咳；治风湿痹痛，风寒咳嗽。根：祛风除湿，强筋壮骨；治风湿性关节炎，肌肉萎软。

化学成分 鹅掌楸苷、鹅掌楸碱、海罂粟碱等。

用法用量 煎服，25～50克，或泡酒服。

附　　注 《国家重点保护野生植物名录》二级保护植物。

望春玉兰（木兰科）

Magnolia biondii Pamp.

1,8-桉叶素　　木兰脂素

药 材 名　辛夷、望春花、木兰。

药用部位　花蕾。

生　　境　栽培或野生于山坡林中。

采收加工　冬末春初花未开放时采收，去枝梗，阴干。

药材性状　呈长卵形，似毛笔头；基部常具短梗，梗上有类白色状皮孔，两层苞片间有小鳞芽，苞片外表面密被灰白色或灰绿色茸毛，体轻，质脆，气芳香。

性味归经　辛，温。归肺、胃经。

功效主治　散风寒，通鼻窍；治风寒头痛，鼻塞流涕，鼻鼽，鼻渊。

化学成分　花蕾含木兰脂素、柠檬醛、丁香油酚、1,8-桉叶素等挥发油成分。

核心产区　河南伏牛山南坡的南召、淅川、西峡和内乡，南方诸省均有栽培。

用法用量　煎服，3～10克。辛夷有毛，易刺激咽喉，入汤剂宜用纱布包煎。外用适量。

本草溯源　《神农本草经》《名医别录》《开宝本草》《本草衍义》《本草汇言》《中华本草》。

附　　注　辛夷是中医治疗鼻部炎症的传统要药，其基原包括本种及其同科同属的玉兰 *M. denudata* 与武当玉兰 *M. sprengeri*，其中望春玉兰最为常见，临床使用效果也佳。

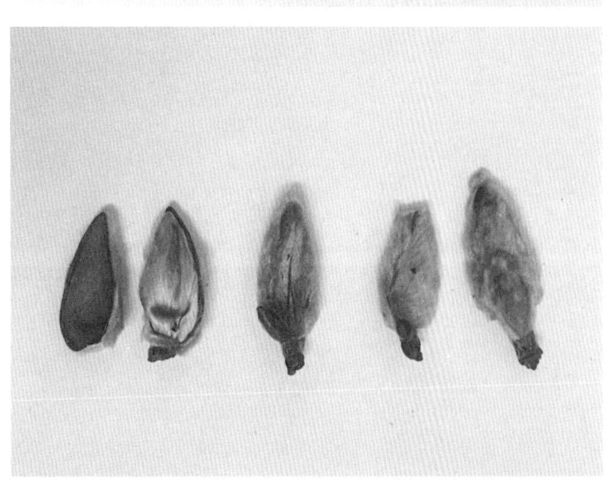

长叶木兰（木兰科）

Magnolia championii Benth.

药 材 名 长叶玉兰。

药用部位 树皮。

功效主治 行气止痛，通窍；治脘腹胀痛。

夜香木兰（木兰科）

Magnolia coco (Lour.) DC.

药 材 名 夜合花、合欢花、夜来木香。

药用部位 花。

功效主治 行气祛瘀，止咳止带；治胁肋胀痛，乳房胀痛，跌打损伤，疝气痛，癥瘕，咳嗽气喘，白带过多。

化学成分 杨黄心树宁碱、柳叶木兰碱等。

山玉兰（木兰科）

Magnolia delavayi Franch.

药 材 名 波萝花、土厚朴、野玉兰。

药用部位 树皮、花、花蕾。

功效主治 树皮：温中理气，健脾利湿；治消化不良，慢性胃炎，呕吐，腹痛，腹胀，腹泻。花：宣肺止咳；治鼻炎，鼻窦炎，支气管炎，咳嗽。

化学成分 辛夷脂素等。

玉兰（木兰科）

Magnolia denudata Desr.

药 材 名　辛夷、辛矧、侯桃。

药用部位　干燥花蕾。

功效主治　散风寒，通鼻窍；治风寒头痛，鼻塞，鼻渊，鼻流浊涕。

化学成分　1,8-桉叶素、α-蒎烯、β-蒎烯、樟烯等。

荷花玉兰（木兰科）

Magnolia grandiflora L.

药 材 名　广玉兰、荷花玉兰、洋玉兰。

药用部位　花、树皮。

功效主治　祛风散寒，行气止痛；治外感风寒，头痛鼻塞，脘腹胀痛，呕吐腹泻，偏头痛，高血压。

化学成分　树皮含木兰花碱、白栝楼碱等；花含β-丁香萜等。

大叶木兰（木兰科）

Magnolia henryi Dunn

药 材 名　大叶木兰、锅端宽（傣药）。

药用部位　茎木、叶。

功效主治　燥温消痰；治湿滞伤中，脘痞吐泻，食积气滞，腹胀便秘，痰饮喘咳。

化学成分　厚朴酚、和厚朴酚、1,8-桉叶素、生物碱类等。

紫玉兰（木兰科）

Magnolia liliflora Desr.

药 材 名 辛夷、辛矧、侯桃。

药用部位 花蕾。

功效主治 散风寒，通鼻窍；治风寒头痛，鼻塞，鼻渊，鼻流浊涕。

化学成分 1,8-桉叶素、*α*-蒎烯、*β*-蒎烯、樟烯等。

厚朴（木兰科）

Magnolia officinalis Rehder et E. H Wilson

厚朴酚

药 材 名　厚朴、厚皮、川朴。

药用部位　干皮、根皮及枝皮。

生　　境　生于海拔300～1 500米的山地林间，喜光照足、凉爽、湿润环境。

采收加工　4—6月剥取，根皮和枝皮直接阴干；干皮置沸水中微煮后，堆置阴湿处，"发汗"至内表面变紫褐色或棕褐色时，蒸软，取出，卷成筒状，干燥。

药材性状　呈弯曲的丝条状或单、双卷筒状。外表面灰褐色，有时可见椭圆形皮孔或纵皱纹。内表面紫棕色或深紫褐色，较平滑，具细密纵纹，划之显油痕。切面颗粒性，有油性，有的可见小亮星。

性味归经　苦、辛，温。归脾、胃、肺、大肠经。

功效主治　燥湿消痰，下气除满；治湿滞伤中，脘痞吐泻，食积气滞，腹胀便秘，痰饮喘咳。

化学成分　含厚朴酚、和厚朴酚、(-)-丁香树脂酚-4′-*O*-*β*-D-吡喃葡萄糖苷、厚朴木脂体A-G等。

核心产区　四川、湖北、浙江、贵州、湖南。以四川、湖北所产质量最佳，称紫油厚朴；浙江所产质量亦好，称温朴。

用法用量　煎汤，3～10克。

本草溯源　《神农本草经》《名医别录》《药性论》《开宝本草》《本草衍义》《本草新编》。

附　　注　《国家重点保护野生植物名录》二级保护植物，花为可用于保健食品的中药。气虚、津伤血枯者及孕妇慎用。

凹叶厚朴（木兰科）

Magnolia officinalis Rehder et E. H. Wilson subsp. **biloba** (Rehder et E. H. Wilson) W. C. Cheng et Y. W. Law

药 材 名　厚朴、厚皮、厚朴花、调羹花。

药用部位　全株。

功效主治　行气消积，燥湿除满，降逆平喘；治食积气滞，腹胀便秘，湿阻中焦，脘痞吐泻，胸满咳喘。

化学成分　厚朴酚、厚朴醛B、厚朴醛C等。

长喙厚朴（木兰科）

Magnolia rostrata W. W. Sm.

药 材 名　长喙厚朴、大叶木兰。

药用部位　树皮。

功效主治　清热利尿，解毒消肿，润肺止咳；治痈肿疮毒，肺燥咳嗽，痰中带血。

化学成分　异厚朴酚、厚朴酚、厚朴碱、挥发油等。

木莲（木兰科）

Manglietia fordiana Oliv.

药 材 名　木莲果、山厚朴。

药用部位　果实。

功效主治　止咳，通便；治实热便秘，老人咳嗽。

化学成分　肉豆蔻酸、棕榈酸、油酸等。

红花木莲（木兰科）

Manglietia insignis (Wall.) Blume

药 材 名　木莲花、细花木莲。

药用部位　树皮。

功效主治　燥湿健脾；治脘腹痞满、胀痛，宿食不化，呕吐，泄泻，痢疾。

白兰（木兰科）

Michelia × **alba** DC.

药 材 名　白兰花、白兰花叶。

药用部位　花、叶。

功效主治　花：化湿，行气，止咳；治胸闷腹胀，中暑，咳嗽，前列腺炎，带下。叶：清热利尿；治尿路感染，小便不利。

化学成分　芳香醇、月桂烯、甲基丁香酚等。

合果木（木兰科）

Michelia baillonii (Pierre) Finet et Gagnep.

药 材 名　山桂花、假含笑、章巴藤（傣药）。

药用部位　树皮。

功效主治　祛风除湿；治风湿疼痛。

化学成分　β-谷甾醇、肉桂酸、正二十四烷酸等。

黄兰（木兰科）

Michelia champaca L.

药 材 名　黄缅桂、黄缅桂果、黄玉兰。

药用部位　根、果。

功效主治　根：祛风，利咽；治风湿性关节痛，咽喉肿痛，异物卡喉。果：健胃止痛；治消化不良，胃痛。

化学成分　小白菊内酯等。

紫花含笑（木兰科）

Michelia crassipes Y. W. Law

药 材 名　青山倒水莲（苗药）、尖端莲水、红花茶。

药用部位　枝叶。

功效主治　活血化瘀，清热利湿；治跌打损伤，肝炎。

含笑（木兰科）

Michelia figo (Lour.) Spreng.

药 材 名　含笑、香蕉花、寒宵。

药用部位　花蕾。

功效主治　凉血解毒，护肤养颜，利尿，安神解郁；治月经不调，失眠抑郁。

化学成分　l-芝麻脂素、horsfieldin、辛夷脂素、松脂素二甲醚等。

香子含笑（木兰科）

Michelia gioii (A. Chev.) Sima et H. Yu

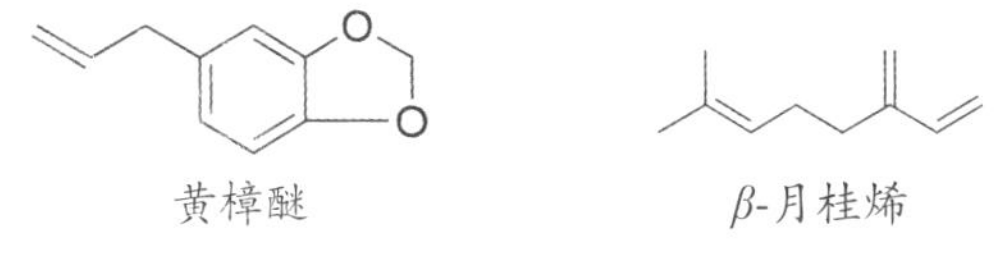

药 材 名　香子含笑、八角香兰。

药用部位　种子。

生　　境　生于海拔300～800米的山坡沟谷林中。

采收加工　果实成熟时采集，除去果壳，阴干备用。

药材性状　种子呈3～4棱或不规则而略圆的菱形颗粒，直径5～12毫米，表面棕褐色，具皱纹。气芳香，味辛辣。

性味归经　辛，温。归脾、胃经。

功效主治　消积食，健脾胃；治宿食不消，胸膈痞满，不思饮食，腹胀，胃腹疼痛。

化学成分　黄樟醚、β-月桂烯等。

核心产区　云南（西双版纳）、海南（白沙黎族自治县东南部霸王岭）、广西西南部。

用法用量　煎汤，6～9克。

本草溯源　《中华本草（傣药卷）》。

附　　注　《国家重点保护野生植物名录》二级保护植物。

醉香含笑（木兰科）

Michelia macclurei Dandy

药 材 名 醉香含笑、火力楠、展毛含笑。

药用部位 花、叶。

功效主治 清热消肿；治肠炎腹泻，跌打，痈肿。

化学成分 异长叶烯、橙花叔醇、α-金合欢烯等。

深山含笑（木兰科）

Michelia maudiae Dunn

药 材 名 深山含笑、光叶白兰、莫夫人含笑花。

药用部位 花、根。

功效主治 花：行气止痛，散风寒，通鼻窍。根：清热解毒，行气化浊，止咳；治跌打损伤，痈疮肿毒，鼻炎。

化学成分 莰烯、β-蒎烯、樟脑等。

野含笑（木兰科）

Michelia skinneriana Dunn

药 材 名 野含笑、山含笑。

药用部位 花、叶、根。

功效主治 活血化瘀，清热解毒；治跌打损伤，肝炎。

化学成分 莰烯、β-蒎烯、雪松烯等。

中缅八角（八角科）

Illicium burmanicum E. H. Wilson

药 材 名 中缅八角。

药用部位 果实。

功效主治 祛风除湿，消肿止痛；外用治疮疖，骨折。

化学成分 倍半萜、木脂素类等。

红花八角（八角科）

Illicium dunnianum Tutcher

药 材 名 樟木钻、山八角、野八角。

药用部位 根、树皮。

功效主治 祛风止痛，散瘀消肿；治风湿骨痛，跌打损伤，骨折。

化学成分 6-去氧伪日本莽草素、樟木钻素等。

红茴香（八角科）

Illicium henryi Diels

药 材 名 红茴香根、红毒茴香、毒八角。

药用部位 根、根皮。

功效主治 活血止痛，祛风除湿；治跌打损伤，风湿痹痛，腰腿酸痛。

化学成分 花旗松素、伪日本莽草素等。

披针叶八角（八角科）

Illicium lanceolatum A. C. Sm.

药 材 名 莽草、芒草、莽草根、窄叶红茴香。

药用部位 叶、根、根皮。

功效主治 叶：祛风止痛，消肿散结，杀虫止痒；治头风，皮肤麻痹，痈肿，乳痈，狐臭。根：治风湿痹痛，跌打损伤。根及根皮：散瘀止痛，祛风除湿；治跌打损伤，风湿性关节炎，腰腿痛。

化学成分 厚朴酚、木兰箭毒碱等。

野八角（八角科）

Illicium simonsii Maxim.

药 材 名 土大香、云南茴香。

药用部位 果实、叶。

功效主治 生肌杀虫；主治疮疡久溃，疥疮。

化学成分 莽草酸、日本莽草素等。

小花八角（八角科）

Illicium micranthum Dunn

药 材 名 树救主、野八角。

药用部位 根。

功效主治 行气止痛，散瘀通络；治胃痛吐泻，心胃气痛，跌打损伤。

化学成分 4-羟基胡椒酮、乳香醇C等。

八角（八角科）

Illicium verum Hook. f.

反式茴香脑

药 材 名　八角茴香、舶上茴香、大茴香。

药用部位　成熟果实。

生　　境　栽培或野生，喜冬暖夏凉的山地气候，幼树喜荫，成年树喜光。

采收加工　为春果和秋果两种。春果每年3—4月成熟，秋果在9—10月成熟。当果实由青色变黄色时便可采收。采收方法有两种：一种是八角果实充分成熟，自行落到地面后捡收，多适于春果采收；另一种是上树采收，即果实变为黄色时人爬上树采收。

药材性状　聚合果，多由8个蓇葖果呈放射状排列于中轴上。外表面红棕色，不规则皱纹，顶端鸟喙状；内表面淡棕色，有光泽；质硬脆。蓇葖果含种子1粒，扁卵圆形，红棕色或黄棕色，尖端有种脐；胚乳白色，富油性。气芳香，味辛、甜。

性味归经　辛，温。归肝、肾、脾、胃经。

功效主治　温阳散寒，理气止痛；主治寒疝腹痛，肾虚腰痛，胃寒呕吐，脘腹疼痛，寒湿脚气等。

化学成分　反式茴香脑、槲皮素、羟基桂皮酸等。

用法用量　内服：煎汤，3～6克，或入丸、散。

核心产区　原产于中国，主产于广西、广东、云南、福建、贵州等地。

本草溯源　《本草品汇精要》《本草蒙筌》《本草纲目》《本草求真》。

附　　注　药食同源。

黑老虎（五味子科）

Kadsura coccinea (Lem.) A. C. Smith

异南五味子木脂宁

药 材 名 黑老虎、风沙藤、过山龙藤。

药用部位 根、藤茎。

生　　境 野生，生于山地疏林中，常缠绕于大树上。

采收加工 全年均可采，掘起根部及须根，洗净泥沙，切成小段，晒干。

药材性状 根圆柱形，略扭曲。表面有纵皱纹及横裂纹，质坚韧，断面纤维性，皮部厚，易剥离，嚼之有生番石榴味，渣滓很少。木质部质硬，密布导管小孔。

性味归经 辛，温。归肝、脾经。

功效主治 行气活血，祛风止痛；主治风湿痹痛，痛经，脘腹疼痛，跌打损伤。

化学成分 南五味子酯、异南五味子木脂宁、黑老虎酸、去氧五味子素等。

核心产区 江西、福建、湖南、广东、广西、四川、贵州和云南。

用法用量 内服：煎汤，藤茎9～15克；或研粉，0.9～1.5克；或浸酒。外用：适量，研末撒；或捣敷；或煎水洗。

本草溯源 《岭南采药录》。

附　　注 果可食用。

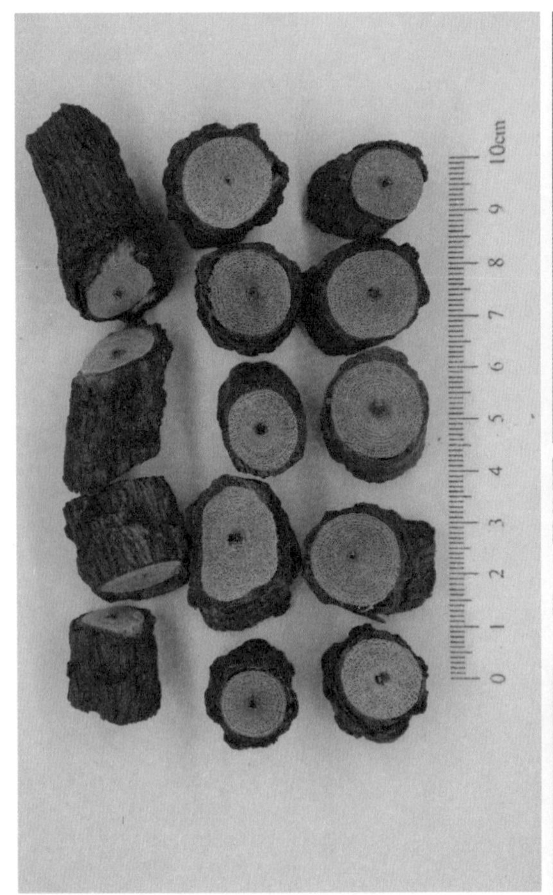

异形南五味子（五味子科）

Kadsura heteroclita (Roxb.) Craib

药 材 名 地血香、地血香果、海风藤、大叶风沙藤。

药用部位 根茎、果。

功效主治 根茎：祛风除湿，行气止痛，活血消肿；治风湿痹痛，胃痛，痛经，跌打损伤。果：益肾宁心，止咳祛痰；治肾虚腰痛，支气管炎。

化学成分 异安五酸、南五味子内酯A等。

南五味子（五味子科）

Kadsura longipedunculata Finet et Gagnep.

药 材 名 红木香、紫金皮、金谷香、南五味子、小号风沙藤。

药用部位 根、根皮。

功效主治 理气止痛，祛风通络，活血消肿；治胃腹痛，风湿痹痛，月经不调，痛经，跌打损伤，咽喉肿痛。

化学成分 安五脂素、华中五味子醇等。

冷饭藤（五味子科）

Kadsura oblongifolia Merr.

药 材 名　吹风散、入地射香。

药用部位　藤、根。

功效主治　祛风除湿，行气止痛；治感冒，风湿痹痛，心胃气痛，痛经，跌打损伤。

化学成分　Heteroclitalignan A、南五味子木脂素F等。

翼梗五味子（五味子科）

Schisandra henryi C. B. Clarke

药 材 名　紫金血藤、血藤、黄皮血藤。

药用部位　茎、根。

功效主治　祛风除湿，行气止痛，活血止血；治风湿痹痛，心胃气痛，劳伤吐血，闭经，痛经，跌打损伤，金疮肿毒。

化学成分　五味子酯甲、异安五脂素、五味子脂素G等。

滇五味子（五味子科）

Schisandra henryi C. B. Clarke subsp. **yunnanensis** (A. C. Sm.) R. M. K. Saunders

五味子素A

药 材 名 香石藤、铁骨散、小血藤、滇五味子、云南五味子。

药用部位 根、藤茎、果实。

生　　境 野生，生于海拔1 100～2 300米的阔叶林中。

采收加工 根和藤茎秋季采收，切片，晒干；果实则在秋季果实成熟时采摘，晒干或蒸后晒干，除去果梗及杂质。

药材性状 根和藤茎呈圆形半圆形椭圆形的横切片。质坚硬，切面韧皮部呈棕褐色。木质部红棕色或棕色，髓部较小，有的中空。气微，味苦涩。果实不规则椭圆形或近球形，直径3～5毫米。表面红褐色，稍皱缩，果皮薄而半透明状，果肉较厚。种子肾圆形，直径2.5～3.5毫米，黄棕色，表面略呈颗粒状。气清香，味微咸而辛。

性味归经 根和藤茎辛，温。入土、水塔。果实酸、甘，温。归肺，心，肾经。

功效主治 根和藤茎补土塔，健胃消食，行气活血，调经止痛；用于脘腹胀痛，消化不良，痛经，月经不调，风湿痹痛，跌打扭伤。果实收敛固涩，益气生津，补肾宁心；治久咳虚喘，梦遗滑精，遗尿尿频，久泻不止，自汗，盗汗，津伤口渴，短气脉虚，内热消渴，心悸失眠。

化学成分 根和藤茎含有挥发油、黄酮、糖类、内酯、香豆精等；果实含有五味子素A-C、红花五味子酯、前五味子脂素等。

道地产区 云南。

用法用量 根和藤茎内服煎汤，10～25克；或浸酒。果实内服煎汤，1.5～9克。

本草溯源 《全国中草药汇编》《中华本草（傣药卷）》。

铁箍散（五味子科）

Schisandra propinqua (Wall.) Baill. subsp. **sinensis** Oliv.

药 材 名 小血藤、钻骨风、小血藤叶。

药用部位 茎藤、根、叶。

功效主治 祛风活血，解毒消肿，止血；治风湿麻木，筋骨疼痛，跌打损伤，月经不调，胃痛，痈肿疮毒，劳伤吐血。

化学成分 恩施辛、异五味子酸等。

华中五味子（五味子科）

Schisandra sphenanthera Rehder et E. H. Wilson

药 材 名 南五味子。

药用部位 果实。

功效主治 收敛固涩，益气生津，宁心安神；治久咳虚喘，梦遗滑精，久泻，自汗盗汗，津伤口渴，心悸失眠。

化学成分 五味子素、华中五味子酯D、花柏醛等。

绿叶五味子（五味子科）

Schisandra viridis A. C. Sm.

药 材 名 绿叶五味子、内风消。

药用部位 藤茎、根。

功效主治 祛风除湿，行气止痛；治风湿骨痛，带状疱疹，胃痛，疝气痛，月经不调。

化学成分 前五味子素P、五味子二内酯Q等。

牛心果（番荔枝科）

Annona reticulata L.

药 材 名　牛心果、牛心梨。

药用部位　果实。

功效主治　清热止痢，驱虫；治热毒痢疾，肠道寄生虫病。

化学成分　蛋白质、脂肪和糖类等。

番荔枝（番荔枝科）

Annona squamosa L.

药 材 名　番荔枝、番荔枝根、番荔枝叶、唛螺陀。

药用部位　果实、根、叶。

功效主治　补脾胃，清热解毒，杀虫；治恶疮肿痛，肠道寄生虫病，热毒血痢。

化学成分　樟脑、龙脑、紫堇定碱等。

鹰爪（番荔枝科）

Artabotrys hexapetalus (L. f.) Bhandari

药 材 名　鹰爪花根、鹰爪花果。

药用部位　根、果实。

功效主治　根：截疟；治疟疾。果：清热解毒，散结；治淋巴结结核。

化学成分　鹰爪甲素、鹰爪乙素等。

依兰（番荔枝科）

Cananga odorata (Lam.) Hook. f. et Thomson

药 材 名　依兰香、香水树、锅裸刹版那（傣药）。

药用部位　花。

功效主治　治疟疾，头痛，眼炎，痛风，哮喘。

化学成分　大根香叶烯、石竹烯等。

假鹰爪（番荔枝科）

Desmos chinensis Lour.

药 材 名　酒饼叶、假鹰爪根、鸡爪枝皮。

药用部位　叶、根、枝皮。

功效主治　祛风止痛，化瘀止痛，健脾和胃，截疟杀虫；治风湿痹痛，水肿，泄泻，疟疾，脘腹胀痛，跌打损伤，疥癣。

化学成分　Grandiuvarone A、grandiuvarone B等。

多脉瓜馥木（番荔枝科）

Fissistigma balansae (A. DC.) Merr.

药 材 名　多脉瓜馥木、大力王、嘿胆大（傣药）。

药用部位　叶。

功效主治　清热解毒，祛风止痒；治皮肤过敏，癣疹。

化学成分　生物碱、黄酮类、有机酸等。

白叶瓜馥木（番荔枝科）

Fissistigma glaucescens (Hance) Merr.

药 材 名　排骨灵、乌骨藤。

药用部位　根皮、根。

功效主治　祛风除湿，通经活血，止血；治风湿骨痛，跌打损伤，月经不调，骨折，外伤出血。

化学成分　白叶瓜馥木碱、巴婆碱等。

瓜馥木（番荔枝科）

Fissistigma oldhamii (Hemsl.) Merr.

药 材 名　广香藤、降香藤、钻山风、飞扬藤、古风子。

药用部位　根。

功效主治　祛风，活血，止痛；治风湿痹痛，腰痛，胃痛，跌打损伤。

化学成分　木番荔枝碱、丁香酸等。

小萼瓜馥木（番荔枝科）

Fissistigma polyanthoides (Aug. DC.) Merr.

药 材 名　小萼瓜馥木、火绳树、光冒呆（傣药）。

药用部位　根、藤。

功效主治　祛风，活血化瘀，止痛；治跌打损伤，风湿性关节炎，感冒，月经不调。

化学成分　黄酮类、炔类、木脂素类、香豆素类等。

黑风藤（番荔枝科）

Fissistigma polyanthum (Hook. f. et Thomson) Merr.

药 材 名　黑皮跌打、通气香、黑风藤。

药用部位　根、藤茎。

功效主治　祛风除湿，强筋骨，活血，消肿止痛；治小儿麻痹后遗症，风湿性关节炎，类风湿关节炎，月经不调，跌打损伤。

化学成分　黑风藤苷、丁香酸葡萄糖苷、胡萝卜苷等。

田方骨（番荔枝科）

Goniothalamus donnaiensis Finet et Gagnep.

药 材 名　田方骨。

药用部位　茎。

功效主治　消肿止痛；治跌打损伤，骨折。

化学成分　番荔枝内酯类等。

囊瓣亮花木（番荔枝科）

Phaeanthus saccopetaloides W. T. Wang

药 材 名　鸡爪暗罗。

药用部位　根。

功效主治　止痛，散结；治疮疖。外用鲜品捣烂敷患处。

化学成分　穆坪马兜铃酰胺、(-)-北美鹅掌楸脂素-C、胡萝卜苷等。

陵水暗罗（番荔枝科）

Polyalthia nemoralis A. DC.

药 材 名　黑皮根、落坎薯、土黄芪、黑皮芪。

药用部位　根。

功效主治　健脾益胃，补肾固精；治中虚胃痛，食欲不振，肾亏遗精。

化学成分　暗罗素等。

暗罗（番荔枝科）

Polyalthia suberosa (Roxb.) Thwaites

药 材 名　暗罗、眉尾木、山观音。

药用部位　果实、叶、根、树皮。

功效主治　行气，止痛，散结；治气滞腹痛，胃痛，痛经，梅核气。

化学成分　1-Aza-9,10-dimethoxy-4-methyl-2-oxo-1,2-dihydroanthracene等。

紫玉盘（番荔枝科）

Uvaria macrophylla Roxb.

药 材 名　酒饼婆、牛头罗、十八风藤。

药用部位　根、叶。

功效主治　祛风除湿，行气健胃，化痰止咳；治风湿痹痛，腰腿痛，跌打损伤，消化不良，腹胀腹泻，咳嗽痰多。

化学成分　紫玉盘内酰胺等。

东京紫玉盘（番荔枝科）

Uvaria tonkinensis Finet et Gagnep.

药 材 名　野咖啡、扣匹（傣药）。

药用部位　根、茎。

功效主治　清热解毒，止泻止痢。根：治腹泻，痢疾。茎皮内层皮：治喉炎，吞咽困难。

化学成分　番荔枝内酯类、环已烯类、阿朴菲类生物碱、苯乙烯吡喃酮等。

毛黄肉楠（樟科）

Actinodaphne pilosa (Lour.) Merr.

药 材 名　香胶木、茶胶树、胶木。

药用部位　根、树皮、叶。

功效主治　活血止痛，解毒消肿；治跌打损伤，坐骨神经痛，胃痛，疮疖肿痛。

化学成分　*α*-蒎烯、(*Z*)-*β*-罗勒烯等。

短序琼楠（樟科）

Beilschmiedia brevipaniculata C. K. Allen

药 材 名　短序琼楠。

药用部位　叶。

功效主治　消炎消肿；治跌打肿痛。

琼楠（樟科）

Beilschmiedia intermedia C. K. Allen

药 材 名　琼楠。

药用部位　叶。

功效主治　活血，消炎消肿；治咽痛，疮疡，跌打损伤。

无根藤（樟科）

Cassytha filiformis L.

药 材 名　无爷藤、过天藤、金丝藤、无根藤。

药用部位　全草。

功效主治　清热利湿，凉血解毒；治感冒发热，热淋，湿热黄疸，疟疾，咯血，衄血，风火赤眼，跌打损伤，外伤出血。

化学成分　无根藤碱、无根藤定碱等。

华南桂（樟科）

Cinnamomum austro-sinense H. T. Chang

药 材 名　野桂皮。

药用部位　树皮。

功效主治　散寒，温中，止痛；治胃寒疼痛，风湿痹痛，疥癣。

化学成分　桂皮醛、邻甲氧基桂皮酸等。

钝叶桂（樟科）

Cinnamomum bejolghota (Buch.-Ham.) Sweet

药 材 名　土桂皮、土肉桂。

药用部位　树皮。

功效主治　祛风散寒，温经活血，止痛；治风湿痹痛，腰痛，痛经，闭经，跌打损伤；外用治骨折，外伤出血。

化学成分　桂皮醛、元矢车菊素B1等。

梅片树 / 阴香（樟科）

Cinnamomum burmannii (Nees et T. Nees) Blume

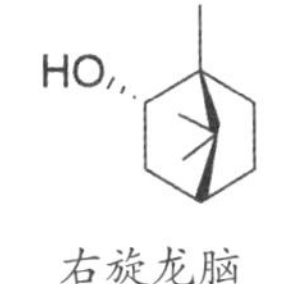

药 材 名 梅片树、冰片、龙脑香。

药用部位 枝叶。

生　　境 栽培，丘陵、山坡或平地。

采收加工 枝叶经水蒸气蒸馏得精油（挥发油），精油经冷冻结晶，离心，再重结晶制成晶体。

药材性状 梅片（冰片）为白色或淡棕色，晶体呈半透明块状、片状或颗粒状，高纯度梅片晶莹剔透，状似梅花，气清香，味辛、凉。具挥发性，点燃时发黑烟，火焰呈黄色。

性味归经 辛、苦，凉。归心、脾、肺经。

功效主治 开窍醒神，清热止痛；治热病神昏，惊厥，中风痰厥，气郁暴厥，中恶昏迷，胸痹心痛，目赤，口疮，咽喉肿痛，耳道流脓。

化学成分 梅片树（叶）主要成分为右旋龙脑；皮和叶含有桂皮醛、丁香油酚等。

核心产区 广东（平远、兴宁）。

用法用量 内服：煎汤，0.3～0.9克，研末入丸、散剂或煨食。外用：研末吹喉、擦牙，或煎汤洗、熬膏涂。

本草溯源 《名医别录》《新修本草》《本草图经》《本草衍义》《本草纲目》。

附　　注 梅片树系阴香*Cinnamomum burmannii*的化学型，或称冰片型阴香或龙脑香型阴香，与原植物（阴香）在形态与习性上无差别，但叶子气味有较大的差别，阴香具有肉桂般的气味，而梅片树具清凉的冰片气味。梅片树为天然冰片新资源，1984年由中国科学院华南植物研究所在梅州地区发现（阴香新香型），后经过培育栽培与种群扩大，成为梅州市平远县极具特色的南药资源。

龙脑樟/樟（樟科）

Cinnamomum camphora (L.) J. Presl

HO

右旋龙脑

药 材 名 冰片、龙脑香、梅片。

药用部位 枝叶。

生　　境 栽培，丘陵、山坡或平地。

采收加工 枝叶经水蒸气蒸馏得精油（挥发油），精油经冷冻结晶，离心，再重结晶制成晶体。

药材性状 冰片为白色或淡棕色，晶体呈半透明块状、片状或颗粒状，高纯度冰片晶莹剔透，状似梅花，气清香，味辛、凉。具挥发性，点燃时发黑烟，火焰呈黄色。

性味归经 辛、苦，凉。归心、脾、肺经。

功效主治 开窍醒神，清热止痛；主治热病神昏，惊厥，中风痰厥，气郁暴厥，中恶昏迷，胸痹心痛，目赤，口疮，咽喉肿痛，耳道流脓。

化学成分 右旋龙脑。

核心产区 江西（吉安）与湖南（新晃），广东、广西与云南均有栽培。

用法用量 内服：煎汤，0.3～0.9克，入丸散剂。外用：适量，研粉点敷患处。

本草溯源 《名医别录》《新修本草》《本草图经》《本草衍义》《本草纲目》。

附　　注 龙脑樟系樟科植物樟（香樟）*Cinnamomum camphora*的化学型（chemical type），或称冰片型香樟或龙脑香型香樟，与原植物（樟）在形态与生态习性方面几乎无差别，但叶子气味则有较大差别，香樟具有樟脑般的气味，而龙脑樟具清凉的冰片气味。龙脑樟为天然冰片新资源，是1986年由江西吉安市林业科学研究所在樟树资源调查中发现的香樟新种质（香型），2年后（1988年）湖南省新晃侗族自治县步头降苗乡的原始森林中也发现该香樟新香型，经过培育与种群扩大，成为当地的特色药材。

肉桂（樟科）

Cinnamomum cassia (L.) J. Presl

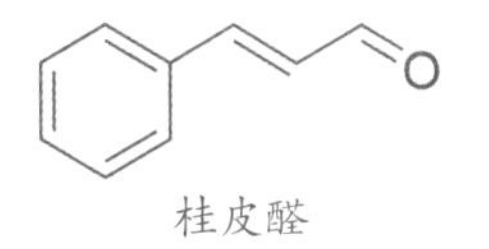

药 材 名 肉桂、牡桂、大桂。

药用部位 树皮。

生　　境 生于常绿阔叶林中，但多为栽培。肉桂喜温暖湿润、阳光充足的环境，喜光又耐阴，喜暖热、无霜雪、多雾、高温之地，不耐干旱、积水、严寒和空气干燥。

采收加工 多于秋季剥取，阴干。除去杂质及粗皮。用时捣碎。

药材性状 呈槽状或卷筒状，长30～40厘米，宽或直径3～10厘米，厚0.2～0.8厘米。外表面灰棕色，稍粗糙，有不规则的细皱纹及横向突起的皮孔，有的可见灰白色的斑纹；内表面红棕色，略平坦，有细纵纹，划之显油痕。质硬而脆，易折断，断面不平坦，外层棕色而较粗糙，内层红棕色而油润，两层间有1条黄棕色的线纹。气香浓烈，味甜、辣。

性味归经 辛、甘，大热。归脾、胃、心、肝经。

功效主治 树皮有小毒（桂皮醛）；补火助阳，引火归原，散寒止痛，温通经脉；主治阳痿宫冷，腰膝冷痛等。

化学成分 桂皮醛、乙酸桂皮酯、桂皮酸乙酯等。

核心产区 云南、广西、广东、福建。

用法用量 煎汤，2～5克，且应后下，不宜久煎。

本草溯源 《神农本草经》《名医别录》《药性论》《日华子本草》《本草纲目》。

附　　注 药食同源，有出血倾向者及孕妇慎用，不宜与赤石脂同用。

坚叶樟（樟科）

Cinnamomum chartophyllum H. W. Li

药 材 名 坚叶樟、埋中欢（傣药）。

药用部位 心材。

功效主治 清火解毒，祛风止痛，行气消胀；治脘腹胀痛，心悸胸闷，头目昏痛，感冒咳嗽，咽喉肿痛，关节肿痛。

化学成分 萜类、黄酮类、木脂素类、香豆素等。

云南樟（樟科）

Cinnamomum glanduliferum (Wall.) Meisn.

药 材 名 臭樟、白樟、樟脑树、樟树、樟木果。

药用部位 果实、木材。

功效主治 祛风散寒，行气止痛；治风寒感冒，咳嗽，腹泻胀痛，风湿性关节痛。

化学成分 樟烯、樟脑、柠檬醛等。

大叶桂（樟科）

Cinnamomum iners Reinw. ex Blume

药 材 名 土桂皮。

药用部位 树皮。

功效主治 温通瘀血，接骨舒筋；治胃寒痛，腹冷痛，骨折，外伤出血。

化学成分 桂皮醛、鞣质等。

野黄桂（樟科）

Cinnamomum jensenianum Hand.-Mazz.

药 材 名 山玉桂。

药用部位 树皮、叶。

功效主治 行气活血，散寒止痛；治脘腹冷痛，风寒湿痹，跌打损伤。

化学成分 芳樟醇、1,8-桉叶素等。

黄樟（樟科）

Cinnamomum parthenoxylon (Jack) Meisn.

药 材 名 黄樟、樟木、猴樟、大叶樟、埋庄荒（傣药）。

药用部位 根、树皮、叶、茎、果。

功效主治 祛风散寒，温中止痛，行气活血；治风寒感冒，风湿痹痛，胃寒胀痛，泄泻，痢疾，跌打损伤，月经不调。

化学成分 黄樟醚、水芹烯等。

银木（樟科）

Cinnamomum septentrionale Hand.-Mazz.

药 材 名　大叶樟、香樟、埋宗皇（傣药）。

药用部位　叶、树心。

功效主治　清热解毒，行气止痛，祛湿止痒；治胃脘胀痛，湿疮疥癣，痈疽肿毒。

化学成分　黄酮类、挥发油等。

香桂（樟科）

Cinnamomum subavenium Miq.

药 材 名　香桂皮。

药用部位　树皮、根、根皮。

功效主治　温中散寒，理气止痛，活血通脉；治胃寒疼痛，胸满腹痛，呕吐泄泻，疝气疼痛，跌打损伤，风湿痹痛，血痢肠风。

化学成分　桂皮醛、丁香油酚等。

柴桂（樟科）

Cinnamomum tamala (Buch.-Ham.) T. Nees et Nees.

药 材 名　三条筋、桂皮、埋棕英（傣药）。

药用部位　树皮、叶。

功效主治　清火解毒，通经止痛，接骨生肌；治疥疮脓肿，风寒湿痹，关节疼痛，屈伸不利，风湿热痹。

锡兰肉桂（樟科）

Cinnamomum verum J. Presl

药 材 名　斯里兰卡肉桂。

药用部位　树皮。

功效主治　温中健脾，止痛；治脘腹痞痛，消化不良，泄泻腹痛，寒疝气痛。

化学成分　桂皮醛、锡兰肉桂素等。

川桂（樟科）

Cinnamomum wilsonii Gamble

药 材 名　桂皮、臭马桂、三条筋、桂皮香。

药用部位　树皮。

功效主治　温脾胃，暖肝肾，祛寒止痛，散瘀消肿；治脘腹冷痛，呕吐泄泻，寒疝气痛，腰膝酸冷，风寒湿痹，瘀滞痛经。

化学成分　丁香油酚、1,8-桉叶素、桂皮醛等。

香面叶（樟科）

Iteadaphne caudata (Nees) H. W. Li

药 材 名　毛叶三条筋、香油果、芽三英囡（傣药）。

药用部位　根、叶、皮。

功效主治　祛风通血，化瘀止痛，续筋接骨，止血生肌；治骨折，跌打损伤，瘀血肿痛，外伤出血，风湿，关节肿痛。

化学成分　木脂素类等。

月桂（樟科）

Laurus nobilis L.

药 材 名 月桂子、月桂叶。

药用部位 果实、叶。

功效主治 祛风湿，解毒，杀虫；治风湿痹痛，疥癣，耳后疮。

化学成分 月桂烯内酯、木香烯内酯等。

乌药（樟科）

Lindera aggregata (Sims) Kosterm.

药 材 名 乌药、乌药叶、乌药子、天台乌。

药用部位 根、叶、果实。

功效主治 行气止痛，温肾散寒，和胃；治胸胁满闷，脘腹胀痛，痛经，寒疝疼痛，产后腹痛，尿频，遗尿。

化学成分 左旋龙脑、乌药内酯等。

狭叶山胡椒（樟科）

Lindera angustifolia W. C. Cheng

药 材 名 见风消、小鸡条、鸡婆子、香叶子树。

药用部位 根、枝叶。

功效主治 祛风除湿，行气散寒，解毒消肿；治风寒感冒，头痛，风湿痹痛，痢疾，跌打损伤，疮疡肿毒，荨麻疹，淋巴结结核。

化学成分 樟苍碱、*N*-甲基樟苍碱等。

鼎湖钓樟（樟科）

Lindera chunii Merr.

药 材 名　千打锤、铁线树 、芽三英囡（傣药）。

药用部位　根。

功效主治　祛风除湿，行气宽中，散瘀止痛；治风湿骨痛，脘腹胀痛，跌打伤痛。

化学成分　Lindenanolide Ⅰ等。

香叶树（樟科）

Lindera communis Hemsl.

药 材 名　香叶树、冷青子、千年树。

药用部位　树皮、叶。

功效主治　解毒消肿，散瘀止痛；治跌打肿痛，外伤出血，疮疖痈肿。

化学成分　桉树脑、α-蒎烯等。

红果山胡椒（樟科）

Lindera erythrocarpa Makino

药 材 名　钓樟根皮、钓樟枝叶、詹糖香。

药用部位　根皮、枝叶。

功效主治　根皮：暖胃温中，行气止痛，祛风除湿；治胃寒吐泻，水肿脚气。枝叶：祛风杀虫，敛疮止血；治疥癣痒疮，外伤出血。

化学成分　无根藤次碱、木姜子碱、芳樟醇等。

山胡椒（樟科）

Lindera glauca (Siebold et Zucc.) Blume

药 材 名　山胡椒、山胡椒根、山胡椒叶。

药用部位　果实、根、叶。

功效主治　果实：温中散寒，行气止痛，平喘；治脘腹冷痛，胸满痞闷，哮喘。根：祛风活络，理气活血，解毒消肿，化痰止咳；治风湿痹痛，水肿。叶：解毒清疮，祛风止痛，止痒，止血；治疡肿毒，风湿痹痛，跌打损伤，外伤出血，皮肤瘙痒，蛇虫咬伤。

化学成分　罗勒烯、山胡椒酸、丁香烯等。

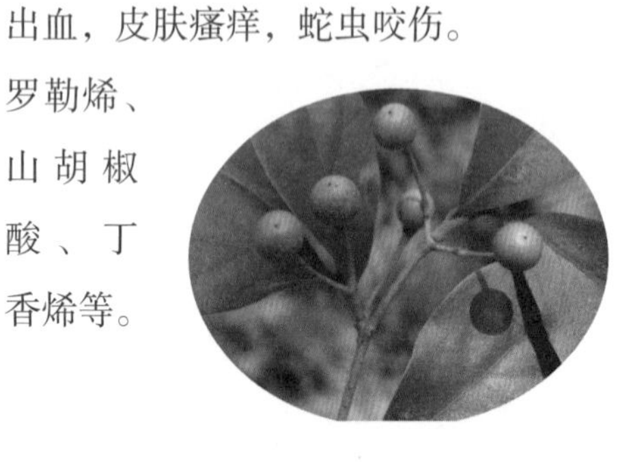

黑壳楠（樟科）

Lindera megaphylla Hemsl.

药 材 名　黑壳楠、岩柴、楠木。

药用部位　根、树皮、枝。

功效主治　祛风除湿，温中行气，消肿止痛；治风湿痹痛，肢体麻木疼痛，脘腹冷痛，疝气疼痛；外用治咽喉肿痛，疥疮瘙痒。

化学成分　右旋荷包牡丹碱、去甲基荷包牡丹碱等。

滇粤山胡椒（樟科）

Lindera metcalfiana C. K. Allen

药 材 名　山香果、连杆果、芽迈仗（傣药）。

药用部位　果实。

功效主治　活血止痛，消肿；治瘫痪，感冒头痛，咳嗽，咽喉肿痛。

香粉叶（樟科）

Lindera pulcherrima (Ness) Hook. f. var. **atteuata** C. K. Allen

药 材 名　香叶、香叶树、乌药苗、山叶树，假桂皮、尖叶樟。

药用部位　叶、树皮。

功效主治　清凉消食；治消化不良。

化学成分　1,8-桉叶素、α-甲基香豆酮、4-松油醇等。

网叶山胡椒（樟科）

Lindera metcalfiana C. K. Allen var. **dictyophylla** (C. K. Allen) H. P. Tsui

药 材 名　网叶山胡椒、扎些婻（傣药）。

药用部位　根。

功效主治　活血通络；治瘫痪。

川钓樟（樟科）

Lindera pulcherrima (Ness) Hook. f. var. **hemsleyana** (Diels) H. P. Tsui

药 材 名　山香桂、皮桂（云南）、三条筋（四川）。

药用部位　枝叶、根。

功效主治　止血，生肌，消食止痛；治心胃气痛，脘腹痞胀，外伤出血。

化学成分　胡萝卜苷、月桂碱、南天竹宁碱等。

山橿（樟科）

Lindera reflexa Hemsl.

药 材 名　山橿根、副山苍、山苍。

药用部位　根或根皮。

功效主治　理气止痛，祛风解表，止血，杀虫；治胃痛，腹痛，风寒感冒，风疹疥癣。

化学成分　月桂碱、钓樟卡品等。

三股筋香（樟科）

Lindera thomsonii C. K. Allen

药 材 名　三股筋香、芽三英（傣药）。

药用部位　枝、叶、果实。

功效主治　散风寒，行气血，止痛；主治风寒感冒，风湿痹症，脘腹冷痛，跌打损伤。

化学成分　脂肪酸等。

毛豹皮樟（樟科）

Litsea coreana H. Lév var. **lanuginosa** (Migo) Yen C. Yang et P. H. Huang

药 材 名　白茶。

药用部位　根、茎皮。

功效主治　温中止痛，理气行水；治胃脘胀痛，水肿。

化学成分　山柰酚、槲皮素、儿茶素、乔松素、松脂素等。

山鸡椒（樟科）

Litsea cubeba (Lour.) Pers.

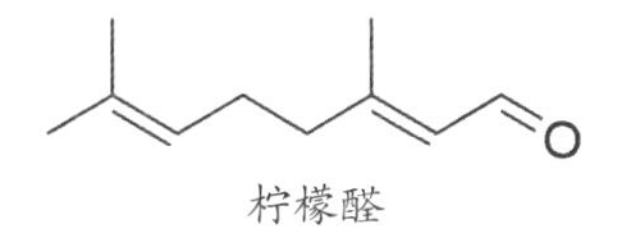

药 材 名 荜澄茄、山苍子、山姜子、豆豉姜、澄茄子、木姜子。

生　　境 向阳的山坡、灌丛、疏林或林中路旁、水边，海拔500～3 200米。

药用部位 成熟果实。

采收加工 秋季果实成熟时采收，除去杂质，晒干。

药材性状 呈类球形，表面棕褐色至黑褐色，有网状皱纹。基部偶有宿萼和细果梗。去外皮后可见硬脆的果核，种子1，子叶2，黄棕色，富油性。气芳香，味稍辣而微苦。

性味归经 辛、微苦，温。归脾、胃、肾、膀胱经。

功效主治 祛风散寒，理气止痛；主治胃寒呕逆、脘腹冷痛、寒疝腹痛、寒湿郁滞、小便浑浊。

化学成分 柠檬烯、柠檬醛等。

核心产区 华南及西南等地，如广东、广西、浙江、福建、台湾、江苏、安徽、湖南、湖北、江西、贵州、四川、云南、西藏，以广东和广西量大质佳。

用法用量 煎汤，1～3克。

本草溯源 《海药本草》《开宝本草》《全国中草药汇编》。

附　　注 山苍子是中国特有的芳香植物资源，由其果提取得到的山苍子油，富含柠檬醛，是国际香料工业、化妆品与芳疗行业的主要原料，具有较大开发潜力。

潺槁木姜子（樟科）

Litsea glutinosa (Lour.) C. B. Rob.

药 材 名 潺槁木姜子。

药用部位 根皮、树皮和叶。

功效主治 清湿热，消肿毒，止血，止痛。树皮、叶：外用治腮腺炎，疮疖痈肿。根皮：治腹泻，跌打损伤，腮腺炎，糖尿病。

化学成分 柚皮苷、紫云英苷、槲皮素-3-鼠李糖苷等。

滇南木姜子（樟科）

Litsea martabanica (Kurz.) Hook. f.

药 材 名 台乌、沙腊比罕（傣药）。

药用部位 根。

功效主治 补水明目，除湿退黄，消肿止痛；治眼花，疥癣疮疔，黄疸，黄水疮，缠腰火丹，跌打损伤，风寒湿痹。

化学成分 苯甲酸、叶绿醇、5-羟基水杨酸乙酯等。

清香木姜子（樟科）

Litsea mollis Hemsl.

药 材 名　清香木姜子。

药用部位　果实。

功效主治　温中行气止痛，燥湿健脾消食；治胃寒腹痛，痛经，疟疾，疮疡肿痛。

化学成分　柠檬醛、柠檬烯、香草醛等挥发油。

假柿木姜子（樟科）

Litsea monopetala (Roxb.) Pers.

药 材 名　假柿木姜子。

药用部位　叶。

功效主治　行气止痛，祛风消肿；治关节脱臼，外用鲜叶捣烂敷患处。

木姜子（樟科）

Litsea pungens Hemsl.

药 材 名　山苍子、山胡椒、山姜子、山茶子。

药用部位　根、茎皮、果实、叶。

功效主治　祛风行气，健脾利湿；治胸腹胀痛，消化不良，腹泻，中暑吐泻，疥疮肿毒；外用解毒。

化学成分　柠檬醛、异槲皮素、芹菜素、木犀草素等。

豺皮樟（樟科）

Litsea rotundifolia Hemsl. var. **oblongifolia** (Nees) C. K. Allen

药 材 名 豺皮樟。

药用部位 根、树皮。

功效主治 祛风除湿，行气止痛，活血通经；治风湿性关节炎，跌打损伤，腰腿痛，痛经，胃痛，腹泻，水肿。

化学成分 脂肪油、芳香油、生物碱、酚类、氨基酸等。

红叶木姜子（樟科）

Litsea rubescens Lecomte

药 材 名 大山胡椒、泡香樟、山胡椒。

药用部位 根。

功效主治 祛风散寒，止痛；治感冒头痛，风湿骨痛，跌打损伤。

化学成分 山姜素、生松素、槲皮素、儿茶素、山柰酚、肉桂酸、香草醛等。

轮叶木姜子（樟科）

Litsea verticillata Hance

药 材 名 轮叶木姜子。

药用部位 根、叶。

功效主治 祛风通络，活血消肿，止痛；治跌打积瘀，胸痛，风湿痹痛，痛经；叶外敷治骨折，蛇咬伤。

化学成分 胡萝卜苷、白藜芦醇等。

黄绒润楠（樟科）

Machilus grijsii Hance

药 材 名　香槁树。

药用部位　枝叶、树皮。

功效主治　散瘀消肿，止血消炎；治跌打瘀肿，骨折，脱臼，外伤出血，口腔炎，喉炎，扁桃体炎。

化学成分　桉双烯酮、芹菜甲素等挥发油。

华东润楠（樟科）

Machilus leptophylla Hand.-Mazz.

药 材 名　华东润楠。

药用部位　根皮、树皮。

功效主治　活血，散瘀，止痢；治跌打损伤，细菌性痢疾；外用鲜品捣烂敷患处。

刨花润楠（樟科）

Machilus pauhoi Kaneh.

药 材 名　白楠木。

药用部位　茎。

功效主治　清热解毒，润肠通便；治烫伤，大便秘结。

化学成分　癸酸、肉豆蔻酸、树脂等。

柳叶润楠（樟科）

Machilus salicina Hance

药 材 名 柳叶润楠。

药用部位 叶。

功效主治 消肿解毒；治痈肿疮毒，疔毒内攻，耳目肿痛。

化学成分 (*Z*)-橙花叔醇、匙桉醇、喇叭茶醇等挥发油。

红楠（樟科）

Machilus thunbergii Siebold et Zucc.

药 材 名 红楠皮。

药用部位 根皮、树皮。

功效主治 温中顺气，消肿镇痛；治寒滞呕吐，腹泻，小儿吐乳，纳呆食少，扭挫伤，寒湿脚气。

化学成分 心果碱、鞣质、树脂等。

绒毛润楠（樟科）

Machilus velutina Champ. ex Benth.

药 材 名 绒毛润楠。

药用部位 根、叶。

功效主治 化痰止咳，消肿止痛，收敛止血；治支气管炎，烧伤，烫伤，外伤出血。

化学成分 (*E*)-*β*-罗勒烯、(*Z*)-*β*-罗勒烯、大牛儿烯等挥发油。

滇新樟（樟科）

Neocinnamomum caudatum (Nees) Merr.

药 材 名　滇新樟、羊角香、埋宗庚（傣药）。

药用部位　叶、根皮、树皮。

功效主治　祛风，除湿；治感冒，月经不调，寒性，胃痛腹胀，风湿性关节炎，半身不遂，骨折，湿疹疥疮。

海南新樟（樟科）

Neocinnamomum lecomtei H. Liu

药 材 名　海南新樟。

药用部位　根、树皮。

功效主治　消炎止痛；治胃痛，急性胃肠炎。

新木姜子（樟科）

Neolitsea aurata (Hayata) Koidz.

药 材 名　新木姜子。

药用部位　根、树皮。

功效主治　理气止痛，消肿；治胃脘胀痛，水肿。

化学成分　木姜子碱、木姜子辛、右旋番荔枝碱等。

锈叶新木姜子（樟科）

Neolitsea cambodiana Lecomte

药 材 名 锈叶新木姜子。

药用部位 树叶。

功效主治 清热解毒，祛湿止痒；治痈疽肿毒，湿疮疥癣。

鸭公树（樟科）

Neolitsea chui Merr.

药 材 名 鸭公树。

药用部位 种子。

功效主治 理气止痛，消肿；治胃脘胀痛，水肿。

化学成分 球松素、银松素、槲皮素、山柰酚等。

簇叶新木姜子（樟科）

Neolitsea confertifolia (Hemsl.) Merr.

药 材 名 簇叶新木姜子。

药用部位 树皮。

功效主治 祛风行气，健脾利湿；治胸腹胀痛，疳积，腹泻，中暑，疮疡。

大叶新木姜子（樟科）

Neolitsea levinei Merr.

药 材 名　假玉桂、土玉桂。

药用部位　根。

功效主治　祛风除湿；治风湿痹痛，腰膝酸痛。

鳄梨（樟科）

Persea americana Mill.

药 材 名　鳄梨、油梨、牛油果。

药用部位　果实。

功效主治　健胃清肠；治糖尿病，可降低胆固醇和血脂，保护心血管和肝脏系统。

化学成分　(*Z*)-2-庚烯醛、反-2-辛烯醛、壬醛、叶酸等。

闽楠（樟科）

Phoebe bournei (Hemsl.) Yen C. Yang

药 材 名　闽楠。

药用部位　果实。

功效主治　清热解毒，收敛止血；治痈肿疮毒。

化学成分　杜松烯、α-石竹烯、(-)-4-萜品醇等挥发油。

披针叶楠（樟科）

Phoebe lanceolata (Nees) Nees

药 材 名　披针叶楠、锅芽比端（傣药）。

药用部位　茎木、叶。

功效主治　清热解毒，利水消肿，消炎止痛；治肾炎，肾绞痛。

紫楠（樟科）

Phoebe sheareri (Hemsl.) Gamble

药 材 名　紫楠叶、紫楠根。

药用部位　叶、根。

功效主治　叶：清热解毒，利湿止血；治痈疽肿毒，痢疾，湿疹。根：活血行气；治跌打损伤。

化学成分　紫薇碱、印车前明碱、双氢轮叶十齿草碱等。

檫木（樟科）

Sassafras tzumu (Hemsl.) Hemsl.

药 材 名　檫木。

药用部位　根、树皮。

功效主治　祛风除湿，活血散瘀；治风湿性关节炎，类风湿关节炎，腰肌劳损，半身不遂，跌打损伤，扭挫伤。

化学成分　黄樟醚等挥发油。

宽药青藤（莲叶桐科）

Illigera celebica Miq.

药 材 名　宽药青藤、大青藤。

药用部位　藤茎。

功效主治　祛风除湿，行气止痛；治风湿骨痛，肥大性脊柱炎等。

小花青藤（莲叶桐科）

Illigera parviflora Dunn

药 材 名　小花青藤。

药用部位　根、茎。

功效主治　祛风除湿，行气止痛；治风湿骨痛，小儿麻痹后遗症。

化学成分　左旋黄肉楠碱、右旋网叶番荔枝碱等生物碱。

红花青藤（莲叶桐科）

Illigera rhodantha Hance

药 材 名　红花青藤。

药用部位　根、茎藤。

功效主治　祛风散瘀，消肿止痛；治风湿性关节炎，跌打肿痛。

化学成分　赤式-紫丁香酰甘油、黑风藤苷A、黑风藤苷等。

风吹楠（肉豆蔻科）

Horsfieldia amygdalina (Wall.) Warb.

药 材 名　风吹楠、埋央嚷（傣药）、霍而飞。

药用部位　树皮。

功效主治　补血；治贫血。

红光树（肉豆蔻科）

Knema tenuinervia W. J. de Wilde

药 材 名　红光树。

药用部位　树皮、种子。

功效主治　治口腔、咽喉疼痛。

化学成分　(+)-松脂酚、(+)-表松脂素、(+)-丁香脂素、松属素、圣草酚等。

肉豆蔻（肉豆蔻科）

Myristica fragrans Houtt.

黄樟醚　香桧烯

药 材 名　肉豆蔻、肉果、顶头肉。

药用部位　种仁。

生　　境　栽培或野生，喜热带和亚热带气候。适宜生长的气温为25～30℃，抗寒性弱，在6℃时即受寒害。

采收加工　全年都有果实成熟，但有2次熟果盛期，第一次为5—7月，第二次为10—12月。采摘成熟果实，除去果皮，剥去假种皮，将种仁用45℃的低温慢慢烤干，放在棚内风干至色泽发亮、皱缩，再压扁、晒干，干假种皮（肉豆蔻衣）从鲜红色变为橙红色。

药材性状　呈卵圆形或椭圆形，长2～3厘米，直径1.5～2.5厘米。表面灰棕色或灰黄色，有时外被白粉（石灰粉末）。全体有浅色纵行沟纹和不规则网状沟纹。种脐位于宽端，呈浅色圆形突起，合点呈暗凹陷。种脊呈纵沟状，连接两端。质坚，断面显棕色、黄色相杂的大理石花纹，宽端可见干燥皱缩的胚，富油性。气香浓烈，味辛。

性味归经　辛，温。归脾、胃、大肠经。

功效主治　温中行气，涩肠止泻；主治脾胃虚寒，久泻不止等。

化学成分　黄樟醚、香桧烯、*α*-蒎烯、*β*-蒎烯、三肉豆蔻酸甘油酯、肉豆蔻醚等。

核心产区　原产于印度尼西亚马鲁古群岛，热带地区广泛栽培。我国台湾、广东、云南等地有栽培。

用法用量　煎汤，3～10克。内服时，需要先进行煨制，除去挥发油后再使用。

本草溯源　《名医别录》《药性论》《本草图经》《本草纲目》《本草汇言》《神农本草经疏》《中华药海》《中药大辞典》。

附　　注　药食同源。

云南肉豆蔻（肉豆蔻科）

Myristica yunnanensis Y. H. Li

药 材 名　云南肉豆蔻。

药用部位　种仁。

功效主治　温中行气，涩肠止泻；治脾胃虚寒，久泻不止，脘腹胀痛，食少呕吐。

黄草乌（毛茛科）

Aconitum vilmorinianum Kom.

药 材 名　草乌、大草乌、昆明乌头。

药用部位　根。

功效主治　祛风湿，镇痛；治风湿性关节痛，跌打损伤。

化学成分　滇乌碱、黄草乌碱甲、黄草乌碱乙、黄草乌碱丙、黄草乌碱丁、粗茎乌头碱甲、塔拉萨敏等。

小升麻（毛茛科）

Actaea japonica Thunb.

药 材 名 小升麻。

药用部位 根。

功效主治 理气活血，消肿止痛；治跌打损伤，风湿性关节痛。

化学成分 升麻环氧醇、25-*O*-甲基升麻环氧醇、15-*O*-甲基升麻环氧醇等。

打破碗花花（毛茛科）

Anemone hupehensis (Lemoine) Lemoine

药 材 名 打破碗花花、野棉花、大头翁。

药用部位 根、全草。

功效主治 有小毒；清热利湿，解毒杀虫，消肿散瘀；治痢疾，泄泻，蛔虫病，疮疖痈肿，瘰疬，跌打损伤。

化学成分 红毛七皂苷D、虎掌草皂苷B等。

秋牡丹（毛茛科）

Anemone hupehensis (Lemoine) Lemoine var. **japonica** (Thunb.) Bowles et Stearn

药材名 秋牡丹根。

药用部位 根。

功效主治 杀虫，利湿，驱虫，祛瘀；治痢疾，肠炎，蛔虫病，跌打损伤。

化学成分 Cussonoside B、虎掌草皂苷B、虎掌草皂苷D等。

草玉梅（毛茛科）

Anemone rivularis Buch.-Ham. ex DC.

药材名 虎掌草、白花舌头草、汉虎掌。

药用部位 根茎、叶。

功效主治 解毒止痢，舒筋活血；治痢疾，疮疖痈毒，跌打损伤。

化学成分 黄酮类等。

野棉花（毛茛科）

Anemone vitifolia Buch.-Ham. ex DC.

药材名 野棉花、盖头花、山棉花（傣药）。

药用部位 根。

功效主治 清热除湿，活血祛瘀，杀虫；治跌打损伤，风湿性关节痛，痢疾，蛔虫病，钩虫病。

化学成分 苯丙素类、香豆素类、有机酸类、木质素类、黄酮类、生物碱类和皂苷类等。

女萎（毛茛科）

Clematis apiifolia DC.

药 材 名　女萎。

药用部位　藤茎。

功效主治　祛风除湿，温中理气，消食，利尿；治风湿痹痛，小便不利，吐泻，痢疾，腹痛肠鸣，水肿。

化学成分　乙酰齐墩果酸、齐墩果酸、豆甾醇、槲皮素、山柰酚等。

钝齿铁线莲（毛茛科）

Clematis apiifolia DC. var. **argentilucida** (H. Lév. et Vaniot) W.T. Wang

药 材 名　川木通、淮通。

药用部位　藤茎。

功效主治　有小毒；利尿消肿，通经下乳；治尿路感染，小便不利，肾炎水肿，闭经，乳汁不通。

小木通（毛茛科）

Clematis armandii Franch.

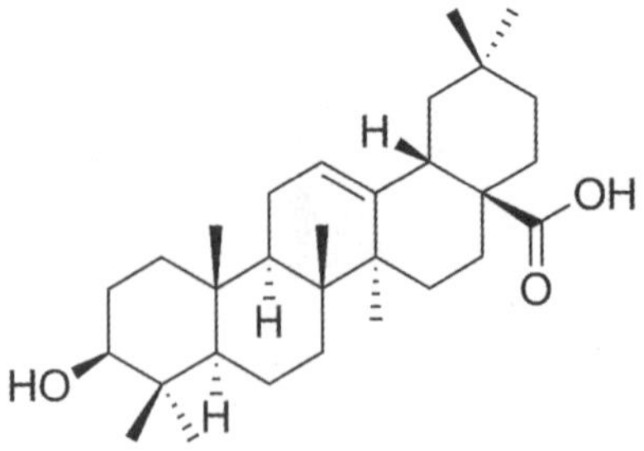

齐墩果酸

药 材 名　川木通、小木通、油木通。

药用部位　藤茎。

生　　境　生于林边及半阴处。

采收加工　春、秋二季采收，除去粗皮，晒干，或趁鲜切厚片，晒干。

药材性状　长圆柱形，略扭曲，表面黄棕色，有纵向凹沟及棱线；节处多膨大，有叶痕及侧枝痕。质坚硬。皮部黄棕色，木部浅黄棕色，有黄白色放射状纹理及裂隙，其间布满导管孔，髓部较小，类白色。

性味归经　苦，寒。归心、小肠、膀胱经。

功效主治　利尿通淋，清心除烦，通经下乳；治淋证，水肿，心烦尿赤，口舌生疮，经闭乳少，湿热痹痛。

化学成分　含齐墩果酸、β-香树脂醇、β-谷甾醇及常春藤皂苷元为苷元的六糖皂苷与三糖皂苷等。

核心产区　安徽、湖北、陕西、四川、贵州、云南等地。

用法用量　内服：煎汤，3～6克。外用：适量，煎汤熏洗；或捣烂塞鼻。

本草溯源　《神农本草经》《新修本草》《本草图经》《本草纲目》《天宝本草》《中国药物标本图影》。

附　　注　气弱津伤、滑精遗尿、小便过多者及孕妇禁服。

毛木通（毛茛科）

Clematis buchananiana DC.

药 材 名　毛木通。

药用部位　全草。

功效主治　消炎，利尿，止痛；治扁桃体炎，咽喉炎，尿道炎，膀胱炎，跌打损伤。

威灵仙（毛茛科）

Clematis chinensis Osbeck

药 材 名　威灵仙。

药用部位　根、根茎。

功效主治　祛风湿，通经络；治风湿痹痛，肢体麻木，筋脉拘挛，屈伸不利。

化学成分　齐墩果酸、原白头翁素、常春藤皂苷元等。

滑叶藤（毛茛科）

Clematis fasciculiflora Franch.

药 材 名　三叶五香血藤、小粘药、三爪金龙。

药用部位　根、茎皮、叶。

功效主治　行气止痛，活血化瘀，祛风除湿；治气滞腹胀，风湿骨痛，跌打损伤，乳痈，疮疖肿毒，刀伤出血。

山木通（毛茛科）

Clematis finetiana H. Lév. et Vaniot

药 材 名　山木通。
药用部位　茎、叶。
功效主治　祛风湿，通经络，活血行气；治风湿性关节炎，跌打损伤，小便不利，乳汁不通。
化学成分　*β*-谷甾醇、正二十二烷、3-羰基齐墩果烷等。

铁线莲（毛茛科）

Clematis florida Thunb.

药 材 名　铁线莲。
药用部位　全株、根。
功效主治　利尿，理气通便，活血止痛；治小便不利，腹胀，便闭，关节肿痛，虫蛇咬伤。
化学成分　常春藤皂苷元等。

小蓑衣藤（毛茛科）

Clematis gouriana Roxb. ex DC.

药 材 名　小蓑衣藤。

药用部位　茎、根。

功效主治　祛风除湿，活血化瘀；治风湿骨痛，肢体麻木，跌打损伤，瘀滞疼痛。

化学成分　Ikshusterol 3-*O*-glucoside等。

单叶铁线莲（毛茛科）

Clematis henryi Oliv.

药 材 名　单叶铁线莲。

药用部位　根。

功效主治　清热解毒，行气止痛，活血消肿；治胃痛，腹痛，跌打损伤，跌仆晕厥，支气管炎。

化学成分　β-谷甾醇、甘露醇、胡萝卜苷等。

大叶铁线莲（毛茛科）

Clematis heracleifolia DC.

药 材 名　大叶铁线莲。

药用部位　全草、根。

功效主治　祛风除湿，止泻痢，消痈肿；治风湿性关节炎，泄泻，痢疾，肺痨。

化学成分　刺楸皂苷G、红毛七皂苷D、异荭草苷等。

毛蕊铁线莲（毛茛科）

Clematis lasiandra Maxim.

药 材 名 小木通。

药用部位 茎藤、根。

功效主治 舒筋活络，祛湿止痛；治筋骨疼痛，无名肿毒，腹胀。

化学成分 4-*O*-*β*-D-galactopyranosylethyl-*E*-caffeate等。

锈毛铁线莲（毛茛科）

Clematis leschenaultiana DC.

药 材 名 锈毛铁线莲。

药用部位 叶。

功效主治 清心，利尿，通经下乳；治小便短赤，口舌生疮，心烦，经闭乳少，湿热痹痛。

甘木通（毛茛科）

Clematis loureiroana DC.

药 材 名 甘木通。

药用部位 叶。

功效主治 镇静，镇痛，降压；治红眼病，头痛，高血压。

化学成分 正庚醛、(*E*)-2-辛烯醛、反式-2-壬烯醛等挥发油。

毛柱铁线莲（毛茛科）

Clematis meyeniana Walp.

药 材 名 毛柱铁线莲。

药用部位 地上部分。

功效主治 祛风除湿，舒筋，止痛；治风湿骨痛，肢体麻木，脚气肿痛，乳痈，跌打损伤，蛇咬伤，神经麻痹。

沙叶铁线莲（毛茛科）

Clematis meyeniana Walp. var. **granulata** Finet et Gagnep.

药 材 名　沙叶铁线莲。

药用部位　全株。

功效主治　清热利尿，通经活络；治湿热水肿，乳汁不通，风湿骨痛。

五叶铁线莲（毛茛科）

Clematis quinquefoliolata Hutch.

药 材 名　柳叶见血飞。

药用部位　根。

功效主治　祛风除湿，温中理气，散瘀止痛；治腹痛吐泻，虚寒胃痛，月经不调，痛经，干血痨，风湿麻木，关节疼痛，跌打损伤，偏头痛，神经痛。

曲柄铁线莲（毛茛科）

Clematis repens Finet et Gagnep.

药 材 名　曲柄铁线莲、嘿芽玉怀（傣药）。

药用部位　全草、鲜叶、根。

功效主治　全草：滋肾壮阳，利水消肿；治肾虚腰痛，水肿。鲜叶：润肺止咳，清热解毒；治肺部感染，咳嗽。根：治跌打损伤。

化学成分　脂肪酸等。

菝葜叶铁线莲（毛茛科）

Clematis smilacifolia Wall.

药 材 名 紫木通、芽喝贺囡（傣药）。

药用部位 全株。

功效主治 祛风除湿，利水消肿；治风湿性关节炎，腰腿痛，肾炎水肿，尿路感染，膀胱炎，尿道炎。

盾叶铁线莲（毛茛科）

Clematis smilacifolia Wall. var. **peltata** (W. T. Wang) W. T. Wang

药 材 名 盾叶铁线莲、紫木通、芽喝贺囡（傣药）。

药用部位 全株。

功效主治 舒筋活络，消炎利尿；治风湿性关节痛，四肢麻木，筋骨痛，胃痛，腹痛，水肿。

细木通（毛茛科）

Clematis subumbellata Kurz.

药 材 名 小木通。

药用部位 根。

功效主治 利尿，通经；治疟疾，麻风。

柱果铁线莲（毛茛科）

Clematis uncinata Champ. ex Benth.

药 材 名 柱果铁线莲。

药用部位 根、叶。

功效主治 祛风除湿，舒筋活络，镇痛。根：治风湿性关节痛，牙痛，骨鲠喉。叶：治外伤出血。

化学成分 亚油酸、棕榈酸、α-松油醇等挥发油。

短萼黄连（毛茛科）

Coptis chinensis Franch. var. **brevisepala** W. T. Wang et P. G. Xiao

药 材 名 短萼黄连。

药用部位 根茎。

功效主治 清热泻火，解毒消肿，燥湿健胃；治细菌性痢疾，肠炎腹泻，黄疸性肝炎，疔疮肿毒，目赤肿痛，高热不退，烧、烫伤。

化学成分 小檗碱等。

还亮草（毛茛科）

Delphinium anthriscifolium Hance

药 材 名 还亮草。

药用部位 全草。

功效主治 祛风通络；治中风半身不遂，风湿筋骨疼痛，痈疮。

化学成分 硬飞燕草碱、巴比翠雀碱等。

滇川翠雀花（毛茛科）

Delphinium delavayi Franch.

药 材 名 细草乌、鸡脚草乌。

药用部位 根。

功效主治 有毒。温通经络，祛风除湿，散寒止痛；治风湿性关节痛，胃寒痛，跌打损伤疼痛。

化学成分 翠雀它星、牛扁碱、翠雀灵、德尔瓦印A、德尔瓦印B、异喹啉类生物碱等。

蕨叶人字果（毛茛科）

Dichocarpum dalzielii (J. R. Drumm. et Hutch.) W. T. Wang et P. G. Xiao

药 材 名 蕨叶人字果。

药用部位 根。

功效主治 消肿散毒；治红肿疮毒；外用鲜品捣烂敷患处。

两广锡兰莲（毛茛科）

Naravelia pilulifera Hance

药 材 名　拿拉藤、锡兰莲。

药用部位　根、茎、叶。

功效主治　根：行气止痛；治腹泻，便血，肝脾肿大，子宫脱垂，带下，风湿关节痛，脘腹胀痛，寒疝腹痛。茎、叶：止血；治刀伤出血。

滇牡丹（毛茛科）

Paeonia delavayi Franch.

药 材 名　紫牡丹、野牡丹、芽碗迭罗说（傣药）。

药用部位　根、叶。

功效主治　消积利湿，活血止血，清热解毒；治闭经，经少，痢疾，肝炎，关节炎，跌打损伤。

化学成分　没食子酸、丹皮酚等。

芍药（毛茛科）

Paeonia lactiflora Pall.

药 材 名　白芍。

药用部位　根。

功效主治　养血调经，敛阴止汗，柔肝止痛，平抑肝阳；治血虚萎黄，月经不调，自汗，盗汗，胁痛，腹痛。

化学成分　芍药苷、氧化芍药苷、苯甲酰芍药苷等。

牡丹（毛茛科）

Paeonia × suffruticosa Andrews

药 材 名 牡丹皮。

药用部位 根皮。

功效主治 清热凉血，活血化瘀；治热入营血，温毒发斑，吐血，衄血，夜热早凉，无汗骨蒸，闭经，痛经，跌仆伤痛。

化学成分 丹皮酚、牡丹酚苷、芍药苷等。

禺毛茛（毛茛科）

Ranunculus cantoniensis DC.

药 材 名 禺毛茛。

药用部位 全草。

功效主治 治疟疾，结膜炎，外伤性角膜白斑。本品有毒，一般不内服，而是外用。

化学成分 原白头翁素等。

茴茴蒜（毛茛科）

Ranunculus chinensis Bunge

药 材 名 黄花草、土细辛、鸭脚板。

药用部位 全草。

功效主治 解毒退黄，截疟，定喘，镇痛；治肝炎，黄疸，肝硬化腹水，癞疮，牛皮癣，疟疾，哮喘，牙痛，胃痛，风湿痛。

化学成分 黄酮类等。

毛茛（毛茛科）

Ranunculus japonicus Thunb.

药 材 名　毛茛、毛茛实。

药用部位　全草。

功效主治　利湿消肿，止痛，退翳，截疟，杀虫；治胃痛，黄疸，疟疾，淋巴结结核；敷穴位。

化学成分　原白头翁素、毛茛素等。

石龙芮（毛茛科）

Ranunculus sceleratus L.

药 材 名　石龙芮、石龙芮子。

药用部位　全草。

功效主治　消肿，拔毒，散结，截疟；治痈疖肿毒，毒蛇咬伤，淋巴结结核，牙痛，心腹烦满，肾虚遗精，阳痿阴冷。

化学成分　原白头翁素、毛茛苷等。

猫爪草（毛茛科）

Ranunculus ternatus Thunb.

药 材 名　猫爪草。

药用部位　块根、全草。

功效主治　解毒散结；治肺结核，淋巴结结核，淋巴结炎，咽喉炎。

化学成分　小毛茛内酯、谷甾醇、豆甾醇等。

天葵（毛茛科）

Semiaquilegia adoxoides (DC.) Makino

药 材 名 天葵子、天葵草。

药用部位 块根、全草。

功效主治 清热解毒，消肿散结；治痈肿疔疮，乳痈，瘰疬，蛇虫咬伤。

化学成分 格列风内酯、耧斗菜内酯、木兰碱等。

尖叶唐松草（毛茛科）

Thalictrum acutifolium (Hand.-Mazz.) B. Boivin

药 材 名 尖叶唐松草。

药用部位 全草。

功效主治 消肿解毒，明目，止泻；治下痢腹痛，目赤肿痛，跌打损伤，肝炎，肺炎，肾炎，疮疖肿毒。

化学成分 棕榈酸甲酯、亚油酸甲酯、木防己宁碱等。

大叶唐松草（毛茛科）

Thalictrum faberi Ulbr.

药 材 名 大叶唐松草。

药用部位 根。

功效主治 清热，泻火，解毒；治痢疾，泄泻，目赤肿痛，湿热黄疸。

化学成分 唐松草新碱、唐松草拉西宾等。

多叶唐松草（毛茛科）

Thalictrum foliolosum DC.

药 材 名　马尾黄连、金丝黄连、芽先哈（傣药）。

药用部位　根、根茎。

功效主治　清热燥湿，泻火解毒；治肠炎，黄疸，目赤肿痛。

化学成分　生物碱等。

金丝马尾连（毛茛科）

Thalictrum glandulosissimum (Finet et Gagnep.) W. T. Wang et S. H. Wang

药 材 名　马尾连、波哈勒（傣药）。

药用部位　根、根茎。

功效主治　化湿止泻；治炎症，腹泻。

化学成分　生物碱，主要为金丝马尾连碱甲。

盾叶唐松草（毛茛科）

Thalictrum ichangense Lecoy. ex Oliv.

药 材 名　盾叶唐松草。

药用部位　根、全草。

功效主治　清热解毒，燥湿；治湿热黄疸，湿热痢疾，小儿惊风，目赤肿痛，游风丹毒，鹅口疮。

化学成分　Dehydroglaueine、唐松草坡芬碱等。

爪哇唐松草（毛茛科）

Thalictrum javanicum Blume

药 材 名 爪哇唐松草。

药用部位 根、全草。

功效主治 清热燥湿，解毒；治痢疾，关节炎，跌打损伤。

化学成分 油酸二十烷酯等。

东亚唐松草（毛茛科）

Thalictrum minus L. var. **hypoleucum** (Siebold et Zucc.) Miq.

药 材 名 东亚唐松草。

药用部位 根、根茎。

功效主治 清热燥湿；治百日咳，痈疮肿毒，牙痛，湿疹。

化学成分 *O*-甲基唐松草檗碱、木兰花碱、高唐碱等。

金鱼藻（金鱼藻科）

Ceratophyllum demersum L.

药 材 名 金鱼藻。

药用部位 全草。

功效主治 凉血止血，利水通淋；治吐血，血热咳血，热淋涩痛。

化学成分 质体蓝素、铁氧化还原蛋白等。

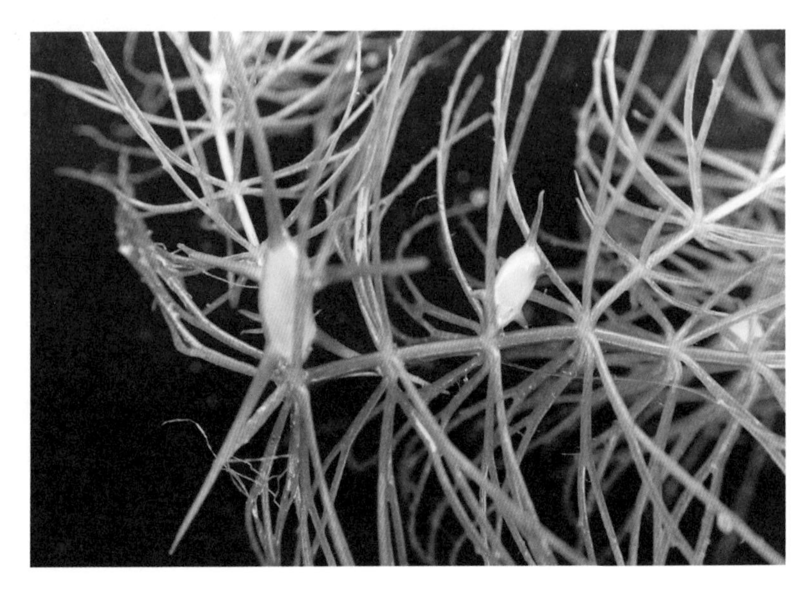

芡（睡莲科）

Euryale ferox Salisb. ex K. D. Koenig et Sims

5,7,4′-三羟基-二氢黄酮

药 材 名 芡实、鸡头米、鸡头果、鸡头肉。

药用部位 成熟种仁。

生　　境 池塘、湖泊或沼泽。

采收加工 秋季果实成熟时采摘，堆积沤烂果皮取出种子，洗净晒干，磨开硬壳取净仁晒干，成品色白无硬壳杂质。

药材性状 类球形。有棕红色或红褐色内种皮，一端黄白色，约占全体1/3，有凹点状的种脐痕，质较硬，断面白色，粉性。气微，味淡。

性味归经 甘、涩，平。归脾、肾经。

功效主治 益肾固精，补脾止泻，除湿止带；主治遗精滑精，遗尿尿频，脾虚久泻，白浊，带下。

化学成分 5,7,4′-三羟基-二氢黄酮、α-生育酚、β-生育酚等。

核心产区 温带和亚热带地区，全国各地均产，其中产于北方者（如山东、安徽北部、河南、河北）为北芡（野芡、刺芡），产于南方者（如广东、湖南、安徽南部、江苏）为南芡（苏芡），北芡多药用，而南芡多食用。

用法用量 煎汤，9～15克。

本草溯源 《神农本草经》《本草经集注》《本草纲目》《本草蒙筌》《本草从新》。

附　　注 芡实为常用中药，历版《中国药典》均有记载，始载于《神农本草经》，列为上品。南药区最有名的芡实当属肇实（南芡），主要分布广东肇庆鼎湖沙浦一带，其花、叶具有观赏价值，叶柄和花梗可作夏季时鲜蔬菜，果实以种仁供食用，多用于煲汤。

莲（睡莲科）

Nelumbo nucifera Gaertn.

荷叶碱

药 材 名　莲子、莲肉、莲米、莲子心、莲房、莲须、莲叶。

药用部位　成熟种子、种子中的幼叶、胚根、花托、雄蕊、叶。

生　　境　生于水泽、池塘、湖沼或水田内。

采收加工　果实成熟时取出果实，除去果皮和芯，干燥。

药材性状　莲子呈椭圆形或类球形，表面浅黄棕色至红棕色，有细纵纹和较宽的脉纹。一端中心呈乳头状突起，棕褐色，多有裂口，其周边略下陷。质硬，种皮薄，不易剥离。子叶2，黄白色，肥厚，中有空隙，具绿色莲子心；或底部具有一小孔，不具莲子心。气微，味甘、微涩。

莲子心略呈细圆柱形，长1～1.4厘米，直径约0.2厘米。幼叶绿色，一长一短，卷成箭形，先端向下反折，两幼叶间可见细小胚芽。胚根圆柱形，长约3毫米，黄白色。质脆，易折断，断面有数个小孔。气微，味苦。

莲房呈倒圆锥状或漏斗状，多撕裂，直径5～8厘米，高4.5～6厘米。表面灰棕色至紫棕色，具细纵纹和皱纹，顶面有多数圆形孔穴，基部有花梗残基。质疏松，破碎面海绵样，棕色。气微，味微涩。

莲须呈线形。花药扭转，纵裂，长1.2～1.5厘米，直径约0.1厘米，淡黄色或棕黄色。花丝纤细，稍弯曲，长1.5～1.8厘米，淡紫色。气微香，味涩。

莲叶呈半圆形或折扇形，展开后呈类圆形，全缘或稍呈波状，直径20～50厘米。上表面深绿色或黄绿色，较粗糙；下表面淡灰棕色，较光滑，有粗脉21～22条，自中心向四周射出；中心有突起的叶柄残基。质脆，易破碎。稍有清香气，味微苦。

性味归经　莲子甘、涩，平。归脾、肾、心经。莲子心苦，寒。归心、肾经。莲房苦、涩，温。归肝经。莲须甘、涩，平。归心、肾经。莲叶苦，平。归肝、脾、胃经。

功效主治　莲子补脾止泻，止带，益肾涩精，养心安神；治脾虚泄泻，带下，遗精，心悸失眠。莲子心清心安神，交通心肾，涩精止血；治热入心包，神昏谵语，心肾不交，失眠遗精，血热吐血。莲房化瘀止血；治崩漏，尿血，痔疮出血，产后瘀阻，恶露不尽。莲须固肾涩精；治遗精滑精，带下，尿频。莲叶清热解暑，升发清阳，凉血止血；治暑热烦渴，暑湿泄泻，脾虚泄泻，血热吐衄，便血崩漏。

化学成分　荷叶碱、槲皮素、木犀草素等。

核心产区　常见于我国长江中下游流域、云贵高原和东南亚各国。华南地区是莲的主产区之一，尤以湖南、江西、福建、广东和广西产量多。

用法用量　内服：煎汤，莲子6～15克，或入丸、散；莲子心2～5克；莲房5～10克，或研末；莲须3～5克，或入丸、散；莲叶干品3～10克，鲜品15～30克，莲叶炭3～6克，或入丸、散。外用：莲房适量，研末搽患处或煎汤熏洗；莲叶适量，捣敷或煎水洗。

本草溯源　《神农本草经》《名医别录》《本草经集注》《新修本草》《食疗本草》《本草拾遗》《日华子本草》《本草蒙筌》《本草纲目》《本草思辨录》《中华本草》。

附　　注　莲子为药食同源目录药材。莲属于睡莲科莲属，是一种古老的双子叶植物，中国十大名花，印度的国花，它与水杉银杏等冰川孑遗植物一样，是当今地球上幸存的活化石植物。目前莲属全世界仅存2个种，莲（*Nelumbo nucifera*）和美洲黄莲（*N.lutea*），在东半球分布的是莲，在西半球分布的是美洲黄莲。

萍蓬草（睡莲科）

Nuphar pumila (Timm) DC.

药 材 名 萍蓬草子、萍蓬草根。

药用部位 种子、根茎。

功效主治 健脾益肺，活血调经；治脾虚食少，月经不调，阴虚咳嗽，盗汗，痛经。

化学成分 萍蓬草碱、小萍蓬草碱、7-表萍蓬草碱等。

睡莲（睡莲科）

Nymphaea tetragona Georgi

药 材 名 睡莲、瑞莲、子午莲、茈碧花。

药用部位 花。

功效主治 消暑，定惊，解酒；治中暑，小儿惊风，醉酒烦渴。

化学成分 老鹤草素等。

华东小檗（小檗科）

Berberis chingii C. Y. Cheng

药 材 名 华东小檗、刺黄柏。

药用部位 根、根皮、茎、茎皮。

功效主治 清热解毒，泻火；治痢疾，胃肠炎，黄疸，尿路感染，急性肾炎，扁桃体炎，口腔炎，支气管肺炎。

南岭小檗（小檗科）

Berberis impedita C. K. Schneid.

药 材 名　刺黄柏。

药用部位　根、根皮、茎、茎皮。

功效主治　清热解毒，泻火；治湿热泄泻，痢疾，胃热疼痛，目赤肿痛，口疮，咽喉肿痛，急性湿疹，烫伤。

豪猪刺（小檗科）

Berberis julianae C. K. Schneid.

药 材 名　豪猪刺。

药用部位　根。

功效主治　清热解毒，泻火；治痢疾，胃肠炎，副伤寒，黄疸，尿路感染，急性肾炎，扁桃体炎，口腔炎。

化学成分　小檗碱、巴马亭、药根碱等。

粉叶小檗（小檗科）

Berberis pruinosa Franch.

药 材 名　石妹刺、宽叶鸡脚黄连、埋难三（傣药）。

药用部位　根。

功效主治　清火解毒，止泻止痢；治痢疾，肠炎，肺炎，火眼，疮疖。

化学成分　生物碱。

日本小檗（小檗科）

Berberis thunbergii DC.

药 材 名　三颗针。

药用部位　根、根皮、枝叶。

功效主治　清热燥湿，泻火解毒；治湿热泄泻，痢疾，胃热疼痛，目赤肿痛，急性湿疹，烫伤。

化学成分　小檗碱、氧化小檗碱等。

庐山小檗（小檗科）

Berberis virgetorum C. K. Schneid.

药 材 名　三颗针。

药用部位　根、根皮、茎、茎皮。

功效主治　清热解毒，抗菌消炎；治痢疾，胃肠炎，黄疸，肝硬化腹水，尿道炎，咽喉炎，扁桃体炎，口腔炎。

化学成分　小檗碱等。

六角莲（小檗科）

Dysosma pleiantha (Hance) Woodson

药 材 名　六角莲。

药用部位　根、根茎。

功效主治　清热解毒，活血散瘀；治虫蛇咬伤，痈疮疖肿，淋巴结炎，腮腺炎，乳腺癌。

化学成分　鬼臼毒素、大黄素甲醚、八角莲蒽醌、紫云英苷、山柰酚等。

八角莲（小檗科）

Dysosma versipellis (Hance) M. Cheng ex T. S. Ying

药 材 名　八角莲、八角金盘。

药用部位　根、根茎。

功效主治　清热解毒，活血散瘀；治蛇咬伤，牙痛，肺热咳嗽，腮腺炎，急性淋巴结炎，跌打损伤，疮疹。

化学成分　鬼臼毒素、山荷叶素、山柰酚、槲皮素等。

三枝九叶草（小檗科）

Epimedium sagittatum (Siebold et Zucc.) Maxim.

药 材 名　淫羊藿。

药用部位　茎、叶。

功效主治　补肾壮阳，祛风湿，补肝肾，强筋骨；治阳痿早泄，小便失禁，风湿性关节痛，腰痛，冠心病，目眩耳鸣，四肢麻痹。

化学成分　淫羊藿黄酮苷、槲皮素、箭叶苷、淫羊藿定等。

阔叶十大功劳（小檗科）

Mahonia bealei (Fortune) Carrière

小檗碱

药 材 名 土黄柏、土黄连、八角刺、刺黄柏、黄天竹。

生　　境 野生，生于山谷、林下阴湿处。

药用部位 叶。

采收加工 全年均可采，晒干。

药材性状 羽状复叶，小叶片7～15，对生，无小叶柄，多皱缩，革质，广卵形，边缘反卷，每侧有刺3～5个，叶脉明显向背面突起，上表面绿色到灰绿色，下表面黄绿色。总叶柄圆柱形，直径约至5毫米，着生小叶处膨大并有环纹。气微，味苦。

性味归经 苦，凉；归肺、肾、大肠经。

功效主治 补肺气，退潮热，益肝肾；用于肺结核潮热、咳嗽、咯血、腰膝无力、头晕、耳鸣、肠炎腹泻、黄疸性肝炎、目赤肿痛。

化学成分 小檗碱、巴马汀、药根碱等。

核心产区 广东、广西、福建等省。

用法用量 9～15克，外用适量。

本草溯源 《饮片新参》《广西中药志》《浙江药用植物志》《中药大辞典》。

附　　注 根、茎、果实亦入药。

长柱十大功劳（小檗科）

Mahonia duclouxiana Gagnep.

药 材 名　长柱十大功劳、先勒（傣药）。

药用部位　茎。

功效主治　清热解毒，润肺止咳，消肿止痛；治痢疾，肠炎，牙痛，咽喉痛，目赤肿痛，肺结核，咳嗽，咳血，胆囊炎，小儿口腔炎。根：治惊厥。

化学成分　挥发油、脂肪酸、生物碱等。

北江十大功劳（小檗科）

Mahonia fordii C. K. Schneid.

药 材 名　木黄连、土黄连。

药用部位　根、茎。

功效主治　滋阴清热，解毒；治肺结核，痢疾，炎症。

化学成分　小檗碱等。

十大功劳（小檗科）

Mahonia fortunei (Lindl.) Fedde

小檗碱

药 材 名 木黄连、竹叶黄连。

生　　境 野生，生于山谷、林下湿地。

药用部位 叶。

采收加工 全年均可采，晒干。

药材性状 羽状复叶，小叶片5～9，小叶片多皱缩，革质，披针形，每侧有刺5～10个。总叶柄长10～20厘米，直径约至2毫米，上面有凹槽。气微，味苦。

性味归经 苦，凉；归肺、肾、大肠经。

功效主治 补肺气，退潮热，益肝肾；用于肺结核潮热、咳嗽、咯血、腰膝无力、头晕、耳鸣、肠炎腹泻、黄疸性肝炎、目赤肿痛。

化学成分 小檗碱、掌叶防已碱、药根碱、木兰碱等。

核心产区 广东、广西、福建等省。

用法用量 内服：煎汤，9～15克。外用：适量。

本草溯源 《饮片新参》《广西中药志》《浙江药用植物志》《中药大辞典》。

附　　注 根茎、果实亦入药。

台湾十大功劳（小檗科）

Mahonia japonica (Thunb.) DC.

药 材 名　十大功劳根。

药用部位　根。

功效主治　滋阴清热，解毒；治肺结核，感冒，痢疾，炎症，烫伤。

化学成分　异粉防己碱、小檗碱、掌叶防己碱、药根碱、小檗胺等。

尼泊尔十大功劳（小檗科）

Mahonia napaulensis DC.

药 材 名　尼泊尔十大功劳、先勒（傣药）。

药用部位　根、茎。

功效主治　祛风湿；治痢疾，肠炎。

化学成分　生物碱。

沈氏十大功劳（小檗科）

Mahonia shenii Chun

药 材 名　光叶十大功劳。

药用部位　根、茎及叶。

功效主治　清热，燥湿，解毒；治湿热痢疾，腹泻，黄疸，目赤肿痛，烧烫伤。

化学成分　掌叶防己碱、药根碱等。

南天竹（小檗科）

Nandina domestica Thunb.

药 材 名 南天竹、白天竹。

药用部位 根、茎及果。

功效主治 清热除湿，通经活络；治感冒发热，结膜炎，肺热咳嗽，湿热黄疸，急性胃肠炎，尿路感染，跌打损伤。

化学成分 天竹碱、普罗托品、小檗碱、药根碱、木兰碱等。

木通（木通科）

Akebia quinata (Houtt.) Decne.

药 材 名 木通、活血藤。

药用部位 藤茎。

功效主治 清热利尿，活血通脉；治淋浊，水肿，胸中烦热，咽喉疼痛，口舌生疮，风湿痹痛，乳汁不通，闭经，痛经。

化学成分 白桦脂醇、齐墩果酸、常春藤皂苷元、木通皂苷、豆甾醇等。

三叶木通（木通科）

Akebia trifoliata (Thunb.) Koidz.

药 材 名 木通、活血藤。

药用部位 藤茎。

功效主治 疏肝，补肾，止痛；治胃痛，疝痛，睾丸肿痛，腰痛，遗精，月经不调，带下，子宫脱垂。

化学成分 白桦脂醇、齐墩果酸、常春藤皂苷元、木通皂苷、豆甾醇等。

白木通（木通科）

Akebia trifoliata (Thunb.) Koidz subsp. **australis** (Diels) T. Shimizu

药 材 名　木通、活血藤。

药用部位　藤茎。

功效主治　疏肝，补肾，止痛；治胃痛，疝痛，睾丸肿痛，腰痛，遗精，月经不调，带下，子宫脱垂。

化学成分　白桦脂醇、齐墩果酸、常春藤皂苷元、木通皂苷、豆甾醇等。

猫儿屎（木通科）

Decaisnea insignis (Griff.) Hook. f. et Thomson

药 材 名　矮杞树、猫儿子、猫屎瓜。

药用部位　根、果。

功效主治　根：清肺止咳，祛风除湿；治肺痨咳嗽，风湿性关节痛。果：清热解毒，润燥；治皮肤皲裂，肛裂，阴痒；外用治肛门周围糜烂。

化学成分　三萜皂苷、十六碳烯酸等。

五月瓜藤（木通科）

Holboellia angustifolia Wall.

药 材 名　八月炸、预知子、八月瓜、嘿康龙（傣药）。

药用部位　果实、根。

功效主治　疏肝，补肾，止痛；治胃痛，疝痛，睾丸肿痛，腰痛，遗精，月经不调，子宫脱垂。

化学成分　β-胡萝卜素、氨基酸等。

八月瓜（木通科）

Holboellia latifolia Wall.

药 材 名　牛腰子果、六月瓜、小八瓜。

药用部位　茎藤、果实。

功效主治　茎藤：利湿，通乳，解毒，止痛；治小便不利，脚气浮肿，乳汁不通，胃痛，风湿骨痛，跌打损伤。果实：清热利湿，活血通脉，行气止痛；治小便短赤，淋浊，水肿，风湿痹痛，跌打损伤，乳汁不通，疝气痛，子宫脱垂，睾丸炎。

化学成分　酚类和皂苷类等。

野木瓜（木通科）

Stauntonia chinensis DC.

药 材 名　木通七叶莲、野木瓜。

药用部位　根、全株。

功效主治　祛风止痛，舒筋活络；治风湿痹痛，头痛，痛经，跌打伤痛。

化学成分　野木瓜苷、木通苯乙醇苷B等。

尾叶那藤（木通科）

Stauntonia obovatifoliola Hayata subsp. **urophylla** (Hand.-Mazz.) H. N. Qin

药 材 名　尾叶那藤。

药用部位　地上部分。

功效主治　舒筋活络，清热利尿；治跌打损伤，风湿性关节炎，各种神经性疼痛，水肿，小便不利，月经不调。

化学成分　羽扇豆酮、羽扇豆醇、豆甾醇、胡萝卜苷等。

大血藤（大血藤科）

Sargentodoxa cuneata (Oliv.) Rehder et E. H. Wilson

药 材 名　大血藤、过山龙。

药用部位　藤茎。

功效主治　祛风除湿，活血通经，驱虫；治阑尾炎，经闭腹痛，风湿筋骨酸痛，四肢麻木拘挛，钩虫病，蛔虫病。

化学成分　刺梨苷、胡萝卜苷、毛柳苷、大血藤苷、大黄素、原儿茶酸等。

古山龙（防己科）

Arcangelisia gusanlung H. S. Lo

药 材 名　古山龙。

药用部位　根茎、藤茎。

功效主治　清热利湿，解毒杀虫；治肠炎，阴道炎，支气管炎，湿疹，疖肿。

化学成分　掌叶防己碱、小檗碱、药根碱等。

球果藤（防己科）

Aspidocarya uvifera Hook. f. et Thomson

药 材 名　表藤、淮通、汉防己。

药用部位　根。

功效主治　凉血散瘀，祛风除湿；治风湿病，痹证，筋骨疼痛，肢体麻木，水肿。

锡生藤（防己科）

Cissampelos pareira L. var. **hirsuta** (Buch. -Ham. ex DC.) Forman

轮环藤酚碱

药 材 名　锡生藤、雅红隆、金丝荷叶。

药用部位　全株。

生　　境　野生，生于热带河边沙滩、荒地山坡石缝中或灌丛中的潮湿地。

采收加工　全年可采。鲜用或晒干。

药材性状　攀援状藤本，全株密被黄白色绒毛。叶心状圆形，基部心形，花小，淡黄色；核果卵形，成熟时红色。种子扁平，马蹄状。

性味归经　淡、微麻，温。归肺、胃经。

功效主治　止痛，止血，生肌；治跌打损伤，挤压伤，创伤出血。

化学成分　轮环藤酚碱、锡生藤碱甲等。

核心产区　云南。

用法用量　内服：煎汤，9～15克。外用：适量，鲜品捣敷，或干粉外敷，或用酒或蛋清调敷。

本草溯源　《中药大辞典》。

附　　注　重症肌无力患者禁服。

樟叶木防己（防己科）

Cocculus laurifolius DC.

药 材 名　衡州乌药。

药用部位　根。

功效主治　散瘀消肿，祛风止痛；治腹痛，风湿腰腿痛，跌打损伤，水肿。

化学成分　衡州乌药弗林、衡州乌药胺、樟叶木防己碱等。

木防己（防己科）

Cocculus orbiculatus (L.) DC.

药 材 名　土木香、牛木香。

药用部位　根。

功效主治　祛风止痛，利尿消肿，解毒；治风湿性关节炎，急性肾炎，尿路感染，高血压，风湿性心脏病，水肿。

化学成分　木防己碱、异木防己碱、木兰花碱、表千金藤碱等。

毛叶轮环藤（防己科）

Cyclea barbata Miers

药 材 名　银不换、金锁匙。

药用部位　根。

功效主治　清热解毒，散瘀消肿，止痛；治咽喉炎，牙痛，腹痛，急性扁桃体炎，胃痛，胃肠炎，疟疾，跌打损伤。

化学成分　左旋箭毒碱、粉防己碱、高阿莫林碱、小檗胺、利马辛等。

粉叶轮环藤（防己科）

Cyclea hypoglauca (Schauer) Diels

药 材 名　百解藤、金线风。

药用部位　根、藤茎。

功效主治　清热解毒，祛风止痛；治咽喉肿痛，风热感冒，牙痛，风湿性关节炎。

化学成分　轮环藤宁碱、左旋箭毒碱、异谷树碱、异粉防己碱、木兰花碱等。

云南轮环藤（防己科）

Cyclea meeboldii Diels

药 材 名　云南轮环藤。

药用部位　根。

功效主治　清热解毒，理气止痛。

铁藤（防己科）

Cyclea polypetala Dunn

药 材 名　铁血藤、黑藤、三叶藤。

药用部位　根、藤茎。

功效主治　行血调经，祛风除湿；治内出血，月经不调，贫血，跌打损伤，腰腿痛，风湿性关节痛，红崩带下。

化学成分　异粒枝碱、左旋箭毒碱等。

轮环藤（防己科）

Cyclea racemosa Oliv.

药 材 名　轮环藤。

药用部位　根。

功效主治　清热解毒，理气止痛；治胃痛，急性胃肠炎，消化不良，中暑腹痛。

化学成分　异粒枝碱、轮环藤碱、海岛轮环藤碱、木兰碱等。

四川轮环藤（防己科）

Cyclea sutchuenensis Gagnep.

药 材 名　四川轮环藤。

药用部位　根。

功效主治　祛风镇咳；治小儿惊风，破伤风，咽喉炎，胃痛，胃溃疡，肠炎。

化学成分　轮环藤碱、异粒枝碱、异轮环藤碱、四川轮环藤辛碱等。

秤钩风（防己科）

Diploclisia affinis (Oliv.) Diels

药 材 名　秤钩风。

药用部位　藤叶。

功效主治　祛风除湿，活血止痛，利尿解毒；治风湿痹痛，跌扑损伤，小便淋涩，毒蛇咬伤。

化学成分　去甲粉防己碱等。

苍白秤钩风（防己科）

Diploclisia glaucescens (Blume) Diels

药 材 名　苍白秤钩风、蛇总管、土防己。

药用部位　藤茎。

功效主治　清热解毒，祛风除湿；治风湿骨痛，尿路感染，毒蛇咬伤。

化学成分　24-表罗汉松甾酮A等。

天仙藤（防己科）

Fibraurea recisa Pierre

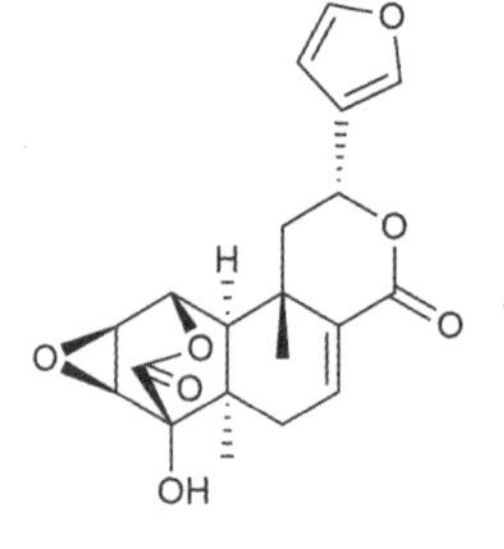

黄藤内酯

药 材 名　黄藤、黄连藤、大黄藤。

药用部位　根或茎叶。

生　　境　野生或栽培，生于山谷密林中或石壁上。

采收加工　根茎全年均可采，切片，晒干；叶春夏季采，晒干。

药材性状　干燥根呈圆柱形，弯曲扭转。外表土棕色，去栓皮后呈棕黄色，皮部易剥落，革质而脆。气味微弱。干燥茎呈圆柱形，稍弯曲，外表土灰色，节微隆起，具多数细纵沟和横裂。皮层及韧皮部黄色，有空隙，木质部黄色至棕黄色，中心有小型髓部，辐射线较暗。

性味归经　苦，寒。归心、肝经。

功效主治　清热解毒，利湿利尿，通便；治饮食中毒，热郁便秘，痢疾，传染性肝炎，疮痈，赤眼，咽喉肿痛。

化学成分　黄藤内酯、掌叶防己碱、药根碱等。

核心产区　广东、广西和云南，也分布于越南、老挝和柬埔寨。

用法用量　内服：煎汤，10～30克。外用：适量，煎水洗患处。

本草溯源　《本草图经》《中华本草》《中药大辞典》。

附　　注　有毒。

夜花藤（防己科）

Hypserpa nitida Miers

药 材 名　夜花藤、细红藤。

药用部位　全株。

功效主治　凉血止血，消炎利尿；治咳血，咯血，吐血，便血，外伤出血。

化学成分　无羁萜、异小檗胺、防己诺林碱等。

肾子藤（防己科）

Pachygone valida Diels

药 材 名　粉绿藤、疟疾草。

药用部位　根、茎。

功效主治　祛风除湿，活血镇痛；治风湿痹痛，肢体麻木，腰肌劳损。

连蕊藤（防己科）

Parabaena sagittata Miers

药 材 名　滑板菜、帕楠（傣药）。

药用部位　叶。

功效主治　清热解毒；治便秘。

细圆藤（防己科）

Pericampylus glaucus (Lam.) Merr.

药 材 名 小广藤、土藤、广藤。

药用部位 全株。

功效主治 通经络，除风湿，镇痉；治风湿麻木，腰痛，小儿惊风，破伤风，跌打损伤。

化学成分 表木栓醇、蜂蜜酸、棕榈酸等。

风龙（防己科）

Sinomenium acutum (Thunb.) Rehder et E. H. Wilson

药 材 名 青风藤、风龙。

药用部位 藤茎。

功效主治 祛风湿，通经络，利小便；治风湿痹痛，关节肿胀，肌肤麻木，麻痹瘙痒。

化学成分 尖防己碱、青藤碱、清风藤碱等。

白线薯（防己科）

Stephania brachyandra Diels

药 材 名 一滴血、波波硬（傣药）。

药用部位 块根。

功效主治 行气活血，祛风止痛，清热解毒；治胃溃疡和十二指肠溃疡，神经衰弱，月经不调，痛经，风湿骨痛，跌打损伤。

化学成分 异紫堇定、青藤碱、荷包牡丹碱等。

金线吊乌龟（防己科）

Stephania cephalantha Hayata

药 材 名 白药子、独脚乌桕。

药用部位 块根。

功效主治 散瘀消肿，止痛；治痈疽肿毒，腮腺炎，毒蛇咬伤，跌打肿痛。

化学成分 金线吊乌龟碱、小檗胺、木防己碱等。

一文钱（防己科）

Stephania delavayi Diels

药 材 名 小寒药。

药用部位 块根。

功效主治 清热解毒，利湿，止痛；治胃痛，腹痛，急性胃肠炎，风湿性关节炎，痢疾，痈疽肿毒。

血散薯（防己科）

Stephania dielsiana Y. C. Wu

药 材 名 血散薯、独脚乌桕。

药用部位 块根。

功效主治 清热解毒，散瘀止痛；治咽喉炎，急性胃肠炎，细菌性痢疾，疟疾，风湿疼痛。

化学成分 克列班宁、青风藤碱、异粉防己碱等。

大叶地不容（防己科）

Stephania dolichopoda Diels

药 材 名　大叶地不容。

药用部位　块根。

功效主治　散瘀止痛，清热解毒；治胃痛，痢疾，咽痛，跌打损伤，疮疖痈肿，毒蛇咬伤。

化学成分　番荔枝宁、四氢巴马汀、巴马汀、卡巴任碱、3-吡啶甲酸等。

地不容（防己科）

Stephania epigaea H. S. Lo

药 材 名　山乌龟、地芙蓉。

药用部位　块根。

功效主治　清热解毒，利湿，止痛；治胃痛，腹痛，急性胃肠炎，风湿性关节炎，疟疾。

化学成分　千金藤素、轮环藤宁等。

江南地不容（防己科）

Stephania excentrica H. S. Lo

药 材 名　江南地不容。

药用部位　块根。

功效主治　行气止痛；治脘腹胀痛。

化学成分　(-)-*N*-甲基衡州乌药碱、cephamorphinanine等。

海南地不容（防己科）

Stephania hainanensis H. S. Lo et Y. Tsoong

药 材 名　海南地不容。

药用部位　块根。

功效主治　健胃止痛，消肿解毒；治胃肠溃疡，各种疼痛，急性胃肠炎，细菌性痢疾，上呼吸道感染。

化学成分　克列班宁、粉防己碱等。

千金藤（防己科）

Stephania japonica (Thunb.) Miers

药 材 名　千金藤、山乌龟。

药用部位　根、茎叶。

功效主治　清热解毒，祛风止痛，利水消肿；治咽喉肿痛，疮疖肿毒，风湿痹痛，脚气水肿。

化学成分　千金藤碱、表千金藤碱等。

桐叶千金藤（防己科）

Stephania japonica (Thunb.) Miers var. **discolor** (Blume) Forman

药 材 名　毛千金藤。

药用部位　根。

功效主治　清热解毒，祛风除湿，通经活络；治疮、疖、疔、痈，风湿痹痛，小儿麻痹症。

化学成分　9-*O*-去甲基蝙蝠葛宁、桐叶莲花碱E、对羟基苯甲醛、(-)-丁香树脂酚等。

光叶千金藤（防己科）

Stephania japonica (Thunb.) Miers var. **timoriensis** (DC.) Forman

药 材 名　光千金藤。

药用部位　根。

功效主治　消肿止痛，排脓；治风湿性关节炎，咽喉肿痛。

化学成分　光千金藤定碱等。

粪箕笃（防己科）

Stephania longa Lour.

药 材 名　粪箕笃、千金藤、田鸡草。

药用部位　全草、根茎、根。

功效主治　清热解毒，利尿消肿；治肾盂肾炎，膀胱炎，肠炎，痢疾，痈疖疮疡。

化学成分　千金藤波林碱、粪箕笃碱等。

粉防己（防己科）

Stephania tetrandra S. Moore

药 材 名　防己、山乌龟、蟾蜍薯、石蟾蜍。

药用部位　根。

功效主治　祛风止痛，利水消肿；治风湿痹痛，脚气水肿，小便不利，湿疹，疮毒。

化学成分　粉防己碱、防己诺林碱等。

大叶藤（防己科）

Tinomiscium petiolare Hook. f. et Thomson

药 材 名　越南大时藤、奶汁藤、假黄藤。

药用部位　根、茎。

功效主治　祛风通络，散瘀止痛，解毒；治风湿痹痛，腰痛，跌打损伤，目赤肿痛，咽喉肿痛。

化学成分　二十六烷酸、棕榈酸、β-谷甾醇、胡萝卜苷及木兰花碱等。

波叶青牛胆（防己科）

Tinospora crispa (L.) Hook. f. et Thomson

药 材 名　青牛胆、发冷藤、嘿柯罗（傣药）。

药用部位　藤茎、叶。

功效主治　利水消肿，除风止痛，舒筋活血；治水肿，风湿性关节痛，跌打损伤，腰痛，蚂蟥入鼻。

化学成分　生物碱类、二萜类、三萜类。

青牛胆（防己科）

Tinospora sagittata (Oliv.) Gagnep.

药 材 名　金果榄。

药用部位　块根。

功效主治　清热解毒，利咽，止痛；治咽喉肿痛，痈疽疔毒，泄泻，痢疾，脘腹疼痛。

化学成分　古伦宾等。

中华青牛胆（防己科）

Tinospora sinensis (Lour.) Merr.

药 材 名　宽筋藤、中华青牛胆、舒筋藤。
药用部位　茎。
功效主治　舒筋活络，祛风除湿；治风湿痹痛，坐骨神经痛，腰肌劳损，跌打扭伤。
化学成分　掌叶防己碱、药根碱等。

管兰香（马兜铃科）

Aristolochia cathcartii Hook. f.

药 材 名　萝卜防己、土木香、竹欢（傣药）。
药用部位　根。
功效主治　清热解毒，理气止痛，舒筋活络；治胃痛，胃肠炎，食物中毒，风湿痛，跌打伤痛。

长叶马兜铃（马兜铃科）

Aristolochia championii Merr. et Chun

药 材 名　百解薯、三筒管。
药用部位　根。
功效主治　清热解毒；治急性胃肠炎，细菌性痢疾，疮疖肿毒。

马兜铃（马兜铃科）

Aristolochia debilis Siebold et Zucc.

药 材 名　马兜铃、青木香、天仙藤。
药用部位　成熟果实。
功效主治　清肺降气，化痰止咳，平喘，清肠消痔；治肺热咳喘，咯血，失音，痔瘘肿痛。
化学成分　马兜铃酸、马兜铃次酸、木兰花碱等。

广防己（马兜铃科）

Aristolochia fangchi Y. C. Wu ex L. D. Chow et S. M. Hwang

木兰花碱

药 材 名　广防己、滇防己、木防己。

药用部位　根。

生　　境　山坡密林或灌丛中。

采收加工　秋、冬二季采挖，切段，粗根纵切两瓣，晒干。

药材性状　圆柱形或半圆柱形，表面灰棕色，粗糙，有纵沟纹，体重，质坚实，不易折断，断面粉性。

性味归经　苦、辛，寒。归膀胱、肺经。

功效主治　祛风止痛，清热利水；治湿热身痛，风湿痹痛，下肢水肿，小便不利。

化学成分　含木兰花碱、马兜铃内酰胺、马兜铃酸A-C、尿囊素等。

核心产区　广西、广东。

用法用量　煎汤，4.5～9克。

本草溯源　《神农本草经》《名医别录》《药性论》《新修本草》《本草图经》《经史证类备急本草》《本草品汇精要》《本草蒙筌》。

附　　注　因含有马兜铃酸，本品不再用作药品生产。

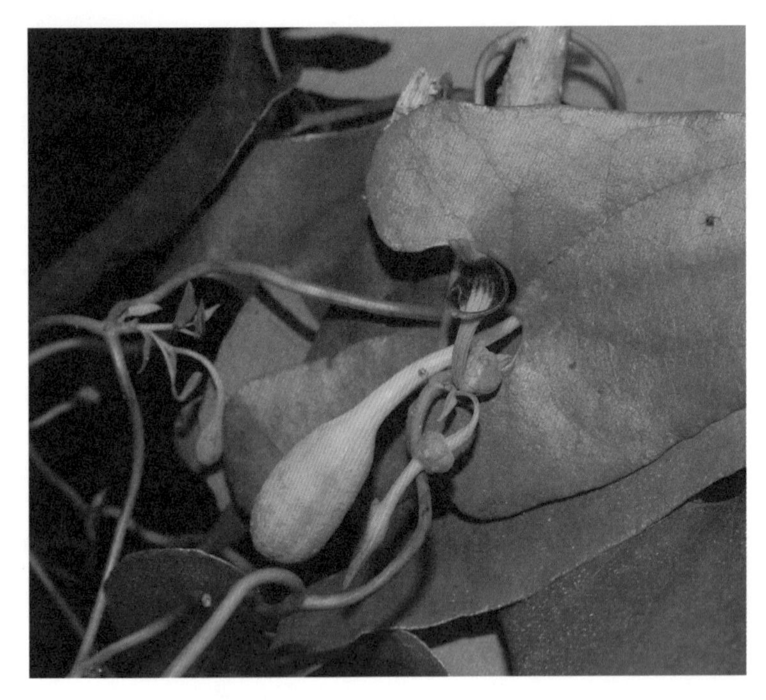

通城虎（马兜铃科）

Aristolochia fordiana Hemsl.

药 材 名　通城虎、五虎通城、定心草。

药用部位　根、全草。

功效主治　解毒消肿，祛风镇痛，开窍；治胃痛，风湿骨痛，跌打损伤，毒蛇咬伤。

化学成分　马兜铃酸A、木兰花碱等。

广西马兜铃（马兜铃科）

Aristolochia kwangsiensis Chun et F. C. How

药 材 名　大百解薯、萝卜防己。

药用部位　块根。

功效主治　清热解毒，理气止痛，凉血止血；治急性胃肠炎，咽喉炎，肺结核，跌打损伤，痈疮肿毒。

化学成分　尿囊素、木兰花碱等。

寻骨风（马兜铃科）

Aristolochia mollissima Hance

药 材 名　绵毛马兜铃、穿地筋、毛风草。

药用部位　全草。

功效主治　祛风湿，通经络，止痛；治风湿筋骨痛，跌打损伤，胃腹疼痛，疝痛。

化学成分　马兜铃酸A、马兜铃内酰胺等。

宝兴马兜铃（马兜铃科）

Aristolochia moupinensis Franch.

药 材 名　淮通、理防己、淮木通。

药用部位　茎、根。

功效主治　清热利湿，祛风止痛；治泻痢腹痛，湿热身肿，小便赤涩，风湿痹痛，痈肿恶疮。

化学成分　尿囊素、丁香酸、马兜铃内酰胺Ⅰ等。

耳叶马兜铃（马兜铃科）

Aristolochia tagala Champ.

药 材 名　黑面防己、耳叶马兜铃。

药用部位　根。

功效主治　清热解毒，祛风止痛，利湿消肿；治疗疮痈肿，风湿性关节痛，胃痛，湿热淋证。

化学成分　马兜铃酸A、木兰花碱等。

海边马兜铃（马兜铃科）

Aristolochia thwaitesii Hook.

药 材 名　马兜铃、石蟾蜍、印度马兜铃。

药用部位　块根。

功效主治　消炎解毒；治咽喉痛；外用捣烂敷毒疮处。

背蛇生（马兜铃科）

Aristolochia tuberosa C. F. Liang et S. M. Hwang

药 材 名　毒蛇药、避蛇生、芽闷莱（傣药）。

药用部位　块根。

功效主治　清热解毒，平肝息风，止咳，止血，明目去翳；治甲沟炎，毒蛇咬伤。

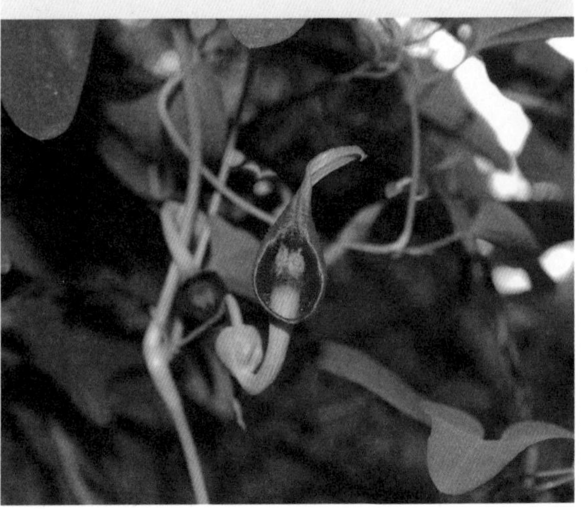

管花马兜铃（马兜铃科）

Aristolochia tubiflora Dunn

药 材 名　管花马兜铃、逼血雷。

药用部位　根、全草。

功效主治　清热解毒，行气止痛；治疮疡疖肿，胃脘疼痛，腹泻，风湿性关节痛，跌打损伤。

化学成分　马兜铃酸、欧朴吗素-7等。

香港马兜铃（马兜铃科）

Aristolochia westlandii Hemsl.

药 材 名　百解马兜铃、白金果榄。

药用部位　根。

功效主治　祛风利尿，清热解毒；治水肿，淋病，风湿痹痛，脚气，湿肿，痢疾，肠炎，腮腺炎，乳腺炎。

变色马兜铃（马兜铃科）

Aristolochia versicolor S.M. Hwang

药 材 名　变色马兜铃、白金古榄。

药用部位　块根。

功效主治　清热解毒，消肿，止痛；治胃肠炎，泄泻，痢疾，腮腺炎，咽喉肿痛，湿疹。

化学成分　异马兜铃内酯等。

尾花细辛（马兜铃科）

Asarum caudigerum Hance

药 材 名　尾花细辛、圆叶细辛。

药用部位　全草。

功效主治　温经散寒，化痰止咳，消肿止痛；治风寒感冒，咳嗽哮喘，跌打损伤，口舌生疮，疮疡肿毒。

化学成分　龙脑、乙酸龙脑酯等。

杜衡（马兜铃科）

Asarum forbesii Maxim.

药 材 名　杜衡、土细辛。

药用部位　根茎、根、全草。

功效主治　祛风散寒，止痛，活血；治风寒头痛，牙痛，咳喘，中暑，腹痛，痢疾，风湿性关节痛。

化学成分　杜衡素A、榄香脂素等。

地花细辛（马兜铃科）

Asarum geophilum Hemsl.

药 材 名　大块瓦、土细辛。

药用部位　根、根茎、全草。

功效主治　疏风散寒，宣肺止咳，止痛消肿；治风寒感冒，头痛，痰饮咳喘，风寒湿痹。

化学成分　α-蒎烯、樟烯等。

香港细辛（马兜铃科）

Asarum hongkongense S. M. Huang et Wong Sui

药 材 名　细辛。

药用部位　根、全草。

功效主治　散寒，止咳，止痛；治风寒咳嗽，风湿性关节痛；外用治牙痛，跌打肿痛。

化学成分　挥发油类及少量马兜铃酸I等。

金耳环（马兜铃科）

Asarum insigne Diels

药 材 名　金耳环、土细辛、一块瓦。

药用部位　全草。

功效主治　息风开窍，祛风散寒，解毒镇痛；治小儿抽搐，风寒感冒，支气管哮喘，胃痛，跌打损伤。

化学成分　龙脑、乙酸龙脑酯、樟脑等。

大花细辛（马兜铃科）

Asarum magnificum Tsiang ex C. Y. Cheng et C. S. Yang

药 材 名　大花细辛、大叶细辛、祈阳细辛。

药用部位　全草。

功效主治　散寒止咳，祛痰除风；治风寒感冒，头痛，咳喘，风湿痛，四肢麻木，跌伤。

红金耳环（马兜铃科）

Asarum petelotii O. C. Schmidt

药 材 名　土金耳环、犁铧叶、盘龙草。

药用部位　全草。

功效主治　祛风散寒，解毒止痛；治感冒，胃痛，牙痛，跌打损伤，蛇咬伤。

化学成分　龙脑黄樟醚、胡萝卜苷、芹菜脑、β-雪松烯、榄香脂素等。

长毛细辛（马兜铃科）

Asarum pulchellum Hemsl.

药 材 名　长毛细辛。

药用部位　根、全草。

功效主治　温肺化痰，祛风除湿，理气止痛；治风寒咳嗽，风湿性关节痛，胃痛，腹痛，牙痛。

五岭细辛（马兜铃科）

Asarum wulingense C. F. Liang

药 材 名　倒插花。

药用部位　根、根茎、全草。

功效主治　温经散寒，止咳化痰，消肿止痛；治胃痛，咳喘，跌打损伤，烫伤，牙痛。

化学成分　樟烯、龙脑等。

猪笼草（猪笼草科）

Nepenthes mirabilis (Lour.) Druce

药 材 名　猪笼草、猪仔笼、担水桶。

药用部位　茎叶。

功效主治　清肺润燥，行水，解毒；治肺燥咳嗽，百日咳，黄疸，胃痛，痢疾，水肿。

化学成分　黄酮苷、氨基酸、糖、蒽醌苷类等。

石蝉草（胡椒科）

Peperomia blanda (Jacq.) Kunth

药 材 名　石蝉草、火伤草、散血丹。

药用部位　全草。

功效主治　清热化痰，利水消肿，祛瘀散结；治支气管炎，哮喘，肺结核，肾炎水肿，胃癌，肝癌，肺癌，食道癌，乳腺癌。

化学成分　Pachypostaudin B、pellucidin A、莳萝油脑等。

蒙自草胡椒（胡椒科）

Peperomia heyneana Miq.

药 材 名　散血丹、狗骨头、芽了帕（傣药）。

药用部位　全草。

功效主治　消肿止痛；治跌打损伤。

草胡椒（胡椒科）

Peperomia pellucida (L.) Kunth

药 材 名 草胡椒。

药用部位 全草。

功效主治 散瘀止痛，清热解毒；治痈肿疮毒，烧烫伤，跌打损伤，外伤出血。

化学成分 欧芹脑、2, 4, 5-三甲氧基苏合香烯等。

豆瓣绿（胡椒科）

Peperomia tetraphylla (Forst. f.) Hook. et Arn.

药 材 名 豆瓣绿、胡椒草。

药用部位 全草、根。

功效主治 散瘀驳骨，消积，健胃，止咳；治跌打损伤，骨折，无名肿毒，小儿疳积，子宫脱垂，痨咳。

化学成分 马兜铃内酰胺AⅡ、peperobtusin A等。

蒌叶（胡椒科）

Piper betle L.

药 材 名　蒟酱、青蒟。

药用部位　果穗。

功效主治　祛风散寒，行气化痰，消肿止痒；治风寒咳嗽，支气管哮喘，风湿骨痛，胃寒痛，妊娠水肿，皮肤湿疹，脚癣。

化学成分　蒌叶酚、丁香油酚、香荆芥酚等。

苎叶蒟（胡椒科）

Piper boehmeriifolium (Miq.) Wall. ex C. DC.

药 材 名　小麻叶、大麻疙瘩、芽帅样（傣药）。

药用部位　全株。

功效主治　祛风止痛，活血散瘀，续筋接骨；治跌打损伤，骨折，风寒湿痹，肢体关节酸痛，屈伸不利，体弱多病，肢体麻木。

化学成分　醇类和烯类等。

黄花胡椒（胡椒科）

Piper flaviflorum C. DC.

药 材 名　辣藤、野芦子、沙干（傣药）。

药用部位　藤茎。

功效主治　温通气血，发汗除寒，活血消肿，祛风止痛；治冷季感冒，畏寒怕冷，周身酸疼，鼻塞流清涕，风湿病肢体关节肿胀疼痛或酸麻冷痛，跌打损伤。

化学成分　酰胺生物碱等。

海南蒟（胡椒科）

Piper hainanense Hemsl.

药 材 名 海南蒟。

药用部位 茎、叶。

功效主治 温中健脾，祛风除湿，敛疮；治脘腹冷痛，消化不良，风湿痹痛，下肢溃疡，湿疹。

化学成分 (*Z*, *R*)-1-苯乙基肉桂酸等。

山蒟（胡椒科）

Piper hancei Maxim.

药 材 名 山蒟、石楠藤、海风藤。

药用部位 茎、叶。

功效主治 祛风湿，通经络；治风湿，风寒骨痛，腰膝无力，咳嗽气喘。

化学成分 4-烯丙基邻苯二酚、山蒟酮、山蒟醇等。

毛蒟（胡椒科）

Piper hongkongense C. DC.

药 材 名 毛蒟、香港蒟。

药用部位 全草。

功效主治 祛风寒，强腰膝，补虚；治风寒湿痹，腰膝无力，跌打损伤，胃腹疼痛，产后风痛，风湿腰腿痛。

化学成分 石竹烯、橙花叔醇等。

风藤（胡椒科）

Piper kadsura (Choisy) Ohwi

海风藤酮

药 材 名 海风藤、满坑香、大风藤。

药用部位 藤茎。

生　　境 野生，生于山谷的密林或疏林。

采收加工 夏、秋二季采割，除去根、叶，晒干。

药材性状 扁圆柱形，表面粗糙，有纵向棱状纹理及明显的节，节部膨大，上生不定根，体轻，质脆易断，皮部窄，木部宽，导管孔多数，射线灰白色，呈放射状排列，中心有灰褐色髓。

性味归经 辛、苦，微温。归肝经。

功效主治 祛风湿，通经络，止痹痛；主治风寒湿痹，肢节疼痛，筋脉拘挛，屈伸不利。

化学成分 海风藤酮、风藤素M、风藤素A-C、β-谷甾醇、豆甾醇等。

核心产区 广东、福建和台湾等。

用法用量 煎汤，6～12克。

本草溯源 《本草再新》《新华本草纲要》《中药大辞典》。

大叶蒟（胡椒科）

Piper laetispicum C. DC

药 材 名 大叶蒟。

药用部位 全株。

功效主治 祛风消肿，通经活血，温中散寒；治风湿，跌打损伤，毒蛇咬伤，牙痛，胃痛，流行性感冒，痛经。

化学成分 *N*-异丁基-(3,4-亚甲二氧基苯)-2*E*,7*E*-九碳二烯酰胺等。

荜茇（胡椒科）

Piper longum L.

胡椒碱

药 材 名	荜茇、毕勃、荜拔梨。
药用部位	近成熟或成熟果穗。
生　　境	野生，生于杂木林中，攀援于树上或石上。
采收加工	果穗由绿变黑时采收，除去杂质，晒干。
药材性状	呈圆柱形，稍弯曲，由小浆果集合而成。表面有小突起，基部有果穗梗残存或脱落。质硬而脆。有特异香气，味辛辣。
性味归经	辛，热。归胃、大肠经。
功效主治	温中散寒，下气止痛；治脘腹冷痛，呕吐，泄泻，寒凝气滞，胸痹心痛，头痛，牙痛。
化学成分	胡椒碱、棕榈酸、四氢胡椒酸等。
核心产区	云南、广西。
用法用量	内服：煎汤，1.5～3克。外用：适量，研末塞龋齿孔中。
本草溯源	《新修本草》《海药本草》《开宝本草》《本草图经》《本草纲目》等。
附　　注	药食同源。

胡椒（胡椒科）

Piper nigrum L.

胡椒碱

药 材 名 胡椒。

药用部位 果实。

生　　境 野生或栽培，生于荫蔽的树林中。

采收加工 秋末至次年春季，果实呈暗绿色时采收，晒干，为黑胡椒；果实变红时采收，用水浸渍数日，除去果肉，晒干，为白胡椒。

药材性状 呈球形，表面黑褐色。质硬，外果皮可剥离，内果皮灰白色或淡黄色。断面黄白色，粉性，中有小空隙。气芳香，味辛辣。

性味归经 辛，热。归胃、大肠经。

功效主治 温中散寒，下气，消痰；治胃寒呕吐，腹痛泄泻，食欲不振，癫痫，痰多。

化学成分 胡椒碱等。

核心产区 原产于印度，现已遍布亚洲、非洲、拉丁美洲三大洲近20个国家和地区，我国海南和云南为最大种植区。

用法用量 内服：0.6～1.5克，研粉吞服。外用：适量。

本草溯源 《新修本草》《海药本草》《日华子本草》《本草衍义》《本草蒙筌》《本草纲目》《中华本草》。

附　　注 胡椒在世界范围内无论是种植规模、产量和经济价值在香料中居于首位，被称为“香料之王。我国引种始于1947年，1950年海南开始从马来西亚、印度尼西亚引进大叶种胡椒，并在琼海、万宁、琼中、保亭等试种并取得成功，目前海南胡椒种植面积与产量居全国首位。云南胡椒于1956年从海南岛引进到云南保山潞江坝试种，目前种植已遍布临沧、思茅、玉溪、红河、西双版纳、保山、德宏等地。

假蒟（胡椒科）

Piper sarmentosum Roxb.

药 材 名　假蒟、马蹄蒌、臭蒌。

药用部位　全草。

功效主治　祛风利湿，消肿止痛；治胃腹寒痛，风寒咳嗽，水肿，疟疾，牙痛，风湿骨痛，跌打损伤。

化学成分　α-细辛脑、细辛醚等。

裸蒴（三白草科）

Gymnotheca chinensis Decne.

药 材 名　百部还魂、狗笠耳。

药用部位　全草、叶。

功效主治　消食，利水，活血，解毒；治食积腹胀，痢疾，泄泻，水肿，小便不利，带下，跌打损伤，疮疡肿毒。

化学成分　Gymnothedelignan C、4-hgdroxybenzy acetonitrile等。

蕺菜（三白草科）

Houttuynia cordata Thunb.

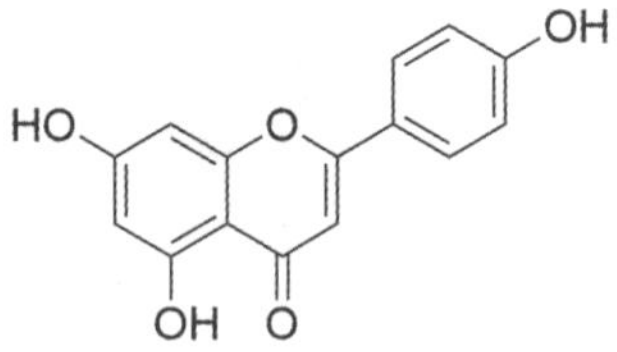

芹黄素

药 材 名 鱼腥草、折耳根。

药用部位 新鲜全草或干燥地上部分。

生　　境 野生或栽培，生于阴湿地或水边。

采收加工 鲜品全年均可采割；干品夏季茎叶茂盛且花穗多时采割，除去杂质，晒干。

药材性状 茎呈扁圆柱形，扭曲，表面黄棕色，具纵棱数条；质脆，易折断。叶片卷折皱缩，展平后呈心形。具鱼腥气，味涩。

性味归经 辛，微寒。归肺经。

功效主治 全草有小毒（鱼腥草素）；清热解毒，消痈排脓，利尿通淋；治肺痈吐脓，痰热咳喘，热痢，热淋，痈肿疮毒。

化学成分 芹黄素、马兜铃内酰胺B、橙黄胡椒酰胺等。

核心产区 云南、广东、广西、四川、福建、浙江、江西等。

用法用量 15～25克，不宜久煎；鲜品用量加倍，水煎或捣汁服。外用适量，捣敷或煎汤熏洗患处。

本草溯源 《新修本草》《履巉岩本草》《滇南本草》。

附　　注 药食同源。

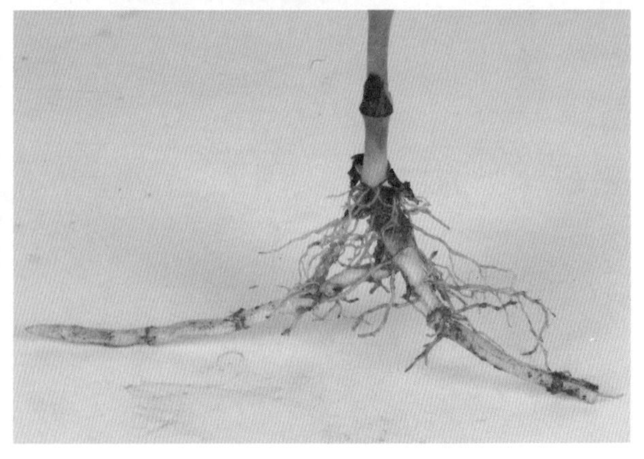

三白草（三白草科）

Saururus chinensis (Lour.) Baill

药 材 名　三白草。

药用部位　干燥地上部分。

功效主治　利尿消肿，清热解毒；治水肿，小便不利，淋沥涩痛，带下，疮疡肿毒，湿疹。

化学成分　三白草酮等。

鱼子兰（金粟兰科）

Chloranthus erectus (Buch. -Ham.) Verdc.

药 材 名　石风节、节节茶、九节风。

药用部位　全草。

功效主治　活血散瘀，舒筋，活络，止痛；治跌打损伤，骨折，风湿骨痛，关节痛，月经不调，毒蛇咬伤，肺结核，痈疽肿毒。

化学成分　2-甲氧基-3,4-亚甲二氧基苯甲醛、阿魏醛、表松脂酚、倍半萜类等。

丝穗金粟兰（金粟兰科）

Chloranthus fortunei (A. Gray) Solms

药 材 名　四块瓦。

药用部位　全草。

功效主治　祛风，除湿，活血，散瘀；治风寒咳嗽，风湿麻木，疼痛，月经不调，跌打损伤。

化学成分　胡萝卜苷、金粟兰内酯C等。

大叶及己（金粟兰科）

Chloranthus henryi Hemsl.

药 材 名　宽叶金粟兰。

药用部位　全草、根。

功效主治　祛风镇痛，舒筋活血，消肿止痛，杀虫；治疼痛，毒蛇咬伤，跌打损伤，黄癣，疔疮。

化学成分　Zedoarofuran、chlorajapolide D等。

全缘金粟兰（金粟兰科）

Chloranthus holostegius (Hand. -Mazz.) S. J. Pei et R. H. Shan

药 材 名　四块瓦、四叶金、黑细辛。

药用部位　全草。

功效主治　活血散瘀，舒筋活络，止痛；治跌打损伤，骨折，风湿骨痛，关节痛，月经不调，蛇咬伤，肺结核，痈疽肿毒。

化学成分　倍半萜、倍半萜二聚体等。

银线草（金粟兰科）

Chloranthus japonicus Siebold

药 材 名　四叶草、四块瓦、芽迈恩（傣药）。

药用部位　全草。

功效主治　散寒，祛风，行瘀，解毒；治风寒咳嗽，跌打损伤，痈肿疮疖，蛇咬伤。

化学成分　银线草内酯醇、银线草内酯A、金粟兰内酯B-E等。

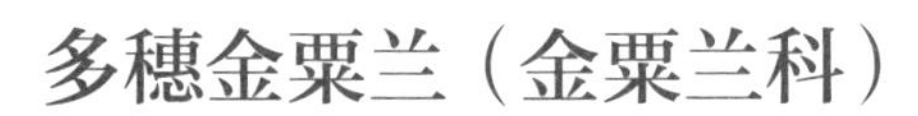

多穗金粟兰（金粟兰科）

Chloranthus multistachys S. J. Pei

药 材 名　多穗金粟兰。

药用部位　根、根茎。

功效主治　祛风除湿，活血散瘀；治风寒咳嗽，风湿麻木，疼痛，月经不调，跌打损伤。

化学成分　Zederone epoxide、chlomultin C、没药素A等。

台湾金粟兰（金粟兰科）

Chloranthus oldhamii Solms

药 材 名　东南金粟兰。

药用部位　全草。

功效主治　镇痛消肿，解毒；治毒蛇咬伤。

及已（金粟兰科）

Chloranthus serratus (Thunb.) Roem. et Schult.

药 材 名　及已、四大天王。

药用部位　根。

功效主治　舒筋活络，祛风止痛，消肿解毒；治跌打损伤，风湿腰腿痛，疔疮肿毒。

化学成分　Chloraserrtone A、焦莪术呋喃烯酮等。

金粟兰（金粟兰科）

Chloranthus spicatus (Thunb.) Makino

药 材 名　珠兰、鱼子兰。

药用部位　全株、根、叶、茎叶。

功效主治　祛风湿，接筋骨；治感冒，风湿性关节痛，跌打损伤。

化学成分　顺式茉莉酮酸甲酯、顺式-β-罗勒烯等。

草珊瑚（金粟兰科）

Sarcandra glabra (Thunb.) Nakai

异嗪皮啶

药 材 名 肿节风、九节茶、接骨莲。

药用部位 全草。

生　　境 野生于海拔150～1 200米的山坡、沟谷林下阴湿处；分布于万州等地。

采收加工 夏、秋二季采收，除去杂质，晒干，洗净，润透，切段，干燥。

药材性状 根茎较粗大，密生细根。表面暗绿色至暗褐色，有明显细纵纹，散有纵向皮孔，节膨大；质脆，易折断，气微香。

性味归经 苦、辛，平。归心、肝经。

功效主治 清热凉血，活血消斑，祛风通络；治血热发斑、发疹，风湿痹痛，跌打损伤。

化学成分 异嗪皮啶等。

核心产区 江西、福建、贵州和广西。

用法用量 煎汤，9～30克；或浸酒。

本草溯源 《本草拾遗》《汝南圃史》《生草药性备要》《陆川本草》《闽东本草》。

附　　注 草珊瑚毒副作用小且具消炎止痛等功效，因而被广泛应用，不仅有复方草珊瑚含片、肿节风注射液等各种药物，还有草珊瑚牙膏和草珊瑚茶叶等各种日用商品和保健品，具有很大的开发利用潜力。

海南草珊瑚（金粟兰科）

Sarcandra glabra (Thunb.) Nakai subsp. **brachystachys** (Blume) Verdc.

药 材 名 海南草珊瑚、山耳青。

药用部位 全草。

功效主治 消肿，止痛，接骨；治风湿，跌打损伤，关节痛。

化学成分 棕榈酸、花生酸等。

蓟罂粟（罂粟科）

Argemone mexicana L.

药 材 名 蓟罂粟、刺罂粟。

药用部位 全草。

功效主治 发汗利水，清热解毒，止痛止痒；治感冒，黄疸，淋病，水肿，眼睑裂伤，疝痛，梅毒。

化学成分 别隐品碱、原阿片碱、小檗碱等。

血水草（罂粟科）

Eomecon chionantha Hance

药 材 名　血水草、鸡爪连。

药用部位　全草。

功效主治　清热解毒，活血止痛，止血；治目赤肿痛，咽喉疼痛，口腔溃疡，跌打损伤，腰痛，咳血。

化学成分　白屈菜红碱、β-香树脂醇等。

博落回（罂粟科）

Macleaya cordata (Willd.) R. Br.

药 材 名　博落回、泡通珠。

药用部位　根、全草。

功效主治　杀虫，祛风解毒，散瘀消肿；治跌打损伤，风湿性关节痛，下肢溃疡，阴道滴虫，湿疹。

化学成分　血根碱、白屈菜红碱等。

虞美人（罂粟科）

Papaver rhoeas L.

药 材 名　丽春花、赛牡丹。

药用部位　全草、花、果实。

功效主治　镇咳，镇痛，止泻；治咳嗽，偏头痛，腹痛，痢疾。

化学成分　黄连碱、丽春花定碱、原阿片碱等。

罂粟（罂粟科）

Papaver somniferum L.

药 材 名　罂粟、鸦片、罂粟壳、罂子粟、阿芙蓉。

药用部位　种子。

功效主治　健脾开胃，清热利水；治痢疾，反胃，久咳，久泻，脱肛，心腹筋骨诸痛。

化学成分　罂粟碱、吗啡、那可汀等。

北越紫堇（紫堇科）

Corydalis balansae Prain

药 材 名　黄花地锦苗、北越紫堇、玉珠丝瓦（藏药）。

药用部位　全草。

功效主治　清热解毒，消肿止痛；治痈疮肿毒，顽癣，跌打损伤。

夏天无（紫堇科）

Corydalis decumbens (Thunb.) Pers.

延胡索乙素

药 材 名 夏天无、伏地延胡索、无柄紫堇。

药用部位 块茎。

生　　境 生于丘陵、山坡潮湿草丛及水沟边。

采收加工 春季或初夏出苗后采挖，除去茎、叶及须根，洗净，干燥。

药材性状 类球形、长圆形或不规则块状，表面灰黄色、暗绿色或黑褐色，有瘤状突起和不明显的细皱纹，顶端钝圆，可见茎痕，四周有淡黄色点状叶痕。质硬，断面黄白色或黄色，呈颗粒状或角质样，有的略带粉性。

性味归经 苦、微辛，温。归肝经。

功效主治 活血止痛，舒筋活络，祛风除湿；治中风偏瘫，头痛，跌扑损伤，风湿痹痛，腰腿疼痛。

化学成分 块茎含延胡索乙素、原阿片碱、空褐鳞碱、藤荷包牡丹定碱、夏无碱、紫堇米定碱、比枯枯灵碱、掌叶防己碱、小檗碱等多种生物碱。

核心产区 湖南、福建、台湾、浙江、江苏、安徽、江西等地。

用法用量 煎汤，6～12克，研末分3次服。

本草溯源 《中华本草》。

黄堇（紫堇科）

Corydalis pallida (Thunb.) Pers.

药 材 名 深山黄、黄花鸡距草。

药用部位 全草。

功效主治 清热利湿，解毒；治湿热泄泻，赤白痢疾，带下，痈疮热疖，丹毒，风火赤眼。

化学成分 原阿片碱、紫堇碱、清风藤碱等。

小花黄堇（紫堇科）

Corydalis racemosa (Thunb.) Pers.

药 材 名 黄堇、黄花地锦苗。

药用部位 全草、根。

功效主治 清热利湿，解毒杀虫；治湿热泄泻，痢疾，黄疸，目赤肿痛，聤耳流脓，毒蛇咬伤。

化学成分 原阿片碱等。

石生黄堇（紫堇科）

Corydalis saxicola Bunting

岩黄连碱

药 材 名 岩黄连。

药用部位 全草。

生　　境 野生或栽培，生于山地林缘岩石隙缝中。

采收加工： 秋后采收，除去杂质，洗净，晒干。

药材性状 圆柱形或圆锥形，稍扭曲，下部有分枝。质松，断面不整齐，似朽木状，皮部与木部界限不明显，奇数对生，末回裂片菱形或卵形。气微，味苦涩。

性味归经 苦，凉。归胃、大肠经。

功效主治 清热解毒，利湿，止痛止血；主治肝炎，口舌糜烂，火眼，目翳，痢疾，腹泻，腹痛，痔疮出血。

化学成分 岩黄连碱、消旋卡文定碱、去氢卡文定碱、消旋岩黄连碱、左旋-13β羟基金罂粟碱、右旋四氢掌叶防己碱等。

核心产区 四川、广西、贵州和云南。

用法用量 内服：10～30克，入汤剂或与他药一起入丸剂。外用：适量，研磨涂患处。

本草溯源 《中华本草》《贵州民间药物》。

附　　注 《国家重点保护野生植物名录》二级保护植物，孕妇及体虚者慎服。

地锦苗（紫堇科）

Corydalis sheareri S. Moore

药 材 名 护心胆。

药用部位 全草、块茎。

功效主治 活血止痛，清热解毒；治腹痛泄泻，跌打损伤，痈疮肿毒，目赤肿痛，胃痛。

化学成分 原阿片碱、紫堇醇灵碱、异紫堇醇灵碱等。

延胡索（紫堇科）

Corydalis yanhusuo (Y. H. Chou et C. C. Hsu) W. T. Wang ex Z. Y. Su et C. Y. Wu

药 材 名 延胡索。

药用部位 块茎。

功效主治 活血，行气，止痛；治胸胁，脘腹疼痛，胸痹心痛，闭经痛经，产后瘀阻，跌仆肿痛。

化学成分 紫堇碱、原阿片碱、L-四氢黄连碱等。

紫金龙（紫堇科）

Dactylicapnos scandens (D. Don) Hutch.

药 材 名 紫金龙、大麻药、芽来喊方（傣药）。

药用部位 根。

功效主治 散瘀止痛，止血；治风湿，跌打损伤，劳伤。

化学成分 生物碱类等。

独行千里（白花菜科）

Capparis acutifolia Sweet

药 材 名　独行千里。

药用部位　根、叶。

功效主治　活血散瘀，祛风止痛；治跌打瘀肿，闭经，风湿痹痛，咽喉肿痛，牙痛，腹痛。

化学成分　生物碱、有机酸等。

野香橼花（白花菜科）

Capparis bodinieri H. Lév.

药 材 名　小毛毛花、猫胡子花、哥帕羞（傣药）。

药用部位　根皮。

功效主治　清热解毒，祛风活络；治扁桃体炎，牙痛，痈疮，痔疮，风湿痹痛，跌打损伤。

广州山柑（白花菜科）

Capparis cantoniensis Lour.

药 材 名　广州山柑。

药用部位　根、种子、茎叶。

功效主治　解毒；治疥癣，喉痛。

马槟榔（白花菜科）

Capparis masakai H. Lév.

药 材 名 马槟榔、水槟榔、帕母秀（傣药）。

药用部位 种子。

功效主治 清热解毒，祛湿热，散结消肿；治伤寒胃病，暑热口渴，喉痛，口腔炎，恶疮肿毒。

化学成分 生物碱、木脂素、酚酸等。

雷公橘（白花菜科）

Capparis membranifolia Kurz.

药 材 名 纤枝山柑。

药用部位 根。

功效主治 有小毒；消肿止痛，强筋壮骨；治风湿性关节痛，胃痛，腹痛。

小刺山柑（白花菜科）

Capparis micracantha DC.

药 材 名 牛眼睛。

药用部位 根。

功效主治 用作解热药和抗炎药，外用治新生儿黄疸。

小绿刺（白花菜科）

Capparis urophylla F. Chun

药 材 名　尾叶山柑。

药用部位　叶。

功效主治　解毒消肿；治毒蛇咬伤。

化学成分　3-羟基水苏碱等。

屈头鸡（白花菜科）

Capparis versicolor Griff.

药 材 名　屈头鸡。

药用部位　根、果实。

功效主治　根：散瘀，消肿止痛；外用治跌打损伤，骨折。果实：止咳平喘；治咳嗽，胸痛，哮喘。

化学成分　箭根薯酮内酯、裂果薯皂苷等。

白花菜（白花菜科）

Cleome gynandra L.

药 材 名　白花菜。

药用部位　全草。

功效主治　祛风散寒，活血止痛；治风湿疼痛，腰痛，跌打损伤，痔疮。

化学成分　挥发油等。

醉蝶花（白花菜科）

Cleome spinosa Jacq.

药 材 名　醉蝶花。

药用部位　全草。

功效主治　有小毒；祛风散寒，杀虫止痒；果实试治肝癌。

化学成分　(*Z*)-绿叶醇、全缘千里光碱、因香酚等。

黄花草（白花菜科）

Cleome viscosa L.

药 材 名　臭矢菜。

药用部位　全草。

功效主治　散瘀消肿，去腐生肌；治跌打肿痛，劳伤腰痛。

化学成分　麦角甾-5-烯-3-*O*-*α*-L-鼠李吡喃糖苷等。

台湾鱼木（白花菜科）

Crateva formosensis (Jacobs) B. S. Sun

药 材 名　鱼木、帕宋共（傣药）。

药用部位　叶、根。

功效主治　清热解毒，利胆退黄，祛风除湿，止泻止痢；治肝炎，痢疾，腹泻，疟疾，风湿性关节炎，蛇虫咬伤。

钝叶鱼木（白花菜科）

Crateva trifoliata (Roxb.) B. S. Sun

药 材 名　钝叶鱼木、赤果鱼木、扎帕贡（傣药）。

药用部位　茎皮、根。

功效主治　祛风湿，健脾止泻；治肝炎，痢疾，腹泻，风湿性关节炎。

树头菜（白花菜科）

Crateva unilocularis Buch.-Ham.

药 材 名　树头菜、帕贡（傣药）。

药用部位　根。

功效主治　清热解毒，舒筋活络；治肝炎，痢疾，腹泻，疟疾，风湿性关节炎。

化学成分　黄酮类等。

斑果藤（白花菜科）

Stixis suaveolens (Roxb.) Pierre

药 材 名　斑果藤、嘿麻乱郎（傣药）。

药用部位　根茎。

功效主治　清火凉血，补水润肺，止咳平喘；治咳嗽，哮喘，咯血。

化学成分　多肽、蛋白质、糖、皂苷、有机酸、黄酮类、香豆素等。

辣木（辣木科）

Moringa oleifera Lam.

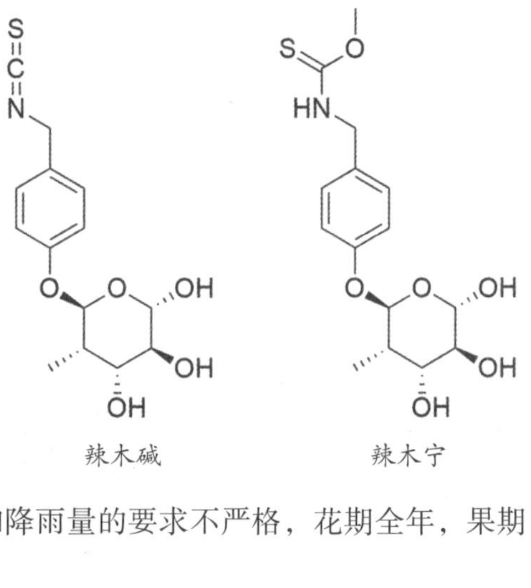

药 材 名 辣木、鼓槌树、山葵树。

药用部位 叶（新鲜或干燥）和种子。

生　　境 在年降雨量为250～3 000毫米的热带和亚热带地区，pH为6.0～8.0、土质疏松肥沃的砂土或黏土中生长良好。

生活习性 辣木是一种喜光照、喜温热、怕寒冷的热带作物，最适生长温度为25～35℃，其对土壤和降雨量的要求不严格，花期全年，果期6—12月。

采收加工 全年均可采收，鲜用或干燥储藏备用。

药材性状 叶通常为3回羽状复叶，叶柄柔弱，基部鞘状，羽片4～6对，小叶3～9片，薄纸质，长1～2厘米，宽0.5～1.2厘米，叶背苍白色，无毛；叶脉不明显，小叶柄纤弱，长1～2毫米。果实为蒴果，细长，每瓣有肋纹3条，种子近球形。蒴果细长，长20～50厘米，直径1～3厘米，3瓣裂；种子近球形，直径约8毫米，有3棱，每棱有膜质的翅。

栽培技术 采用辣木种苗繁育与移栽，辣木全年均可移栽，叶用型辣木适宜密植，2 000～2 500株/亩；种子型辣木宜适度减少种植密度，增加透光率，1 500～2 000株/亩，加强田间管理，尤其是水分、施肥、除草、树型整治与病虫害防治。

药理药效 治疗和辅助治疗糖尿病、高血压、心血管病、肥胖症、皮肤病、眼疾、免疫力低下、坏血病、贫血、佝偻、抑郁、关节炎、风湿、消化器官肿瘤等疾病。

主要价值 药用与观赏。

化学成分 辣木碱、辣木宁、印度辣木素、胡椒碱等。

核心产区 海南（儋州、保亭）、云南（西双版纳、丽江、楚雄）、广东（广州、韶关、梅州）和广西（崇左、南宁）。

用法用量 煎汤，干燥叶5～10克；种子0.5～1.0克，直接嚼碎吞服，同时饮水约300毫升。

附　　注 辣木原产印度，在域外具有一定的人群应用历史，辣木传入中国按照中医药理论指导用于预防或治疗疾病，成为新的外来中药（进口南药）。辣木的“中药化”，对于扩充我国本土药物资源，促进国际经济交流合作具有重要的推动作用。

芸薹（十字花科）

Brassica campestris L.

药 材 名 芸苔子。

药用部位 种子。

功效主治 行气祛瘀，消肿散结；治痛经，产后瘀血腹痛，恶露不净。

化学成分 脂肪、蛋白质、芸香苷等。

擘蓝（十字花科）

Brassica caulorapa (DC.) Pasq.

药 材 名 芥蓝头。

药用部位 球茎、叶片、种子。

功效主治 健脾利湿，解毒；治脾虚水肿，小便淋浊，大肠下血，湿热疮毒。

化学成分 花青素等。

青菜（十字花科）

Brassica chinensis L.

药 材 名　油菜、青菜、红油菜。

药用部位　嫩茎叶。

功效主治　解毒除烦，生津止渴，散血消肿；治肺热咳嗽，消渴，便秘等。

化学成分　矿物质、维生素、槲皮苷等。

芥菜（十字花科）

Brassica juncea (L.) Czern. et Coss.

药 材 名　芥菜。

药用部位　嫩茎、叶。

功效主治　利气豁痰，散寒，消肿止痛；治支气管哮喘，慢性支气管炎，胸胁胀满，寒性脓肿。

化学成分　异硫氰酸酯、芸苔抗毒素、芥子油苷类等。

甘蓝（十字花科）

Brassica oleracea L. var. **capitata** L.

药 材 名　椰菜、卷心菜、包菜。

药用部位　叶。

功效主治　清热，止痛；治胃溃疡，十二指肠溃疡，疼痛。

化学成分　各种维生素等。

白菜（十字花科）

Brassica pekinensis (Lour.) Rupr.

药 材 名　白菜。

药用部位　茎叶、根。

功效主治　通肠利胃，消食下气，利小便；治两肋浮肿，发热疼痛，漆疮。

化学成分　各种维生素、纤维素等。

荠菜（十字花科）

Capsella bursa-pastoris (L.) Medic.

药 材 名　荠菜。

药用部位　全草。

功效主治　利尿止血，清热解毒；治肾结石尿血，产后子宫出血，月经过多，高血压。

化学成分　有机酸等。

弯曲碎米荠（十字花科）

Cardamine flexuosa With.

药 材 名　带下草。

药用部位　全草。

功效主治　清热解毒，活血止痛；治咽喉肿痛，扁桃体炎，感冒头痛，气管炎，慢性肝炎，风湿性关节痛，蛇虫咬伤。

碎米荠（十字花科）

Cardamine hirsuta L.

药 材 名　带下草。

药用部位　全草。

功效主治　祛风，解热毒，清热利湿；治尿道炎，膀胱炎，痢疾，带下异常。

化学成分　β-谷甾醇等。

水田碎米荠（十字花科）

Cardamine lyrata Bunge

药 材 名　水田碎米荠。

药用部位　全草。

功效主治　清热凉血，明目，调经；治痢疾，吐血，目赤肿痛，月经不调。

菘蓝（十字花科）

Isatis indigotica Fortune

药 材 名　板蓝根。

药用部位　根。

功效主治　清热解毒，凉血利咽；治乙型脑炎，腮腺炎，上呼吸道感染，肺炎，急性肝炎，热病发斑，丹毒，蛇咬伤，痈肿。

化学成分　靛苷、(*R*,*S*)-告依春等。

独行菜（十字花科）

Lepidium apetalum Willd.

药 材 名　葶苈子。

药用部位　干燥成熟种子。

功效主治　泻肺平喘，行水消肿；治痰涎壅肺，喘咳痰多，胸胁胀满，不得平卧，胸腹水肿，小便不利。

化学成分　槲皮素-3-*O*-*β*-D-葡萄糖-7-*O*-*β*-D-龙胆双糖苷等。

臭荠（十字花科）

Lepidium didymum L.

药 材 名　臭荠。

药用部位　全草。

功效主治　清热明目，利尿通淋；治火眼，热淋涩痛。

化学成分　Ethyl (9*Z*, 12*Z*, 15*Z*)-octadecatrienoate、5, 7, 4′-trihydroxy-3′-methoxy flavone等。

玛卡（十字花科）

Lepidium meyenii Walp.

玛卡烯

N-(3-甲氧基苄基)-十六碳酰胺

药 材 名 玛卡。

药用部位 肉质根。

生　　境 喜冷凉而又湿润的气候，较耐寒。原产于南美洲安第斯山脉秘鲁中部的基宁和帕斯科海拔4 000米以上山区。

生活习性 播种后7～9个月，植株长到12～20厘米长的时候，可以得到膨大的肉质根，数月后可开花，开花后一个半月可得到果实。

采收加工 一般在11月下旬至12月上旬，待多数植株叶色转黄褪色，肉质根充分膨大，基部圆钝即可收获。人工采收后，除去叶片，清除泥土和须根，用水清洗干净，切成片状放在阳光下晒干。

药材性状 玛卡是独行菜属中唯一生有肥厚的下胚轴的物种。下胚轴与根融合，形成了一个粗糙倒梨形的块根，呈三角形、椭圆形或矩形。下胚轴可能呈金色或者淡黄色、红色、紫色、蓝色、黑色或者绿色。

栽培技术 多采用种子播种，9月底撒播或条播。等到幼苗生长1个月左右，开始间苗与补苗。定植应选在雨天或者阴雨天，玛卡不耐淹，合理的施肥是需要的。

药理药效 玛卡具有增强体力、改善性功能、抗疲劳、抗衰老、提高免疫力、调节内分泌、改善记忆、抗骨质疏松、减轻压力、缓解焦虑和抑郁等作用。

主要价值 玛卡在南美的食用历史已经有5 000多年，传统上用于强壮身体、提高生育力、改善性功能、抗抑郁、抗贫血等。玛卡中含有的玛卡烯与玛卡酰胺类化合物对平衡人体荷尔蒙分泌有作用。

化学成分 玛卡根含蛋白质、粗纤维、丰富的锌、钙、铁、钛、铷、钾、钠、铜、锰、镁、锶、磷、碘等矿物质、多种维生素和脂肪等，除此之外还含有玛咖酰胺类生物碱、玛咖烯、芥子油苷及其分解产物异硫氰酸苄酯、甾醇类、多酚类等化学成分。

核心产区 秘鲁。云南、广西、西藏有引种栽培。

用法用量 10～25克，泡水，也可煲汤或泡酒。

附　　注 未成年人、孕妇、甲状腺患者和肠胃功能低下人群禁用。

北美独行菜（十字花科）

Lepidium virginicum L.

药 材 名　大叶香荠菜。

药用部位　全草。

功效主治　泻肺行水，祛痰消肿，止咳定喘；治喘急咳逆，面目浮肿，肺痈，渗出性肠膜炎。

化学成分　叶绿素、蛋白质等。

豆瓣菜（十字花科）

Nasturtium officinale W. T. Aiton

药 材 名　西洋菜干。

药用部位　全草。

功效主治　清热利尿，润燥止咳；治气管炎，肺热咳嗽，坏血病，皮肤瘙痒。

化学成分　维生素、蛋白质、有机酸等。

萝卜（十字花科）

Raphanus sativus L.

药 材 名　莱菔、莱菔子。

药用部位　根、茎、叶、种子。

功效主治　消食除胀，降气化痰；治饮食停滞，脘腹胀痛，大便秘结，积滞泻痢、痰壅喘咳。

化学成分　芥子碱、脂肪油、莱菔素等。

无瓣蔊菜（十字花科）

Rorippa dubia (Pers.) H. Hara

药 材 名 无瓣蔊菜。

药用部位 全草。

功效主治 清热解毒，镇咳利尿；治发热，咽喉肿痛，肺热咳嗽，慢性气管炎。

化学成分 蔊菜素、蔊菜酰胺等。

蔊菜（十字花科）

Rorippa indica (L.) Hiern.

药 材 名 塘葛菜。

药用部位 全草。

功效主治 清热利尿，凉血解毒；治感冒发热，肺炎，肺热咳嗽，咳血，咽喉肿痛，失音，小便不利，水肿，肝炎。

化学成分 Hydroxyundercylglucosinolate、isorhamnetin 3-*O*-rhamnosylhexoside等。

菥蓂（十字花科）

Thlaspi arvense L.

药 材 名 菥蓂。

药用部位 地上部分。

功效主治 清肝明目，和中利湿，解毒消肿；治目赤肿痛，脘腹胀痛，胁痛，肠痈，水肿，带下，疮疖痈肿。

化学成分 黑芥子苷等。

戟叶堇菜（堇菜科）

Viola betonicifolia Sm.

药 材 名　锌头草。

药用部位　全草。

功效主治　清热解毒，拔毒消肿；治疮疖肿毒，跌打损伤，刀伤出血，目赤肿痛，黄疸，肠痈，喉痛。

化学成分　3-甲氧基黄檀醌、4-羟基香豆素等。

七星莲（堇菜科）

Viola diffusa Ging.

药 材 名　匍匐堇。

药用部位　全草。

功效主治　消肿排脓，清热解毒，生肌接骨；治肝炎，百日咳，目赤肿痛，急性乳腺炎等。

化学成分　黄酮类等。

紫花堇菜（堇菜科）

Viola grypoceras A. Gray

药 材 名　紫花堇菜。

药用部位　全草。

功效主治　清热解毒，止血，化瘀消肿；治无名肿毒，刀伤，跌打肿痛。

如意草（堇菜科）

Viola hamiltoniana D. Don

药 材 名 如意草。

药用部位 全草。

功效主治 清热解毒，止血，化瘀消肿；治热毒疮疡，乳痈，跌打瘀肿等。

化学成分 蕨苷、欧蕨苷、蕨内酰胺等。

长萼堇菜（堇菜科）

Viola inconspicua Blume

药 材 名 犁头草、铧尖草。

药用部位 全草或带根全草。

功效主治 消炎解毒，凉血消肿；治火眼，咽喉炎，乳腺炎，痈疖肿毒，化脓性骨髓炎，毒蛇咬伤。

化学成分 黄酮类等。

萱（堇菜科）

Viola moupinensis Franch.

药 材 名 黄花萱。

药用部位 全草。

功效主治 消炎，止痛；外用治乳腺炎，刀伤，开放性骨折，疔疮肿毒。

紫花地丁（堇菜科）

Viola philippica Cav.

药 材 名　紫花地丁。

药用部位　全草。

功效主治　清热解毒，凉血消肿；治疔疮肿毒，痈疽发背，丹毒，毒蛇咬伤。

化学成分　有机酸、黄酮类、酚类等。

庐山堇菜（堇菜科）

Viola stewardiana W. Becker

药 材 名　庐山堇菜。

药用部位　全草。

功效主治　清热解毒，消肿止痛；治跌打损伤，无名肿毒。

三角叶堇菜（堇菜科）

Viola triangulifolia W. Becker

药 材 名　蔓地犁。

药用部位　全草。

功效主治　清热消炎；治毒蛇咬伤，结膜炎。

三色堇（堇菜科）

Viola tricolor L.

药 材 名　三色堇。

药用部位　全草。

功效主治　止咳，利尿；治疮疡肿毒，小儿湿疹，小儿瘰疬，咳嗽。

化学成分　三色堇黄苷、芸香苷、糖类、甾类等。

堇菜（堇菜科）

Viola verecunda A. Gray

药 材 名　罐嘴菜。

药用部位　全草。

功效主治　清热解毒，止咳，止血；治肺热咯血，扁桃体炎，结膜炎，腹泻；外用治疮疖肿毒，外伤出血，毒蛇咬伤。

云南堇菜（堇菜科）

Viola yunnanensis W. Becker et H. Boissieu

药 材 名　滇堇菜、拟柔毛堇菜。

药用部位　全草。

功效主治　清热解毒，消疳化积；治小儿疳积。

荷包山桂花（远志科）

Polygala arillata Buch.-Ham. ex D. Don

药 材 名　荷包山桂花、黄花远志、芽喃嫩（傣药）。

药用部位　根。

功效主治　治体弱多病，乏力，失眠多梦，食欲不振。

小花远志（远志科）

Polygala arvensis Willd.

药 材 名　小金牛草。

药用部位　带根全草。

功效主治　解毒，化痰止咳，散瘀；治咳嗽不爽，跌打损伤，月经不调，蛇咬伤，痈肿疮毒。

尾叶远志（远志科）

Polygala caudata Rehdr et E. H. Wilson

药 材 名　水黄杨木。

药用部位　根。

功效主治　止咳，平喘，清热利湿；治咳嗽，支气管炎，黄疸性肝炎。

化学成分　黄酮苷类、香豆酮类、树脂类等。

华南远志（远志科）

Polygala glomerata Lour.

药 材 名　金不换、华南远志、大金不换、紫背金牛。

药用部位　全草。

功效主治　清热解毒，祛痰止咳，活血散瘀；治咳嗽胸痛，咽炎，支气管炎，肺结核，百日咳，肝炎，小儿麻痹后遗症，痢疾。

化学成分　黄酮苷类、皂苷类等。

黄花倒水莲（远志科）

Polygala fallax Hemsl.

细叶远志皂苷

药 材 名 倒吊黄、黄花参、鸡仔树。

药用部位 根。

生　　境 野生，生于山谷林下、水旁阴湿处。

采收加工 秋冬采挖，切片晒干。

药材性状 呈圆柱形，表面具纵皱纹，有细根痕及皮孔，质坚韧。切制后为不规则块片或段，切面皮部棕黄色，木部具环纹及放射状纹理。

性味归经 甘、微苦，平。归肝、肾、脾经。

功效主治 补益，祛湿，散瘀；主治产后、病后体虚，肝炎，神经衰弱，月经不调，尿路感染，风湿骨痛，腰腿酸痛，跌打损伤。

化学成分 远志皂苷、细叶远志皂苷、芥子酸等。

核心产区 江西、福建、湖南、广东、广西、四川等地。

用法用量 内服：煎汤，1.5～3克。外用：适量，捣敷。

本草溯源 《中华本草》。

附　　注 中国特有物种，除药用外，还作为观赏花卉，适合庭院或家庭盆栽。

香港远志（远志科）

Polygala hongkongensis Hemsl.

药 材 名　香港远志。

药用部位　全草。

功效主治　活血，化痰，解毒；治跌打损伤，气管炎，骨髓炎，失眠，毒蛇咬伤。

化学成分　山柰酚-3-*O*-芸香糖苷、香港远志黄酮A等。

瓜子金（远志科）

Polygala japonica Houtt.

药 材 名　瓜子金。

药用部位　干燥全草。

功效主治　祛痰止咳，活血消肿，解毒止痛；治咳嗽痰多，咽喉肿痛；外用治跌打损伤，疔疮疖肿，蛇虫咬伤。

化学成分　三萜皂苷、远志醇、瓜子金皂苷等。

曲江远志（远志科）

Polygala koi Merr.

药 材 名　一包花。

药用部位　全草。

功效主治　止咳化痰，活血调经；治咳嗽痰多，咽喉肿痛，跌打损伤，月经不调，小儿疳积。

蓼叶远志（远志科）

Polygala persicariifolia DC.

药 材 名　地黄瓜、瓜子金、辣味根。

药用部位　全草。

功效主治　祛风除湿，消肿止痛，清热解毒，开胸散结；治风寒湿痹，关节疼痛，疮痈肿疖，咽喉肿痛，胸痛，咳嗽，跌打损伤，蛇咬伤。

苦远志（远志科）

Polygala sibirica L. var. **megalopha** Franch.

药 材 名　紫花地丁、地丁、芽底丁（傣药）。

药用部位　全株。

功效主治　散瘀活血，消炎杀菌；治咽喉炎，扁桃体炎，疔疮脓疡，血栓性脉管炎，淋巴结炎。

化学成分　蔗糖-6-苯甲酸酯、sibiricose A1、sibiricose A6、球腺糖苷B等。

长毛籽远志（远志科）

Polygala wattersii Hance

药 材 名　木本远志。

药用部位　根、叶。

功效主治　解毒，散瘀；治乳痈，无名肿毒，跌打损伤。

化学成分　远志皂苷元、细叶远志素等。

齿果草（远志科）

Salomonia cantoniensis Lour.

药 材 名　吹云草、一碗泡。

药用部位　全草。

功效主治　解毒消肿，散瘀止痛；治毒蛇咬伤，跌打肿痛，痈疮肿毒。

椭圆叶齿果草（远志科）

Salomonia ciliata (L.) DC.

药 材 名 金瓜草。

药用部位 全草。

功效主治 解毒消肿；治痈疮肿毒，毒蛇咬伤。

泰国黄叶树（远志科）

Xanthophyllum flavescens Roxb.

药 材 名 泰国黄叶树、埋路龙（傣药）。

药用部位 根茎、叶。

功效主治 清火解毒，收敛止痛；治烫伤，烧伤，风湿骨痛，关节肿痛。

蝉翼藤（远志科）

Securidaca inappendiculata Hassk.

药 材 名 蝉翼藤。

药用部位 根。

功效主治 活血散瘀，消肿止痛，清热利尿；治跌打损伤，风湿骨痛，急性胃肠炎。

化学成分 1,3,7-三羟基-2-甲氧基呫酮、α-菠菜甾醇、皂苷类等。

棒叶落地生根（景天科）

Bryophyllum delagoense (Eckl. et Zeyh.) Schinz

药 材 名　瓦松、洋吊钟、棒叶伽蓝菜。

药用部位　全草。

功效主治　清热解毒，止血，利湿，消肿；治鼻衄，痢疾，黄疸，疟疾，痔疮，疔疮痈毒，水火烫伤，蜈蚣咬伤。

落地生根（景天科）

Bryophyllum pinnatum (Lam.) Oken

药 材 名　落地生根。

药用部位　根、全草。

功效主治　解毒消肿，活血止痛，拔毒生肌；治疮痈肿痛，乳腺炎，丹毒，瘰疽，跌打损伤。

化学成分　咖啡酸、抗坏血酸、对香豆酸等。

八宝（景天科）

Hylotelephium erythrostictum (Miq.) H. Ohba

药 材 名　景天。

药用部位　全草。

功效主治　解毒消肿，止血；治赤游丹毒，疔疮痈疖，火眼目翳，烦热惊狂，风疹，漆疮，烧烫伤，吐血，咳血。

化学成分　景天庚酮糖等。

伽蓝菜（景天科）

Kalanchoe ceratophylla Haw.

药 材 名　伽蓝菜。

药用部位　全草。

功效主治　清热解毒，散瘀消肿；治跌打损伤，外伤出血，毒蛇咬伤，疮疡脓肿，烧烫伤，湿疹。

化学成分　Kalambroside A、kalambroside B等。

匙叶伽蓝菜（景天科）

Kalanchoe integra (Medik.) Kuntze

药 材 名　匙叶伽蓝菜。

药用部位　全草。

功效主治　凉血散瘀，消肿止痛；治跌打损伤，外伤出血，毒蛇咬伤，疮疡脓肿。

化学成分　阿魏酸、槲皮素-3-*O*-葡萄糖-7-*O*-鼠李糖苷等。

瓦松（景天科）

Orostachys fimbriata (Turcz.) A. Berger

药 材 名　瓦松。

药用部位　地上部分。

功效主治　凉血止血，解毒，敛疮；治血痢，便血，痔疮出血，疮口久不愈合。

化学成分　槲皮素、槲皮素-3-葡萄糖苷、山柰酚等。

费菜（景天科）

Phedimus aizoon (L.) 't Hart

药 材 名 费菜。

药用部位 全草、根。

功效主治 散瘀，止血，宁心安神，解毒；治各种内外伤出血，跌打损伤，心悸，失眠，疮疖痈肿。

化学成分 苯乙醇-*O*-*β*-D-葡萄糖苷、表百脉根苷、蒺藜酸等。

东南景天（景天科）

Sedum alfredii L.

药 材 名 东南景天、石上瓜子菜。

药用部位 全草。

功效主治 清热凉血，消肿拔毒；治痢疾，外伤出血。

化学成分 对香豆酸、槲皮素-3-*O*-鼠李糖苷-7-*O*-葡萄糖苷等。

珠芽景天（景天科）

Sedum bulbiferum Makino

药 材 名　珠芽半支。

药用部位　全草。

功效主治　清热解毒，凉血止血，截疟；治热毒痈肿，牙龈肿痛，毒蛇咬伤，血热出血，外伤出血，疟疾。

化学成分　橄榄树脂素、腺苷、尿苷等。

大叶火焰草（景天科）

Sedum drymarioides Hance

药 材 名　光板猫叶草。

药用部位　全草。

功效主治　清热解毒，凉血止血；治吐血，咳血，外伤出血，肺热咳嗽。

凹叶景天（景天科）

Sedum emarginatum Migo

药 材 名　马牙半支。

药用部位　全草。

功效主治　清热解毒，利水通淋，截疟；治疔疮，淋证，水鼓，疟疾。

化学成分　甘草苷、槲皮素、异鼠李素等。

佛甲草（景天科）

Sedum lineare Thunb.

药 材 名　佛甲草。

药用部位　茎叶。

功效主治　清热解毒，消肿止血；治咽喉炎，肝炎，胰腺炎，烧烫伤，外伤出血，带状疱疹。

化学成分　金圣草素、红车轴草素等。

大苞景天（景天科）

Sedum oligospermum Maire

药 材 名　灯台菜。

药用部位　全草。

功效主治　清热解毒，化血散瘀，止痛，通便；治产后腹痛，痈疮肿痛，胃痛，大便燥结，烫伤。

垂盆草（景天科）

Sedum sarmentosum Bunge

药 材 名　垂盆草。

药用部位　全草。

功效主治　利湿退黄，清热解毒；治湿热黄疸，小便不利，痈肿疮疡。

化学成分　消旋甲基异石榴皮碱、垂盆草苷、景天庚酮糖等。

火焰草（景天科）

Sedum stellariifolium Franch.

药 材 名　火焰草。

药用部位　全草。

功效主治　清热解毒，凉血止血；治热毒疮疡，乳痈，丹毒，无名肿毒，水火烫伤。

化学成分　景天庚糖、果糖等。

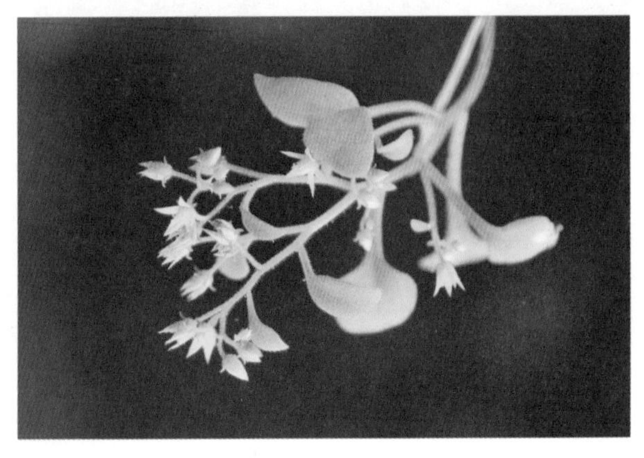

落新妇（虎耳草科）

Astilbe chinensis (Maxim.) Franch. et San.

药 材 名 落新妇。

药用部位 全草。

功效主治 散瘀止痛，祛风除湿，手术后止痛；治跌打损伤，劳伤，筋骨酸痛，慢性关节炎。

化学成分 水杨酸、2,3-二羟基苯甲酸等。

大落新妇（虎耳草科）

Astilbe grandis Stapf ex E. H. Wilson

药 材 名 落新妇。

药用部位 全草。

功效主治 散瘀止痛，祛风除湿，手术后止痛；治跌打损伤，劳伤，筋骨酸痛，慢性关节炎。

化学成分 水杨酸、2, 3-二羟基苯甲酸等。

溪畔落新妇（虎耳草科）

Astilbe rivularis Buch.-Ham. ex D. Don

药 材 名 滇淫羊藿、红升麻、假升麻。

药用部位 根茎。

功效主治 活血散瘀，祛风除湿，行气止痛；治跌打损伤，风湿痛，胃痛，黄水疮。

化学成分 三萜皂苷类、酚类、鞣质等。

肾萼金腰（虎耳草科）

Chrysosplenium delavayi Franch.

药 材 名 肾萼金腰。

药用部位 全草。

功效主治 清热解毒，生肌；治小儿惊风，烫伤，痈疮肿毒。

大叶金腰（虎耳草科）

Chrysosplenium macrophyllum Oliv.

药 材 名 虎皮草。

药用部位 全草。

功效主治 清热解毒，收敛生肌；治臁疮，烧烫伤。

化学成分 槲皮素、叶甜素等。

鸡肫梅花草（虎耳草科）

Parnassia wightiana Wall. ex Wight. et Arn.

药 材 名 鸡肫草。

药用部位 全草。

功效主治 清肺止咳，利水祛湿；治久咳咯血，疟疾，肾结石，胆石症，带下，跌打损伤。

化学成分 6-Acetoxy-8, 9-dibenzoyloxy-1-hydroxydihydro-β-agarofuran-2-one等。

扯根菜（虎耳草科）

Penthorum chinense Pursh.

药 材 名　水泽兰。

药用部位　全草。

功效主治　利水除湿，祛瘀止痛；治黄疸，水肿，跌打损伤，肿痛。

化学成分　黄酮类等。

黄水枝（虎耳草科）

Tiarella polyphylla D. Don

药 材 名　黄水枝。

药用部位　全草。

功效主治　清热解毒，活血祛瘀，消肿止痛；治痈疖肿毒，跌打损伤，肝炎，咳嗽气喘。

化学成分　豆甾醇、十七烷酸、没食子酸乙酯等。

虎耳草（虎耳草科）

Saxifraga stolonifera Curtis

药 材 名　虎耳草。

药用部位　全草。

功效主治　清热解毒；治小儿发热，咳嗽气喘，中耳炎，耳郭溃烂，疔疮，疖肿，湿疹。

化学成分　岩白菜素、槲皮素、槲皮苷等。

锦地罗（茅膏菜科）

Drosera burmanni Vahl

药 材 名 落地金钱。

药用部位 去花茎全草。

功效主治 清热除湿，化痰消积；治痢疾，肺热咳嗽，小儿疳积，咽喉溃烂，疮疡癣疹。

化学成分 槲皮素、金丝桃苷等黄酮类。

长叶茅膏菜（茅膏菜科）

Drosera indica L.

药 材 名 茅膏菜。

药用部位 全草。

功效主治 祛风除积；治肩胛久积风、久积伤。

化学成分 白花丹素等萘醌类及黄酮类。

茅膏菜（茅膏菜科）

Drosera peltata Thunb.

药 材 名 茅膏菜。

药用部位 全草。

功效主治 祛风止痛，活血解毒；治风湿痹痛，跌打损伤，腰肌劳损，胃痛，咽喉肿痛，痢疾，小儿疳积。

化学成分 茅膏醌、白花丹素等萘醌类。

匙叶茅膏菜（茅膏菜科）

Drosera spathulata Labill.

药 材 名　地毡草。

药用部位　全草。

功效主治　清热解毒，凉血通淋；治感冒，肺热咳嗽，肠炎，小便不利。

化学成分　槲皮素、槲皮素糖苷、7-甲基胡桃醌等。

蚤缀（石竹科）

Arenaria serpyllifolia L.

药 材 名　无心菜、小无心菜、蚤缀。

药用部位　全草。

功效主治　止咳，清热明目；治肝热目赤，翳膜遮睛，肺痨咳嗽，咽喉肿痛，牙龈炎。

化学成分　牡荆苷、异牡荆苷、荭草素、高荭草素等。

短瓣花（石竹科）

Brachystemma calycinum D. Don

药 材 名　短瓣藤、抽筋草、短瓣石竹。

药用部位　根、茎、叶。

功效主治　清热解毒，舒筋活络。根：治白喉，风湿痹痛，跌打损伤，月经不调，病后虚弱。茎、叶：外用治手足痉挛，骨折。

化学成分　短瓣花环肽、短瓣花苷、短瓣花啶、腺嘌呤核苷、L-焦谷氨酸甲酯等。

簇生泉卷耳（石竹科）

Cerastium fontanum Baumg subsp. **vulgare** (Hartm.) Greuter et Burdet

药 材 名　簇生卷耳。

药用部位　全草。

功效主治　清热解毒，消肿止痛；治感冒，乳痈初起，疔疽肿痛。

石竹（石竹科）

Dianthus chinensis L.

药 材 名　瞿麦。

药用部位　地上部分。

功效主治　利尿通淋，活血通经；治热淋，血淋，石淋，小便不通，淋沥涩痛，经闭瘀阻。

化学成分　石竹皂苷等三萜皂苷类及黄酮类。

瞿麦（石竹科）

Dianthus superbus L.

药 材 名　瞿麦。

药用部位　地上部分。

功效主治　利尿通淋，活血通经；治热淋，血淋，石淋，小便不通，淋沥涩痛，经闭瘀阻。

化学成分　β-菠甾醇、胖大海素A等。

荷莲豆（石竹科）

Drymaria diandra Blume

药 材 名　荷莲豆、荷莲豆菜。

药用部位　全草。

功效主治　清热解毒，利尿通便，活血消肿，退翳；治急性肝炎，胃痛，疟疾，翼状胬肉，腹水，便秘。

化学成分　齐墩果酸-3-乙酸酯、荷莲豆碱、β-胡萝卜苷等。

剪红纱花（石竹科）

Lychnis senno Siebold et Zucc.

药 材 名　剪红纱花。

药用部位　带根全草。

功效主治　清热利尿，散瘀止痛；治外感发热，热淋，泄泻，缠腰火丹，风湿痹痛，跌打损伤。

化学成分　牡荆苷、荭草素、水龙骨素A等。

鹅肠菜（石竹科）

Myosoton aguaticum (L.) Moench

药 材 名　鹅肠草。

药用部位　全草。

功效主治　清热解毒，散瘀消肿；治肺热喘咳，痢疾，痈疽，痔疮，牙痛，月经不调，小儿疳积。

化学成分　β-谷甾醇、芹菜素、胡萝卜苷、牡荆苷等。

白鼓钉（石竹科）

Polycarpaea corymbosa (Lam.) Lam.

药 材 名 星色草。

药用部位 全草。

功效主治 清热解毒，除湿利尿；治急性细菌性痢疾，肠炎，实证腹水，消化不良。

化学成分 山茶皂苷元、玉蕊醇A、豆甾醇等。

多荚草（石竹科）

Polycarpon prostratum (Forssk.) Asch. et Schweinf.

药 材 名 多荚草、多列瓦（傣药）。

药用部位 全草。

功效主治 祛风，杀虫，止痒；治牛皮癣，麻风。

化学成分 三萜皂苷类等。

漆姑草（石竹科）

Sagina japonica (Sw.) Ohwi

药 材 名　漆姑草。

药用部位　全草。

功效主治　凉血解毒，杀虫止痒；治漆疮，秃疮，湿疹，丹毒，瘰疬，无名肿毒，毒蛇咬伤，鼻渊，龋齿痛，跌打内伤。

化学成分　茴香醛、2-甲氧基-4-乙烯基苯酚等挥发油。

女娄菜（石竹科）

Silene aprica Turcz. ex Fisch. et C. A. Mey.

药 材 名　女娄菜、女娄菜根。

药用部位　全草、根、果实。

功效主治　全草：活血调经，健脾行水；治月经不调，小儿疳积，脾虚浮肿，疔疮肿毒。根、果实：利尿，催乳；治小便短赤，乳少。

化学成分　黄酮类等。

掌脉蝇子草（石竹科）

Silene asclepiadea Franch.

药 材 名　瓦草参、滇白前、芽摆伯（傣药）。

药用部位　根。

功效主治　消肿利尿，止咳镇痛；治肺热咳嗽，气管炎，支气管炎，咽喉炎，扁桃体炎，膀胱炎，尿道炎，胃痛。

雀舌草（石竹科）

Stellaria alsine Grimm

药 材 名　天蓬草。

药用部位　全草。

功效主治　祛风除湿，活血消肿，解毒止血；治感冒，泻痢，风湿痹痛，跌打损伤，痈疮肿毒，痔漏，毒蛇咬伤。

化学成分　黄酮类等。

箐姑草（石竹科）

Stellaria vestita Kurz

药 材 名　接筋草。

药用部位　全草。

功效主治　利湿，活血止痛；治黄疸性肝炎，浮肿，带下，跌打损伤，风湿性关节痛。

繁缕（石竹科）

Stellaria media (L.) Vill.

药 材 名　繁缕、鹅儿肠、鸡肠菜。

药用部位　全草。

功效主治　清热解毒，凉血消痈，活血止痛，下乳；治痢疾，肠痈，肺痈，乳痈，疔疮肿毒，痔疮肿痛，出血。

化学成分　荭草素、异荭草苷、牡荆苷等黄酮类。

麦蓝菜（石竹科）

Vaccaria segetalis (Neck.) Garcke ex Asch.

药 材 名　王不留行。

药用部位　种子。

功效主治　活血通经，下乳消痈；治妇女经行腹痛，闭经，乳痈，痈肿，乳汁不通。

化学成分　王不留行次皂苷B-D等。

粟米草（粟米草科）

Trigastrotheca stricta (L.) Thulin

药 材 名　粟米草。

药用部位　全草。

功效主治　清热化湿，解毒消肿；治腹痛泄泻，痢疾，感冒咳嗽，中暑，皮肤热疹，目赤肿痛，毒蛇咬伤，烧烫伤。

化学成分　粟米草苷E、竹节香附素A、粟米草精醇A等三萜类。

大花马齿苋（马齿苋科）

Portulaca grandiflora Hook.

药 材 名 午时花、太阳花、半支莲。

药用部位 全草。

功效主治 清热解毒，散瘀止血；治咽喉肿痛，疮疖，湿疹，跌打肿痛。

化学成分 Portulacaxanthin Ⅱ、portulacaxanthin Ⅲ等。

马齿苋（马齿苋科）

Portulaca oleracea L.

药 材 名 马齿苋、马齿苋子。

药用部位 全草、种子。

功效主治 全草：清热利湿，凉血解毒；治细菌性痢疾，急性胃肠炎和阑尾炎。种子：清肝明目；治青盲白翳，泪囊炎。

化学成分 染料木苷、山柰酚等黄酮类和马齿苋酰胺等生物碱。

多毛马齿苋（马齿苋科）

Portulaca pilosa L.

药 材 名 毛马齿苋、日中花。

药用部位 全草。

功效主治 清热利湿，解毒；治细菌性痢疾，急性胃肠炎，急性阑尾炎，乳腺炎，痔疮出血，带下。

化学成分 毛马齿苋萜酮C等二萜类。

土人参（马齿苋科）

Talinum paniculatum (Jacq.) Gaertn.

药 材 名　土人参、栌兰。

药用部位　根。

功效主治　补中益气，养阴润肺，消肿止痛；治脾虚食少乏力，泄泻，脱肛，肺痨咳血，潮热，盗汗。

化学成分　芸苔甾醇、草酸、豆甾醇等。

金线草（蓼科）

Antenoron filiforme (Thunb.) Roberty et Vautier

药 材 名　九龙盘。

药用部位　全草。

功效主治　凉血止血，祛瘀止痛；治吐血，肺结核咯血，子宫出血，淋巴结结核，胃痛，痢疾，骨折，腰痛等。

化学成分　没食子酸、原儿茶酸、异槲皮苷、木犀草素等。

短毛金线草（蓼科）

Antenoron filiforme (Thunb.) Roberty et Vautier var. **neofiliforme** (Nakai) A. J. Li

药 材 名　九龙盘。

药用部位　全草。

功效主治　凉血止血，祛瘀止痛；治吐血，肺结核咯血，子宫出血，淋巴结结核，胃痛，痢疾，跌打损伤，骨折，腰痛。

化学成分　Quercetin 3-*O*-*β*-D-apiofuranosyl-(1→2)-*α*-L-rhamnopyranoside等酚类。

野荞麦（蓼科）

Fagopyrum dibotrys (D. Don) Hara

药 材 名　野荞麦、苦荞麦、酸荞麦、荞麦七。

药用部位　根茎。

功效主治　清热解毒，活血散瘀，健脾利湿；治咽喉肿痛，肺脓肿，脓胸，胃痛，肝炎，痢疾，盗汗，痛经，闭经，带下。

化学成分　金丝桃苷、表儿茶素、原儿茶酸等黄酮类。

荞麦（蓼科）

Fagopyrum esculentum Moench

药 材 名　荞麦、荞麦叶、荞麦秸。

药用部位　种子、叶、茎叶。

功效主治　种子：健脾消积，下气宽肠，解毒敛疮；治肠胃积滞，泄泻等。叶、茎叶：利耳目，降压；治眼目昏糊，耳鸣重听等。

化学成分　芦丁、槲皮素、槲皮苷、金丝桃苷等黄酮类。

何首乌（蓼科）

Fallopia multiflora (Thunb.) Haraldson

二苯乙烯苷

药 材 名　何首乌、赤敛、红内消。

药用部位　块根。

生　　境　栽培，生于丘陵山地、坡地或平地。

采收加工　秋、冬二季叶枯时采挖，削去两端，洗净，个大切块，干燥。

药材性状　团块状或不规则纺锤形，表面红棕色或红褐色，皱缩不平，有浅沟，质坚实，断面浅黄棕色或浅红棕色，粉性，皮部有云锦纹。

性味归经　苦、甘、涩，微温。归肝、心、肾经。

功效主治　生首乌：解毒消痈，润肠通便；治久疟体虚，肠燥便秘。制首乌：补肝肾，益精血，乌发，强筋骨；主治血虚萎黄，眩晕耳鸣，须发早白。

化学成分　二苯乙烯苷、大黄素、大黄素甲醚等。

核心产区　南方各省均有分布，其中以广东德庆为道地。

用法用量　内服：煎汤，何首乌3～6克；制首乌6～12克。外用：何首乌适量，煎汁后擦洗患处，或将其研末撒或调涂患处。

本草溯源　《何首乌录》《开宝本草》《本草图经》《经史证类备急本草》《本草品汇精要》《本草纲目》《本草汇言》《本经逢原》《本草求真》《本草正义》。

附　　注　为可用于保健食品的中药，何首乌具有一定的肝毒性（蒽醌类、二苯乙烯类、萘类成分及真菌毒素），需炮制后使用。

竹节蓼（蓼科）

Homalocladium platycladum (F. Muell.) L. H. Bailey

药 材 名 竹节蓼。

药用部位 全草。

功效主治 清热解毒，祛瘀消肿；治痈疽肿毒，跌打损伤，蛇虫咬伤。

化学成分 羽扇豆醇、槲皮苷等。

中华抱茎蓼（蓼科）

Polygonum amplexicaule D. Don var. **sinense** Forbes et Hemsl. ex Steward

药 材 名 鸡血七。

药用部位 根茎。

功效主治 行气活血，止血生肌，清热解毒；治胃脘痛，痛经，崩漏，跌打损伤，外伤出血，泄泻，痢疾。

化学成分 异牡荆苷、异鼠李素等黄酮类。

萹蓄（蓼科）

Polygonum aviculare L.

药 材 名 萹蓄。

药用部位 地上部分。

功效主治 利尿通淋，杀虫，止痒；治热淋涩痛，小便短赤，虫积腹痛，皮肤湿疹，带下阴痒。

化学成分 杨梅苷、萹蓄苷、合欢草素等黄酮类。

毛蓼（蓼科）

Polygonum barbatum L.

药 材 名　毛蓼。

药用部位　全草。

功效主治　清热解毒，排脓生肌，活血，透疹；治外感发热，喉蛾，久疟，痢疾，泄泻，痈肿，疽、瘘、瘰疬溃破不敛。

化学成分　β-蒎烯、十四碳酸乙酯、广藿香醇、异植醇等。

拳参（蓼科）

Polygonum bistorta L.

药 材 名　拳参。

药用部位　根茎。

功效主治　清热利湿，凉血止血，解毒散结；治肺热咳嗽，热病惊痫，赤痢，热泻，吐血，衄血，痈肿疮毒。

化学成分　二氢杨梅素、山柰酚、表儿茶素、绿原酸等。

头花蓼（蓼科）

Polygonum capitatum Buch.-Ham. ex D. Don

药 材 名　头花蓼。

药用部位　全草。

功效主治　清热解毒，利尿通淋，活血止痛；治膀胱炎，痢疾，肾盂肾炎，风湿痛，尿路结石，跌打损伤，疮疡湿疹。

化学成分　槲皮素、陆地棉苷等黄酮类。

火炭母（蓼科）

Polygonum chinense L.

药 材 名 火炭母。

药用部位 全草。

功效主治 清热解毒，利湿消滞，凉血止痒，明目退翳；治痢疾，肠炎，消化不良，肝炎，感冒，扁桃体炎，咽喉炎。

化学成分 柚皮素、异鼠李素、芹菜素、山柰酚等黄酮类。

硬毛火炭母（蓼科）

Polygonum chinense L. var. **hispidum** Hook. f.

药 材 名 小红人、火炭母、芽宋别囡（傣药）。

药用部位 块根。

功效主治 通经活血，止血，解毒；治肠炎，痢疾，月经不调，血崩，产后流血过多。

化学成分 槲皮素、山柰素等。

蓼子草（蓼科）

Polygonum criopolitanum Hance

药 材 名 蓼子草。

药用部位 全草。

功效主治 祛风解表，清热解毒；治感冒发热，毒蛇咬伤。

化学成分 石竹烯、红没药烯、补身树醇等挥发油。

大箭叶蓼（蓼科）

Polygonum darrisii H. Lév.

药 材 名　大箭叶蓼。

药用部位　全草。

功效主治　清热解毒；治皮肤瘙痒，毒蛇咬伤，痈肿，牙痛。

化学成分　黄酮类等。

箭叶蓼（蓼科）

Polygonum hastatosagittatum Makino

药 材 名　箭叶蓼。

药用部位　全草。

功效主治　祛风除湿，清热解毒；治风湿性关节痛，毒蛇咬伤。

化学成分　槲皮素-3-*O*-鼠李糖苷、异鼠李素等。

水蓼（蓼科）

Polygonum hydropiper L.

药 材 名 辣蓼。

药用部位 全草、根、叶。

功效主治 祛风利湿，散瘀止痛，解毒消肿，杀虫止痒；治痢疾，胃肠炎，风湿性关节痛，跌打肿痛，功能性子宫出血。

化学成分 Vanicoside B、vanicoside E、vanicoside F、异鼠李素等。

蚕茧草（蓼科）

Polygonum japonicum Meisn.

药 材 名 蚕茧草。

药用部位 全草。

功效主治 解毒透疹，散寒止痛；治疮疡肿痛，诸虫咬伤，泄泻，痢疾，腰膝寒痛，麻疹透发不畅。

愉悦蓼（蓼科）

Polygonum jucundum Meisn.

药 材 名 愉悦蓼、山蓼。

药用部位 全草。

功效主治 消肿止痛；治肠炎，痢疾。

化学成分 8-甲氧基槲皮素、芹菜素、木犀草素等。

酸模叶蓼（蓼科）

Polygonum lapathifolium L.

药 材 名　大马蓼。

药用部位　全草。

功效主治　清热解毒，利湿止痒；治肠炎，痢疾。

化学成分　2′,4′-二羟基-6′-甲氧基查耳酮、3-甲氧基槲皮素等。

绵毛酸模叶蓼（蓼科）

Polygonum lapathifolium L. var. **salicifolium** Sibth.

药 材 名　大马蓼。

药用部位　全草。

功效主治　清热解毒，利湿止痒；治肠炎，痢疾。

化学成分　(1,3-*O*-di-p-coumaroyl)-*β*-D-fructofuranosyl-(2→1)-*α*-D-glucopyranoside等蔗糖桂皮酸酯类。

长鬃蓼（蓼科）

Polygonum longisetum Bruijn

药 材 名　白辣蓼、马蓼。

药用部位　全草。

功效主治　解毒，除湿；治肠炎，细菌性痢疾，无名肿毒，阴疳，瘰疬，毒蛇咬伤，风湿痹痛。

化学成分　月桂酸甲酯、肉豆蔻酸甲酯等脂肪酸甲酯类。

小蓼花（蓼科）

Polygonum muricatum Meisn.

药 材 名　小蓼花。

药用部位　全草。

功效主治　祛风利湿，散瘀止痛，解毒消肿；治痢疾，胃肠炎，腹泻，风湿性关节痛，功能失调性子宫出血；外用治蛇咬伤，皮肤瘙痒。

化学成分　黄酮类等。

尼泊尔蓼（蓼科）

Polygonum nepalense Meisn.

药 材 名　猫儿眼睛。

药用部位　全草。

功效主治　清热解毒，除湿通络；治咽喉、牙龈肿痛，目赤，赤白痢，风湿痹痛。

化学成分　5,4′-Dimethoxy-6,7-methylenedioxyflavanone等黄酮类。

红蓼（蓼科）

Polygonum orientale L.

药 材 名　水红花子。

药用部位　果实。

功效主治　散血消癥，消积止痛，利水消肿；治癥瘕痞块，瘿瘤，食积不消，胃脘胀痛，水肿腹水。

化学成分　槲皮素、花旗松素等黄酮类。

掌叶蓼（蓼科）

Polygonum palmatum Dunn

药 材 名　掌叶蓼。

药用部位　全草。

功效主治　止血，清热；治吐血，衄血，崩漏，赤痢，外伤出血。

草血竭（蓼科）

Polygonum paleaceum Wall.

药 材 名　草血竭、弓腰老、芽我拎（傣药）。

药用部位　根。

功效主治　消肿清热，收敛凉血；治赤白痢疾，肠炎腹泻，消化不良，胃气痛，内伤瘀血。

化学成分　没食子酸类、绿原酸类、黄酮类。

杠板归（蓼科）

Polygonum perfoliatum L.

药 材 名　扛板归、扛板归根。

药用部位　全草、根。

功效主治　清热解毒，利湿消肿。全草：治感冒发热，肺热咳嗽，百日咳，疟疾，泻痢。根：治口疮，痔疮，肛瘘。

化学成分　Helonioside A、lapathoside D、vanicoside B等黄酮类。

习见蓼（蓼科）

Polygonum plebeium R. Br.

药 材 名　小萹蓄。

药用部位　全草。

功效主治　利尿通淋，化湿杀虫；治热淋，石淋，水肿，黄疸，痢疾，恶疮疥癣，外阴湿痒，蛔虫病。

化学成分　黄酮类、生物碱类、糖苷类、类固醇类、皂苷类等。

丛枝蓼（蓼科）

Polygonum posumbu Buch.-Ham. ex D. Don

药 材 名　丛枝蓼。

药用部位　全草。

功效主治　清热燥湿，健脾消疳，活血调经，解毒消肿；治泄泻，痢疾，月经不调，湿疹，脚癣，毒蛇咬伤。

化学成分　正二十六烷醇、胡萝卜苷、没食子酸等。

伏毛蓼（蓼科）

Polygonum pubescens Blume

药 材 名　辣蓼。

药用部位　全草、根、叶。

功效主治　祛风利湿，散瘀止痛，解毒消肿，杀虫止痒；治痢疾，胃肠炎，风湿性关节痛，跌打肿痛，功能性子宫出血。

化学成分　金丝桃苷、芦丁、槲皮素、山柰酚等。

赤胫散（蓼科）

Polygonum runcinatum Buch.-Ham. ex D. Don var. **sinense** Hemsl.

药 材 名　花蝴蝶、土三七、血见草。

药用部位　根茎、全草。

功效主治　清热解毒，活血，舒筋，消肿；治痢疾，泄泻，毒蛇咬伤，劳伤腰痛，跌打损伤。

化学成分　没食子酸、短叶苏木酚、β-谷甾醇、β-胡萝卜苷等。

廊茵（蓼科）

Polygonum senticosum (Meisn.) Franch. et Sav.

药 材 名　廊茵、刺蓼。

药用部位　全草。

功效主治　清热解毒，利湿止痒，散瘀消肿；治痈疮疔疖，毒蛇咬伤，湿疹，黄水疮，带状疱疹，跌打损伤，内外痔。

化学成分　异槲皮苷等。

支柱蓼（蓼科）

Polygonum suffultum Maxim.

药 材 名　支柱蓼。

药用部位　根茎。

功效主治　收敛止血，止痛生肌；治跌打损伤，外伤出血，便血，崩漏，痢疾，脱肛。

化学成分　没食子酸、β-谷甾醇、胡萝卜苷、木栓酮等。

戟叶蓼（蓼科）

Polygonum thunbergii Siebold et Zucc.

药 材 名　水麻芀。

药用部位　全草。

功效主治　祛风清热，活血止痛；治风热头痛，咳嗽，痧疹，痢疾，跌打伤痛，干血痨。

化学成分　水蓼素、槲皮苷等。

蓼蓝（蓼科）

Polygonum tinctorium Aiton

药 材 名　青黛。

药用部位　叶或茎叶经加工制得的干燥粉末或团块。

功效主治　清热解毒，凉血；治温毒斑疹，吐血，衄血，咳血，小儿惊痫，肝火犯肺咳嗽，咽喉肿痛，丹毒，痄腮。

化学成分　靛蓝、靛玉红等。

香蓼（蓼科）

Polygonum viscosum Buch.-Ham. ex D. Don

药 材 名　香蓼、粘毛蓼。

药用部位　茎、叶。

功效主治　理气除湿，健胃消食；治胃气痛，消化不良，小儿疳积，风湿疼痛。

化学成分　棕榈酸甲酯、亚油酸甲酯等。

虎杖（蓼科）

Reynoutria japonica Houtt.

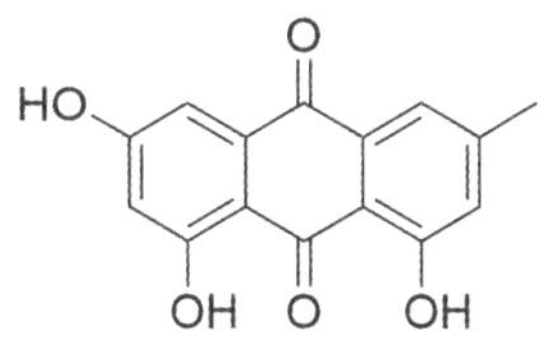

大黄素

药 材 名 虎杖、苦杖。

药用部位 根茎、根。

生　　境 生于山坡灌丛、山谷、路旁、田边湿地。

采收加工 春、秋二季采挖，除去须根，洗净，趁鲜切短段或厚片，晒干。

药材性状 圆柱形短段或不规则厚片。外皮棕褐色，有纵皱纹和须根痕，切面皮部较薄，木部宽广，棕黄色，射线放射状，皮部与木部较易分离。根茎髓中有隔或呈空洞状。质坚硬。

性味归经 微苦，微寒。归肝、胆、肺经。

功效主治 利湿退黄，清热解毒，散瘀止痛，止咳化痰；治湿热黄疸，淋浊，风湿痹痛，痈肿疮毒，跌打损伤。

化学成分 大黄素、大黄素甲醚、大黄素-8-*O*-*β*-D-甲酰葡萄糖苷、2-甲氧基-6-乙酰基-甲基胡桃醌、羟基大黄素、(+)-儿茶素、虎杖苷和白藜芦醇等。

核心产区 陕西南部、甘肃南部、四川、云南、贵州及华东、华中、华南地区。

用法用量 内服：9～15克。外用：适量，制成煎液或油膏涂敷。

本草溯源 《名医别录》《药性论》《本草图经》《经史证类备急本草》《滇南本草》《本草品汇精要》《本草纲目》。

附　　注 孕妇慎用。

药用大黄（蓼科）

Rheum officinale Baill.

芦荟大黄素

药 材 名 大黄。

药用部位 根、根茎。

生　　境 野生或栽培，生于山地林缘或草坡，喜欢阴湿的环境。

采收加工 秋末茎叶枯萎或次春发芽前采挖，除去细根，刮去外皮，切瓣或段，用绳穿成串干燥或直接干燥。

药材性状 块状。表面黄棕色至红棕色。质坚实，根茎髓部宽广；根具放射状纹理，无星点。气清香，味苦而微涩，嚼之粘牙，有沙粒感。

性味归经 苦，寒。归脾、胃、大肠、肝、心包经。

功效主治 泻下攻积，清热泻火，凉血解毒，逐瘀通经，利湿退黄；治实热积滞便秘，血热吐衄，血瘀经闭，产后瘀阻；外用治烧烫伤。

化学成分 芦荟大黄素、大黄酸等。

核心产区 云南、贵州、湖北、四川等。

用法用量 内服：煎汤，5～15克。泻下通便，宜后下，不可久煎；或用开水泡渍后取汁饮；研末，0.5～2克；或入丸、散。外用：适量，研末调敷或煎水洗、涂。煎液亦可作灌肠用。

本草溯源 《神农本草经》《汤液本草》《本草纲目》《本草经解》。

附　　注 可用于保健食品的中药。

酸模（蓼科）

Rumex acetosa L.

药 材 名　酸模、酸模叶。

药用部位　根、茎叶。

功效主治　凉血解毒，泻热通便，利尿杀虫；治吐血，便血，月经过多，热痢，目赤，便秘，淋浊，恶疮，疥癣，湿疹。

化学成分　原花青素B2、山柰酚、山柰酚-3-*O*-*α*-L-鼠李糖苷等。

皱叶酸模（蓼科）

Rumex crispus L.

药 材 名　牛耳大黄、牛耳大黄叶。

药用部位　根、叶。

功效主治　根：清热解毒，止血，通便杀虫；治急慢性肝炎，肠炎，痢疾，各种出血。叶：止咳；治热结便秘，咳嗽，痈肿疮毒。

化学成分　大黄酚、大黄素甲醚、大黄素等。

齿果酸模（蓼科）

Rumex dentatus L.

药 材 名　牛舌草。

药用部位　叶。

功效主治　清热解毒，杀虫止痒；治乳痈，疮疡肿毒，疥癣。

化学成分　没食子酸、异香草酸、琥珀酸等。

羊蹄（蓼科）

Rumex japonicus Houtt.

药 材 名　羊蹄、羊蹄叶、羊蹄实。

药用部位　根、叶、果实。

功效主治　清热通便，止血，解毒杀虫；治大便燥结，各种出血，崩漏，疥癣，白秃，痈疮肿毒。果实：治痢疾，漏下，便秘。

化学成分　大黄酚、大黄素甲醚等蒽醌类。

刺酸模（蓼科）

Rumex maritimus L.

药 材 名　野菠菜。

药用部位　根、全草。

功效主治　凉血，解毒，杀虫；治肺结核咯血，痔疮出血，痈疮肿毒，疥癣，皮肤瘙痒。

化学成分　大黄酚、山柰酚、槲皮素等。

尼泊尔酸模（蓼科）

Rumex nepalensis Spreng.

药 材 名　土大黄。

药用部位　根、叶、全草。

功效主治　清热解毒，凉血止血；治热结便秘，吐血，衄血，便血，疥癣。

化学成分　邻苯二甲酸二丁酯、2-甲氧基对苯二酚、胡萝卜苷、大黄酚、大黄酸等。

钝叶酸模（蓼科）

Rumex obtusifolius L.

药 材 名　血丝大黄、吐血草、叶铜黄。

药用部位　根。

功效主治　清热解毒，散瘀止痛，止血生肌，通便；治肺痈，衄血，吐血，便秘，疥疮，毒蛇咬伤。

商陆（商陆科）

Phytolacca acinosa Roxb.

商陆皂苷元

药 材 名　商陆。

药用部位　根。

生　　境　野生或栽培，多生于疏林下、林缘、路旁、山沟等湿润的地方。

采收加工　秋季至次年春季采挖，除去须根及泥沙，切成块或片，晒干或阴干。

药材性状　不规则块片，厚薄不等。切面浅黄棕色或黄白色，木部隆起，形成数个突起的同心性环轮。质硬。气微，味稍甜，久嚼麻舌。

性味归经　苦，寒。归肺、脾、肾、大肠经。

功效主治　逐水消肿，通利二便，解毒散结；治水肿胀满，二便不通；外用治痈肿疮毒。

化学成分　商陆皂苷元等。

核心产区　主产于河南、安徽和湖北，南方诸省均有分布。

用法用量　内服：煎汤，10 ~ 15 克。外用：适量，煎汤熏洗。

本草溯源　《神农本草经》《本草经集注》。

附　　注　根有毒（酸性甾体皂苷）。

垂序商陆（商陆科）

Phytolacca americana L.

药 材 名　美商陆子、美商陆叶。

药用部位　种子、叶。

功效主治　利尿，解热；治水肿，风湿，带下过多。

化学成分　软脂酸、亚油酸、花生酸、芥酸等脂肪酸。

匍匐滨藜（藜科）

Atriplex repens Roth

药 材 名　匍匐滨藜。

药用部位　全草。

功效主治　祛风除湿，活血通经，解毒消肿；治风湿痹痛，带下，月经不调，疮疡痈疽，皮炎。

化学成分　α-菠甾醇、23-环木菠萝烯-3β, 25-二醇等。

莙荙菜（藜科）

Beta vulgaris L. var. **cicla** L.

药 材 名　莙荙菜、莙荙子。

药用部位　茎、叶、果实。

功效主治　清热解毒，行瘀止血，凉血。茎、叶：清热解毒，行瘀止血；治时行热病，痔疮，麻疹透发不畅，吐血，热毒下痢，闭经，淋浊，痈肿，跌打损伤，蛇虫咬伤。果实：清热解毒，凉血止血；治小儿发热，痔瘘下血。

化学成分　多种三萜皂苷。

藜（藜科）

Chenopodium album L.

药 材 名 藜、藜茎、藜实。

药用部位 幼嫩全草、老茎、果实、种子。

功效主治 清热祛湿，解毒消肿，杀虫止痒；治发热，咳嗽，痢疾，腹泻，腹痛，疝气，龋齿痛，湿疹，疥癣，白癜风。

化学成分 β-紫罗兰酮等挥发油。

小藜（藜科）

Chenopodium ficifolium Sm.

药 材 名 灰藋、灰藋子。

药用部位 全草、种子。

功效主治 疏风清热，解毒祛湿，杀虫；治风热感冒，痢疾，荨麻疹，疮疡肿毒，疥癣，湿疮，痈疮，白癜风，虫咬伤。

化学成分 藜碱、多糖等。

土荆芥（藜科）

Dysphania ambrosioides (L.) Mosyakin et Clemants

药 材 名 土荆芥。

药用部位 带果穗全草。

功效主治 祛风除湿，杀虫止痒，活血消肿；治蛔虫病，钩虫病，蛲虫病，头虱，皮肤湿疹，疥癣，风湿痹痛。

化学成分 山柰酚-7-*O*-α-L-鼠李糖苷、万寿菊素等。

地肤（藜科）

Kochia scoparia (L.) Schrad.

药 材 名　地肤子、地肤苗。

药用部位　果实、嫩茎叶。

功效主治　清热利湿，疏风止痒；治小便不利，淋浊，带下，血痢，风疹，湿疹，疥癣，小儿疳积，头痛，湿热疮毒。

化学成分　齐墩果酸、胡萝卜苷、金丝桃苷等。

菠菜（藜科）

Spinacia oleracea L.

药 材 名　菠菜、菠菜子。

药用部位　全草、种子。

功效主治　解热毒，通血脉，利肠胃，清肝明目，止咳平喘；治头痛，夜盲症，消渴，痔疮，风火目赤肿痛，咳喘。

化学成分　叶酸、维生素A、维生素C、维生素K和其他B族维生素等。

土牛膝（苋科）

Achyranthes aspera L.

药 材 名　土牛膝、倒扣草。

药用部位　根、根茎。

功效主治　活血祛瘀，泻火解毒，利尿通淋；治闭经，跌打损伤，风湿性关节痛，痢疾，白喉，疮痈，水肿。

化学成分　β-蜕皮甾酮、牛膝甾酮、水龙骨甾酮B等。

牛膝（苋科）

Achyranthes bidentata Blume

药材名　牛膝、牛膝茎叶。

药用部位　根、茎、叶。

功效主治　根：补肝肾，强筋骨，活血通经，利尿通淋；治腰膝酸软等。茎、叶：祛风湿，活血，利尿，解毒；治风湿痹痛，淋病，毒蛇咬伤等。

化学成分　齐墩果酸、普曲诺苷C、二齿皂苷Ⅰ和二齿皂苷Ⅱ等。

柳叶牛膝（苋科）

Achyranthes longifolia (Makino) Makino

药材名　长叶牛膝。

药用部位　根、根茎。

功效主治　活血祛瘀，泻火解毒，利尿通淋；治闭经，跌打损伤，风湿性关节痛，痢疾，白喉，疮痈，水肿。

化学成分　β-蜕皮甾酮等。

锦绣苋（苋科）

Alternanthera bettzickiana (Regel) G. Nicholson

药 材 名　红莲子草、红节节草、红田乌草。

药用部位　全草。

功效主治　凉血止血，散瘀解毒；治吐血，咯血，便血，跌打损伤，结膜炎，痢疾。

喜旱莲子草（苋科）

Alternanthera philoxeroides (Mart.) Griseb.

药 材 名　空心苋、空心蕹藤菜、水蕹菜。

药用部位　根、茎叶。

功效主治　清热凉血，解毒，利尿；治咳血，尿血，感冒发热，麻疹，黄疸，淋浊，痄腮，湿疹，痈肿疮疖，毒蛇咬伤。

化学成分　β-谷甾醇、α-菠甾醇、莲子草素等。

刺花莲子草（苋科）

Alternanthera pungens Kunth

药 材 名　刺花莲子草、丫雪海、芽辛孩（傣药）。

药用部位　全草。

功效主治　祛风止痒；治皮癣。

莲子草（苋科）

Alternanthera sessilis (L.) R. Br. ex DC.

药 材 名　节节花、耐惊菜、虾蠊菜。

药用部位　全草、带根全草。

功效主治　凉血散瘀，清热解毒，除湿通淋；治咳血，便血，湿热黄疸，痢疾，牙龈肿痛，咽喉肿痛，肠痈，乳痈等。

化学成分　2, 4-亚甲基环木菠萝烷醇、环桉烯醇等。

凹头苋（苋科）

Amaranthus blitum L.

药 材 名　野苋子、苋菜子、青葙子。

药用部位　种子。

功效主治　清肝明目，利尿；治肝热目赤，翳障，小便不利。

化学成分　肉豆蔻酸、棕榈酸、山嵛酸等。

尾穗苋（苋科）

Amaranthus caudatus L.

药 材 名　老枪谷根、老枪谷叶、老枪谷子。

药用部位　根、叶、种子。

功效主治　根：健脾，消疳；治脾胃虚弱之倦怠乏力，小儿疳积。叶：解毒消肿；治疔疮疖肿，风疹瘙痒。种子：清热透表；治小儿水痘，麻疹。

化学成分　多肽Ac-AMP1、多肽Ac-AMP2、甜菜碱等。

刺苋（苋科）

Amaranthus spinosus L.

药 材 名　野苋菜、野苋、光苋菜。

药用部位　全草、根。

功效主治　清热解毒，利尿；治痢疾，腹泻，疔疮肿毒，毒蛇咬伤，蜂螯伤，小便不利，水肿。

化学成分　苋菜红苷、锦葵花素-3-葡萄糖苷等。

苋（苋科）

Amaranthus tricolor L.

药 材 名　苋实、苋子、苋。

药用部位　种子、茎叶。

功效主治　清肝明目，通利二便；治青盲翳障，视物昏暗，白浊血尿，二便不利。

化学成分　苋菜红苷、菠菜甾醇等。

皱果苋（苋科）

Amaranthus viridis L.

药 材 名　白苋、糠苋、细苋。

药用部位　全草、根。

功效主治　清热，利湿，解毒；治痢疾，泄泻，小便赤涩，疮肿，蛇虫蜇伤，牙疳。

化学成分　24-乙基-5α-胆甾烷-7, 反式-22-二烯-3β-醇、叶黄素、β-胡萝卜素等。

白花苋（苋科）

Aerva sanguinolenta (L.) Blume

药 材 名　白牛膝、绢毛苋、杂怀唔（傣药）。

药用部位　全草。

功效主治　活血散瘀，清热除湿；治风湿骨痛，脚趾间溃烂、奇痒。

青葙（苋科）

Celosia argentea L.

药 材 名　青葙子、青葙花、青葙。

药用部位　种子、花序、茎叶、根。

功效主治　种子：清肝，明目，退翳；治肝热目赤，肝火眩晕。花序：凉血止血，清肝除湿，明目；治衄血，目生翳障。茎叶及根：燥湿清热，杀虫止痒，凉血止血；治湿热带下。

化学成分　草酸、青葙子油脂、烟酸等。

鸡冠花（苋科）

Celosia cristata L.

药 材 名　鸡冠花、鸡冠子、鸡冠苗。

药用部位　花序、种子、茎叶、全草。

功效主治　花序和茎叶：收敛止血，止带，止痢；治吐血，崩漏等。种子：凉血止血，清肝明目；治便血，崩漏，目赤肿痛。

化学成分　山柰苷、苋菜红苷等。

杯苋（苋科）

Cyathula prostrata (L.) Blume

药 材 名　杯苋根、杯苋、蛇见怕。

药用部位　根、地上部分。

功效主治　根：清肠利湿；治痢疾。地上部分：清热解毒，活血散瘀；治痈疮肿毒，毒蛇咬伤，跌打瘀肿。

化学成分　蜕皮甾酮、杯苋甾酮等。

银花苋（苋科）

Gomphrena celosioides Mart.

药 材 名　地锦苋、地锦草。

药用部位　全草。

功效主治　清热利湿；治痢疾。

化学成分　皂苷、甾体等。

千日红（苋科）

Gomphrena globosa L.

药 材 名　千日红、百日红、千金红。

药用部位　花序、全草。

功效主治　止咳平喘，清肝明目，解毒；治咳嗽，哮喘，百日咳，小儿夜啼，目赤肿痛，肝热头晕，头痛，痢疾，疮疖。

化学成分　5,4-二羟基-6,7-亚甲二氧基黄酮醇-3-*O*-*β*-D-葡萄糖苷等。

巴西人参（苋科）

Hebanthe eriantha (Poir.) Pedersen

药 材 名 巴西人参。

药用部位 根。

生　　境 原产于中南美洲巴西、厄瓜多尔、巴拿马等热带雨林地区。

生活习性 巴西人参是多年生草本植物，植株高150～200厘米。属喜光植物，通常生长在阳光充足的地方。花果期5月至次年2月。

采收加工 栽培两年可采收，采收时用枝剪除去地上部分，将根部挖出，把根部的泥沙洗净，烘软后晒干即成商品。置干燥、阴凉、通风处贮藏。

药材性状 根通常3～5条，圆柱形，呈黄色，有须根及横长皮孔，下部常分支为2根。

栽培技术 巴西人参入药部位是根部，所以选择土层深厚、质地疏松、排水良好、光照充足的砂质土壤地块。首先将土地翻耕、打碎、耙平、起畦，畦宽90厘米，高20厘米，畦长就地形而定。施基肥（厩肥、草皮或药渣、人畜粪混合沤熟），将肥料均匀撒于畦面上，用锄翻入土层内。畦面按株行距40厘米 × 40厘米，以“品”字形开穴成2行。

药理药效 体外研究发现巴西人参提取物在抑制肿瘤、增强巨噬细胞活性、体虚及免疫力低下、性功能低下、血液病、炎症及疼痛缓解、抗焦虑等方面具有一定的疗效。

主要价值 国外当地民间用于治疗阳痿、失眠、肿瘤、溃疡、风湿等，已有300多年的历史。目前巴西人参的产品在各国多以补品、膳食补充剂的形式在市面销售。

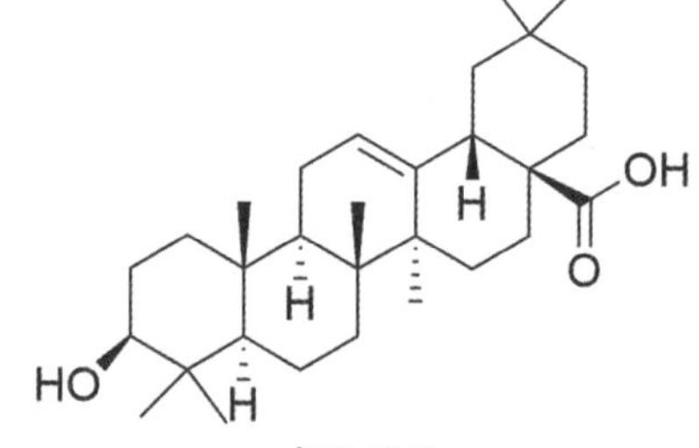

齐墩果酸

化学成分 齐墩果酸、蜕皮甾酮、豆甾醇、胡萝卜苷等三萜和三萜皂苷类、甾体类化合物。

核心产区 我国于20世纪90年代末，引入广西、浙江、四川和云南等地栽培。

用法用量 1～3克，研末冲服。

附　　注 国外巴西人参入药有多种，但种质混乱，最常用的品种为*Hebanthe erianthos*和*Pfaffia glomerata*，早期文献资料多将*Hebanthe erianthos*记载为*Pfaffia paniculata*，实为同一种植物。

血苋（苋科）

Iresine diffusa Humb. et Bonpl. ex Willd. fo. **herbstii** (Hook.) Pedersen

药 材 名　红木耳、红靛、一口红。

药用部位　全草。

功效主治　凉血止血，清热利湿，解毒；治吐血，衄血，咳血，便血，崩漏，痢疾，泄泻，湿热带下，痈肿。

化学成分　2′,2,5-Trimethoxy-6,7-methylenedioxyisoflavanone等。

落葵薯（落葵科）

Anredera cordifolia (Ten.) Steenis

药 材 名　土三七、藤三七、小年药。

药用部位　珠芽、藤茎。

功效主治　补肾强腰，散瘀消肿；治腰膝痹痛，病后体弱，跌打损伤，骨折。

化学成分　落葵薯粗蛋白、维生素C和粗纤维、矿物质和微量元素。

落葵（落葵科）

Basella alba L.

药 材 名　落葵花、落葵子、落葵。

药用部位　花、果实、叶、全草。

功效主治　花：凉血解毒；治痘毒，乳头破裂。果实：润泽肌肤；具有美容功效。叶和全草：清热，滑肠，凉血，解毒；治大便秘结，小便短涩，痢疾，便血，斑疹、疔疮。

化学成分　多糖、胡萝卜素等。

亚麻（亚麻科）

Linum usitatissimum L.

药 材 名　亚麻、鸦麻。

药用部位　根、茎、叶。

功效主治　平肝，活血；治肝风头痛，跌打损伤，痈肿疔疮。

化学成分　荭草素、牡荆苷、异牡荆苷等。

石海椒（亚麻科）

Reinwardtia indica Dumort

药 材 名　过山青。

药用部位　嫩枝、叶。

功效主治　清热利尿；治黄疸性肝炎，肾炎，小便不利，鼻衄。

米念芭（亚麻科）

Tirpitzia ovoidea Chun et F. C. How ex W. L. Sha

药 材 名　白花柴。

药用部位　枝叶。

功效主治　活血散瘀，舒筋活络；治跌打损伤，骨折，外伤出血，风湿性关节炎，小儿麻痹后遗症。

化学成分　萜类、苯丙素类、香豆素类等。

蒺藜（蒺藜科）

Tribulus terrestris L.

药 材 名　蒺藜、刺蒺藜、蒺藜花。

药用部位　果实、花。

功效主治　果实：平肝解郁，活血祛风，明目，止痒；治头痛眩晕，胸胁胀痛，乳闭乳痈，目赤翳障，风疹瘙痒。花：祛风和血；治白癜风。

化学成分　刺蒺藜苷、山柰酚-3-葡萄糖苷等。

野老鹳草（牻牛儿苗科）

Geranium carolinianum L.

药 材 名　老鹳草、老鹳嘴、老鸦嘴。

药用部位　带有果实的全草。

功效主治　祛风湿，通经络，止泻痢；治风湿痹痛，麻木拘挛，筋骨酸痛，泄泻，痢疾。

化学成分　老鹳草鞣质、金丝桃苷等。

南老鹳草（牻牛儿苗科）

Geranium nepalense Sweet

药 材 名　南老鹳草、老鹳嘴、老牛筋。

药用部位　全草。

功效主治　祛风湿，活血通经，清热止泻；治风湿性关节炎，跌打损伤，坐骨神经痛，急性胃肠炎，痢疾。

化学成分　槲皮素等。

香叶天竺葵（牻牛儿苗科）

Pelargonium graveolens L'Hér. ex Aiton

药 材 名　香叶天竺葵。

药用部位　全草。

功效主治　祛风除湿，行气止痛；治风湿痹痛，阴囊湿疹，疥癣。

化学成分　香茅醇、香叶醇、甲酸香叶醋等。

天竺葵（牻牛儿苗科）

Pelargonium × **hortorum** L. H. Bailey

药 材 名　石蜡红、月月红。

药用部位　花。

功效主治　清热解毒；治中耳炎。

化学成分　环桉烯醇、环木菠萝烯醇等。

阳桃（酢浆草科）

Averrhoa carambola L.

药 材 名　阳桃、阳桃叶、阳桃花、阳桃根。

药用部位　果实、叶、花、根。

功效主治　果实：清热，生津，利水，解毒；治风热咳嗽，咽痛，烦渴等。叶：祛风利湿，清热解毒，止痛；治风热感冒，小便不利等。花：截疟，止痛，解毒，杀虫；治疟疾，胃痛，漆疮等。根：祛风除湿，行气止痛，涩精止带；治风湿痹痛，瘫缓不遂，慢性头风，心胃气痛，遗精，带下。

化学成分　1, 1, 5-三甲基-6-亚丁烯基-4-环乙烯、倒紫罗酮等。

分枝感应草（酢浆草科）

Biophytum fruticosum Blume

药 材 名　大还魂草。

药用部位　全草。

功效主治　宁心安神，凉血散瘀；治心神不宁，惊悸，失眠症，血热妄行，出血，衄血，咯血，外伤出血，带状疱疹。

感应草（酢浆草科）

Biophytum sensitivum (L.) DC.

药 材 名　罗伞草、一把伞、小礼花。

药用部位　全草、种子。

功效主治　全草：化痰定喘，消积利水；治哮喘，小儿疳积，水肿，淋浊。种子：解毒，消肿，愈创；治痈肿疔疮，创伤。

化学成分　阿曼托黄素等。

酢浆草（酢浆草科）

Oxalis corniculata L.

药 材 名　酢浆草、酸箕、三叶酸草。

药用部位　全草。

功效主治　清热利湿，凉血散瘀，消肿解毒；治痢疾，黄疸，淋病，赤白带下，麻疹，吐血，衄血，咽喉肿痛，疔疮等。

化学成分　牡荆苷、2-庚烯醛等。

红花酢浆草（酢浆草科）

Oxalis corymbosa DC.

药 材 名 铜锤草、大酸味草。

药用部位 全草。

功效主治 散瘀消肿，清热利湿，解毒；治跌打损伤，月经不调，咽喉肿痛，水泻，痢疾，水肿，带下，淋浊等。

化学成分 草酸盐等。

山酢浆草（酢浆草科）

Oxalis griffithii Edgew. et Hook. f.

药 材 名 三叶铜钱草、白花酢浆草。

药用部位 全草。

功效主治 活血化瘀，清热解毒，利尿通淋；治劳伤疼痛，跌打损伤，麻风，肿毒，疥癣，小儿口疮，烫火伤，淋浊带下。

化学成分 荭草素等。

旱金莲（旱金莲科）

Tropaeolum majus L.

药 材 名 旱莲花、金莲花。

药用部位 全草。

功效主治 清热解毒，凉血止血；治目赤肿痛，疮疖，吐血，咯血。

化学成分 金莲苷、牡荆苷、荭草苷等。

大叶凤仙花（凤仙花科）

Impatiens apalophylla Hook. f.

药 材 名　大叶凤仙花、山泽兰。

药用部位　全草。

功效主治　散瘀通经；治跌打损伤，瘀肿疼痛，月经不调，血瘀经闭。

凤仙花（凤仙花科）

Impatiens balsamina L.

药 材 名　凤仙根、凤仙花、凤仙透骨草、急性子。

药用部位　根、花、茎、种子。

功效主治　根：活血止痛，利湿消肿；治跌扑肿痛，风湿骨痛，水肿。花：祛风除湿，活血止痛，解毒杀虫；治风湿肢体痿废，灰指甲。茎：祛风湿，活血，解毒；治风湿痹痛，跌打肿痛，闭经，丹毒。种子：破血软坚，消积；治癥瘕痞块，闭经，噎膈。

化学成分　矢车菊素、飞燕草素、山柰酚-3-葡萄糖苷等。

睫毛萼凤仙花（凤仙花科）

Impatiens blepharosepala E. Pritz.

药 材 名　凤仙花。

药用部位　全草。

功效主治　清热解毒，消肿拔毒；治疮疖肿毒，甲沟炎；外用，鲜品捣烂敷患处。

华凤仙（凤仙花科）

Impatiens chinensis L.

药 材 名　水凤仙、华凤仙、水指甲花。

药用部位　全草。

功效主治　清热解毒，活血散瘀，拔脓消痈；治小儿肺炎，咽喉肿痛，热痢，蛇头疔，痈疮肿毒，肺结核。

化学成分　棕榈酸乙酯、β-环柠檬醛等。

牯岭凤仙花（凤仙花科）

Impatiens davidii Franch.

药 材 名　牯岭凤仙花。

药用部位　全草、茎。

功效主治　消积，止痛；治小儿疳积，腹痛，牙龈溃烂。

水金凤（凤仙花科）

Impatiens noli-tangere L.

药 材 名　水金凤、辉菜花。

药用部位　花、全草、根。

功效主治　活血调经，祛风除湿；治月经不调，痛经，闭经，跌打损伤，风湿痹痛，脚气肿痛，阴囊湿疹，癣疮，癞疮。

化学成分　新黄质、蝴蝶梅黄质等。

黄金凤（凤仙花科）

Impatiens siculifer Hook. f.

药 材 名　黄金凤、岩胡椒、纽子七、水指甲。

药用部位　全草。

功效主治　清热解毒，祛风除湿，活血消肿；治风湿麻木，风湿骨痛，跌打损伤，烧烫伤。

化学成分　*N*-苯基-2-萘胺、*α*-菠菜甾醇、香豆素等。

耳基水苋（千屈菜科）

Ammannia auriculata Willd

药 材 名　耳水苋、金桃仔、大仙桃草。

药用部位　全草。

功效主治　健脾利湿，行气散瘀；治脾虚厌食，胸膈满闷，急慢性膀胱炎，带下，跌打瘀肿作痛。

水苋菜（千屈菜科）

Ammannia baccifera L.

药 材 名　水苋菜、仙桃草、结筋草。

药用部位　全草。

功效主治　散瘀止血，除湿解毒；治跌打损伤，内外伤出血，骨折，风湿痹痛，蛇咬伤，痈疮肿毒，疥癣。

化学成分　*β*-谷甾醇-*β*-D-葡萄糖苷、白桦脂醇等。

紫薇（千屈菜科）

Lagerstroemia indica L.

药 材 名 紫薇花、紫薇根、紫薇皮。

药用部位 花、根、茎皮、根皮。

功效主治 花、茎皮和根皮：清热解毒，凉血止血；治疮疖痈疽，小儿胎毒等。根：清热利湿，活血止血，止痛；治痢疾，水肿，烧烫伤等。

化学成分 紫薇碱、印车前明碱、十齿草明碱等。

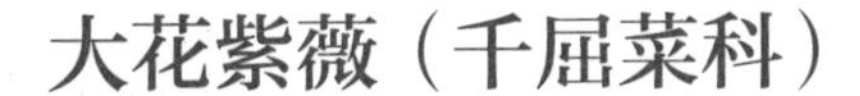

大花紫薇（千屈菜科）

Lagerstroemia speciosa (L.) Pers.

药 材 名 大叶紫薇。

药用部位 根、树皮、叶。

功效主治 敛疮，解毒；治痈肿疮毒；外用，鲜品捣烂敷患处。

化学成分 叶含紫薇缩醛、紫薇鞣质A-C、马斯里酸、可乐苏酸等。

南紫薇（千屈菜科）

Lagerstroemia subcostata Koehne

药 材 名 拘那花、九芎、苞饭花。

药用部位 花、根。

功效主治 解毒，散瘀，截疟；治痈疮肿毒，蛇咬伤，疟疾。

化学成分 紫薇缩醛、并没食子酸等。

绒毛紫薇（千屈菜科）

Lagerstroemia tomentosa C. Presl

药 材 名 毛叶紫薇。

药用部位 叶。

功效主治 解毒消肿；治疮疖肿痛，顽癣，疥疮。

化学成分 齐墩果酸、丁烯醇A、十一胺、β-谷甾醇、胡萝卜苷等。

毛紫薇（千屈菜科）

Lagerstroemia villosa Wall. ex Kurz

药 材 名 百日红、满堂红、痒痒树。

药用部位 树皮、花、叶、根。

功效主治 清热解毒，利湿祛风，散瘀止血；治无名肿毒，丹毒，咽喉肿痛，肝炎，跌打损伤，内外伤出血。

散沫花（千屈菜科）

Lawsonia inermis L.

药 材 名 指甲花叶。

药用部位 叶。

功效主治 收敛，止血；治创伤出血。

化学成分 1,3-二羟基二甲氧基占吨酮、1,4-萘醌等。

千屈菜（千屈菜科）

Lythrum salicaria L.

药 材 名　毛千屈菜、水滨柳、铁菱角。

药用部位　根茎、全草。

功效主治　清热解毒，凉血止血；治痢疾，血崩，高热，宫颈炎，烧烫伤。

节节菜（千屈菜科）

Rotala indica (Willd.) Koehne

药 材 名　水马齿苋、碌耳草、水泉。

药用部位　全草。

功效主治　清热解毒，止泻；治疮疖肿毒，小儿泄泻。

圆叶节节菜（千屈菜科）

Rotala rotundifolia (Buch.-Ham. ex Roxb.) Koehne

药 材 名　水豆瓣、水苋菜、水泉。

药用部位　全草。

功效主治　清热利湿，消肿解毒；治痢疾，淋病，水臌，急性肝炎，痈肿疮毒，牙龈肿痛，痔肿，乳痈，急性脑膜炎。

化学成分　酚类、氨基酸、黄酮苷类等。

虾子花（千屈菜科）

Woodfordia fruticosa (L.) Kurz

药 材 名　虾子花叶。

药用部位　叶。

功效主治　明目消翳；治角膜云翳。

化学成分　虾子花素等。

八宝树（海桑科）

Duabanga grandiflora (Roxb. ex DC.) Walp.

药 材 名　平头树、埋非、埋丁（傣药）。

药用部位　树皮、根、叶。

功效主治　清热解毒，止痒，消肿散瘀。树皮、根：治感冒发热，咽喉肿痛，风湿骨痛，跌打损伤。叶：外用治过敏性皮炎，湿疹。

海桑（海桑科）

Sonneratia caseolaris (L.) Engl.

药 材 名　海桑。

药用部位　果实。

功效主治　活血消肿；治扭伤，跌打损伤。

化学成分　亚麻酸、棕榈酸、亚油酸、β-谷甾醇、豆甾醇、角鲨烯等。

石榴（安石榴科）

Punica granatum L.

药 材 名　酸石榴、石榴花、甜石榴、石榴皮、石榴根。

药用部位　花蕾、果实、果皮、根皮。

功效主治　花蕾：凉血，止血；治衄血，吐血，中耳炎等。果实、果皮和根皮：止渴，涩肠，止血；治津伤，燥渴，滑泻等。

化学成分　飞燕草素-3-葡萄糖苷、矢车菊素-3-葡萄糖苷等。

欧菱（菱科）

Trapa natans L.

药 材 名　菱叶、菱、菱壳、菱蒂、菱茎。

药用部位　叶、茎、果壳、果柄、果实。

功效主治　叶：清热解毒，治小儿走马牙疳、小儿头疮。茎：清热解毒，治胃溃疡，多发性赘疣。果壳：收敛止泻，止血，敛疮，解毒；治痢疾，便血，胃溃疡等。果柄：解毒散溃疡；治溃疡病，皮肤疣，胃癌，食管癌。果实：健脾益胃，除烦，解毒；治脾虚，泄泻，暑热烦渴，饮酒过度，痢疾。

化学成分　麦角甾-4,6,8(14),22-四烯-3-酮等。

露珠草（柳叶菜科）

Circaea cordata Royle

药 材 名　牛泷草、夜抹光、三角叶。

药用部位　全草。

功效主治　清热解毒，止血生肌；治疮痈肿毒，疥疮，外伤出血。

谷蓼（柳叶菜科）

Circaea erubescens Franch. et Sav.

药 材 名　谷蓼、水珠草。

药用部位　全草。

功效主治　宣肺止咳，行气散瘀，利尿通淋；治外感咳嗽，脘腹胀痛，瘀阻痛经，月经不调，闭经，泄泻，淋证。

南方露珠草（柳叶菜科）

Circaea mollis Siebold et Zucc.

药 材 名　南方露珠草、拐子菜、辣椒七。

药用部位　全草、根。

功效主治　祛风除湿，活血消肿，清热解毒；治风湿痹痛，跌打瘀肿，乳痈，瘰疬，疮肿，无名肿毒，毒蛇咬伤。

柳叶菜（柳叶菜科）

Epilobium hirsutum L.

药 材 名　柳叶菜、柳叶菜花、柳叶菜根。

药用部位　全草、花、根。

功效主治　全草：清热解毒，利湿止泻，消食理气，活血接骨；治湿热泻痢，食积，脘腹胀痛等。花：清热止痛，调经涩带；治牙痛，咽喉肿痛，月经不调，白带过多。根：疏风清热，解毒利咽，止咳，利湿；治风热感冒，咽喉肿痛，肺热咳嗽，毒虫咬伤等。

化学成分　3-甲氧基没食子酸、委陵菜酸、阿江榄仁酸等。

长籽柳叶菜（柳叶菜科）

Epilobium pyrricholophum Franch. et Savat.

药 材 名　心胆草、水朝阳花。

药用部位　全株。

功效主治　清热利湿，止血安胎，解毒消肿；治痢疾，吐血，咳血，便血，月经过多，胎动不安，痈疮疖肿等。

水龙（柳叶菜科）

Ludwigia adscendens (L.) H. Hara

药 材 名　水龙、过塘蛇、过江龙。

药用部位　全草。

功效主治　清热利湿，解毒消肿；治感冒发烧，麻疹不透，肠炎，小便不利，疥疮脓肿，带状疱疹，狗咬伤等。

化学成分　齐墩果酸等。

草龙（柳叶菜科）

Ludwigia hyssopifolia (G. Don) Exell

药 材 名　草龙、水映草、田石梅。

药用部位　全草。

功效主治　发表清热，解毒利尿，凉血止血；治感冒发热，咽喉肿痛，口舌生疮，湿热泻痢，水肿，淋痛，疳积。

化学成分　异香草醛、没食子酸乙酯等。

毛草龙（柳叶菜科）

Ludwigia octovalvis (Jacq.) P. H. Raven

药 材 名　毛草龙、草里金钗、毛草龙根。

药用部位　全草、根。

功效主治　清热利湿，解毒消肿；治感冒发热，小儿疳热，咽喉肿痛，口舌生疮，高血压，水肿，湿热泻痢，淋痛等。

化学成分　短叶苏木酚酸甲酯、委陵菜酸等。

丁香蓼（柳叶菜科）

Ludwigia prostrata Roxb.

药 材 名　丁香蓼、丁子蓼、丁香蓼根、水丁香。

药用部位　全草、根。

功效主治　全草：清热解毒，利尿通淋，化瘀止血；治肺热咳嗽，目赤肿痛，湿热泻痢等。根：清热利尿，消肿生肌；治急性肾炎，刀伤。

化学成分　没食子酸、诃子次酸三乙酯等。

粉花月见草（柳叶菜科）

Oenothera rosea L'Hér. ex Aiton

药 材 名　粉花月见草。

药用部位　根。

功效主治　消炎，降血压；治风湿病，筋骨疼痛，高血压。

化学成分　黄酮类等。

黄花小二仙草（小二仙草科）

Gonocarpus chinensis (Lour.) Orchard

药 材 名　黄花小二仙草、石崩。

药用部位　全草。

功效主治　活血消肿，止咳平喘；治跌打损伤，骨折，哮喘，咳嗽。

小二仙草（小二仙草科）

Gonocarpus micranthus Thunb.

药 材 名　小二仙草、豆瓣草、女儿红。

药用部位　全草。

功效主治　止咳平喘，清热利湿，调经活血；治咳嗽，哮喘，热淋，便秘，痢疾，月经不调，跌打损伤，骨折，毒蛇咬伤等。

化学成分　5,6,7,3′,4′-五羟基异黄酮、没食子儿茶素等。

穗状狐尾藻（小二仙草科）

Myriophyllum spicatum L.

药 材 名　聚藻、水藻、水蕴。

药用部位　全草。

功效主治　清热，凉血，解毒；治热病烦渴，赤白痢，丹毒，疮疖，烫伤。

化学成分　脱植基叶绿素等。

马来沉香（瑞香科）

Aquilaria malaccensis Lam.

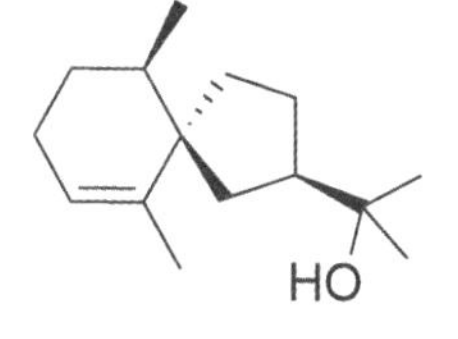

沉香螺醇

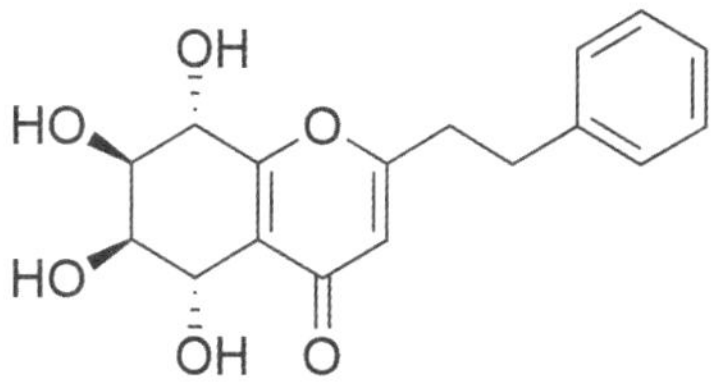

沉香四醇

药 材 名 进口沉香、马来沉香、沉香、蜜香、沉水香。

药用部位 含有树脂的木材。

生　　境 野生或栽培于热带地区。

采收加工 全年均可采收，割取含树脂的木材，除去不含树脂的部分，阴干。

药材性状: 不规则块状、片状或盔帽状，有的为小碎块。表面褐色，常有黑色、黄色交错的纹理，稍具光泽。入水下沉、半沉水或浮水。质坚实，难折断，破开面灰褐色。有特殊香气，味苦。燃烧时有油渗出，香气较白木香浓烈。

性味归经 辛、苦，微温。归脾、胃、肾经。

功效主治 行气止痛，温中止呕，纳气平喘；主治胸腹胀闷、疼痛，胃寒呕吐、呃逆等。

化学成分 沉香四醇、沉香螺醇、沉香醇、石梓呋喃等。

核心产区 分布于印度、印度尼西亚、越南、马来西亚、柬埔寨、老挝、缅甸、孟加拉国。我国台湾、广东、广西等地有少量栽培。

用法用量 煎汤，1～5克，后下。

本草溯源 《本草纲目》《中华本草》《中药大辞典》。

附　　注 沉香是中国、日本、印度及其他东南亚国家的传统药材和名贵天然香料，其在药用、精油、香料等方面市场需求量巨大。沉香来源于瑞香科沉香属（*Aquilaria*）植物，其中马来沉香是进口沉香的主要来源，为世界濒危保护树种。

白木香（瑞香科）

Aquilaria sinensis (Lour.) Spreng.

沉香四醇

药 材 名　土沉香、国产沉香。

药用部位　含有树脂的木材。

生　　境　栽培，生于平地、丘陵的疏林或荒山。

采收加工　全年均可采收，割取含树脂的木材，除去不含树脂的部分，阴干。

药材性状　不规则块状、片状、盔帽状。表面凹凸不平，有刀痕，偶有孔洞，可见黑褐色树脂与黄白色木部相间的斑纹，孔洞及凹窝表面多呈朽木状。质较坚实，断面刺状。气芳香，味苦。

性味归经　辛、苦，微温。归脾、胃、肾经。

功效主治　行气止痛，温中止呕，纳气平喘；主治胸腹胀闷、疼痛，胃寒呕吐、呃逆等。

化学成分　沉香四醇、爵床脂素、无梗五加苷B、丁香素、4-羟基-3,5-二甲氧基酚苷、8-氯-2-(2-苯乙基)-5,6,7-三羟基-5,6,7,8-四氢色酮等。

核心产区　广东（东莞、中山、珠海、茂名、惠东）、海南（儋州、琼中、海口、三亚、屯昌）。

用法用量　煎汤，1～5克，后下。

本草溯源　《名医别录》《本草图经》《本草纲目拾遗》。

附　　注　《国家重点保护野生植物名录》二级保护植物。沉香是中药四大香“沉檀龙麝”（沉香、檀香、龙涎香、麝香）之首，是供佛香品，也是名贵药材。沉香有进口与国产沉香（白木香）之别，进口沉香的基原是马来沉香（*Aquilaria malaccensis*），历史上曾被命名为*Aquilaria agallocha*，实为同一种植物。

云南沉香（瑞香科）

Aquilaria yunnanensis S. C. Huang

药 材 名　沉香、外弦须（傣药）。

药用部位　含有树脂的木材。

功效主治　温中止呕，理气平喘，健脾益肾；治肾不纳气，喘息，呕吐呃逆，脘腹胀痛，腰膝虚冷，大肠虚秘，小便气淋，男子精冷。

化学成分　苯乙基-8-*O*-*β*-D-（6′-*O*-乙酰基）-葡萄糖苷、杧果苷、鸢尾酚酮-3,5-*C*-*β*-D-二葡萄糖苷等。

毛瑞香（瑞香科）

Daphne kiusiana (Thunb.)Rob. et Vant var. **atrocaulis** (Rehder) F. Maek.

药 材 名　铁牛皮、大金腰带、金腰带。

药用部位　茎皮及根。

功效主治　祛风除湿，活血止痛，解毒；治风湿痹痛，劳伤腰痛，跌打损伤，咽喉肿痛，牙痛，疮毒。

化学成分　瑞香素、双白瑞香素等。

白瑞香（瑞香科）

Daphne papyracea Wall. ex G. Don

药 材 名 软皮树、雪花皮、雪花构。

药用部位 根皮、茎皮、全株。

功效主治 祛风止痛，活血调经；治风湿痹痛，跌打损伤，月经不调，痛经，疔疮疖肿。

化学成分 瑞香因子P1、瑞香素-8-β-葡萄糖苷等。

结香（瑞香科）

Edgeworthia chrysantha Lindl.

药 材 名 结香花、金腰带、打结花。

药用部位 花蕾。

功效主治 养阴安神，明目，祛障翳；治青盲，翳障，多泪，梦遗，虚淋，失音。

化学成分 双白瑞香素、结香酸乙酯等。

毛花瑞香（瑞香科）

Eriosolena composita (L. f.) Tiegh.

药 材 名 桂花跌打、山皮条、埋桂摆（傣药）。

药用部位 全株。

功效主治 镇痛散瘀，接筋续骨，舒筋活络，祛风湿；治胃溃疡及十二指肠溃疡，骨断筋伤，跌打损伤，风湿骨痛，各种疼痛。

了哥王（瑞香科）

Wikstroemia indica (L.) C. A. Mey.

药 材 名　了哥王、了哥王子、了哥王根。

药用部位　茎叶、果实、根。

功效主治　茎叶和根：清热解毒，化痰散结，消肿止痛；治痈肿疮毒，风湿痛，蛇虫咬伤等。果实：解毒散结；治痈疽，瘰疬，疣瘊。

化学成分　小麦黄素、西瑞香素、南荛酚等。

小黄构（瑞香科）

Wikstroemia micrantha Hemsl.

药 材 名　香构、藤构、娃娃皮。

药用部位　茎皮、根。

功效主治　止咳化痰，清热解毒；治咳喘，百日咳，痈肿疮毒，风火牙痛。

化学成分　芫花素、柚皮素等。

北江荛花（瑞香科）

Wikstroemia monnula Hance

药 材 名　荛花。

药用部位　茎皮、根。

功效主治　通经活络，祛风除湿，收敛；治风湿痹痛；外用，鲜品捣烂敷患处。

细轴荛花（瑞香科）

Wikstroemia nutans Champ. ex Benth.

药 材 名 垂穗荛花、金腰带、了哥王。

药用部位 花、根、茎皮。

功效主治 软坚散结，活血，止痛；治瘰疬初起，跌打损伤。

黄细心（紫茉莉科）

Boerhavia diffusa L.

药 材 名 黄寿丹、老来青、还少丹。

药用部位 根。

功效主治 活血散瘀，强筋骨，调经，消疳；治跌打损伤，筋骨疼痛，月经不调，小儿疳积。

化学成分 三十一烷、熊果酸、β-蜕皮素等。

光叶子花（紫茉莉科）

Bougainvillea glabra Choisy

药 材 名 叶子花、紫三角、紫亚兰。

药用部位 花。

功效主治 活血调经，化温止带；治血瘀经闭，月经不调，赤白带下。

化学成分 2-葡萄糖基芸香糖、甜菜花青素等。

叶子花（紫茉莉科）

Bougainvillea spectabilis Willd.

药 材 名　三角梅、紫三角、罗当摆（傣药）。

药用部位　花。

功效主治　活血调经，化湿止带；治闭经，月经不调，带下，跌打伤痛。

化学成分　甜菜花青素等。

紫茉莉（紫茉莉科）

Mirabilis jalapa L.

药 材 名　紫茉莉叶、紫茉莉子、白粉果。

药用部位　叶、果实。

功效主治　叶：清热解毒，祛风渗湿，活血；治痈肿疮毒，疥癣，跌打损伤。果实：清热化斑，利湿解毒；治生斑痣，脓疱疮。

化学成分　β-香树脂醇-3-O-α-L-鼠李糖基-O-β-D-葡萄糖苷等。

银桦（山龙眼科）

Grevillea robusta A. Cunn. ex R. Br.

药 材 名　银桦。

药用部位　叶。

功效主治　清热利湿，解毒；治急性扁桃体炎，支气管炎，肺炎，肠炎，痢疾，肝炎，尿少色黄，急性乳腺炎。

化学成分　芦丁、槲皮素、熊果苷、6-羟基香豆素等。

小果山龙眼（山龙眼科）

Helicia cochinchinensis Lour.

药 材 名 红叶树、翁仔树、红叶树子。

药用部位 根、叶、种子。

功效主治 根和叶：祛风止痛，活血消肿，收敛止血；治风湿骨痛，跌打瘀肿，外伤出血。种子：解毒敛疮；治烧烫伤。

化学成分 香橙素、二氢槲皮素等。

深绿山龙眼（山龙眼科）

Helicia nilagirica Bedd.

药 材 名 母猪果、常绿山龙眼、麻滚母（傣药）。

药用部位 叶。

功效主治 清热解毒，消炎止痛，排脓生肌；治痢疾，农药中毒；外用治乳腺炎。

化学成分 酚苷类等。

网脉山龙眼（山龙眼科）

Helicia reticulata W. T. Wang

药 材 名 网脉山龙眼。

药用部位 枝、叶。

功效主治 收敛，消炎解毒，止血；治肠炎腹泻，食物中毒，跌打损伤，刀伤出血。

调羹树（山龙眼科）

Heliciopsis lobata (Merr.) Sleumer

药 材 名　调羹树、人字树、么滚（傣药）。

药用部位　茎木。

功效主治　清火解毒，补脾健胃；治月子病，体弱多病，心悸心慌，少气懒言。

化学成分　银桦酸、熊果苷、银桦内酯、胡萝卜苷等。

澳洲坚果（山龙眼科）

Macadamia ternifolia F. Muell.

药 材 名　昆士兰栗、澳洲胡桃、夏威夷果、昆士兰果。

药用部位　种仁。

功效主治　抗衰老，降血压，预防心脏病；治高血压。

化学成分　酚类等。

痄腮树（山龙眼科）

Heliciopsis terminalis (Kurz) Sleumer

药 材 名　人字树、小果调羹树、么滚（傣药）。

药用部位　去皮茎木。

功效主治　补脾健胃，消食解毒；治产后体虚，头昏目眩，纳呆食少，呕吐腹泻。

锡叶藤（五桠果科）

Tetracera sarmentosa (L.) Vahl.

药 材 名　锡叶藤。

药用部位　根、茎叶。

功效主治　收敛止泻，消肿止痛；治腹泻，便血，肝脾肿大，子宫脱垂，带下，风湿性关节痛。

化学成分　羽扇豆醇、白桦脂酸、白桦脂醇等。

短萼海桐（海桐科）

Pittosporum brevicalyx (Oliv.) Gagnep.

药 材 名　山桂花。

药用部位　全株。

功效主治　祛风活血，消肿镇痛，解毒；治小儿惊风，腰痛，跌打损伤，疥疮肿毒，毒蛇咬伤。

化学成分　齐墩果酸、常春藤皂苷元等。

光叶海桐（海桐科）

Pittosporum glabratum Lindl.

药 材 名　光叶海桐叶、光叶海桐根。

药用部位　叶、根、根皮。

功效主治　叶：消肿解毒，止血；治毒蛇咬伤，痈肿疮疖。根、根皮：祛风除湿，活血通络，止咳涩精；治风湿痹痛，腰腿疼痛，跌打骨折，头晕失眠，虚劳咳嗽，遗精。

化学成分　Pittogoside A、pittogoside B等。

狭叶海桐（海桐科）

Pittosporum glabratum Lindl. var. **neriifolium** Rehder et E. H. Wilson

药 材 名　金刚口摆。

药用部位　果实、全株。

功效主治　祛风，燥湿，杀虫止痒；治湿热黄疸，麻风，梅毒恶疮，疥癣等。

化学成分　软脂酸、亚油酸、十四烷酸等。

海金子（海桐科）

Pittosporum illicioides Makino

药 材 名　崖花海桐子、崖花海桐叶、海桐树。

药用部位　种子、枝、叶、根。

功效主治　活络止痛，宁心益肾，解毒；治风湿痹痛，骨折，胃痛，失眠，遗精，毒蛇咬伤。

化学成分　芦丁、柽柳素-3-*O*-芸香糖苷等。

羊脆木（海桐科）

Pittosporum kerrii Craib

药 材 名　羊脆木、白篝檀梨、埋哈别（傣药）。

药用部位　树皮、叶。

功效主治　清热解毒，祛风解表；治流行性感冒，发热，百日咳，疟疾。

化学成分　甾醇类、三萜类、黄酮类。

少花海桐（海桐科）

Pittosporum pauciflorum Hook. et Arn.

药 材 名 少花海桐。

药用部位 茎皮。

功效主治 祛风活络，散寒止痛；治风湿性神经痛，坐骨神经痛，牙痛，胃痛，毒蛇咬伤。

化学成分 月桂醇酯、月桂醛、肉豆蔻醛、豆蔻醇等。

台琼海桐（海桐科）

Pittosporum pentandrum Merr. var. **formosanum** (Hayata) Zhi Y. Zhang et Turland

药 材 名 台湾海桐花。

药用部位 根、叶、果。

功效主治 清热解毒，祛风除湿，消肿止痛；治关节疼痛，跌打损伤，蛇咬伤，痈疽疮疖。

化学成分 柠檬烯、α-榄香烯、β-榄香烯、γ-榄香烯、长叶龙脑和α-松油醇。

海桐（海桐科）

Pittosporum tobira (Thunb.) W.T. Aiton

药 材 名　海桐枝叶。

药用部位　枝叶。

功效主治　杀虫，解毒；治疥疮，肿毒。

化学成分　R1-玉蕊醇元、海桐花苷A1、海桐花苷A2、海桐花苷B1等。

红木（红木科）

Bixa orellana L.

药 材 名　胭脂木。

药用部位　根皮、叶、果肉、种子。

功效主治　退热，截疟，解毒；治发热，疟疾，咽痛，黄疸，痢疾，丹毒，毒蛇咬伤，疮疡。

化学成分　没食子酸、没食子酚、异高山黄芩素等。

山桂花（大风子科）

Bennettiodendron leprosipes (Clos) Merr.

药 材 名　木勒木、山桂。

药用部位　叶、皮。

功效主治　祛痰止咳，化瘀止血；治慢性支气管炎，跌伤瘀痛，外伤出血。

山羊角树（大风子科）

Carrierea calycina Franch.

药 材 名　红木子。

药用部位　种子。

功效主治　息风，定眩；治头晕，目眩。

毛叶刺篱木（大风子科）

Flacourtia mollis Hook. f. et Thomson

药 材 名　山刺子、锅麻金（傣药）。

药用部位　根、茎木。

功效主治　清火解毒，涩肠止泻，祛风散寒；治腹痛腹泻，关节疼痛、麻木。

大果刺篱木（大风子科）

Flacourtia ramontchi L'Hér

药 材 名　野李子、山李子、锅麻金（傣药）。

药用部位　树皮、种子。

功效主治　化湿止痛，清热解毒；治风湿痛，霍乱，间歇热。

大叶刺篱木（大风子科）

Flacourtia rukam Zoll. et Moritzi

药 材 名　大叶刺篱木叶。

药用部位　叶。

功效主治　清热解毒，杀虫止痒；治眼睑炎，疥疮，恶疮肿毒，皮肤瘙痒，创伤。

化学成分　软木三萜酮、poliothrysoside等。

马蛋果（大风子科）

Gynocardia odorata Roxb.

药 材 名　野沙梨、阿比坦。

药用部位　种子。

功效主治　祛风，除湿，解毒；治麻风病，象皮病，皮肤病。

大叶龙角（大风子科）

Hydnocarpus annamensis (Gagnep.) Lescot et Sleumer

药 材 名　麻波罗（傣药）。

药用部位　叶、种子。

功效主治　清火解毒，杀虫止痒；治麻风病，癣，皮肤红疹瘙痒。

化学成分　大风子油酸、副大风子酸、告尔酸等。

泰国大风子（大风子科）

Hydnocarpus anthelminthicus Pierre ex Laness.

次大风子素

药 材 名 风子、驱虫大风子、大枫子、麻疯子、大风子油。

药用部位 种子。

生　　境 野生或栽培，生于山地疏林的半阴处及石灰岩山地林中。

采收加工 夏季采收成熟果实，取其种子洗净，晒干。

药材性状 种子呈不规则的卵圆形，或多面形，外皮灰棕色或灰褐色。种皮呈黄色或黄棕色。种仁与种皮分离，外被一层红棕色或暗紫色薄膜。气微，味淡。

性味归经 辛，热。归肝、脾、肾经。

功效主治 祛风，攻毒，杀虫；治麻风；外用治疥癣。

化学成分 次大风子素、对羟基苯甲醛、齐墩果酸、木犀草素等。

核心产区 泰国。云南南部（中国科学院西双版纳热带植物园）、广东、广西（广西药用植物园）、海南有栽培。

用法用量 外用适量，捣敷，或煅存性研末调敷。

本草溯源 《本草纲目》《神农本草经疏》《本草备要》《本经逢原》《本草从新》《得配本草》。

附　　注 种子有毒（大风子油、大风子酸乙酯）。

海南大风子（大风子科）

Hydnocarpus hainanensis (Merr.) Sleum.

药 材 名　大风子、大风子油。

药用部位　成熟种子、种仁的脂肪油。

功效主治　祛风，燥湿，杀虫止痒；治麻风，梅毒，诸疮肿毒，疥癣，手背龟裂。

化学成分　表-异叶大风子腈苷、环戊烯基甘氨酸等。

山桐子（大风子科）

Idesia polycarpa Maxim.

药 材 名　毛桐、臭樟木、大马桑叶。

药用部位　果实。

功效主治　清热利湿，散瘀止血；治麻风，神经性皮炎，风湿，肠炎，手癣。

化学成分　Idescarpin等。

栀子皮（大风子科）

Itoa orientalis Hemsl.

药 材 名　伊桐、盐巴菜、长叶子老重、木桃果。

药用部位　根、枝叶。

功效主治　根：祛湿化痰；治风湿痹症，跌打损伤，瘀血肿痛。枝叶：治肝硬化。

箣柊（大风子科）

Scolopia chinensis (Lour.) Clos

药 材 名　箣柊。

药用部位　全株。

功效主治　活血散瘀；治跌打肿痛。

化学成分　Scolochinenosides C–E、scolopianate A 等。

柞木（大风子科）

Xylosma congesta (Lour.) Merr.

药 材 名　柞木、柞木根、柞木枝。

药用部位　根、茎、叶。

功效主治　清热利湿，散瘀止血，消肿止痛；治黄疸水肿，跌打肿痛，骨折，脱臼，外伤出血。

化学成分　邻羟基苯甲酸、富马酸、绿原酸等。

南岭柞木（大风子科）

Xylosma controversum Clos

药 材 名　红穿破石。

药用部位　根、叶。

功效主治　清热凉血，散瘀消肿；治骨折，烧烫伤，外伤出血，吐血。

化学成分　Xylocosides A–G等。

长叶柞木（大风子科）

Xylosma longifolia Clos

药 材 名　跌破簕、柞木。

药用部位　叶、根、根皮、茎皮。

功效主治　清热利湿，散瘀止血，消肿止痛；治黄疸水肿，跌打肿痛，骨折，脱臼，外伤出血。

化学成分　山柰酚、槲皮素等。

球花脚骨脆（天料木科）

Casearia glomerata Roxb. ex DC.

药 材 名　嘉赐树。

药用部位　根。

功效主治　活血化瘀；治跌打损伤。

天料木（天料木科）

Homalium cochinchinense (Lour.) Druce

药 材 名　天料木。

药用部位　树皮。

功效主治　清热消肿；治痈疖疮毒。

化学成分　柳匍匐次苷等酚苷类。

斯里兰卡天料木（天料木科）

Homalium ceylanicum (Gardner) Benth.

药 材 名 母生、山红罗。

药用部位 叶。

功效主治 清热消肿；治痈疖疮毒；外用煎水洗患处。

柽柳（柽柳科）

Tamarix chinensis Lour.

药 材 名 柽柳、柽柳花。

药用部位 嫩枝叶、花、果实。

功效主治 发汗透疹，解毒，利尿；治感冒，麻疹不透，风湿性关节痛，小便不利；外用治风疹瘙痒。

化学成分 柽柳酚、柽柳酮、柽柳醇等。

三开瓢（西番莲科）

Adenia cardiophylla (Mast.) Engl.

药 材 名 三开瓢、三瓢果、嘿蒿婻（傣药）。

药用部位 藤茎。

功效主治 祛风解毒，凉血止痒；治疱疹，疥癣。

异叶蒴莲（西番莲科）

Adenia heterophylla (Blume) Koord.

药 材 名 蒴莲、双眼灵、猪笼藤。

药用部位 根。

功效主治 祛风通络，益气升提；治胃脘痛，风湿痹痛，子宫脱垂。

西番莲（西番莲科）

Passiflora caerulea L.

药 材 名　西番莲。

药用部位　全草。

功效主治　祛风除湿，活血止痛；治风湿骨痛，疝痛，痛经；外用治骨折。

化学成分　白杨素、芹菜素、异牡荆苷、没食子酸等。

蛇王藤（西番莲科）

Passiflora cochinchinensis Spreng.

药 材 名　蛇王藤。

药用部位　全草。

功效主治　清热解毒，消肿止痛；治毒蛇咬伤，胃溃疡和十二指肠溃疡；外用治瘰疽，疮痈。

化学成分　枸橼酸、琥珀酸、柚皮苷等。

杯叶西番莲（西番莲科）

Passiflora cupiformis Mast.

药 材 名　疗草、燕尾草、四方台、羊蹄草、半边风。

药用部位　根、茎叶。

功效主治　祛风除湿，活血止痛，养心安神；治风湿性心脏病，血尿，白浊，半身不遂，疔疮，外伤出血等。

鸡蛋果（西番莲科）

Passiflora edulis Sims

药 材 名　鸡蛋果。

药用部位　果实。

功效主治　清热解毒，镇痛安神；治痢疾，痛经，失眠。

化学成分　半乳糖醛酸、鸡蛋果素、鸡蛋果苷、野樱苷等。

龙珠果（西番莲科）

Passiflora foetida L.

药 材 名　龙珠果。

药用部位　全株或果实。

功效主治　清热凉血，润燥除痰；治外伤性角膜炎或结膜炎，淋巴结炎。

化学成分　牡荆苷、肥皂草苷、荭草素、藿香黄酮醇等。

圆叶西番莲（西番莲科）

Passiflora henryi Hemsl.

药 材 名　锅铲叶、燕子尾、老鼠铃、闹蛆叶。

药用部位　全株。

功效主治　清热祛湿，益肺止咳；治痢疾，肺结核，支气管炎。

广东西番莲（西番莲科）

Passiflora kwangtungensis Merr.

药 材 名　热情果、百香果。

药用部位　果实。

功效主治　清热解毒，除湿，消肿；治痈疮肿毒，湿疹。

化学成分　黄酮类等。

大果西番莲（西番莲科）

Passiflora quadrangularis L.

药 材 名　百香果、热情果。

药用部位　根、茎、叶。

功效主治　消炎，活血，利关节；治关节痛。

化学成分　黑接骨木苷等。

镰叶西番莲（西番莲科）

Passiflora wilsonii Hemsl.

药 材 名　锅铲叶、芽婻坝（傣药）。

药用部位　全草。

功效主治　通血止痛，利胆退黄，补水纳气，平喘；治腰膝冷痛，周身乏力，性欲冷淡，阳痿，黄疸，咳喘。

化学成分　三萜类、甾体类。

盒子草（葫芦科）

Actinostemma tenerum Griff.

药 材 名　盒子草。

药用部位　全草或种子。

功效主治　清热解毒，利尿消肿；治毒蛇咬伤，腹水，脓疱疮，天疱疮，小儿疳积。

化学成分　合子草苷A-H等。

冬瓜（葫芦科）

Benincasa hispida (Thunb.) Cogn.

药 材 名　冬瓜皮、冬瓜、冬瓜子、冬瓜仁

药用部位　外层果皮、果实、种子、叶、藤茎。

功效主治　外层果皮：清热解毒，利尿消暑；治水肿，小便不利。果实：利尿，清热，化痰，生津，解毒；治水肿胀满，淋病，暑热烦闷，消渴解毒，酒毒。种子：清热化痰，消痈排脓；治肺热咳嗽，肺脓疡，阑尾炎。藤茎：清肺化痰，通经活络；治肺热咳痰，关节不利，脱肛，疮疥。叶：治消渴，痢疾，寒热。

化学成分　胡萝卜素、烟酸、粘霉烯醇、西米杜鹃醇等。

西瓜（葫芦科）

Citrullus lanatus (Thunb.) Matsem.et Nakai

药 材 名 西瓜、西瓜皮、西瓜子壳、西瓜子仁、西瓜根叶、西瓜霜。

药用部位 果瓤、果皮、种皮、种仁、根、叶，以及西瓜的果皮和皮硝混合制成的白色结晶性粉末（西瓜霜）。

功效主治 果瓤：清热解暑，除烦止渴，利小便；治暑热烦渴，热盛津伤，小便不利，喉痹，口疮。果皮：清热解暑，泻热除烦，利尿；治暑热烦渴，小便短赤，咽喉肿痛，或口舌生疮，浮肿等症。种皮：止血；治呕血，便血。种仁：清肺化痰，和中润肠；治便久嗽，咯血，便秘。根和叶：清热利湿；治水泻，痢疾，烫伤，萎缩性鼻炎。西瓜霜：清热、消肿；治咽喉肿痛，目赤肿痛及口疮等症。

化学成分 瓜氨酸、谷氨酸、脯氨酸、甜菜碱等。

甜瓜（葫芦科）

Cucumis melo L.

药 材 名 香瓜、甜瓜蒂、甜瓜皮、甜瓜子、甜瓜叶、甜瓜花、甜瓜茎、甜瓜根。

药用部位 果实、果柄、果皮、种子、叶、花、茎藤、根。

功效主治 果实：清暑热，解烦渴，利小便；治暑热烦渴，小便不利，暑热下痢腹痛。果柄：涌吐痰食，除湿退黄；治中风，癫痫，喉痹，痰涎壅盛，呼吸不利，宿食不化，胸脘胀痛，湿热黄疸。果皮：清暑热，解烦渴；治暑热烦渴，牙痛。种子：清肺润肠，散结消瘀；治肺热咳嗽，口渴，大便燥结，肠痈。叶：祛瘀消肿，生发；治跌打损伤，小儿疳积，湿疮疥癞，秃发。花：治心痛，咳逆上气，疮毒，心经郁热，胸痛，咳嗽，皮肤疮痈，肿毒，痒疹。茎藤：宣鼻窍，通经；治鼻中息肉，鼻塞不通，闭经。根：祛风止痒；治风热湿疮。

红瓜（葫芦科）

Coccinia grandis (L.) Voigt

药 材 名 藤甜菜、老鸦菜、帕些（傣药）。

药用部位 地上部分。

功效主治 清火解毒，祛风止痒，润肠通便；治肿痛，口舌生疮，小便热痛，大便秘结，皮肤疔疖疮疡，斑疹。

黄瓜（葫芦科）

Cucumis sativus L.

药 材 名　黄瓜、黄瓜皮、黄瓜子。

药用部位　果实、果皮、种子、藤茎、叶片、根以及果皮和朱砂、芒硝混合制成的白色结晶性粉末。

功效主治　清热，利尿，消肿，化痰，利湿；治烦渴，小便不利，痰热咳嗽，湿热泻痢，湿痰流注，高血压。

化学成分　芸香苷、松藻甾醇、异岩藻甾醇、菜油甾醇等。

南瓜（葫芦科）

Cucurbita moschata Duchesne

药 材 名　南瓜、南瓜根、南瓜藤。

药用部位　果实、根、茎、花、卷须、叶、果瓤、瓜蒂、种子。

功效主治　解毒消肿；治肺痈，哮证，痈肿，毒蜂蜇伤。

化学成分　瓜氨酸、葫芦苦素B等。

毒瓜（葫芦科）

Diplocyclos palmatus (L.) C. Jeffrey

药 材 名　毒瓜。

药用部位　果实根。

功效主治　有剧毒；清热解毒；治无名肿毒。

化学成分　芦丁、尿苷等。

广西绞股蓝（葫芦科）

Gynostemma guangxiense X. X. Chen et D. H. Qin

药 材 名　广西绞股蓝、七叶胆、小苦药。

药用部位　地上部分。

功效主治　清热解毒，补虚；治体虚乏力，高脂血症，病毒性肝炎。

化学成分　5,24-葫芦二烯醇、菠菜甾醇等。

光叶绞股蓝（葫芦科）

Gynostemma laxum (Wall.) Cogn.

药 材 名　绞股蓝、三叶绞股蓝、芽哈摆（傣药）。

药用部位　全草。

功效主治　清热解毒，止咳化痰，强筋健骨，抗衰老；治烧烫伤，跌打损伤，咳嗽有痰。

化学成分　皂苷类等。

绞股蓝（葫芦科）

Gynostemma pentaphyllum (Thunb.) Makino

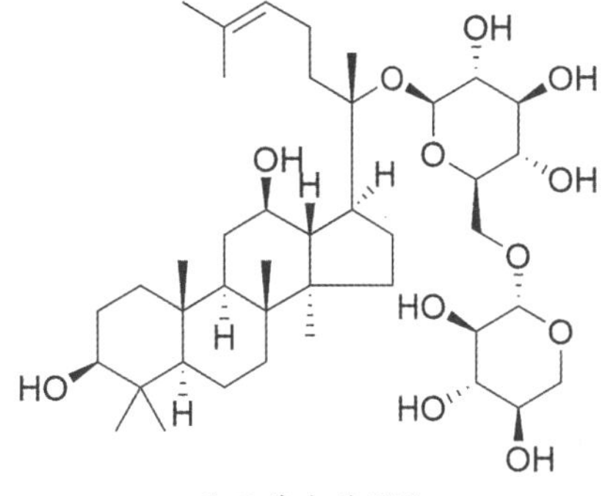

绞股蓝皂苷XⅢ

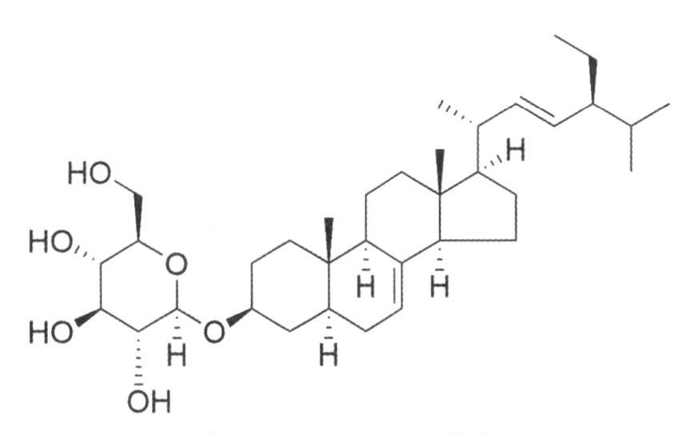

α-菠菜甾醇3-*O*-*β*-D-吡喃葡萄糖苷

药 材 名　绞股蓝。

药用部位　全草。

生　　境　野生，生于海拔300～3 200米的山谷密林中、山坡疏林灌丛中、路旁草丛中。

采收加工　每年夏、秋两季可采收3～4次，洗净晒干。

药材性状　茎纤细，表面具纵沟纹；叶为复叶，小叶膜质，通常5～7枚；侧生小叶，中央1枚较大；叶缘有锯齿，齿尖具芒。常可见果实，圆球形。味苦，具草腥气。

性味归经　苦、微甘，凉。归肺、脾、肾经。

功效主治　清热，补虚，解毒；治体虚乏力，虚劳失精，白细胞减少症，高脂血症，病毒性肝炎，慢性胃肠炎，慢性气管炎。

化学成分　绞股蓝皂苷XⅢ、α-菠菜甾醇3-*O*-*β*-D-吡喃葡萄糖苷等。

核心产区　四川、云南、湖北、湖南、广西、广东、陕西、福建等地均有分布。

用法用量　煎汤，10～20克；研末吞服3～6克。

本草溯源　《救荒本草》《中华本草》。

附　　注　可用于保健食品的中药。

曲莲（葫芦科）

Hemsleya amabilis Diels

药 材 名　蛇莲、小蛇莲、雪胆、罗锅底、金腰莲。

药用部位　块根。

功效主治　清热解毒，利湿镇痛，消肿；治痢疾，咳嗽，疔肿，肝炎，泄泻。

罗锅底（葫芦科）

Hemsleya macrosperma C. Y. Wu

药 材 名　苦金盆、长果锣锅底、贺巴拎(傣药)。

药用部位　根。

功效主治　清热解毒，收敛，消炎；治细菌性痢疾，胃溃疡和十二指肠溃疡，热风所致的咽喉肿痛。

化学成分　齐墩果酸、苦味素等。

蛇莲（葫芦科）

Hemsleya sphaerocarpa Kuang et A. M. Lu

药 材 名　蛇莲。

药用部位　块根。

功效主治　清热解毒，健胃止痛；治细菌性痢疾，肠炎，支气管炎，扁桃体炎，胃痛。

油渣果（葫芦科）

Hodgsonia heteroclita (Roxb.) Hook. f. et Thomson

药 材 名　油渣果根、油渣果。

药用部位　根、种仁、果皮。

功效主治　根：杀菌，催吐；治疟疾。种仁：凉血止血，解毒消肿；治胃溃疡及十二指肠溃疡出血。

化学成分　大黄酚、大黄素甲醚等。

葫芦（葫芦科）

Lagenaria siceraria (Molina) Standl.

药 材 名　葫芦。

药用部位　果皮、种子。

功效主治　利尿消肿；治水肿，腹水，颈部淋巴结结核。

化学成分　22-脱氧葫芦苦素D、芩黄素-7-*O*-*β*-葡萄糖苷等。

广东丝瓜（葫芦科）

Luffa acutangula (L.) Roxb.

药 材 名　丝瓜络。

药用部位　成熟果实的维管束。

功效主治　利尿消肿；治筋骨酸痛，胸胁痛，闭经，乳汁不通，乳腺炎，水肿。

化学成分　木聚糖、甘露聚糖、半乳糖等。

丝瓜（葫芦科）

Luffa aegyptiaca Mill.

药 材 名　丝瓜、丝瓜子、丝瓜叶。

药用部位　果实、种子、叶片、果皮、花、果实的维管束、根、瓜蒂、茎。

功效主治　清热解毒，凉血通络；治痘疮，热病身热烦渴，咳嗽痰喘，喉风。

化学成分　泻根醇酸、丝瓜苷A、丝瓜苷E-J、丝瓜苷K-M等。

苦瓜（葫芦科）

Momordica charantia L.

药 材 名　苦瓜、苦瓜子、苦瓜叶。

药用部位　果实、种子、叶、茎、花、根。

功效主治　祛暑涤热，明目，解毒；治暑热烦渴，消渴，赤眼疼痛，痢疾，疮痈肿痛。

化学成分　5, 25-豆甾二烯醇-3-葡萄糖苷、巢菜碱苷等。

木鳖子（葫芦科）

Momordica cochinchinensis (Lour.) Spreng.

药 材 名　木鳖子、木鳖子根。

药用部位　块根、种子。

功效主治　解毒，消肿止痛；治化脓性炎症，乳腺炎，淋巴结炎，头癣，痔疮。

化学成分　木鳖子酸、木鳖子素、木鳖子皂苷Ⅰ、木鳖子皂苷Ⅱ等。

帽儿瓜（葫芦科）

Mukia maderaspatana (L.) M. Roem.

药 材 名　毛花马瓟儿、野苦瓜、毛花红钮子。

药用部位　全草。

功效主治　理气止痛；治脾胃气滞。

藏棒锤瓜（葫芦科）

Neoalsomitra clavigera (Wall.) Hutch.

药 材 名　赛金刚。

药用部位　块根。

功效主治　清热解毒，健胃止痛；治疟疾，感冒头痛，咽喉炎，黄疸性肝炎，胃痛，毒蛇咬伤。

化学成分　2-苯基乙醇芸香糖苷、芦丁、绿原酸甲酯等。

佛手瓜（葫芦科）

Sechium edule (Jacq.) Sw.

药 材 名　佛手瓜。

药用部位　果实。

功效主治　理气和中，疏肝止咳；治消化不良，胸闷气胀，呕吐，肝胃气痛，气管炎，咳嗽痰多。

化学成分　维生素A、维生素C、色氨酸、香豆酸等。

罗汉果（葫芦科）

Siraitia grosuenorii (Swingle) C. Jeffrey ex A. M. Lu et Zhi Y. Zhang

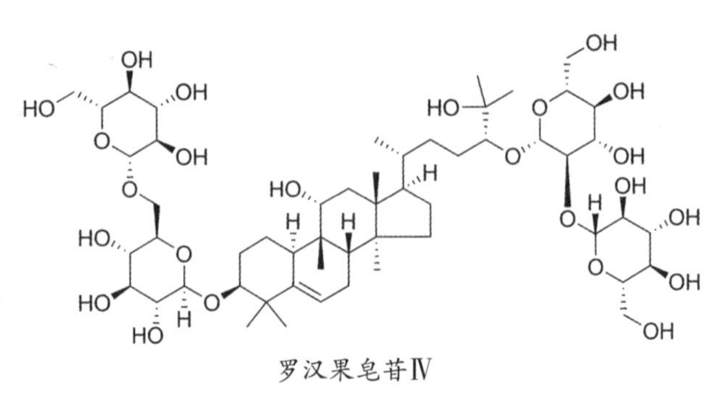

罗汉果皂苷Ⅳ

药 材 名　罗汉果、拉汉果、假苦瓜。

药用部位　果实。

生　　境　山坡、林下及河边湿地、灌丛，喜肥沃土壤，多栽培。

采收加工　秋季果实由嫩绿色变深绿色时采摘，晾数天后低温干燥。

药材性状　椭圆形或类球形，表面有斑块或黄色柔毛，顶端有花柱残痕，基部有果梗痕。种子扁圆形，多数长约1.5厘米，宽约1.2厘米，浅红色，两面中间微凹陷，四周有放射状沟纹，边缘有槽。体轻，质脆，果皮薄，易破。气微，味甜。

性味归经　甘，凉。归肺、大肠经。

功效主治　清热润肺，利咽开音，滑肠通便；治肺热燥咳，咽痛失音，肠燥便秘。

化学成分　罗汉果甜苷、罗汉果皂苷Ⅲ－Ⅴ等。

核心产区　广西（桂林永福、临桂、龙胜等地）、广东和湖南等。

用法用量　煎汤，9～15克。

本草溯源　《药物出产辨》《岭南采药录》。

附　　注　罗汉果是我国常用的药食两用、广西大宗道地药材之一。现代药学研究表明，罗汉果苷是罗汉果的主要活性成分，在预防保健和治疗疾病方面具有多种生物活性，广泛应用在食品添加剂、抗衰老产品、运动营养补剂、抗炎剂、利咽喉产品、肠道菌群调节剂、新型药物载体等方面，具有很大的研究价值与应用空间。

茅瓜（葫芦科）

Solena heterophylla Lour.

药 材 名　茅瓜、茅瓜叶。

药用部位　块根、叶。

功效主治　清热除湿，消肿，化痰散结；治结膜炎，疖肿，咽喉炎，腮腺炎，淋巴结结核，淋病，胃痛，腹泻，赤白痢。

化学成分　山萮酸、二十四烷酸、葫芦箭毒素B等。

长叶赤爮（葫芦科）

Thladiantha longifolia Cogn. ex Oliv.

药 材 名　长叶赤爮。

药用部位　根、果实。

功效主治　清热解毒，通乳；治胃寒腹痛，痈疖，乳汁不下。

南赤爮（葫芦科）

Thladiantha nudiflora Hemsl.

药 材 名　南赤爮、野冬瓜。

药用部位　根或叶。

功效主治　清热解毒，消食化滞；治痢疾，肠炎，消化不良，脘腹胀闷，毒蛇咬伤。

蛇瓜（葫芦科）

Trichosanthes anguina L.

药 材 名　蛇瓜、豆角黄瓜、麻囡唔（傣药）。

药用部位　根、茎、叶。

功效主治　利尿通淋。根：治神经衰弱。茎、叶：治膀胱湿热（尿频、尿急、尿痛），淋病。

瓜叶栝楼（葫芦科）

Trichosanthes cucumerina L.

药 材 名　老鼠瓜。

药用部位　根、果、种子。

功效主治　根：祛风止痛，祛痰止咳；治头痛，气管炎。果：治胃病，气喘。种子：解热，杀虫。

化学成分　泻根醇酸、葫芦素B等。

糙点栝楼（葫芦科）

Trichosanthes dunniana H. Lév.

药 材 名　糙点瓜蒌、紫背栝楼。

药用部位　果皮。

功效主治　清热化痰，宽胸利气，排痈消肿；治肺热咳嗽，痰喘，湿浊上壅，痰凝气滞，胸阳阻遏，气机不畅而致胸膈不舒，乳痈肿痛。

长萼栝楼（葫芦科）

Trichosanthes laceribractea Hayata

药 材 名　栝楼。

药用部位　根、果实、种子。

功效主治　润肺，化痰，散结，滑肠；治痰热咳嗽，结胸，消渴，便秘。

栝楼（葫芦科）

Trichosanthes kirilowii Maxim.

山柰酚-3,7-双葡萄糖苷

药 材 名 瓜蒌、栝楼、天花粉。

药用部位 果实、果皮、果仁（籽）、根茎。

生　　境 生于山坡草丛、林边、阴湿山谷中。

采收加工 果实：秋季果实成熟时，连果梗剪下，置通风处阴干。果皮和果仁：秋季采摘成熟果实，剖开，除去果瓤及种子，阴干。根茎：秋、冬二季采挖，洗净，除去外皮，切段或纵剖成瓣，干燥。

药材性状 果实：呈类球形，长7～15厘米，直径6～10厘米。表面橙红色或橙黄色，皱缩，顶端有花柱残基，基部略尖，具残存的果梗。质脆，易破开，内表面黄白色，有红黄色丝络，果瓤橙黄色，黏稠，与多数种子粘结成团。具焦糖气，味微酸、甜。果皮：常切成2至数瓣，边缘向内卷，长6～12厘米。果仁：呈扁平椭圆形，长12～15毫米，宽6～10毫米，厚约3.5毫米。表面浅棕色至棕褐色，平滑，沿边缘有1圈沟纹。顶端较尖，有种脐，基部钝圆或较狭。种皮坚硬；内种皮膜质，灰绿色，子叶2，黄白色，富油性。气微，味淡。根茎：不规则圆柱形、纺锤形或瓣块状。表面黄白色或淡棕黄色，有纵皱纹、细根痕及横长皮孔。质坚实，断面白色或淡黄色，富粉性，横切面可见黄色木质部，略呈放射状排列，纵切面可见黄色条纹状木质部。无臭，味微苦。

性味归经 甘、微苦，寒。归肺、胃、大肠经。

功效主治 果实、果皮：清热涤痰，宽胸散结，润肠；治肺热咳嗽，痰浊黄稠，胸痹心痛，乳痈，肺痈。果仁：清热，宽胸散结，润肺化痰，滑肠通便；治吐血，肠风泻血，赤白痢，手面皱，改善便秘，消肿散结。根茎：清热生津，消肿排脓；治热病烦渴，肺热燥咳，内热消渴，疮疡肿毒。

化学成分 天门冬氨酸、山柰酚-3,7-双葡萄糖苷、山柰酚-3-*O*-*β*-葡萄糖苷-7-*O*-α-鼠李糖苷、山柰酚-3-*O*-*β*-槐糖苷、*N*-苯基苯二甲酰亚胺等。

核心产区 主产于山东、安徽、河南等地，南方各省均有分布。

用法用量 内服：煎汤，果实9～15克，果皮6～12克，果仁9～15克，根茎10～15克。外用：果实、果皮、果仁适量，捣敷于患处；根茎研末，水或醋调制后敷于患处。

本草溯源 《神农本草经》《本草图经》《滇南本草》《本草正义》《本草思辨录》《中华本草》。

附　　注 孕妇慎用，不宜与川乌、制川乌、草乌、制草乌、附子同用。

马干铃栝楼（葫芦科）

Trichosanthes lepiniana (Naudin) Cogn.

药 材 名　马干铃、老鸦甘令果。

药用部位　种子。

功效主治　宽胸散结，润肠，滑肠；治便秘。

趾叶栝楼（葫芦科）

Trichosanthes pedata Merr. et Chun

药 材 名　石蟾蜍。

药用部位　带根全草。

功效主治　清热解毒；治咳嗽痰稠，咽喉肿痛，胸闷，便秘，痈肿疮疖，毒蛇咬伤。

化学成分　月桂酸、硬脂酸、血凝集素等。

全缘栝楼（葫芦科）

Trichosanthes pilosa Lour.

药 材 名　实葫芦、实葫芦根。

药用部位　果实、根。

功效主治　清热解毒，利尿消肿，散瘀止痛；治毒蛇咬伤，急性扁桃体炎，痈疖肿毒，跌打损伤，小便不利，胃痛。

化学成分　多糖类等。

中华栝楼（葫芦科）

Trichosanthes rosthornii Harms

药 材 名　天花粉、栝楼子、栝楼皮。

药用部位　根、种子、果皮。

功效主治　清热化痰，宽胸散结，润燥滑肠；治肺热咳嗽，胸痹，结胸，消渴，便秘，痈肿疮毒。

化学成分　菜油甾醇、栝楼根多糖A-E等。

截叶栝楼（葫芦科）

Trichosanthes truncata C. B. Clarke

药 材 名　卵叶栝楼、截叶栝楼、麻莫来（傣药）。

药用部位　果实、种子、根、叶。

功效主治　清火解毒，利胆退黄，止咳化痰，消结散肿；治黄疸，咳嗽痰多，腹部包块，疖疮、痈疖脓肿。

化学成分　有机酸等。

红花栝楼（葫芦科）

Trichosanthes rubriflos Thorel ex Cayla

药 材 名　红花栝楼。

药用部位　根。

功效主治　清肺化痰，解毒散结；治肺热咳嗽，胸闷胸痛，便秘，疟疾，疮疖肿毒。

密毛栝楼（葫芦科）

Trichosanthes villosa Blume

药 材 名　密毛栝楼、毛栝楼、麻贺拉（傣药）。

药用部位　种子、鲜根。

功效主治　清热解毒，润肺止咳，散结消肿；外用治肿块，瘰疬，无名肿毒。

纽子瓜（葫芦科）

Zehneria bodinieri (H. Lév.) W. J. de Wilde et Duyfjes

药 材 名　纽子瓜。

药用部位　全草或根。

功效主治　清热，镇痉，解毒；治发热，头痛，咽喉肿痛，疮疡肿毒，淋证，小儿高热抽筋。

化学成分　胡萝卜苷、大豆脑苷 I 等。

马爬儿（葫芦科）

Zehneria indica (Lour.) Keraudren

药 材 名　马瓟儿。

药用部位　块根、全草。

功效主治　清热解毒，散结消肿；治咽喉肿痛，结膜炎；外用治疮疡肿毒，淋巴结结核，睾丸炎，皮肤湿疹。

锤果马瓟儿（葫芦科）

Zehneria wallichii (C. B. Clarke) C. Jeffrey

药 材 名　锤果马。

药用部位　根、叶。

功效主治　清热解毒，消肿散结；外用治疮疡肿毒。

歪叶秋海棠（秋海棠科）

Begonia augustinei Hemsl.

药 材 名　保亭秋海棠。

药用部位　全草。

功效主治　散瘀消肿，止血，止痛；治蛇咬伤。

花叶秋海棠（秋海棠科）

Begonia cathayana Hemsl.

药 材 名　花酸苔、山海棠、宋共亮（傣药）。

药用部位　全株。

功效主治　消肿清热，解毒祛瘀；治水火烫伤，痈疮疖肿，跌打瘀痛。

昌感秋海棠（秋海棠科）

Begonia cavaleriei H. Lév.

药 材 名　爬地龙、爬岩龙、红孩儿。

药用部位　带根茎全草。

功效主治　舒筋活络，消肿止痛；治跌打损伤，瘀血肿痛。

化学成分　黄酮类、强心苷类、蒽醌类等。

周裂秋海棠（秋海棠科）

Begonia circumlobata Hance

药 材 名　周裂秋海棠。

药用部位　带根茎全草。

功效主治　散瘀消肿，消炎止咳；治跌打损伤，骨折，中耳炎，咳嗽。

虎克秋海棠（秋海棠科）

Begonia cucullata Willd. var. **hookeri** L. B. Sm. et B. G. Schub

药 材 名　蚬肉秋海棠。

药用部位　根茎。

功效主治　清热解毒；治蛇咬伤，疮疖。

化学成分　花色素苷等。

紫背天葵（秋海棠科）

Begonia fimbristipula Hance

药 材 名　紫背天葵。

药用部位　球茎或全株。

功效主治　清热凉血，止咳化痰，散瘀消肿；治中暑发烧，肺热咳嗽，咯血，淋巴结结核，血瘀腹痛。

化学成分　矢车菊素氯化物、矢车菊素-3-*O*-葡萄糖苷等。

秋海棠（秋海棠科）

Begonia grandis Dryand.

药 材 名　秋海棠、秋海棠茎叶、秋海棠根、秋海棠花、秋海棠果。

药用部位　茎、叶、根、花、果实。

功效主治　凉血止血，散瘀，调经；治吐血，衄血，咳血，崩漏，带下，月经不调，痢疾，跌打损伤。

化学成分　吲哚-3-乙酸氧化酶、草酸等。

中华秋海棠（秋海棠科）

Begonia grandis Dryand. subsp. **sinensis** (A. DC.) Irmsch.

药 材 名　红白二丸、红白二丸果。

药用部位　根茎、全草、果实。

功效主治　活血调经，止血止痢；治月经不调，赤白带下，痢疾，吐血，衄血，跌打损伤出血。

化学成分　原儿茶酸、原儿茶醛、儿茶素、表儿茶素等。

香花秋海棠（秋海棠科）

Begonia handelii Irmsch.

药 材 名　香秋海棠、铁米。

药用部位　全草。

功效主治　清热解毒，消食健胃；治疮疖，咽喉肿痛，跌打肿痛。

化学成分　萜类、黄酮类、鞣质等。

癞叶秋海棠（秋海棠科）

Begonia leprosa Hance

药 材 名　石上莲、团扇叶秋海棠。

药用部位　全草。

功效主治　清热除湿，利水软坚，消肿止痛；治肝硬化腹水，暑热口渴，跌打肿痛，疔疮肿毒。

化学成分　萜类、黄酮类、鞣质等。

粗喙秋海棠（秋海棠科）

Begonia longifola Blume

药 材 名　红半边莲。

药用部位　根茎或全草。

功效主治　清热解毒，消肿止痛；治咽喉炎，牙痛，淋巴结结核，毒蛇咬伤。

竹节秋海棠（秋海棠科）

Begonia maculata Raddi

药 材 名　竹节海棠。

药用部位　全草。

功效主治　散瘀消肿；治跌打肿痛，水肿，咽喉肿痛。

化学成分　萜类、黄酮类、鞣质等。

裂叶秋海棠（秋海棠科）

Begonia palmata D. Don

药 材 名　裂叶秋海棠、红孩儿。

药用部位　全草。

功效主治　清热解毒，散瘀消肿；治感冒，急性支气管炎，风湿性关节炎，跌打内伤瘀血，闭经，肝脾肿大。

化学成分　花色素苷等。

掌裂秋海棠（秋海棠科）

Begonia pedatifida H. Lév.

药 材 名　掌裂秋海棠。

药用部位　根茎。

功效主治　散瘀止痛，止血消肿；治吐血，子宫出血，胃痛，风湿性关节炎。

化学成分　儿茶素、原儿茶醛、花青素等。

一点血（秋海棠科）

Begonia wilsonii Gagnep.

药 材 名　一点血。

药用部位　根茎。

功效主治　养血止血，散瘀止痛；治病后虚弱，劳伤，血虚经闭，带下，外伤出血，跌打肿痛。

化学成分　强心苷、黄酮类、鞣质、酚类、三萜类等。

番木瓜（番木瓜科）

Carica papaya L.

番木瓜碱

药 材 名　番木瓜、木瓜、万寿果。

药用部位　果实。

生　　境　栽培，生于村边、宅旁。

采收加工　夏、秋季采收成熟果实，生食或熟食，或切片晒干。

药材性状　果实长椭圆形或瓠形，表面黄棕色或深黄色，有十条浅纵槽。种子多数，外包有多浆、淡黄色的假种皮；种皮棕黄色，具网状突起。

性味归经　甘，平。归肝、脾经。

功效主治　健胃消食，滋补催乳，舒筋通络；治脾胃虚弱，食欲不振，乳汁缺少，风湿性关节炎，肢体麻木，胃溃疡、十二指肠溃疡疼痛。

化学成分　番木瓜碱、木瓜蛋白酶、凝乳酶等。

核心产区　云南、广东、广西、福建和台湾等。

用法用量　内服：煎汤，9～15克，或鲜品适量生食。外用：取汁涂，或研末撒。

本草溯源　《食物本草》《本草纲目》《岭南采药录》。

附　　注　果实有小毒（番木瓜碱）。

仙人球（仙人掌科）

Echinopsis tubiflora (Pfeiff.) Zucc ex A. Dietr.

药 材 名　仙人球。

药用部位　茎。

功效主治　清热解毒，消肿止痛；治肺热咳嗽，痔疮；外用治蛇虫咬伤，烫伤。

昙花（仙人掌科）

Epiphyllum oxypetalum (DC.) Haw.

药 材 名　昙花。

药用部位　花、嫩茎。

功效主治　清热解毒，消肿止痛；治跌打损伤，肺结核，咯血，崩漏，心悸，失眠。

化学成分　山柰酚-3-*O*-新橙皮糖苷、金丝桃苷、腺苷等。

仙人掌（仙人掌科）

Opuntia dillenii (Ker Gawl.) Haw.

药 材 名　仙人掌。

药用部位　根、茎。

功效主治　清热解毒，散瘀消肿，健胃止痛；治胃溃疡和十二指肠溃疡，急性痢疾，咳嗽，乳腺炎，痈疖肿毒。

化学成分　仙人掌醇、胡萝卜苷、仙人掌多糖等。

木麒麟（仙人掌科）

Pereskia aculeata Mill.

药 材 名　叶仙人掌、虎刺。

药用部位　叶、花。

功效主治　清热解毒，散瘀消肿；治跌打损伤及其他各种内外伤。

化学成分　甾醇类、生物碱类、黄酮类和萜类等。

蟹爪兰（仙人掌科）

Schlumbergera truncata (Haw.) Moran

药 材 名　蟹爪兰。

药用部位　地上部分。

功效主治　清热解毒，散瘀消肿；治疮疖肿痛。

化学成分　新甜菜苷等。

量天尺（仙人掌科）

Selenicereus undatus (Haw.) D. R. Hunt

药 材 名　量天尺花、霸王花。

药用部位　肉质茎、花。

功效主治　清热润肺，舒筋活络；治肺结核，支气管炎，瘰疬；外用治骨折，腮腺炎，疮肿。

化学成分　山柰酚、槲皮素、异鼠李素等。

尖叶川杨桐（山茶科）

Adinandra bockiana E. Pritz. ex Diels var. **acutifolia** (Hand. -Mazz.) Kobuski

药 材 名　尖叶杨桐。

药用部位　全株。

功效主治　疏风散寒，理气止痛；治风寒感冒，头痛，胃脘痛。

杨桐（山茶科）

Adinandra millettii (Hook. et Arn.) Benth. et Hook. f. ex Hance

药 材 名　黄瑞木。

药用部位　根、嫩叶。

功效主治　凉血止血，解毒消肿；治衄血，尿血，传染性肝炎，腮腺炎，疖肿，蛇虫咬伤。

亮叶杨桐（山茶科）

Adinandra nitida Merr. ex H. L. Li

药 材 名　石崖茶。

药用部位　叶。

功效主治　消炎解毒，止血，降压，镇静安神；治腮腺炎，痢疾，高血压等。

化学成分　芹菜素、山茶苷A、山茶苷B、槲皮苷等。

茶梨（山茶科）

Anneslea fragrans Wall.

药 材 名　红香树。

药用部位　树皮、叶。

功效主治　消食健胃，疏肝退热；治消化不良，肠炎，肝炎。

化学成分　黄酮和酚类等。

长尾毛蕊茶（山茶科）

Camellia caudata Wall.

药 材 名　尾叶山茶。

药用部位　全株。

功效主治　理气止痛；治心悸。

毛柄连蕊茶（山茶科）

Camellia fraterna Hance

药 材 名　连蕊茶。

药用部位　根、叶、花。

功效主治　消肿镇痛；治疔疖疮痛，咽喉肿痛，跌打损伤。

化学成分　茶多酚等。

东兴金花茶（山茶科）

Camellia indochinensis Merr. var. **tunghinensis** (Hung T. Chang) T. L. Ming et W. J. Zhang

药 材 名　金花茶。

药用部位　叶。

功效主治　抗菌消炎，清热解毒，通便利尿，祛湿；治高脂血症，高血糖病，高血压。

化学成分　茶多酚、黄酮类等。

山茶（山茶科）

Camellia japonica L.

药材名	山茶。
药用部位	根、叶、花。
功效主治	收敛止血，凉血；治吐血，便血，烧烫伤，创伤出血。
化学成分	花色苷、山茶苷、山茶鞣质、山柰酚等。

油茶（山茶科）

Camellia oleifera Abel

药材名	油茶。
药用部位	根、叶、花、种子。
功效主治	清热解毒，活血散瘀，止痛；治急性咽喉炎，胃痛，扭挫伤。
化学成分	油茶皂苷、茶皂醇、当归酸、巴豆酸等。

金花茶（山茶科）

Camellia petelotii (Merr.) Sealy

槲皮素

药 材 名 金花茶、油茶。

药用部位 叶、花。

生　　境 野生或栽培，生于山谷林下。

采收加工 叶：春、夏季采收嫩叶，鲜用或晒干。花：夏、秋季采收，鲜用或晒干。

药材性状 叶片呈披针形或狭短圆状，先端渐尖，呈尾状，基部楔形，边缘有稀疏的小齿，两面均无毛，革质，棕绿色。气微，味苦。单生花，基部合生，稍被疏毛，花瓣金黄色，近圆形，边缘具缘毛，雄蕊多数，排成四列，花丝稍被疏毛。

性味归经 微苦、涩，平。归肺、大肠经。

功效主治 叶：清热解毒，止痢；主治痢疾，疮疡。花：收敛止血；主治便血，月经过多。

化学成分 槲皮素、槲皮素-7-*O*-*β*-D-葡萄糖苷、槲皮素-3-*O*-*β*-D-葡萄糖苷、芦丁、牡荆苷、山柰酚、山柰酚-3-*O*-*β*-D-葡萄糖苷、人参皂苷Rg_1、人参皂苷F_1、人参皂苷F_5等。

核心产区 广西（防城港市、南宁市隆安县、崇左市扶绥县等）。

用法用量 内服：煎汤，叶9～15克，花3～9克，或开水泡服。外用：叶适量，鲜品捣敷。

本草溯源 《本草纲目》《中华本草》。

附　　注 《国家重点保护野生植物名录》二级保护植物，脾胃虚弱者慎服。

小果金花茶（山茶科）

Camellia petelotii (Merr.) Sealy var. **microcarpa** (S. L. Mo et S. Z. Huang) T. L. Ming et W. J. Zhang

药 材 名　金花茶。

药用部位　叶。

功效主治　抗菌消炎，清热解毒，通便利尿，祛湿；治高脂血症，高血糖病，高血压。

化学成分　茶多酚、黄酮类等。

毛瓣金花茶（山茶科）

Camellia pubipetala Y. Wan et S. Z. Huang

药 材 名　金花茶。

药用部位　叶。

功效主治　抗菌消炎，清热解毒，通便利尿，祛湿；治高脂血症，高血糖病，高血压。

化学成分　茶多酚、黄酮类等。

茶（山茶科）

Camellia sinensis (L.) Kuntze

药 材 名　茶。

药用部位　根、叶、种子。

功效主治　强心利尿，抗菌消炎，收敛止泻；治肠炎，痢疾，小便不利，水肿。

化学成分　皂苷类等。

翅柃（山茶科）

Eurya alata Kobuski

药 材 名　信阳古茶树。

药用部位　叶。

功效主治　理气活血，散瘀消肿；治跌打损伤，肿痛。

化学成分　原花青素B2、芫根苷、儿茶素、槐属双苷等。

米碎花（山茶科）

Eurya chinensis R. Br.

药 材 名　虾辣眼、米碎花。

药用部位　茎、叶。

功效主治　清热解毒，除湿敛疮；治流行性感冒；外用治烧伤，烫伤，脓疱疮。

化学成分　高根二醇、白桦脂醇、木栓酮、羽扇豆醇等。

二列叶柃（山茶科）

Eurya distichophylla Hemsl.

药 材 名　山禾串、茅山茶、野茶里。

药用部位　茎叶、根。

功效主治　清热解毒，消炎止痛；治急性扁桃体炎，口腔炎，支气管炎，烫伤。

岗柃（山茶科）

Eurya groffii Merr.

药 材 名 岗柃叶、蚂蚁木。

药用部位 叶。

功效主治 消肿止痛；治肺结核，咳嗽，跌打肿痛。

微毛柃（山茶科）

Eurya hebeclados Y. Ling

药 材 名 微毛柃。

药用部位 全株。

功效主治 祛风，消肿，解毒；治风湿性关节炎，肿毒，烫伤，跌打损伤，蛇咬伤。

凹脉柃（山茶科）

Eurya impressinervis Kobuski

药 材 名 苦白蜡。

药用部位 叶、果实。

功效主治 祛风，消肿，止血；治风湿痹痛，疮疡肿痛，外伤出血。

柃木（山茶科）

Eurya japonica Thunb.

药 材 名　柃木。

药用部位　枝叶、果实。

功效主治　祛风清热，利水消肿，止血生肌；治风湿痹痛，腹水鼓胀，发热口干，疮肿，跌打损伤，外伤出血。

化学成分　维生素、矢车菊苷等。

细齿叶柃（山茶科）

Eurya nitida Korth.

药 材 名　细齿叶柃。

药用部位　全株。

功效主治　杀虫，解毒；治风湿痹痛，泄泻，无名肿毒，疮疡溃烂，外伤出血。

窄基红褐柃（山茶科）

Eurya rubiginosa Hung T. Chang var. **attenuata** Hung T. Chang

药 材 名　窄基红褐柃。

药用部位　叶、果实。

功效主治　祛风除湿，消肿止血；治风湿性关节炎，外伤出血。

大头茶（山茶科）

Polyspora axillaris (Roxb. ex Ker Gawl.) Sweet

药 材 名　花冬青、大头茶果。

药用部位　茎皮、果实。

功效主治　活络止痛，温中止泻；治风湿腰痛，跌打损伤，腹泻。

化学成分　三萜皂苷类、黄酮类等。

银木荷（山茶科）

Schima argentea E. Pritz

药 材 名　银木荷皮。

药用部位　茎皮、根皮。

功效主治　清热止痢，驱虫；治痢疾，蛔虫病，绦虫病。

化学成分　银木荷皂苷元等。

木荷（山茶科）

Schima superba Gardner et Champ.

药 材 名　木荷。

药用部位　根皮、叶。

功效主治　解毒，消肿；治疔疮，肿毒。

化学成分　棕榈酸、松脂素、槲皮素、山柰酚等。

西南木荷（山茶科）

Schima wallichii (DC.) Korth.

药 材 名　毛木树皮、毛木树叶。

药用部位　树皮、叶。

功效主治　涩肠止泻，驱虫，截疟；治泄泻，痢疾，蛔虫病，疟疾，子宫脱垂，鼻出血。

化学成分　玉蕊醇A1-28-当归酸酯、玉蕊皂苷元C、玉蕊醇R1、报春花皂苷元A等。

厚皮香（山茶科）

Ternstroemia gymnanthera (Wight. et Arn.) Bedd.

药 材 名　厚皮香。

药用部位　叶或全株。

功效主治　清热解毒，消痈肿；治疮疡痈肿，乳腺炎。

化学成分　原儿茶醛、3,4-二羟基苯乙醇等。

厚叶厚皮香（山茶科）

Ternstroemia kwangtungensis Merr.

药 材 名　厚皮香。

药用部位　叶。

功效主治　清热解毒；治牙痛，痈疔。

尖萼厚皮香（山茶科）

Ternstroemia luteoflora L. K. Ling

药 材 名　尖萼厚皮香。

药用部位　叶或根。

功效主治　清热解毒，消肿止痛，除湿止泻；治疮毒疖肿，跌打肿痛，泄泻。

石笔木（山茶科）

Tutcheria championii Nakai

药 材 名　石笔木。

药用部位　叶。

功效主治　清热解毒，利尿利湿；治痢疾，咽喉炎，肾炎，水肿，尿路感染。

化学成分　金丝桃苷、槲皮素、山柰酚、芹菜素等。

京梨猕猴桃（猕猴桃科）

Actinidia callosa Lindl. var. **henryi** Maxim.

药 材 名　水梨藤、比猛。

药用部位　根、根皮。

功效主治　清热解毒，消肿；治周身肿痛，背痈红肿，肠痈绞痛。

中华猕猴桃（猕猴桃科）

Actinidia chinensis Planch.

药 材 名　猕猴桃。

药用部位　果实、根。

功效主治　清热解毒，活血消肿，祛风利湿；治风湿性关节炎，跌打损伤，肝炎，痢疾，癌症。

化学成分　猕猴桃碱、大黄素、大黄素甲醚、大黄酸等。

毛花猕猴桃（猕猴桃科）

Actinidia eriantha Benth.

药 材 名　毛花猕猴桃。

药用部位　根。

功效主治　抗癌，消肿解毒；治肿瘤，疮疖，皮炎，跌打损伤，乳腺炎。

化学成分　三萜类等。

条叶猕猴桃（猕猴桃科）

Actinidia fortunatii Finet et Gagnep.

药 材 名　华南猕猴桃。

药用部位　根、果实或全株。

功效主治　活血化瘀；治跌打损伤。

化学成分　3,4-二羟基苯甲酸、咖啡酸等。

小叶猕猴桃（猕猴桃科）

Actinidia lanceolata Dunn

药 材 名　小叶猕猴桃。

药用部位　果实。

功效主治　祛风湿，行气补血；治跌打损伤，筋骨酸痛。

化学成分　抗坏血酸等。

阔叶猕猴桃（猕猴桃科）

Actinidia latifolia (Gardner et Champ.) Merr.

药 材 名　多花猕猴桃。

药用部位　茎叶、根和果实。

功效主治　清热除湿，解毒，消肿止痛；治咽喉肿痛，泄泻。

两广猕猴桃（猕猴桃科）

Actinidia liangguangensis C. F. Liang

药 材 名　两广猕猴桃。

药用部位　根、茎。

功效主治　祛风止痛；治风湿痹痛。

美丽猕猴桃（猕猴桃科）

Actinidia melliana Hand.-Mazz.

药 材 名　红毛藤。

药用部位　全株。

功效主治　补血，强筋壮骨；治腰痛，筋骨痛，瘕痧热症。

革叶猕猴桃（猕猴桃科）

Actinidia rubricaulis Dunn var. **coriacea** (Finet et Gagnep.) C. F. Liang

药 材 名　秤砣梨。

药用部位　果实。

功效主治　行气活血；治跌打损伤，腰背疼痛，内伤吐血。

化学成分　抗坏血酸等。

对萼猕猴桃（猕猴桃科）

Actinidia valvata Dunn

药 材 名　猫人参。

药用部位　根。

功效主治　清热解毒；治疮痈，疖肿，脓肿，带下，麻风病。

化学成分　对萼猕猴桃苷等。

尼泊尔水东哥（水东哥科）

Saurauia napaulensis DC.

药 材 名　锥序水东哥、鼻涕果。

药用部位　根、果。

功效主治　散瘀消肿，止血；治骨折，跌打损伤，创伤出血，疮疖。

化学成分　齐墩果酸、β-谷甾醇、β-胡萝卜苷、乌苏酸等。

水东哥（水东哥科）

Saurauia tristyla DC.

药 材 名　水东哥。

药用部位　根、叶。

功效主治　清热解毒，止咳，止痛；治风热咳嗽，风火牙痛。

化学成分　补骨脂素等。

金莲木（金莲木科）

Ochna integerrima (Lour.) Merr.

药 材 名　金莲木。

药用部位　树皮。

功效主治　收敛固肾；治泄泻，滑精，遗精等。

化学成分　黄酮苷类等。

龙脑香（龙脑香科）

Dryobalanops aromatica C. F. Gaertn.

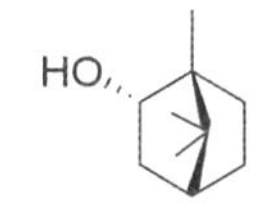

右旋龙脑

药 材 名 冰片、天然冰片、龙脑香、龙脑油、羯婆罗香。

药用部位 油树脂。

生　　境 野生或栽培，龙脑香原产于南洋诸岛的热带雨林。

采收加工 从龙脑香树干的裂缝处，采取干燥的树脂，进行加工。或砍下树干及树枝，切成碎片，经水蒸气蒸馏升华，冷却后即成结晶。

药材性状 呈半透明块状、片状或颗粒状结晶，类白色至淡灰棕色。气清香，味清凉，嚼之则慢慢溶化。燃烧时无黑烟或微有黑烟。

性味归经 辛、苦，微寒，无毒；归肺、肾经。

功效主治 通窍引经，散郁火，聪耳明目，消风化湿；治心腹邪气，风湿积聚，耳聋，明目，目赤肤翳，喉痹舌出，骨痛齿痛。

化学成分 右旋龙脑、左旋龙脑等。

核心产区 南洋群岛（印度尼西亚苏门答腊）。我国海南、云南、广西和广东有引种栽培。

用法用量 0.15～0.3克，入丸、散。

本草溯源 《名医别录》《新修本草》《本草图经》《经史证类备急本草》《本草蒙筌》《本草纲目》《本草逢原》《本草从新》。

附　　注 早在魏晋时期，中国人就认识到了龙脑香祛病疗疾的功效，自《名医别录》首次出现后，就一直没有缺席历代本草书籍。除了药用，龙脑香还频繁用于随身佩戴、屋室熏燃、饮食配料等诸多方面，与沉香、檀香、麝香并称中国四大名香，构成了中国历史悠久又色彩斑斓的香文化。早期，我国天然冰片属于进口舶来品，20世纪80—90年代科技人员陆续发现我国南方广泛分布的三种樟科植物可用于制取天然冰片，这三种植物是樟(*Cinnamomum camphora*)（龙脑樟）、阴香（*C. burmannii*)（梅片树）与油樟（*C. longepaniculatum*)。

望天树（龙脑香科）

Parashorea chinensis Wang Hsie

药 材 名　分界树、肥劳、埋甘壮（傣药）。

药用部位　叶。

功效主治　解毒；外用治湿疹。

岗松（桃金娘科）

Baeckea frutescens L.

药 材 名　岗松。

药用部位　枝叶。

功效主治　祛风除湿，解毒利尿，止痛止痒；治感冒高热，黄疸性肝炎，胃痛，肠炎，风湿性关节痛，膀胱炎，小便不利。

化学成分　对聚伞花素、桃金娘醛、1,8-桉叶素、丁香烯等。

红千层（桃金娘科）

Callistemon rigidus R. Br.

药 材 名　瓶刷木、金宝树。

药用部位　枝叶。

功效主治　祛风，化痰，消肿；治感冒，咳喘，风湿痹痛，湿疹，跌打肿痛。

化学成分　蒎烯、1,8-桉叶素、松油醇等。

水翁（桃金娘科）

Cleistocalyx operculatus (Roxb.) Merr. et L.M. Perry

药 材 名　水翁。

药用部位　根、叶、花和树皮。

功效主治　清暑解表，祛湿消滞，消炎止痒；治感冒发热，细菌性痢疾，消化不良；外用治烧伤，麻风，皮肤瘙痒。

化学成分　没食子酸乙酯、没食子酸、熊果酸、桂皮酸等。

五瓣子楝树（桃金娘科）

Decaspermum parviflorum (Lam.) A. J. Scott

药 材 名　五瓣子楝树、夏拉毕罕（傣药）。

药用部位　叶、果实。

功效主治　理气止痛；治腹胀，腹痛。

柠檬桉（桃金娘科）

Eucalyptus citriodora Hook. f.

药 材 名　柠檬桉。

药用部位　叶、果实和树脂。

功效主治　疏风解热，抑菌消炎；治痢疾，疮疖，皮肤病，风湿痛。

化学成分　柠檬桉醇、香茅醛、香茅醇、异胡薄荷醇等。

窿缘桉（桃金娘科）

Eucalyptus exserta F. Muell.

药 材 名　窿缘桉。

药用部位　叶。

功效主治　疏风解热，抑菌消炎；治风湿，皮肤病。

化学成分　右旋儿茶精、杨梅树皮素葡萄糖苷、没食子酸等。

蓝桉（桃金娘科）

Eucalyptus globulus Labill.

药 材 名　蓝桉、洋草果、兰安（傣药）。

药用部位　叶、果实。

功效主治　疏风解热；治感冒，发热头痛，消化不良，肠炎，腹痛。

化学成分　萜类及其苷、黄酮、有机酸、多酚和微量元素等。

桉（桃金娘科）

Eucalyptus robusta Sm.

药 材 名　大叶桉。

药用部位　叶、果实。

功效主治　疏风解热，抑菌消炎，防腐止痒；治流行性感冒，上呼吸道感染，咽喉炎，支气管炎，痢疾。

化学成分　1,8-桉叶素、百里香酚、蓝桉醇、苦味质、鞣质等。

细叶桉（桃金娘科）

Eucalyptus tereticornis Sm.

药 材 名　细叶桉。

药用部位　叶、果实。

功效主治　宣肺发表，理气活血，解毒杀虫；治感冒发热，咳嗽痰喘，脘腹胀痛，泻痢，跌打损伤，疮疡，丹毒等。

化学成分　蓝桉醛、细叶桉萜酯、1,8-桉叶素、香桧烯等。

红果仔（桃金娘科）

Eugenia uniflora L.

药 材 名　红果仔、巴西红果、扁樱桃。

药用部位　叶、果实。

功效主治　叶：治高胆固醇血症，高血压，痛风，肥胖，糖尿病。果实：可用作香料。

白千层（桃金娘科）

Melaleuca cajuputi Pomell subsp. **cumingiana** (Turcz.) Barlow

药 材 名　白千层。

药用部位　树皮、枝叶。

功效主治　祛风解表，散瘀；治感冒发热，风湿骨痛，肠炎腹泻。

化学成分　1,8-桉叶素、丁醛、松油醇、甲基丁香酚、桦木素等。

番石榴（桃金娘科）

Psidium guajava L.

药 材 名　番石榴。

药用部位　叶、果实。

功效主治　收敛止泻，消炎止血；治胃肠炎，痢疾，跌打扭伤，外伤出血。

化学成分　番石榴苷、丁香酚、槲皮素、山楂酸等。

桃金娘（桃金娘科）

Rhodomyrtus tomentosa (Aiton) Hassk.

药 材 名　桃金娘。

药用部位　果实、花。

功效主治　收敛止泻，止血；治胃肠炎，肝炎，痢疾，风湿性关节炎。

化学成分　1,8-桉叶素等。

丁香（桃金娘科）

Syzygium aromaticum (L.) Merr. et L. M. Perry

丁香酚　　乙酰丁香油酚

药 材 名　丁香、公丁香、母丁香、鸡舌香、丁子香、支解香、丁香蒲桃。

药用部位　花蕾、近成熟果实。

生　　境　原产于热带，喜热带海洋性气候。

采收加工　9月至次年3月，花蕾由青色变为鲜红色时采收，果实近成熟时采摘。

药材性状　略呈研棒状，花冠圆球形，花瓣4，复瓦状抱合，棕褐色。萼筒圆柱状，略扁，上部有4枚三角状的萼片，十字状分开。质坚实，富油性。气芳香浓烈，味辛辣、有麻舌感。果倒卵状椭圆形，先端长渐尖，光滑。

性味归经　辛，温。归脾、胃、肺、肾经。

功效主治　温中降逆，补肾助阳；主治脾胃虚寒，呃逆呕吐，食少吐泻。

化学成分　丁香酚、乙酰丁香油酚、丁香烯醇、母丁香酚等。

用法用量　内服：1～3克。外用：研末外敷。

核心产区　主产于坦桑尼亚桑给巴尔、马达加斯加、斯里兰卡、印度尼西亚，我国广东、海南、云南、广西也有产。

本草溯源　《开宝本草》《本草蒙筌》《本草纲目》。

附　　注　丁香历代均为进口药材，丁香的品质主要以其挥发油的含量高低作为评定标准，以个大、粗壮、色红棕、油性足、能沉于水、香气浓郁、无碎末者为佳。古人将丁香花蕾称为“公丁香”或“雄丁香”，而将丁香果实称为“母丁香”“雌丁香”“鸡舌香”。

赤楠（桃金娘科）

Syzygium buxifolium Hook. et Arn.

药 材 名　赤楠蒲桃。

药用部位　叶。

功效主治　清热解毒，利尿平喘；治浮肿，哮喘，烧烫伤，疔疮。

乌墨（桃金娘科）

Syzygium cumini (L.) Skeels

药 材 名　海南蒲桃。

药用部位　果实。

功效主治　润肺定喘；治浮肿，哮喘，烧烫伤，疔疮。

化学成分　矢车菊素鼠李葡萄糖苷、矮牵牛素葡萄糖苷等。

轮叶蒲桃（桃金娘科）

Syzygium grijsii (Hance) Merr. et L. M. Perry

药 材 名　轮叶蒲桃。

药用部位　根。

功效主治　祛风散寒，活血化瘀，止痛；治跌打肿痛，风寒感冒，风湿头痛。

化学成分　桦木酸、常春藤皂苷元、香草酸、丁香酸等。

蒲桃（桃金娘科）

Syzygium jambos (L.) Alston

药 材 名　蒲桃。

药用部位　种子、叶、果皮、根皮。

功效主治　凉血，收敛；治痢疾，腹泻，刀伤出血。

化学成分　富马酸单甲酯、对羟基苯甲酸、没食子酸等。

洋蒲桃（桃金娘科）

Syzygium samarangense (Blume) Merr. et L. M. Perry

药 材 名　莲雾、洋蒲桃。

药用部位　叶或树皮。

功效主治　凉血，收敛；治烂疮，阴痒。

化学成分　石竹烯、蓝桉醇、黄酮类等。

四角蒲桃（桃金娘科）

Syzygium tetragonum (Wight) Wall. ex Walp.

药 材 名 四角蒲桃。

药用部位 根。

功效主治 祛风除湿；治风湿性关节炎。

梭果玉蕊（玉蕊科）

Barringtonia fusicarpa Hu

药 材 名 疏果玉蕊。

药用部位 根、果实。

功效主治 退热止咳；治发热，咳嗽。

玉蕊（玉蕊科）

Barringtonia racemosa (L.) Spreng.

药 材 名 水茄苳、棋盘脚。

药用部位 根、果实。

功效主治 退热止咳；治发热，咳嗽。

化学成分 3,3′-二甲氧基鞣花酸、双氢杨梅素、没食子酸、bartogenic acid和豆甾醇等。

柏拉木（野牡丹科）

Blastus cochinchinensis Lour.

药 材 名　柏拉木。

药用部位　全株。

功效主治　消肿解毒，收敛止血；治产后流血不止，月经过多，肠炎腹泻，跌打损伤，外伤出血。

化学成分　鞣质类等。

少花柏拉木（野牡丹科）

Blastus pauciflorus (Benth.) Guillaumin

药 材 名　匙萼柏拉木。

药用部位　叶。

功效主治　止血；治外伤出血。

叶底红（野牡丹科）

Bredia fordii (Hance) Diels

药 材 名　叶底红、野海棠、叶下红。

药用部位　全株。

功效主治　益肾调经，活血补血；治病后虚弱，贫血，脾胃虚弱，带下，不孕症，月经不调。

鸭脚茶（野牡丹科）

Bredia sinensis (Diels) H. L. Li

药 材 名　鸭脚茶。

药用部位　全株或叶。

功效主治　祛风解表；治感冒。

化学成分　木犀草素、槲皮素、广寄生苷等黄酮类。

异药花（野牡丹科）

Fordiophyton faberi Stapf

药 材 名　酸猴儿。

药用部位　叶。

功效主治　祛风除湿，清肺解毒；治老人体虚，小儿衰弱，风湿痹痛，肺热咳嗽，漆疮。

细叶野牡丹（野牡丹科）

Melastoma × intermedium Dunn

药 材 名　细叶野牡丹、铺地莲。

药用部位　全株。

功效主治　清热解毒，消肿；治痢疾，口疮，疖肿，毒蛇咬伤。

化学成分　焦粘酸、没食子酸、齐墩果酸等。

多花野牡丹（野牡丹科）

Melastoma affine D. Don

药 材 名　多花野牡丹、野广石榴。

药用部位　全株。

功效主治　清热利湿，化瘀止血；治消化不良，肠炎，痢疾，肝炎，跌打损伤，刀伤出血。

化学成分　5,7-二羟基黄酮醇、柠檬酸等。

野牡丹（野牡丹科）

Melastoma candidum D. Don

药 材 名　野牡丹、罐罐草。

药用部位　全草。

功效主治　清热利湿，消肿止痛，散瘀止血；治消化不良，肠炎，痢疾，肝炎，便血，跌打损伤。

化学成分　槲皮苷、异槲皮苷、芦丁等。

地菍（野牡丹科）

Melastoma dodecandrum Lour.

药 材 名　地菍、地茄子。

药用部位　全草。

功效主治　清热解毒，祛风利湿，补血止血；治肠炎，痢疾，盆腔炎，贫血，风湿骨痛，外伤出血。

化学成分　槲皮素、广寄生苷、没食子酸等。

展毛野牡丹（野牡丹科）

Melastoma normale D. Don

药 材 名　展毛野牡丹、白爆牙郎。

药用部位　根、叶。

功效主治　解毒收敛，消肿止痛，散瘀止血；治痢疾，外伤出血，消化不良，肠炎腹泻，疮疡溃烂。

化学成分　没食子酸甲酯等。

毛菍（野牡丹科）

Melastoma sanguineum Sims

药 材 名　红毛菍、红爆牙狼。

药用部位　根、叶、果实。

功效主治　收敛止血，止痢；治腹泻，月经过多，便血，创伤出血。

化学成分　表儿茶素、没食子酸等。

金锦香（野牡丹科）

Osbeckia chinensis L.

药 材 名　金锦香、仰天钟。

药用部位　全草。

功效主治　清热利湿，消肿解毒，止咳化痰；治急性细菌性痢疾，肠炎，感冒咳嗽。

化学成分　3-甲氧基-鞣花酸-4-*O*-*β*-D-吡喃葡萄糖苷等。

宽叶金锦香（野牡丹科）

Osbeckia chinensis L. var. **angustifolia** (D. Don) C. Y. Wu et C. Chen

药 材 名　杯子草、小背笼、罗大海亮（傣药）。

药用部位　全株。

功效主治　清热解毒，涩肠止泻；治脱肛，疮疡肿毒，细菌性痢疾，肾炎。

假朝天罐（野牡丹科）

Osbeckia crinita Benth. ex C. B. Clarke

药 材 名　罐罐花、茶罐花、小尾光叶。

药用部位　全株。

功效主治　清热解毒，收敛止血，祛风除湿；治淋病，狗咬伤，痢疾，风湿性关节炎。

化学成分　*β*-谷甾醇、熊果酸、胡萝卜苷、槲皮素等。

蚂蚁花（野牡丹科）

Osbeckia nepalensis Hook.

药 材 名　野牡丹根。

药用部位　根。

功效主治　清热利湿，消肿；治湿热黄疸，泻痢，外伤瘀肿。

朝天罐（野牡丹科）

Osbeckia opipara C. Y. Wu et C. Chen

药 材 名　罐子草、线鸡腿。

药用部位　枝叶。

功效主治　清热利湿，止血调经；治湿热泻痢，淋痛，久咳，咯血，月经不调，带下。

化学成分　Lasiodiplodin、de-*O*-methyllasiodiplodin等。

星毛金锦香（野牡丹科）

Osbeckia stellata Buch.-Ham. ex Ker Gawl.

药 材 名　假朝天罐、哥搞囡（傣药）。

药用部位　根、果。

功效主治　清热，祛风，解毒止痒；治胆囊炎，肝炎，过敏性皮炎，湿疹瘙痒。

尖子木（野牡丹科）

Oxyspora paniculata (D. Don) DC.

药 材 名　酒瓶果、砚山红、牙娥拔翠。

药用部位　全株。

功效主治　清热解毒，利湿；治痢疾，疔疮，腹泻。

化学成分　*β*-谷甾醇、熊果酸、齐墩果酸、胡萝卜苷、杨梅苷、山柰酚、槲皮素等。

毛柄锦香草（野牡丹科）

Phyllagathis anisophylla Diels

药 材 名　毛柄锦香草。

药用部位　全草。

功效主治　清热，利水；治湿热黄疸，水肿臌胀。

锦香草（野牡丹科）

Phyllagathis cavaleriei (H. Lév. et Vaniot) Guillaumin

药 材 名　锦香草、铁高杯。

药用部位　全草、根。

功效主治　清热解毒，凉血，消肿利湿；治痢疾，痔疮出血，小儿阴囊肿大。

大叶熊巴掌（野牡丹科）

Phyllagathis longiradiosa (C. Chen) C. Chen

药 材 名 丽萼熊巴掌。

药用部位 全草。

功效主治 祛风除湿，止痛；治风湿痹痛，腹胀痛，产后头痛。

偏瓣花（野牡丹科）

Plagiopetalum esquirolii (H. Lév.) Rehder

药 材 名 偏瓣花。

药用部位 根。

功效主治 清热泻火，解毒消肿；治感冒，高热，无名肿毒。

楮头红（野牡丹科）

Sarcopyramis napalensis Wall.

药 材 名　楮头红。

药用部位　全草。

功效主治　清肝明目；治耳鸣，耳聋，目雾羞明。

化学成分　丁香树脂酚、羟基苯甲酸甲酯等。

蜂斗草（野牡丹科）

Sonerila cantonensis Stapf

药 材 名　毛蜂斗草、桑勒草。

药用部位　全草。

功效主治　清热解毒，化瘀止血；治热痢，产后出血，外伤出血，跌打损伤，蛇咬伤。

溪边蜂斗草（野牡丹科）

Sonerila maculata Roxb.

药 材 名　蜂斗草。

药用部位　全草。

功效主治　消炎活血；治枪弹伤。

华风车子（使君子科）

Combretum alfredii Hance

药 材 名　华风车子、水番桃、清凉树。

药用部位　叶。

功效主治　健胃，驱虫；治蛔虫病，鞭虫病，烧烫伤。

化学成分　2,3-二甲基-1,4-(4-甲氧基苯基)-6,7-二羟基萘等。

云南风车子（使君子科）

Combretum griffithii Van Heurck et Müll. Arg. var. **yunnanense** (Exell) Turland et C. Chen

药 材 名　云南风车子。

药用部位　种子。

功效主治　杀虫消积；治虫积腹痛。

使君子（使君子科）

Combretum indium (L.) DeFilipps

3,3′-*O*-二甲基鞣花酸

药 材 名 使君子、留球子。

药用部位 果实。

生　　境 野生或栽培，生于平原灌丛中或路旁。

采收加工 秋季果皮变紫黑色时采收，除去杂质，干燥。

药材性状 呈椭圆形或卵圆形，表面黑褐色至紫黑色，平滑，微具光泽。质坚硬。有油性，断面有裂隙。气微香，味微甜。

性味归经 甘，温。归脾、胃经。

功效主治 果实有小毒（使君子酸钾）；杀虫消积；治蛔虫病，蛲虫病，虫积腹痛，小儿疳积。

化学成分 3,3′-*O*-二甲基鞣花酸、赤酮甾醇、短叶苏木酚等。

核心产区 重庆、四川、贵州、广西等地。

用法用量 使君子9～12克，捣碎入煎剂；使君子仁6～9克，多入丸、散或单用。

本草溯源 《开宝本草》《本草图经》《经史证类备急本草》《本草汇言》《神农本草经疏》《本草新编》。

毗黎勒（使君子科）

Terminalia bellirica (Gaertn.) Roxb.

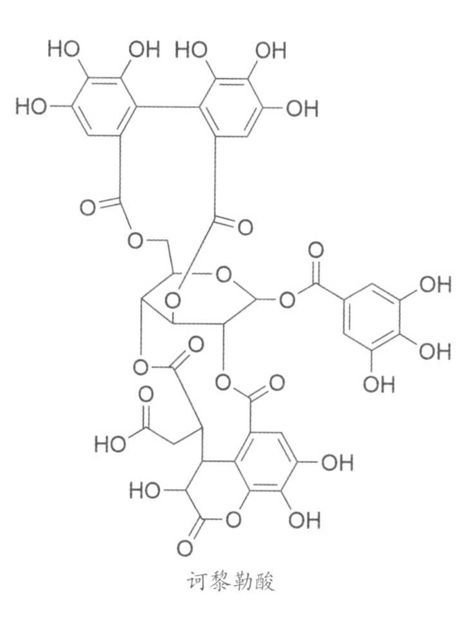

诃黎勒酸

药 材 名　毗黎勒、毛诃子、生诃子。

药用部位　果皮、果实。

生　　境　野生或栽培，生于海拔540～1 350米的山坡向阳处及疏林中。

采收加工　成熟后采收，晒干。

药材性状　果实卵形，较细腻。质坚硬，不易碎。果核坚硬。种子1枚，种皮棕黄色，种仁黄白色，具油性。气微，味微苦，嚼之有豆腥气味。

性味归经　苦、微涩，寒。归肺、肝经。

功效主治　清热解毒，收敛养血，调和诸药；治各种热症，泻痢，黄水病，肝胆病，病后虚弱。

化学成分　诃黎勒酸等。

核心产区　云南。

用法用量　3～9克，多入丸、散。

本草溯源　《新修本草》。

榄仁树（使君子科）

Terminalia catappa L.

药 材 名　榄仁树皮、假枇杷。

药用部位　树皮。

功效主治　解毒止痢，化痰止咳；治痢疾，痰热咳嗽，疮疡。

诃子（使君子科）

Terminalia chebula Retz.

诃子酸

药 材 名 诃子、西青果、诃黎。

药用部位 果实。

生　　境 栽培，生于路旁或村落附近。

采收加工 秋、冬二季果实成熟时采收，除去杂质，晒干。

药材性状 长圆形或卵圆形。表面黄棕色或暗棕色，略具光泽。果肉黄棕色或黄褐色。种子狭长，种皮黄棕色。气微，味先酸涩后甜。

性味归经 苦、酸、涩，平。归肺、大肠经。

功效主治 涩肠止泻，敛肺止咳，降火利咽；治久泻久痢，便血脱肛，肺虚喘咳，久嗽不止，咽痛音哑。

化学成分 诃子酸、诃黎勒酸等。

核心产区 云南、广东。

用法用量 煎汤，3～10克。

本草溯源 《雷公炮炙论》《本草图经》《本草纲目》《神农本草经疏》《本草述钩元》。

微毛诃子（使君子科）

Terminalia chebula Ret Z. var. **tomentella** (Kurz) C. B. Clarke

药 材 名 绒毛诃子、西麻先（傣药）。

药用部位 果。

功效主治 涩肠，敛肺，降气；治久泻，久痢，脱肛，久咳失音，肠风便血，崩漏带下，遗精盗汗。

化学成分 单宁等。

木榄（红树科）

Bruguiera gymnorhiza (L.) Savigny

药 材 名　红树皮、包罗剪定、鸡爪浪。

药用部位　树皮、根皮。

功效主治　清热解毒，止泻止血；治咽喉肿痛，疮肿，热毒泻痢，多种出血。

化学成分　格榄酮、木榄醇等。

竹节树（红树科）

Carallia brachiata (Lour.) Merr.

药 材 名　竹节树、鹅肾木、气管木。

药用部位　果实。

功效主治　解毒敛疮；治溃疡。

化学成分　对羟基苯甲酸、carallidin、mahuannin A等。

旁杞木（红树科）

Carallia pectinifdia W. C. Ko

药 材 名　锯叶竹节树、旁杞木。

药用部位　全株。

功效主治　清热凉血，利尿消肿，接筋骨；治感冒发热，暑热口渴，跌打肿痛，骨折，刀伤出血。

角果木（红树科）

Ceriops tagal (Perr.) C. B. Rob.

药 材 名　角果木、剪子树、海枷子。

药用部位　全株。

功效主治　消肿解毒，收敛止血；治痈疽疮疡，丹毒，恶疱，无名肿毒，虫蛇咬伤。

化学成分　(*S*)-柚皮素、tagalsin B等。

秋茄树（红树科）

Kandelia obovata Sheue, H. Y. Liu et J. W. H. Yong

药 材 名　秋茄树、茄行树、红浪。

药用部位　树皮。

功效主治　止血敛伤；治金疮等外伤性出血，水火烫伤。

化学成分　白桦脂醇、齐墩果酸等。

红茄苳（红树科）

Rhizophora mucronata Lam.

药 材 名　红茄苳、茄藤。

药用部位　树皮。

功效主治　解毒利咽，清热利湿，凉血止血；治咽喉肿痛，泄泻，痢疾，尿血，外伤出血。

化学成分　红茄苳多糖等。

黄牛木（金丝桃科）

Cratoxylum cochinchinense (Lour.) Blume

药 材 名　黄牛茶、黄芽茶。

药用部位　嫩叶、根或树皮。

功效主治　解暑清热，利湿消滞；治感冒，中暑发热，急性胃肠炎，黄疸。

化学成分　Cratochinone A、cratochinone B等。

红芽木（金丝桃科）

Cratoxylum formosum (Jack) Benth. et Hook. f. et Dyer subsp. **pruniflorum** (Kurz) Gogelin

药 材 名　苦丁茶、越南黄牛木、埋丢亮（傣药）。

药用部位　叶、茎枝。

功效主治　清火解毒，明目，理气止痛，涩肠止泻；治水火烫伤，视物不清，腹痛腹泻，赤白下痢。

化学成分　槲皮素、金丝桃苷、杧果苷、异杧果苷、左旋表儿茶精等。

黄海棠（金丝桃科）

Hypericum ascyron L.

药 材 名　黄海棠、湖南连翘。

药用部位　全草、地上部分。

功效主治　凉血止血，活血调经，清热解毒；治吐血、咳血，尿血便血，跌打损伤，疟疾，肝炎。

化学成分　Hypascyrins A-E、金丝桃苷、大萼金丝桃素B等。

赶山鞭（金丝桃科）

Hypericum attenuatum Fisch. ex Choisy

药 材 名　赶山鞭、野金丝桃。

药用部位　全草。

功效主治　止血，镇痛，通乳；治咯血，吐血，子宫出血，风湿性关节痛，神经痛，跌打损伤，乳汁缺乏，乳腺炎。

化学成分　Hyperattenins L、hyperattenins M等。

小连翘（金丝桃科）

Hypericum erectum Thunb.

药 材 名　小连翘、千金子、旱莓草。

药用部位　全草。

功效主治　解毒消肿，散瘀止血；治吐血，衄血，无名肿毒，毒蛇咬伤，跌打肿痛。

化学成分　Sampsonione K、otogirinin D等。

西南金丝桃（金丝桃科）

Hypericum henryi H. Lév. ex Vaniot

药 材 名 芒种花、西南金丝梅、芽罗勒（傣药）。

药用部位 地上部分。

功效主治 清热利湿，活血通经，利尿通淋；治经闭不通，产后瘀血，小便不利，跌打损伤，金疮出血，水火烫伤，痈肿。

地耳草（金丝桃科）

Hypericum japonicum Thunb.

药 材 名：田基黄、地耳草、小田基黄。

药用部位：全草。

功效主治：清热利湿，解毒，散瘀消肿；治早期肝硬化，各种炎症，痈疖肿毒，跌打损伤。

化学成分：白桦酸、齐墩果酸-3-*O*-阿拉伯糖苷等。

金丝桃（金丝桃科）

Hypericum monogynum L.

药 材 名 金丝桃、金丝海棠、土连翘。

药用部位 全草。

功效主治 清热解毒，祛风消肿；治急性咽喉炎，结膜炎，肝炎，蛇咬伤。

化学成分 Hyperolactones A-C、biyouyanagin A 等。

金丝梅（金丝桃科）

Hypericum patulum Thunb.

药 材 名　金丝梅、芒种花。

药用部位　全株。

功效主治　清热利湿，解毒，疏肝通络，祛瘀止痛；治湿热淋病，肝炎，感冒，扁桃体炎，跌打损伤。

化学成分　Hyperinoids A、hyperinoids B等。

贯叶连翘（金丝桃科）

Hypericum perforatum L.

药 材 名　贯叶连翘、千层楼。

药用部位　带根全草。

功效主治　清热解毒，调经止血；治吐血，咯血，月经不调，创伤出血，痈疖肿毒，烧烫伤。

化学成分　金丝桃素、贯叶金丝桃素、假金丝桃素等。

元宝草（金丝桃科）

Hypericum sampsonii Hance

药 材 名　元宝草、合掌草、小连翘。

药用部位　全草。

功效主治　活血，止血，解毒；治吐血，衄血，月经不调，跌仆闪挫，痈肿疮毒。

化学成分　Otogirinin A、28, 29-epoxyplukenetione A等。

匙萼金丝桃（金丝桃科）

Hypericum uralum Buch. -Ham. ex D. Don

药 材 名　打破碗花、黄花香、糯玉润（傣药）。

药用部位　果实。

功效主治　消炎，解毒，止痒；治咽喉肿痛，口舌生疮，咳嗽咯血，呕血，小便出血。

化学成分　β-谷甾醇、豆甾醇、胡萝卜苷、白桦脂醇、槲皮素、表儿茶素等。

遍地金（金丝桃科）

Hypericum wightianum Wall. ex Wight et Arn.

药 材 名　大田基黄。

药用部位　全草、根。

功效主治　清热利湿，活血调经；治感冒，肠炎，痢疾，肝炎，风湿性关节痛，痛经，乳腺炎，结膜炎，蛇咬伤，跌打损伤。

化学成分　间苯三酚类、萘骈二蒽酮类、黄酮类、呫吨酮类、异戊烯基苯甲酮类等。

红厚壳（藤黄科）

Calophyllum inophyllum L.

药 材 名　海棠果、胡桐、海桐、君子树。

药用部位　根、叶。

功效主治　祛瘀止痛；治风湿疼痛，跌打损伤，痛经，外伤出血。

化学成分　海棠果内酯、红厚壳酯酸、红厚壳内酯、红厚壳酸等。

薄叶红厚壳（藤黄科）

Calophyllum membranaceum Gardner et Champ.

药 材 名　横经席、跌打将军。

药用部位　根。

功效主治　壮腰补肾，活血止痛，治风湿性关节痛，跌打损伤，黄疸性肝炎，月经不调，痛经。

化学成分　1,6,7-三羟基-呫吨酮等。

滇南红厚壳（藤黄科）

Calophyllum polyanthum Wall. ex Choisy

药 材 名　滇南红厚壳、云南胡桐、泰国红厚壳。

药用部位　根、叶。

功效主治　祛瘀止痛，补肾强腰；治风湿骨痛，跌打损伤，骨折，月经不调，痛经。

化学成分　呫吨酮类、香豆素类、黄酮类、萜类等。

云树（藤黄科）

Garcinia cowa Roxb.

药 材 名　云树、云南山竹子、锅夯蒿（傣药）。

药用部位　茎、叶。

功效主治　驱虫；治蚂蟥入鼻。

藤黄（藤黄科）

Garcinia hanburyi Hook. f.

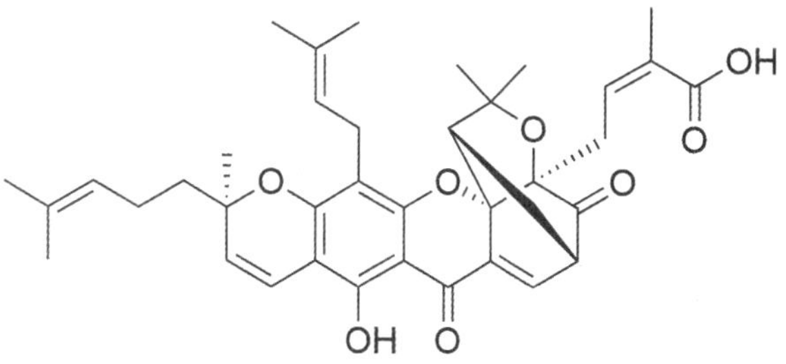

藤黄酸

药 材 名 藤黄、玉黄、月黄。

药用部位 胶质树脂。

生　　境 野生或栽培，生于海拔1 100～1 700米的山坡或沟谷的密林中。

采收加工 在开花之前，在离地3米处将茎干的皮部做螺旋状的割伤，伤口内插一竹筒，盛接流出的树脂，将树脂加热蒸干，用刀刮下即可。

药材性状 管状或不规则的块状物，显红黄色或橙棕色，外被黄绿色粉霜，有纵条纹。质脆易碎，断面平滑，气微，味辛辣。

性味归经 酸、涩，凉。归脾、胃、大肠经。

功效主治 消肿，攻毒，止血，杀虫，祛腐敛疮；治痈疽肿毒，溃疡，湿疮，肿癣，顽癣，跌打肿痛，创伤出血及烫伤。

化学成分 藤黄酸等。

核心产区 原产于印度、马来西亚、泰国、柬埔寨和越南等地区，目前在我国广东、广西、云南和海南等地广泛引种栽培。

用法用量 内服：0.03～0.06克，入丸剂。外用：研末调敷、磨汁或熬膏涂于患处。

本草溯源 《海药本草》《本经逢原》《得宜本草》《本草纲目拾遗》。

附　　注 树脂有毒（藤黄素）。藤黄作为印度与东南亚国家传统的民间用药具有悠久的历史，其外用对于痈疽、肿毒、溃疡、湿疮、烫伤和跌打肿痛等具有良好的治疗效果。近年来，藤黄及其活性成分藤黄酸等化合物被发现具有显著的抗肿瘤活性，成为抗肿瘤药物研究的热点之一。

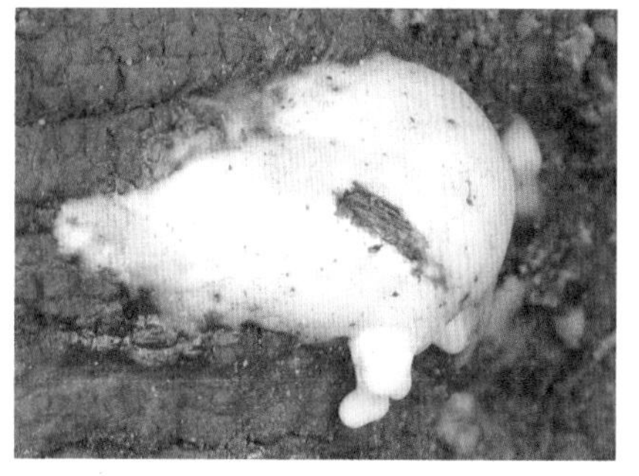

莽吉柿（藤黄科）

Garcinia mangostana L.

药 材 名　山竹、蒙呼（傣药）。

药用部位　果皮、树皮。

功效主治　消炎止痛，收敛生肌；治肠炎，小儿消化不良，胃溃疡，口腔炎，牙周炎。

化学成分　双苯吡酮类、蒽醌类。

木竹子（藤黄科）

Garcinia multiflora Champ. ex Benth.

药 材 名　山竹子。

药用部位　树皮、果实。

功效主治　消炎止痛，收敛生肌；治肠炎，小儿消化不良，胃溃疡和十二指肠溃疡，口腔炎，牙周炎。

化学成分　多花山竹子酮素甲、木犀草素等。

岭南山竹子（藤黄科）

Garcinia oblongifolia Champ. ex Benth.

药 材 名　山竹子、黄牙果、岭南倒捻子。

药用部位　树皮。

功效主治　消炎止痛，收敛生肌；治肠炎，小儿消化不良，胃溃疡和十二指肠溃疡，口腔炎，牙周炎。

化学成分　槲皮素、齐墩果酸等。

单花山竹子（藤黄科）

Garcinia oligantha Merr.

药 材 名　单花山竹子、山竹子。

药用部位　树皮。

功效主治　清热解毒，收敛生肌；治湿疹，口腔炎，牙周炎，下肢溃疡，烧伤，烫伤。

化学成分　Oliganthin F、oliganthin G等。

金丝李（藤黄科）

Garcinia paucinervis Chun ex F. C. How

药 材 名　埋贵、米友波、哥非力郎。

药用部位　枝叶、树皮。

功效主治　消肿，清热解毒；治胃病，烧伤。

化学成分　金丝李内酯甲、7-epi-isogarcinol等。

大叶藤黄（藤黄科）

Garcinia xanthochymus Hook. f.

药 材 名　人面子、歪歪果、歪脖子果。

药用部位　茎、叶、茎皮、种子。

功效主治　驱虫，清火退热，解食物中毒；治蚂蟥入鼻，高热惊厥，食物中毒，腹泻呕吐，头昏目眩。

化学成分　1,7-二羟基呫酮、isogarciniaxanthone E、carpachromene等。

铁力木（藤黄科）

Mesua ferrea L.

药 材 名　铁力木、埋莫郎（傣药）。

药用部位　花、根、果实。

功效主治　调补水血，清火解毒，敛疮收口；治体弱多病，周身酸软无力，黄水疮。

化学成分　铁力木素、铁力木双黄酮A、铁力木新呫吨酮等。

中华杜英（杜英科）

Elaeocarpus chinensis (Gardner et Champ.) Hook. f. ex Benth.

药 材 名 高山望、小冬桃、老来红。

药用部位 根。

功效主治 活血化瘀，散瘀消肿；治跌打瘀肿。

褐毛杜英（杜英科）

Elaeocarpus duclouxii Gagnep.

药 材 名 褐毛杜英。

药用部位 果实。

功效主治 清热解毒，宣肺止咳，通淋，养胃消食。

化学成分 黄酮类等。

日本杜英（杜英科）

Elaeocarpus japonicus Siebold et Zucc.

药 材 名　薯豆、哈忍皮（傣药）。

药用部位　根。

功效主治　祛风除湿，活血止痛；治关节疼痛。

锡兰榄（杜英科）

Elaeocarpus serratus L.

药 材 名　锡兰橄榄、锡兰榄、南亚杜英。

药用部位　根。

功效主治　祛风止痛，濡筋续骨；治风湿痹阻经络，关节疼痛，跌打损伤。

化学成分　多糖类、黄酮类等。

山杜英（杜英科）

Elaeocarpus sylvestris (Lour.) Poir.

药 材 名 山杜英、羊屎树。

药用部位 根、叶、花、根皮。

功效主治 清热解毒，散瘀消肿；治跌打瘀肿，痈肿，牙痛。

化学成分 邻羟基苯甲醛、伞形花内酯、东莨菪内酯等。

猴欢喜（杜英科）

Sloanea sinensis (Hance) Hemsl.

药 材 名 猴欢喜、树猬、破木。

药用部位 根。

功效主治 散寒行气，止痛；治虚寒胃痛，腹痛。

一担柴（椴树科）

Colona floribunda (Wall. ex Kurz) Craib.

药 材 名　柯榔木、大泡火绳、野火绳。

药用部位　根。

功效主治　清热解毒；治痈疮疖肿，外伤感染。

田麻（椴树科）

Corchoropsis crenata Siebold et Zucc.

药 材 名　田麻、毛果田麻。

药用部位　全草。

功效主治　清热利湿，解毒止血；治小儿疳积，带下过多，痈疖肿毒，外伤出血。

甜麻（椴树科）

Corchorus aestuans L.

药 材 名　野黄麻、假黄麻、针筒草。

药用部位　全草。

功效主治　清热解毒，消肿拔毒；治中暑发热，痢疾，咽喉疼痛，疮疖肿毒。

化学成分　槲皮素、黄麻星苷等。

黄麻（椴树科）

Corchorus capsularis L.

药 材 名 黄麻、苦麻叶、络麻。

药用部位 叶、根、种子。

功效主治 有毒。清热解毒，拔毒消肿；治中暑发热，痢疾，疮疖肿毒。

化学成分 黄麻苷、黄麻酮等。

长蒴黄麻（椴树科）

Corchorus olitorius L.

药 材 名 山麻、小麻。

药用部位 全草。

功效主治 疏风，止咳，清热，止痒；治感冒咳嗽，痢疾，皮肤瘙痒。

化学成分 熊果酸、异绿原酸A、黄麻双糖苷等。

苘麻叶扁担杆（椴树科）

Grewia abutilifolia Vent. ex Juss.

药 材 名 苘麻叶扁担杆、麻叶扁担杠。

药用部位 茎叶。

功效主治 止泻痢；治湿热泻痢。

扁担杆（椴树科）

Grewia biloba G. Don

药 材 名 娃娃拳、麻糖果。

药用部位 全株。

功效主治 健脾益气，固精止带，祛风除湿；治小儿疳积，脾虚久泻，遗精，子宫脱垂，脱肛，风湿性关节痛。

化学成分 木栓酮、表木栓醇等。

小花扁担杆（椴树科）

Grewia biloba G. Don var. **parviflora** (Bunge) Hand. -Mazz.

药 材 名 吉利子树、扁担木、山络麻。

药用部位 枝叶。

功效主治 健脾益气，祛风除湿；治小儿疳积，脾虚久泻，遗精，血崩，带下，子宫脱垂，脱肛，风湿性关节痛。

毛果扁担杆（椴树科）

Grewia eriocarpa Juss.

药 材 名 子金根、小白药、小火绳、澜沧扁担杆。

药用部位 根白皮。

功效主治 止血，接骨，生肌，解毒；治外伤出血，刀枪损伤，骨折，疮疖，红肿。

寡蕊扁担杆（椴树科）

Grewia oligandra Pierre

药 材 名 狗核树。

药用部位 根、根皮。

功效主治 清热利湿，解毒；治痢疾，脚气浮肿，尿浊，尿血，疮疖。

破布叶（椴树科）

Microcos paniculata L.

牡荆苷

药 材 名　布渣叶、蓢宝叶、破布叶、麻布木叶。

药用部位　叶。

生　　境　生长在山坡灌丛中、丘陵或平地路旁，均野生，栽培较少。

采收加工　夏、秋二季采收，除去枝梗和杂质，阴干或晒干。

药材性状　本品多皱缩或破碎，完整叶展平后呈卵状长圆形或卵状矩圆形，基出3脉，侧脉羽状，小脉网状。纸质，易破碎。气微，味淡，微酸。

性味归经　微酸，淡，平。归脾经。

功效主治　清热利湿，健胃消滞；主治饮食积滞，感冒发热，湿热黄疸，脘腹胀痛，泄泻，疮疡，蜈蚣咬伤。

化学成分　黄酮类（牡荆苷、异牡荆苷、山柰酚等）、生物碱类（布渣叶碱Ⅰ-Ⅳ等）、三萜类（无羁萜等）、甾体类（豆甾醇、β-谷甾醇等）、有机酸类（香草酸、丁香酸、咖啡酸、阿魏酸等）和挥发油类等成分。

核心产区　我国南方，如广东、广西、福建、海南、云南等省区，印度、越南等地也有分布，尤以我国广东和广西资源较丰富。

用法用量　内服：煎汤，15～30克，鲜品30～60克。外用：适量，煎水洗或捣敷。

本草溯源　《陆川本草》《本草求原》《生草药性备要》。

注意事项　广东凉茶的主要配料之一。

附　　注　布渣叶在岭南地区的民间被广泛应用于煎茶，是制作保健凉茶（如“广东凉茶”“王老吉”“甘和茶”“六合茶”“仙草爽凉茶”等）的主要原料之一，被誉为“凉茶瑰宝”。

单毛刺蒴麻（椴树科）

Triumfetta annua L.

药 材 名　小刺蒴麻。

药用部位　果实。

功效主治　消炎，清热解毒；治痈疖红肿，外伤出血。

毛刺蒴麻（椴树科）

Triumfetta cana Blume

药 材 名　毛黐头婆、山黄麻。

药用部位　全株。

功效主治　祛风除湿，利尿消肿；治风湿痹痛，脚气浮肿，痢疾，石淋。

长勾刺蒴麻（椴树科）

Triumfetta pilosa Roth

药 材 名　金纳香、黐头婆、虱麻头。

药用部位　根、叶。

功效主治　活血行气，散瘀消肿；治月经不调，瘀积疼痛，跌打损伤。

化学成分　马来酸、甾体酸等。

刺蒴麻（椴树科）

Triumfetta rhomboidea Jacq.

药 材 名　黄花地桃花。

药用部位　根。

功效主治　利尿化石；治石淋，感冒风热表证。

化学成分　羽扇豆醇、豆甾醇、齐墩果酸等。

昂天莲（梧桐科）

Abroma augustum (L.) L. f.

药 材 名　昂天莲、仰天盅、水麻。

药用部位　根。

功效主治　通经活血，消肿止痛；治跌打骨折，月经不调，疮疖红肿。

化学成分　马斯里酸、α-香树脂醇、原儿茶酸等。

刺果藤（梧桐科）

Byttneria grandifolia DC.

药 材 名　刺果藤、大滑藤、大胶藤。

药用部位　根、茎。

功效主治　祛风湿，强筋骨；治风湿痹痛，腰肌劳损，跌打骨折。

火绳树（梧桐科）

Eriolaena spectabilis (DC.) Planch. ex Mast.

药 材 名　赤火绳、埋摸肥（傣药）。

药用部位　根。

功效主治　除湿止痛，续筋接骨，止血生肌；治慢性胃炎，胃溃疡，外伤出血，刀枪伤，骨折。

梧桐（梧桐科）

Firmiana simplex (L.) W. Wight

药 材 名　梧桐、榇桐。

药用部位　叶、花、根、茎皮、种子。

功效主治　镇静，降压，祛风，解毒；治冠心病，高血压，风湿性关节痛，阳痿，遗精，银屑病。

化学成分　梧桐子油等。

山芝麻（梧桐科）

Helicteres angustifolia L.

药 材 名　山芝麻、野芝麻。

药用部位　全株。

功效主治　有小毒；解表清热，消肿解毒；治感冒发热，痄腮，麻疹，痢疾，肠炎，痈肿，瘰疬等。

化学成分　白桦脂醇、齐墩果酸等。

长序山芝麻（梧桐科）

Helicteres elongata Wall. ex Mast.

药 材 名　野芝麻、芽呼领（傣药）。

药用部位　全株。

功效主治　清热解毒，止泻止痢；治疟疾，感冒，高热，咽喉炎，扁桃体炎，腹泻，腮腺炎。

化学成分　黄酮类、三萜类、酚类、香豆素类、生物碱等。

细齿山芝麻（梧桐科）

Helicteres glabriuscula Wall. ex Mast.

药 材 名　细齿山芝麻、光叶山芝麻、芽呼拎（傣药）。

药用部位　根。

功效主治　清热解毒，收敛止痢，截疟；治感冒，痢疾，疟疾；外用治毒蛇咬伤。

火索麻（梧桐科）

Helicteres isora L.

药 材 名　火索麻、火索木。

药用部位　根。

功效主治　解表，理气止痛；治感冒发热，慢性胃炎，胃溃疡，肠梗阻。

化学成分　葫芦苦素B、异葫芦苦素B、齐墩果酸等。

剑叶山芝麻（梧桐科）

Helicteres lanceolata DC.

药 材 名　大山芝麻。

药用部位　根。

功效主治　清热解毒；治感冒发热，咳嗽，麻疹，痢疾，疟疾。

化学成分　黄酮苷类等。

矮山芝麻（梧桐科）

Helicteres plebeja Kurz

药 材 名　芝麻茶。

药用部位　枝、叶。

功效主治　止咳；治咳嗽。

黏毛山芝麻（梧桐科）

Helicteres viscida Blume

药 材 名　粘毛火索麻、芽生约（傣药）。

药用部位　根、叶。

功效主治　补土健胃，补气固脱；治腹痛腹泻，不思饮食，便血，子宫脱垂，脱肛。

银叶树（梧桐科）

Heritiera littoralis Aiton

药 材 名　银叶树、银叶板根、大白叶仔。

药用部位　种子。

功效主治　涩肠止泻；治腹泻，痢疾。

化学成分　锦葵酸、苹婆酸、二氢苹婆酸等。

马松子（梧桐科）

Melochia corchorifolia L.

药 材 名　木达地黄、过路黄。

药用部位　茎、叶。

功效主治　清热利湿，止痒；治黄疸性肝炎，皮肤痒疹。

化学成分　马松子环肽碱、欧鼠李叶碱等。

午时花（梧桐科）

Pentapetes phoenicea L.

药 材 名　午时花、叶落金钱。

药用部位　全草。

功效主治　清热解毒，散瘀止血；主治咽喉肿痛，疮疔，湿疹与跌打肿痛。

说　　明　中药的“午时花”（又名半枝莲、佛甲草、太阳花等）是马齿苋科的大花马齿苋 *Portulaca grandiflora* Hook.，此种为园艺花卉。

翅子树（梧桐科）

Pterospermum acerifolium Willd.

药 材 名　翅子木。

药用部位　叶。

功效主治　散瘀止血；治跌打损伤，肿痛。

化学成分　山柰酚-3-*O*-半乳糖苷、木犀草素等。

翻白叶树（梧桐科）

Pterospermum heterophyllum Hance

槲皮素

药 材 名 半枫荷、半枫荷根、半枫荷叶。

药用部位 根或茎枝、叶。

生　　境 野生，生于山地灌丛中。

采收加工 全年可采，挖取根部，洗净，切片或段，晒干。

药材性状 栓皮薄，表面有纵皱纹及疣状皮孔。皮部纤维易与木部分离，木部纹理致密，纵断面纹理较顺直，但有裂隙。

性味归经 甘、微涩，微温。归肝、肾经。

功效主治 祛风除湿，舒筋活络，消肿止痛；主治风湿痹痛，腰腿痛，半身不遂，跌仆损伤。

化学成分 槲皮素、3-乙酰氧基-齐墩果酸甲酯、β-谷甾醇、棕榈酸等。

核心产区 广东、广西、福建、台湾。

用法用量 水煎服或浸酒，15～30克。

本草溯源 《岭南采药录》《中华本草》。

窄叶半枫荷（梧桐科）

Pterospermum lanceifolium Roxb.

药材名　半枫荷根、半枫荷叶。

药用部位　根、叶。

功效主治　祛风除湿，舒筋活血；治风湿性关节炎，类风湿关节炎，腰肌劳损等。

化学成分　东莨菪素、山柰酚、胖大海素A等。

胖大海（梧桐科）

Scaphium affine (Mast.) Pierre

药 材 名 胖大海、安南子、大洞果。

药用部位 成熟种子。

生　　境 栽培或野生，生于热带地区。

采收加工 4—6月果实开裂时采收成熟的种子，晒干。

药材性状 纺锤形或椭圆形，长2～3厘米，直径1～1.5厘米。先端钝圆，基部略尖而歪，具浅色的圆形种脐。表面棕色或暗棕色，微有光泽，具不规则的干缩皱纹。外层种皮极薄，质脆，易脱落。中层种皮较厚，黑褐色，质松易碎，遇水膨胀成海绵状。断面可见散布的树脂状小点。内层种皮可与中层种皮剥离，稍革质，内有2片肥厚胚乳，广卵形；2枚子叶，菲薄，紧贴于胚乳内侧，与胚乳等大。气微，味淡，嚼之有黏性。

性味归经 甘，寒。归肺、大肠经。

功效主治 清热润肺，利咽开音，润肠通便；主治肺热声哑，干咳无痰等。

化学成分 糖类（半乳糖、阿拉伯糖、鼠李糖、木糖等）、黄酮类（山柰酚、山柰酚3-*O*-*β*-D-葡糖苷等）、生物碱类（sterculinine Ⅰ及sterculinine Ⅱ）、有机酸类等化合物。

核心产区 原产于越南、印度、缅甸、柬埔寨、老挝、马来西亚、泰国和印度尼西亚等东南亚和东亚国家的热带森林。我国海南、云南、广东、广西、福建等地有引种栽培。

用法用量 沸水泡服或煎服，2～3枚。

儿茶素

本草溯源 《本草纲目拾遗》《药物出产辨》。

附　　注 进口南药，我国虽然有引种胖大海，但质量欠佳，市场主要还是进口。我国引种栽培的胖大海主要有来自泰国的胖大海（*Scaphium lychnophorum*，异名*Sterculia lychnophora*）及来自柬埔寨的圆粒胖大海（*Scaphium wallich*，异名*Sterculia scaphigera*）。胖大海在国内外应用广泛，在我国属于药食同源品种，除医药领域，胖大海还被用于食品、化妆品行业。

短柄苹婆（梧桐科）

Sterculia brevissima H. H. Hsue ex Y. Tang，M. G. Gilbert et Dorr

药 材 名　短柄苹婆、麻良王（傣药）。

药用部位　根。

功效主治　清火解毒，利水化石，理气止痛；治小便热涩疼痛，尿路结石，冷风湿痹之邪所致的腹部扭痛、绞痛。

假苹婆（梧桐科）

Sterculia lanceolata Cav.

药 材 名　红郎伞。

药用部位　叶。

功效主治　消肿镇痛；治跌打损伤，肿痛。

化学成分　黄酮类等。

苹婆（梧桐科）

Sterculia monosperma Vent.

药 材 名　凤眼果壳、凤眼果。

药用部位　果壳、种子。

功效主治　果壳：活血行气；治血痢。种子：和胃消食，解毒杀虫；治反胃吐食，虫积腹痛。

化学成分　维生素A等。

绒毛苹婆（梧桐科）

Sterculia villosa Roxb.

药 材 名　白椰皮、椰皮树、色白告。

药用部位　树皮。

功效主治　治风湿痹痛，水肿，小便不利，骨折。

化学成分　天冬氨酸、缬氨酸、脯氨酸、谷氨酸、甘氨酸、苏氨酸等。

可可（梧桐科）

Theobroma cacao L.

药 材 名　可可。

药用部位　种子。

功效主治　强心，利尿；治小便不利。

化学成分　表儿茶素、黄烷醇、原花青素等。

蛇婆子（梧桐科）

Waltheria indica L.

药 材 名　蛇婆子。

药用部位　根和茎。

功效主治　祛风利湿，清热解毒；治风湿痹证，咽喉肿痛，湿热带下，痈肿瘰疬。

化学成分　蛇婆子碱X、蛇婆子碱Y等。

木棉（木棉科）

Bombax ceiba L.

新绿原酸

药 材 名 木棉花、斑枝花、琼枝。

药用部位 花。

生　　境 栽培，常生于平地旷野或山坡路旁草地上。

采收加工 春季花盛开时采收，除去杂质，晒干。

药材性状 常皱缩成团。花萼杯状，厚革质，外表面有纵皱纹，内表面被短茸毛。花瓣外表面密被星状毛，内表面有疏毛。雄蕊多数，基部合生呈筒状。

性味归经 甘、淡，凉。归大肠经。

功效主治 清热利湿，解毒；主治泄泻，痢疾，痔疮出血。

化学成分 新绿原酸、蛙皮素、蛙皮素-4-*O*-*β*-葡萄糖苷等。

核心产区 广东、广西。

用法用量 煎汤，6～9克。

本草溯源 《本草纲目》《本草求原》《晶珠本草》。

附　　注 木棉花为广东省广州市、广西壮族自治区崇左市、四川省攀枝花市和台湾高雄市的市花，南方常作煲汤料使用。

吉贝（木棉科）

Ceiba pentandra (L.) Gaertn.

药 材 名　吉贝、美洲木棉。

药用部位　树脂及根。

功效主治　除痰火，解疮毒，清热除湿，助消化；治肠炎，痢疾，胃痛，胃和十二指肠溃疡等。

化学成分　齐墩果酸、橙皮苷、棕榈酸等。

咖啡黄葵（锦葵科）

Abelmoschus esculentus (L.) Moench

药 材 名　秋葵。

药用部位　根、叶、花或种子。

功效主治　利咽，通淋，下乳，调经；治咽喉肿痛，小便淋痛等。

化学成分　槲皮素-3-*O*-龙胆二糖苷、槲皮素等。

黄蜀葵（锦葵科）

Abelmoschus manihot (L.) Medik.

药 材 名 黄蜀葵花、黄蜀葵叶、黄蜀葵根。

药用部位 叶、花和种子。

功效主治 清热利湿，消肿解毒；治湿热壅遏，淋浊，水肿；外用治痈疽肿毒，水火烫伤等。

化学成分 树皮素-3-洋槐糖苷等。

刚毛黄蜀葵（锦葵科）

Abelmoschus manihot (L.) Medik var. **pungens** (Roxb.) Hochr.

药 材 名 大还魂草。

药用部位 根、叶。

功效主治 根：清热利湿；治水肿，尿路感染。叶：消肿止痛；治疮疽，骨折，跌打损伤。

黄葵（锦葵科）

Abelmoschus moschatus Medik.

药 材 名 黄葵。

药用部位 根、叶、花。

功效主治 清热利湿，拔毒排脓；治高热不退，肺热咳嗽，大便秘结，阿米巴痢疾；外用治痈疮，瘰疽。

化学成分 *β*-谷甾醇-*β*-D-葡萄糖苷等。

箭叶秋葵（锦葵科）

Abelmoschus sagittifolius (Kurz) Merr.

药 材 名 五指山参、火炮草果、五指山参叶。

药用部位 根、果实、叶。

功效主治 滋补强壮，利水渗湿；治头晕，胃痛，腰腿痛等。

化学成分 氨基酸、不饱和脂肪酸等。

磨盘草（锦葵科）

Abutilon indicum (L.) Sweet

药 材 名 磨盘草、磨盘根、磨盘草子。

药用部位 全草、根、种子。

功效主治 疏风清热，益气通窍等；治感冒，久热不退，腮腺炎等。

化学成分 土木香内酯、异土木香内酯等。

苘麻（锦葵科）

Abutilon theophrasti Medik.

药 材 名 苘麻、苘麻子、苘麻根。

药用部位 全草或叶、种子、根。

功效主治 清热解毒，利湿，退翳；治赤白痢疾，淋证涩痛，痈肿疮毒，目生翳膜。

化学成分 芸香苷等。

蜀葵（锦葵科）

Alcea rosea L.

药 材 名 蜀葵根、蜀葵苗、蜀葵子。

药用部位 根、茎叶、种子。

功效主治 清热，解毒等；治肠炎，痢疾，吐血，衄血等。

化学成分 二氢山柰酚葡萄糖苷、蜀葵苷等。

草棉（锦葵科）

Gossypium herbaceum L.

药 材 名 棉花、棉花子、棉花根。

药用部位 棉毛、种子、根、根皮。

功效主治 止血，温肾，通乳等；治吐血，便血，阳痿，咳嗽等。

化学成分 棉酚、棉紫色素等。

陆地棉（锦葵科）

Gossypium hirsutum L.

药 材 名　棉花、棉花子、棉花根。

药用部位　棉毛、种子、根或根皮。

功效主治　止咳，通经，催乳；治慢性支气管炎，子宫脱垂等。

化学成分　棉酚、甜菜碱等。

大麻槿（锦葵科）

Hibiscus cannabinus L.

药 材 名　洋麻。

药用部位　叶。

功效主治　清热消肿；治疮疖肿毒。

红秋葵（锦葵科）

Hibiscus coccineus Walter

药 材 名　红秋葵。

药用部位　花、种子。

功效主治　活血调经；治月经不调，跌打损伤。

化学成分　氨基酸、矿质元素等。

木芙蓉（锦葵科）

Hibiscus mutabilis L.

药 材 名　芙蓉花、芙蓉叶、芙蓉根。

药用部位　花、叶、根或根皮。

功效主治　凉血，解毒，消肿，止痛；治痈疽疮肿，缠腰蛇丹，烫伤，目赤肿痛，跌打损伤。

化学成分　延胡索酸等。

朱槿（锦葵科）

Hibiscus rosa-sinensis L.

药 材 名　扶桑根、扶桑、扶桑花。

药用部位　根、叶、花。

功效主治　解毒，利尿，调经；治腮腺炎，支气管炎；外用治淋巴结炎等。

化学成分　槲皮素-3-二葡萄糖苷、环肽生物碱等。

玫瑰茄（锦葵科）

Hibiscus sabdariffa L.

木槿酸

药 材 名　玫瑰茄、洛神花、红桃K。

药用部位　花萼、小苞片。

生　　境　栽培，生于热带地区空旷地。

采收加工　夏季采花萼，或秋季果实成熟后，连同花萼采摘果实，剥出花萼。鲜用或晒干。

药材性状　本品呈圆锥状或不规则状，紫红色至紫黑色，肉质小苞片及花萼。基部具有空洞，疏被粗毛，基部小苞片8～12，披针形；花萼5裂，披针形。气微清香，味酸。

性味归经　味酸，性凉，归肾经。

功效主治　清热解渴，敛肺止咳，降血压，解酒；治肺虚咳嗽，高血压，醉酒。

化学成分　抗坏血酸、木槿酸、*β*-胡萝卜素、飞燕草素-3-桑布双糖苷（Delphinidin-3-sambubioside）等。

核心产区　台湾、福建、广东、云南等热带地区均有栽培。

用法用量　煎汤，9～15克，或开水泡。

本草溯源　《新华本草纲要》《中华本草》。

附　　注　为普通食品的中药，可用于保健食品的中药。

吊灯扶桑（锦葵科）

Hibiscus schizopetalus (Dyer) Hook. f.

药 材 名　吊灯花。

药用部位　根。

功效主治　消滞行气；治腹胀。

化学成分　吊灯花素等。

木槿（锦葵科）

Hibiscus syriacus L.

药 材 名　木槿花、木槿叶、木槿子。

药用部位　花、叶、果实、根、茎皮或根皮。

功效主治　清热凉血，解毒消肿等；治痢疾，带下。

化学成分　β-胡萝卜素等。

黄槿（锦葵科）

Hibiscus tiliaceus L.

药 材 名　黄槿。

药用部位　叶、树皮、花。

功效主治　清热解毒，散瘀消肿；治木薯中毒。

化学成分　木栓酮、香草醛、莨菪亭等。

锦葵（锦葵科）

Malva cathayensis M. G. Gilbert, Y. Tang et Dorr

药 材 名　锦葵。

药用部位　花、叶、茎。

功效主治　理气通便，清热利湿；治大小便不畅，淋巴结结核，带下，脐腹痛，咽喉肿痛。

化学成分　锦葵花苷等。

野西瓜苗（锦葵科）

Hibiscus trionum L.

药 材 名　野西瓜苗。

药用部位　根或全草。

功效主治　清热解毒，利咽止咳；治咽喉肿痛，咳嗽，泻痢，疮毒，烫伤。

化学成分　蒽醌类、糖类、氨基酸、多肽等。

冬葵（锦葵科）

Malva verticillata L.

药 材 名　冬葵根、冬葵子、冬葵果。

药用部位　根、茎、叶、种子、果实。

功效主治　补中益气，利尿下乳等；治气虚乏力，脱肛，尿路感染，肺热咳嗽。

化学成分　芸香苷、苹婆酸、冬葵多糖等。

赛葵（锦葵科）

Malvastrum coromandelianum (L.) Garcke

药 材 名　赛葵。

药用部位　全草、叶。

功效主治　清热利湿，解毒消肿；治湿热泻痢，黄疸，肺热咳嗽，咽喉肿痛，痔疮，痈肿疮毒，跌打损伤。

化学成分　槲皮素-3-*O*-*α*-L-鼠李糖苷等。

垂花悬铃花（锦葵科）

Malvaviscus penduliflorus DC.

药 材 名　垂花悬铃花 、小悬铃花、大红袍。

药用部位　根、皮、叶。

功效主治　拔毒消肿；治恶疮肿毒；外用，鲜品捣烂敷患处。

黄花棯（锦葵科）

Sida acuta Burm. f.

药 材 名　黄花棯。

药用部位　叶、根。

功效主治　清热解毒，收敛生肌，消肿止痛；治感冒，乳腺炎，肠炎，痢疾，跌打扭伤等。

化学成分　生物碱类、蜕皮甾酮等。

桤叶黄花稔（锦葵科）

Sida alnifolia L.

药 材 名　脓见愁。

药用部位　叶、根。

功效主治　清热利湿，散瘀消肿，排脓生肌；治感冒，胃痛，痢疾，扁桃体炎，肠炎，黄疸。

长梗黄花稔（锦葵科）

Sida cordata (Burm. f.) Borss. Waalk.

药 材 名　山麻、扫把麻、拔毒散。

药用部位　叶、根、全草。

功效主治　利尿，清热解毒；治水肿，小便淋痛，咽喉痛，感冒发热，泄泻。

化学成分　麻黄碱、甜菜碱等生物碱。

心叶黄花稔（锦葵科）

Sida cordifolia L.

药 材 名　心叶黄花仔。

药用部位　全草。

功效主治　清热解毒，利尿；治腹泻，淋病。

化学成分　麻黄碱、β-苯乙胺等。

黏毛黄花棯（锦葵科）

Sida mysorensis Wight et Arn.

药 材 名　粘毛黄花棯。

药用部位　全草。

功效主治　清肺止咳，散瘀消肿；治支气管炎，乳腺炎，痈疮肿毒，阑尾炎。

白背黄花棯（锦葵科）

Sida rhombifolia L.

药 材 名　黄花母。

药用部位　全草。

功效主治　清热利湿，排脓止痛；治感冒发热，扁桃体炎，细菌性痢疾。

化学成分　*β*-苯乙胺、*N*-甲基-*β*-苯乙胺、麻黄碱等。

榛叶黄花棯（锦葵科）

Sida subcordata Span.

药 材 名　榛叶黄花棯、哈满勒（傣药）。

药用部位　根、叶。

功效主治　解毒消肿。根：治感冒。叶：治脓肿。

拔毒散（锦葵科）

Sida szechuensis Matsuda

药 材 名　拔毒散、小粘药、芽哈满囡（傣药）。

药用部位　全株。

功效主治　清热解毒，消肿，生肌，消炎；治乳腺炎，肠炎，闭经，乳汁不通。

化学成分　甾醇类、生物碱、黄酮类、单萜类等。

地桃花（锦葵科）

Urena lobata L.

药 材 名　地桃花。

药用部位　根或全草。

功效主治　清热利湿，祛风活血，解毒消肿；治风湿性关节痛，感冒，疟疾，肠炎。

化学成分　杧果苷、槲皮素等。

粗叶地桃花（锦葵科）

Urena lobata L. var. **glauca** (Blume) Borss. Waalk.

药 材 名　地桃花。

药用部位　根或全草。

功效主治　清热解毒，祛风利湿，活血消肿；治感冒，风湿痹痛，痢疾，泄泻，淋证，带下，月经不调，跌打肿痛。

化学成分　杧果苷、槲皮素等。

梵天花（锦葵科）

Urena procumbens L.

药 材 名　梵天花、梵天花根。

药用部位　全草、根。

功效主治　祛风利湿，清热解毒；治感冒，风湿性关节炎，肠炎，痢疾，肺热咳嗽。

化学成分　黄酮苷类、酚类、有机酸等。

盾翅藤（金虎尾科）

Aspidopterys glabriuscula A. Juss.

药 材 名　盾翅藤、吼盖贯（傣药）。

药用部位　茎藤。

功效主治　清火解毒，清热消炎，利尿排石；治急慢性肾炎，膀胱炎，尿路感染，产后体虚，食欲不振，恶露不尽。

倒心盾翅藤（金虎尾科）

Aspidopterys obcordata Hemsl.

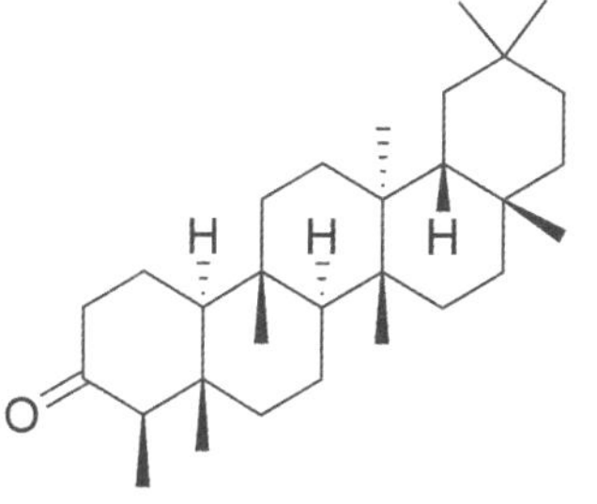

木栓酮

药 材 名 倒心盾翅藤、盾翅藤、嘿盖贯（傣药）。

药用部位 藤茎。

生　　境 野生，生于海拔450～1 800米的山坡混交林疏林中或灌丛中。

采收加工 全年可采，洗净切段，晒干备用，鲜品随用随采。

药材性状 呈类圆形、椭圆形斜切片，表面灰褐色至绿褐色，质坚硬；韧皮部深棕色，木质部黄白色或棕黄色。味苦，气微。

性味归经 淡、微苦，凉。归膀胱经。

功效主治 清热解毒，利水排石；治急慢性肾炎，肾盂肾炎，膀胱炎，结石，小便热涩疼痛，尿结石；也可治产后消瘦，恶露不尽。

化学成分 木栓酮等。

核心产区 云南（景东、孟连、金平、景洪、勐腊）。

用法用量 煎汤，30～50克。

本草溯源 《中华本草》。

风筝果（金虎尾科）

Hiptage benghalensis (L.) Kurz

药 材 名　风车藤。

药用部位　藤茎。

功效主治　敛汗涩精，固肾助阳；治遗精，小儿盗汗，早泄，阳痿，尿频，风寒痹痛。

化学成分　Oleanan-3-one、羽扇豆醇、(24*R*)-24-propylcholesterol、白桦脂醇等。

光叶金虎尾（金虎尾科）

Malpighia glabra L.

药 材 名　西印度樱桃、光果樱、针叶樱桃。

药用部位　种仁、树皮、根、叶。

功效主治　治痢疾，腹泻，肝病。

化学成分　鞣酸等。

三星果（金虎尾科）

Tristellateia australasiae A. Rich.

药 材 名　三星果藤、星果藤。

药用部位　全株。

功效主治　活血化瘀；治孕期食欲不振，跌打损伤。